JN337103

FINE WINE シリーズ

A Guide to the Best Cuvées, Houses, and Growers

シャンパン

極上のキュヴェ
醸造家・栽培家たちの熱情

マイケル・エドワーズ 著

山本 博 監修

序文 ヒュー・ジョンソン
写真 ジョン・ワイアンド
翻訳 乙須 敏紀

新しいシャンパン時代の幕開け──山本　博

　シャンパンは、いろいろな点でふつうのワインと違う。赤と白ブドウを混ぜて使う。ふつうのワインは村名や畑を表示し識別の手掛かりにするが、その表示をしない。重要な年代表示をしない。格付けは、村を単位としている…。シャンパンがそうした特異な製法をするのは、気候が寒冷のため年による出来不出来の差が著しいからである。メーカーは良い年のものをストックしておいて出来の悪い年のものと混ぜて毎年均一の品質を造りあげてきた。それには多大な資本が必要になる。そうした関係から、シャンパンは大手企業（「ハウス」とか「メゾン」と呼んでいる）の寡占だった。伝統を誇る20くらいの大ハウスが市場を支配していた。これらのハウスは数多い村の生産者からワインを買い集め、その大量のストックを巧みにブレンドして、そのハウスのシャンパンのスタイルや味わいの特徴を造りあげてきた。

　そうしたシャンパンに21世紀に入って大地殻変動が起きた。一方では企業間の合併・再編成が進むと同時に、他方では自分の造ったワインを自分で壜詰めして市場に出す「レコルタン・マニピュラン」が激増した（最近日本にも200位の生産者のものが輸入されている）。このような生産形態の激変は、別の新現象を生んだ。ひとつは、従来シャンパンはどこのハウスのものかが問題にされて、造り手個人が論じられることは少なかった。優れたブレンダーの妙技が各ハウスのシャンパンの味を決定していたが、そのブレンダーやテクニックが公にされることはまずなかった。しかし、今はハウスのオーナー、醸造のリーダーが誰かということが重視されるようになってきた。つまり、シャンパンにおいても「造り手の顔が見れるワイン」が問われるようになったのであり、「人」が重視されるようになった。もうひとつは「土地」、つまり畑の個性が重視されるようになってきた。従来、シャンパンで区画畑を名乗れるのは、クリュッグの「クロ・デュ・メニル」とフィリポナの「クロ・デ・ゴワセ」だけだった。それが最近では、特定畑のブドウからだけ造るシャンパンが市場に姿を現すようになった。

　本書は、そうした新現象を背景に書かれたもので、従来のシャンパン・ブックとは全く視点を異にした、かつ、ユニークな本である。各シャンパンの造り手の顔が見えて親近感が増し、理解度が深まる。従来知られていなかった優れた個別畑が初めて紹介され、ワインの品質・性格を知るための「テロワール」を見ることができる。

　本書はシャンパン愛好家の必携書になるだろうし、よそよそしかったシャンパンの素顔をかいま見ることができて、より親しみが増えるにちがいない。

目 次

新しいシャンパン時代の幕開け　山本 博 2

序文　ヒュー・ジョンソン 4

まえがき 5

序 説

1　歴史・文化・市場：聖油$^{Holy\ Oil}$から黄金の液体$^{Liquid\ Gold}$へ 6

2　葡萄栽培：品質と持続可能性 22

3　ワインづくり：キュヴェの芸術と魂 34

最上のつくり手と彼らのシャンパン

4　ランスとモンターニュ・ド・ランス 44

5　アイとヴァレ・ド・ラ・マルヌ 132

6　エペルネとコート・デ・ブラン 194

7　コート・デ・バル 280

シャンパンを味わう

8　ヴィンテージ：2008 〜 1988 298

9　ワインと料理：シャンパーニュ地方食べ歩き 306

10　上位10選×10一覧表：極上シャンパン100選 314

用語解説 316

参考図書 317

索　引 318
　※シャンパンの銘柄で引く場合は、こちらをご参照ください。

序　文

ヒュー・ジョンソン

　良いワインが自らを他の平凡なワインから峻別させるのは、気取った見せかけではなく、「会話」によってである——そう、それは、飲み手達がどうしても話したくなり、話し出しては興奮させられ、そして私はときには思うのだが、ワイン自身もそれに参加する会話。

　この考えは超現実主義的すぎるだろうか？　真に根源的で、揺るぎない本物のワインに出会ったとき、読者はそのボトルと会話を始めていないだろうか？　いまデカンターを2度目にテーブルに置いたところだ。あなたはその色を愛で、今は少し後景に退いた新オークの香りと、それに代わって刻々と広がっていく熟したブラックカラントの甘い香りについて語っている。するとヨードの刺激的な強い香りがそれをさえぎる。それは海からの声で、いま浜辺に車を止め、ドアを開けたばかりのときのようにはっきりと聞こえてくる。「ジロンド川が見えますか？」とワインが囁きかけてくる。「白い石ころで覆われた灰色の長い斜面が見えるでしょ。私はラトゥール。私たち姉妹に受け継がれてきたラトゥール家の甘い鉄の味は忘れられないはず。しばらく私を舌の上で転がして。その間に私の秘密をすべてお話しします。私を生み出した葡萄樹たち、8月にほんの少ししか会えなかった陽光、そして摘果の日まで続いた9月の灼熱の日々。強さが無くなったって？　そう、確かに歳を取ったわ。でもそのぶん心は豊かになり雄弁になったわ。私の弱みを握った気でいるの？　でも私は今まで以上に自分らしさを確立しているわ。」

　聴く耳を持っている人には聞こえるはずだ。世界のワインの大半はフランスの漫画、サン・パロール（言葉のない漫画）のようなものだが、良いワインは、美しい肢体とみなぎる気迫を持った——トラックを走っているときも、厩舎で休んでいるときでさえも——サラブレッドのようなものだ。不釣り合いなほどに多くの言葉と、当然多くのお金が彼らの上に注がれるが、それは彼らがいつも先頭を走っているからだ。目標なしに何を熱望するというのか。熱望はけっして無益なものではなく、われわれにさらに多くのサラブレッドを、さらに多くの会話を、そしてわれわれを誘惑する、さらに多くの官能的な声をもたらしてきたし、これからも、もたらし続ける。

　今からほんの2、30年ほど前、ワインの世界はいくつかの孤峰をのぞいて平坦なものだった。もちろん深い裂け目もあれば、奈落さえもあったが、われわれはそれを避けるために最善を尽くした。ここで、当時としては無謀に思えた熱望を抱き、崖をよじ登るようにして標高の高い場所に葡萄苗を植えた少数の開拓者について言及する必要があるだろうか？　彼らは最初語るべきものをほとんど持たないワインから始めたが、苦境に耐えた者たちは新しい文法と新しい語彙を獲得し、その声は会話に加わり、やがて世界的な言語となっていった。

　もちろんすでにそのスタイルを確立していた者たちの間でも、絶えざる変化があった。彼らの言語は独自の文学世界を築いていたが、そこでも新しい傑作が次々と生み出された。ワイン世界の古典的地域というものは、すべてが発見されつくし、すべてが語りつくされ、あらゆる手段が取りつくされた、すでにそんな枯渇した場所ではない。最も優れた転換・変化が起こり得るところなのである。そして大地と人の技が融合して生み出される精妙の極みを追究するために最大の努力を払うことが経済的に報われる場所である。

　シャンパーニュはそのような地域の1つである。シャンパンが持つ特権、華やかさと成功のシンボルとしてシャンパンが創り出す空間、まさにそのようなものがつくり手たちに絶えざる緊張を強い、さらなる高みへと昇ることを余儀なくさせる。最良のつくり手たちは、近道と安売りが横行するこの世界で、自らの姿を輝かせ続けるためには常に自分自身を超えて進まなければならないことを知っている。

　この本、そしてこのシリーズの主題は、ワイン世界の本当のリーダーを明らかにし、彼らの方法論と哲学を探り、まさに現在造られている極上のワインを見つけだし、将来それらのワインがもたらすであろう楽しい会話を一足先に盗み聞きすることである。

まえがき

マイケル・エドワーズ

勝利と祝祭のシンボルというイメージから脱却し、いまシャンパンはその本源的質をもとに、極上ワインとして再認識されつつある。しかし常にそうであったわけではない。思い出せば1993年に最初の著書、『The Champagne Companion』のためのリサーチを行っているとき、私は自分自身を異星人のように感じた。シャンパン生産者を訪れる旅の計画の中に、訪問先として主要メーカーと同数の小さな自家栽培醸造家も本当に入れる必要があるのだろうかという疑問を持った。ものすごい速さで回転する機械を眺めながら、私は暗澹とした気分で、自家栽培家が良いシャンパンを造れるとしたら、それはただの偶然の産物ではないか？ 本当に見るべき価値があるのは、グランド・メゾンのブレンダー（シェフ・ド・カーブ：chefs de cave）の魔術だけではないか、と自問したものだった。

しかし、我々は今ではよく知っている。極上のシャンパンは、他のすべての極上ワイン同様、特権を与えられ、たっぷりと愛情をそそがれ、細やかに管理された葡萄畑、大地、そして澄みきった空気に育てられた偉大な葡萄からしか生まれてこないことを。昔から最高のシェフ・ド・カーブはシャンパーニュ地方の葡萄栽培家の息子や娘であったが、それはけっして偶然ではない。そして今ではその若い世代は、ワイン醸造学と農学の両方の学位を修めている。

過去15年のシャンパーニュ地方の最大の変化は、優秀な自家栽培醸造家（リコルタン・マンピュラン）の進歩が加速したことだ。彼らの作り出すシャンパンは、現在ではパリ、ロンドン、ニューヨーク、サンフランシスコ、東京、香港の有名レストランのワイン・リストの筆頭に掲げられている。それらの職人的自家栽培醸造家と、真に例外的な非常に少数の名門醸造家（グランド・メゾン）が本書の主人公である。彼らは共に彼らの土地を愛し、ブルゴーニュやアルザスに少しも引けを取らない精妙なテロワールに誇りを持っている——それについてあまり語られなかったのは昨日までのことだ。

最新の統計では、約1万5000人の葡萄栽培家と400のネゴシアン、そして以前にも増して力強くなっている多くの協同組合から、2万2000を超えるシャンパンの銘柄が生み出されている。本書はこれらの源泉を慎重に吟味し、私好みの生産者を90人選び出した——私の個人的クレーム・デ・ラ・クレーム（最高の品）である。彼らのワインは、極上のシャンパンだけに許された「抑制された陶酔」（ジャン・クロード・ルゾーの言葉）を表現する。「極上ワイン」と私が呼ぶとき、それは本シリーズの他のワインと同様の定義で、絶対的な質、人を魅了する個性、本源的な価値、そのいずれであれ、書くに値すると私が考えるものを持っているものだ。

テロワールの微妙な影響は極上ワインの創造にとって誘惑的だが、それがすべてではない。また昨今単一畑シャンパンが流行しているが、リサーチの中で私が特に感じたのは、優美で精妙な味わいのシャンパンは、単一畑から作られたものではなく、1つ以上の村の3つの畑のものをアッサンブラージュ（調合）したものに多いということだ。葡萄畑のテロワールがそれほど特別なものでなくとも、魅惑的なシャンパンはできる。心のこもった栽培と、才気に溢れたワインづくりが結びつけば。

ルイーザへ、ヴェローナの思い出とともに

Ce sont les grans cronicques de france translatees de latin en françois · Le prologue de lauctour

qui	euvre a faire par le commandement de celui
coste	homme qui ne pot ne ne sçut refuser mais
euvre	pour ce que sa lecture et la simplesse de son
comme	engin ne souffissoient mie a traittier d'une
ce de	si haulte histoire Il prie au commencement
tous	a tous ceulx que ce livre liront que ce qui
ceulx	y trouveront a blasmer qu'ilz le souffrent pa-
qui	ciaument sans villenie et recompreignent
ceste	Car si comme il a dit devant le deffault de lec-
histor-	ture et de eloquence qui en lui sont et la sim-
re vou-	plesse de son engin le doivent excuser par
droit	raison. Or sachent tous qu'il auroit pou fait
en en-	briefment qui pourroit car longue chose et
sievir	confuse plaist petit a ceulx qui lescoutent

聖油から黄金の液体へ
Holy Oil　　　　　　　Liquid Gold

何世紀もの間、シャンパンは祝祭と慰めのワインであった。凱旋と至福の時、シャンパンに勝る酒はない。また逆境にある時、それはほかのどんな酒も成し得ないほどに士気を鼓舞してくれる。しかし、なぜシャンパンがかくも特別であり、単なる泡沫的幸せをもたらす以上の存在であるのかを完全に理解するためには、最も広い意味でシャンパーニュ地方の文化を知る必要がある——土地と葡萄樹から、この地の変転極まりない歴史、そしてもちろん、そのワインを作っている不屈で才気あふれる人々まで。

チョークでつけにする
Chalking it up

パリの北東145kmにあるファレーズ・ド・シャンパーニュ（「シャンパーニュの断崖」）と呼ばれるチョーク質が露頭する白い岩肌は、古典的ブドウ品種のための理想的な生育環境となっている。そのため、モンターニュ・ド・ランスとコート・デ・ブランの両地区には、偉大な葡萄畑が連なっている。その名高い斜面畑の下には、ベレムナイトというきわめて純粋なチョーク質の地層が横たわっている。ベレムナイトは、もともとは白亜紀に絶滅した軟体動物の名前であるが、その化石が集積してこの地層を作りだしたことから、こう呼ばれるようになった。ベレムナイト土壌は、乾期に備えてスポンジのように余分な水分を吸収することができるだけでなく、その湿った土壌のなかに熱を蓄えておくことができる。それは近年の激烈な気候変動のなかにあって、葡萄畑にある種の好ましい効果をもたらす。シャンパーニュ地方の葡萄栽培家は、地質学が確立されるはるか以前から、ミクロスターと呼ばれるウニの化石から作られた土壌よりも、ベレムナイト土壌を好んだ。ちなみに、ミクロスターはベレムナイトほど多孔性ではない。ベレムナイトとミクロスターのチョーク質土壌は、パリ盆地の主要な地質要素で、北に延びてドーバー海峡の港湾へと続き、ドーバーの白い絶壁やケントとサセックスのチョーク質のサウス・ダウンズ丘陵となって再び海面から顔を出す。そこでも上質のスパークリング・ワインが生産されている。

話をシャンパーニュ地方に戻すと、シャロン・シュール・マルヌ（現在のシャロン・アン・シャンパーニュ）の南東約32kmに位置するヴィトリー・ル・フランソワをはじめとする衛星地区にも厚いベレムナイト・チョーク岩脈があり、それは生き生きとした鉱物性に富んだシャルドネのためのすばらしい基盤となっている。もう1つ別の、チューロニアンと呼ばれる崩れやすいチョーク質の土壌からは、これとはまったく異なった特徴を持つシャルドネが栽培されている。特にトロワ市のすぐ西側、南向きの広大なモングーの村の丘からは、柔らかいチューロニアン・チョーク質の土壌に抱かれ、斜面にたっぷりと降り注ぐ陽光によって保たれている暖かい気温に育まれて、豪華な黄金の果実味を持ったワインが生まれる。

モンターニュ・ド・ランスでは、チョーク質と砂岩の混ざった土壌の上で、ピノ・ノワールも広い面積を占めているが、砂岩はこの偉大な黒葡萄種の本来の芳醇さに優美さを付け加えている。一方、シャンパーニュ地方の南部オーヴでは、粘土、石灰石、泥灰土の混ざった深いキンメリッジアン土壌に育つピノ・ノワールから、明るく、活気に溢れた果実味のワインが生み出されている。とはいえ、オーヴの村々、葡萄畑、そしてある程度はそのワイン自身も、多くの人にとっては、見た目、香り、味わいともに、どちらかといえばシャンパーニュ地方よりもブルゴーニュ地方に近く感じられる。

王と修道士のワイン

約6000年前のものとみられるシャンパーニュ地方の岩石から葡萄の葉の化石が発見されているが、このフランス北東部の県（当時はローマ領ガリア）で、本格的にワインづくりを目的とした葡萄栽培が始まったのは、キリスト生誕の約50年後である。しかし西暦79年に、保護貿易論者であったドミティアヌス帝がローマ皇帝の座に着くと、彼はガリアの葡萄樹をすべて引き抜くように命じた。その禁止令が解かれたのはそれから約200年後、庭師の息子からローマ皇帝になったプロブス帝によってであった。快楽主義者のローマ人はたちまちシャンパーニュのワインの虜になった。粗野なとげとげしいローマ・ワインと比べて、そのワインを神の酒のよ

左：クロヴィスが天からもたらされた聖油によって洗礼を受けているところ——シャンパーニュ地方が重要な歴史的役割を担うようになった伝説——を著した写本。

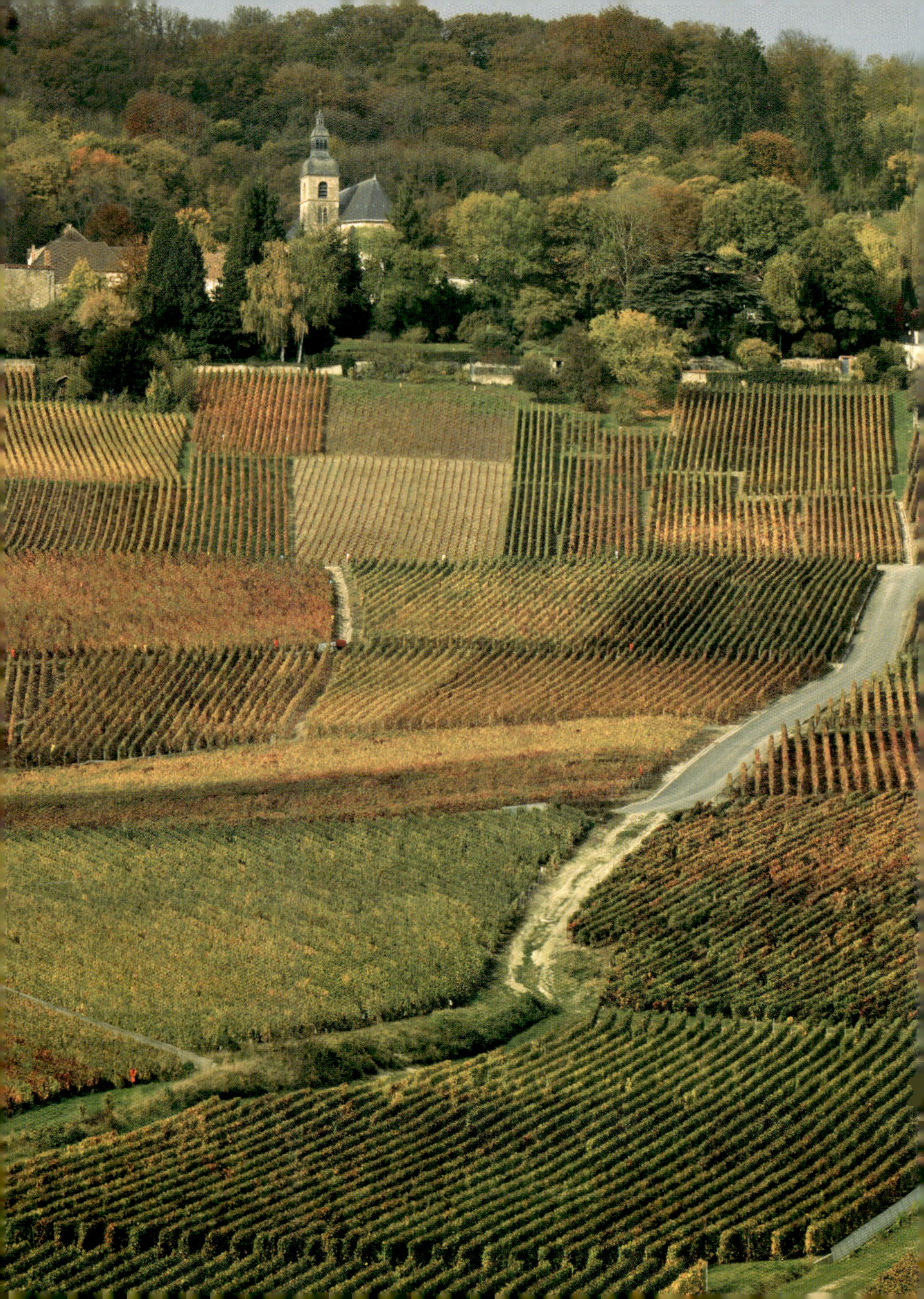

歴史・文化・市場

うに感じたに違いない。というのも、彼らのワインは、海水や松脂からギンバイカの実、ケシの種まで、種々の奇怪な香辛料で風味づけされていたからである。

その後5世紀、滅亡の危機に瀕していたローマ帝国の内部にあって、異教徒のフランク族を統一したクロヴィスは、ローマ軍を駆逐し、ランスを中心とするガリアの王であることを宣言した。しかしその王権はすぐに、東から侵入してきたゲルマン民族の一派であるゴート族に脅かされた。その苦境のなかで、キリスト教徒であったクロヴィスの妻は彼に、神に助けを求めるように説得した。彼はそれを受けて、もしゴート族を打ち負かすことができたなら、その時は自分もキリスト教に改宗すると誓った。ゴート族を潰走させたクロヴィスは、約束通り彼の将兵とともに、496年のクリスマスの日、ランスの大司教聖レミより洗礼を受けた（その聖人の名前を戴いたロマネスク様式のバシリカ式教会堂であるサン・レミ聖堂は、ランスで最も美しい建築物の1つである）。

それから300年ほど経った後、ランスの大司教は、クロヴィスは一羽のハトがくわえてきた、天からもたらされた小瓶に入った聖油によって聖別され、その聖なる液体はランスにあると宣言した。こうして987年に初代「フランク王国」の王ユーグ・カペーを聖別して以来、歴代のフランス王を聖別し戴冠式を執り行うというランス大司教の役割は定着し、ランスはパリに代わって中世フランスの精神世界の首都の地位を占めるようになった。カペー自身はノアイヨンで戴冠式を行ったが、その後37代にわたってフランス国王の戴冠式はランスで行われ、最後が1825年のブルボン朝シャルル10世であった。聖地としてのランスの地位は、葡萄畑にも多大な恩恵をもたらした。歴代の王はマルヌの修道院に多額の寄進を行い、1789年のフランス革命まで、修道院はワインづくりの中心的施設であった。中世の宗教規律においては、ワインを愉しむことは少しも精神的腐敗とは見なされなかった。8世紀に書かれたランスのホテル・デュー（慈善救済院）の修道女の規則には次のように明記されていると、ニコラス・フェイスは

左：ドン・ペリニヨンが醸造長を務めていたオーヴィレール大修道院
次頁：英国王ヘンリー8世が目がなかったワインの故郷、アイ村

の1節を引用している。「いかなる修道女であれ、他人の悪口を言ったり、不正な誓いを立てたりしたものは、その日はワインを飲むことあたわず」と。

スパークリング・シャンパンが生まれるまでには、ランスの大司教の宣言からさらに900年の歳月を要した。中世を通してワイン愛好家は、マルヌ川の河岸の斜面に広がる葡萄畑から生まれるヴァン・デ・ラ・リヴィエール（川のワイン）と、モンターニュ・ド・ランスの高い斜面から生まれるヴァン・デ・ラ・モンターニュ（丘のワイン）を飲み比べすることを好んだ。最上の葡萄畑から生まれるワインは、カペー朝の時代も現代と同じように高く評価された。13世紀初頭、かの有名な輝かしい日和見主義者フィリップ・オーギュスト王は、オーヴィレールのワインを飲みながら英気を養い、イギリスのジョン王をフランスから駆逐する戦略を練った。さらにはテューダー朝ヘンリー8世はアイ村のワインに目がなく、1600年代後半の太陽王ルイ14世はブージー村のワイン以外はほとんど飲まなかった。これらすべては、発泡しないワインの話で、色は赤だったと考えられている。しかし実際はもっとピンクがかった色——フランス人がウイユ・ド・ペルドリ（ヤマウズラの目）と呼んでいる——で、主にピノ・ノワール種の先祖にあたる葡萄から作られていた。

最初のスパークリング・ワイン

スパークリング・シャンパンを発明したのは、ベネディクト会の修道士でオーヴィレール大修道院の醸造長であったピエール・ペリニョン（1668〜1715）だといわれている。盲目の修道士が、娼婦と快楽を連想させる芳醇な酒を発明したというのは、話としては面白いかもしれないが、実際のところ、これはロマンティックな作り話である。というのも、ペリニョンは盲目でも何でもなく（単にブラインド［盲目］・テイストを行っていただけ？）、シャンパーニュ地方のワインは常にある程度穏やかに発泡する自然な傾向を有していたからである。その理由は意外に単純で、マルヌ川の冷涼な気候の下では葡萄の摘果は晩秋まで延ばさざるを得ず、その結果、果皮についている酵母が圧搾果汁の中の糖をアルコールに変えるのに十

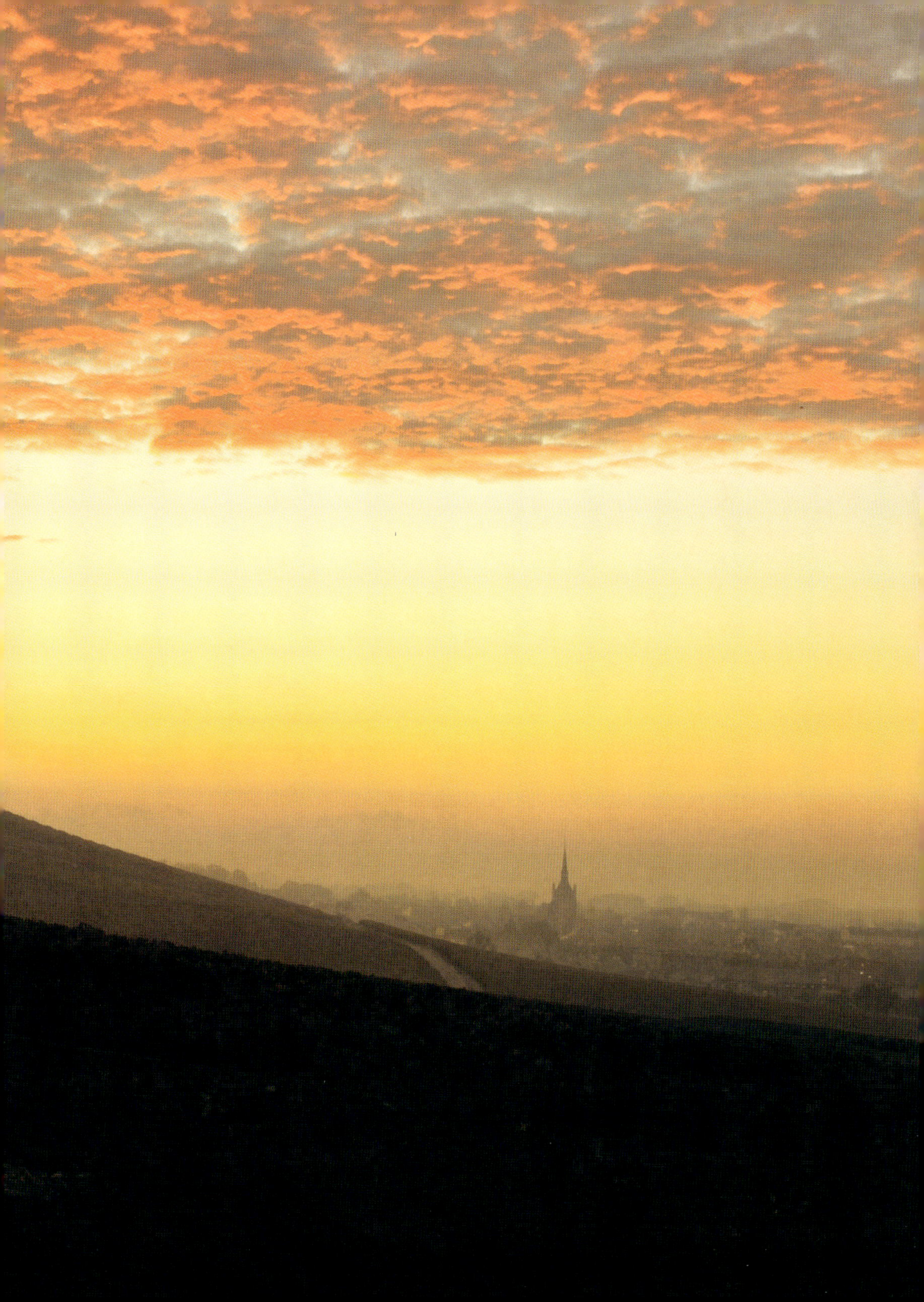

分な時間を与えられないまま、冬の寒さで眠りにつくためということである。春になると酵母は目を覚まし、発酵が再開し、炭酸ガスの放出が始まる。こうしてワインの中に泡立ちの光跡が残るようになる。シャンパーニュの人々のなかには、発泡するワインはワイン醸造の歴史のなかでも数少ない革命的な発明であると信じさせようとするものもいるが、実際には「革命」ではなく、200年近い時間をかけて行われた改良の産物であった。トム・スティーヴンソンは決定的な証拠を挙げ、次のように書いている。「シャンパンを発明したのはイギリス人で、…それはフランス人が最初のスパークリング・シャンパンを造る6年前のことであった。最初のシャンパン・ハウスが生まれたのは、それから70年以上も先のことである。」(『Christie's World Encyclopedia of Champagne & Sparkling Wine』)

ドン・ペリニヨンにとっては、常に泡よりもワインが重要であったし、おそらくワインの発泡は、さらに強化したいものというよりは、むしろ抑制したいと思う厄介なしろものだったにちがいない。彼が意を決して、たぶんやむなく、スパークリング・シャンパンを造り始めたのは、1690年代の半ばだったようだ。しかしこうした事実にもかかわらず、現代シャンパン・ワイン産業の父としての彼の地位は少しも揺らぐことはない。ペリニヨンの本当の業績——それは当時としては真に革命的なことだった——は、彼の直属の後継者であったフレール・ピエールによって記録されている。そのなかには、(1)「コカール」・プレス(黒葡萄品種から透明な、発泡しない白ワインを抽出する方法)の発明、(2)ワインづくりの北限にあたるシャンパーニュ地方の気候の下では、単一畑からのブレンドしないワインよりも、いくつかの葡萄畑からのワインをブレンドした方がよりバランスのとれたワインができることの発見、(3)「イギリス・ガラス」でできた壜の使用——炭酸ガスの圧力に耐える強度がある、(4)効果的な壜の栓としてのコルクの再導入、などがあった。

嫌われものから流行の先端へ

スパークリング・シャンパンの銀色の泡についての

上：シャンパーニュの隆盛に弾みをつけた輸送と容器に関する新法令を布告したルイ15世

記述が、18世紀初頭から多くの文献で見られるようになった。しかし、この泡立つワインが最終的な勝利宣言を出すまでには、まだその先100年ほど必要であった。真面目なシャンパン造りの人々は、最初はこの新しいシューシューと泡立つワインを嫌っていたようである。1715年にワイン商ベルタン・ドゥ・ロシェールが、泡立つことはビールやチョコレート、ホイップ・クリームにふさわしいもので、それは忌むべき酒であるとして退けたということが記録に残っている。しかしその「悪魔のワイン」は、退廃的なヴェルサイユの摂政時代では、当然にも抗いがたい魅惑の飲み物となった。

近代シャンパンの取引が始まったのは、正確に1728年のことである。その年ルイ15世によって、それまでスパークリング・ワインの流通のネックであった壜輸送の禁止が解かれた。翌年には、記録に残る最初のシャンパン・ハウスとしてルイナールが産声を上げた。

1735年にルイ15世は、シャンパンの壜の規格、容積についての規則を制定し、同時にコルクは飛ばないように麻紐でしっかりと固定しなければならないと布告した（フィスラージュといわれる技法で、現在いくつかの醸造元で復活されている）。次いで1743年、オランダ出身でフランス国籍をとったクロード・モエが、後に最大のシャンパーニュ・ハウスとなるモエ・エ・シャンドンを設立した。フランス革命の50年前にはすでに販売量は倍増し、その結果スパークリング・ワインの将来性を見込んでコート・デ・ブランの地価は高騰した。その頃の地価は、かつてノール県出身のロベール・ド・ロバートソンをはじめとする数家族が入植した頃と比べると、8倍にもなっていた。その頃そのワインはすでに現在のものと同様に、元気に発泡していた。

ナポレオンの軍事進攻もシャンパン・ハウスの興隆に大きく貢献した。ナポレオン軍が勝利したところ──オーストリア、プロシア、ポーランド──へはどこでも、すぐさまシャンパンの販売員が赴き、シャンパンを献上して将来の事業拡大のための販路を確保した。ワーテルローの戦い（1815年）でナポレオン軍は大敗したが、シャンパン造りの人々はしたたかにその敗北を好機に変えた。クロードの息子で、有名なジャン・レミ・モエは、占領したロシア兵に彼のシャンパンを持ち帰るように勧めた。彼にはロシア人は必ず戻ってくるという確信があったが、読み通りロシアはすぐにイギリスに次ぐシャンパンの一大輸出市場となった。

技法・信用・ツアー

19世紀に入ると、3つの技術革新がシャンパンの輸出拡大に拍車をかけた。1818年、ヴーヴ（未亡人）・クリコの醸造長であったアントワーヌ・ミューラーは、二次発酵の結果として生じる不快な澱を除去する方法を発見した。それは、孔のあいた逆V字型の架台ピュピートルにシャンパンの壜の首を差し込み、ゆっくりと回転させながら傾きを大きくさせていくことによって、コルクの上に静かに澱を沈殿させるという方法。この工程は、ルミアージュと呼ばれるが、英語では粗っぽくリドリング（「格子を振り動かして灰などを下に落とす」の意）と訳されている。その澱は熟練した職人によって、最小限のワインしかこぼさないよう壜から除去される。

1836年にさらに画期的な発明がなされた。それはサクレ・エノメトレ（糖度計）で、発明したのはシャロン・シュル・マルヌ（現在のシャロン・アン・シャンパーニュ）の薬剤師ジャン・バティスト・フランソワであった。この発明のおかげで、それ以降シャンパン・メーカーは、高すぎる圧力で壜が破裂する危険性を低く抑えながら、ワインを発泡させるために添加する補糖の量を正確に決めることができるようになった。ルイ・パストゥールが、世紀の発見である酵母と、アルコール発酵におけるその基本的役割について発表したのは、その少し後であった──当時のワイン醸造家にとっては、発酵はまだある程度神秘的な作用であった。

このような技術的進歩に後押しされて、シャンパン貿易は1840年代に劇的な拡大を遂げ、20世紀に入ると多くのメーカーが乱立し、こぞってこれまでにない低価格でシャンパンを売り出すようになった。しかし、大衆はすぐさまそれらの格安シャンパンに騙されなくなった。それらのシャンパンはありとあらゆる名前やラベルで売られていたが、愛好家の間では真に信頼することができるブランドの確立が切に望まれるようになった。その過程で、ドイツから移住してきた醸造家によっていくつかの最高級ブランドが確立されていった。ボランジェ、クリュッグ、エドシック、マムなどであるが、彼らはフランス人商人よりも語学が達者であったため、世界市場により容易に進出していくことができた。ロシア市場へシャンパンを送り込む最大手となったのがアルザス出身のルイ・ロデレールで、彼は1870年代に、甘党揃いであったロマノフ家の人々を満足させるために超高級クリスタル・ボトルを作った。それは透明なガラス製（時には水晶製）で、平底でくぼみがなく、ツアーの毒見役が疑わしいものが混入されていないかどうかをすぐに確認できるようになっていた。この特異な起源を継承し、ロデレール社の「クリスタル」は今もその形を留めている。

スタイルの変化：甘口から辛口へ

19世紀半ばまで、シャンパンは商売上の理由ですべてかなり甘口であった。というのも、シャンパン・ハウ

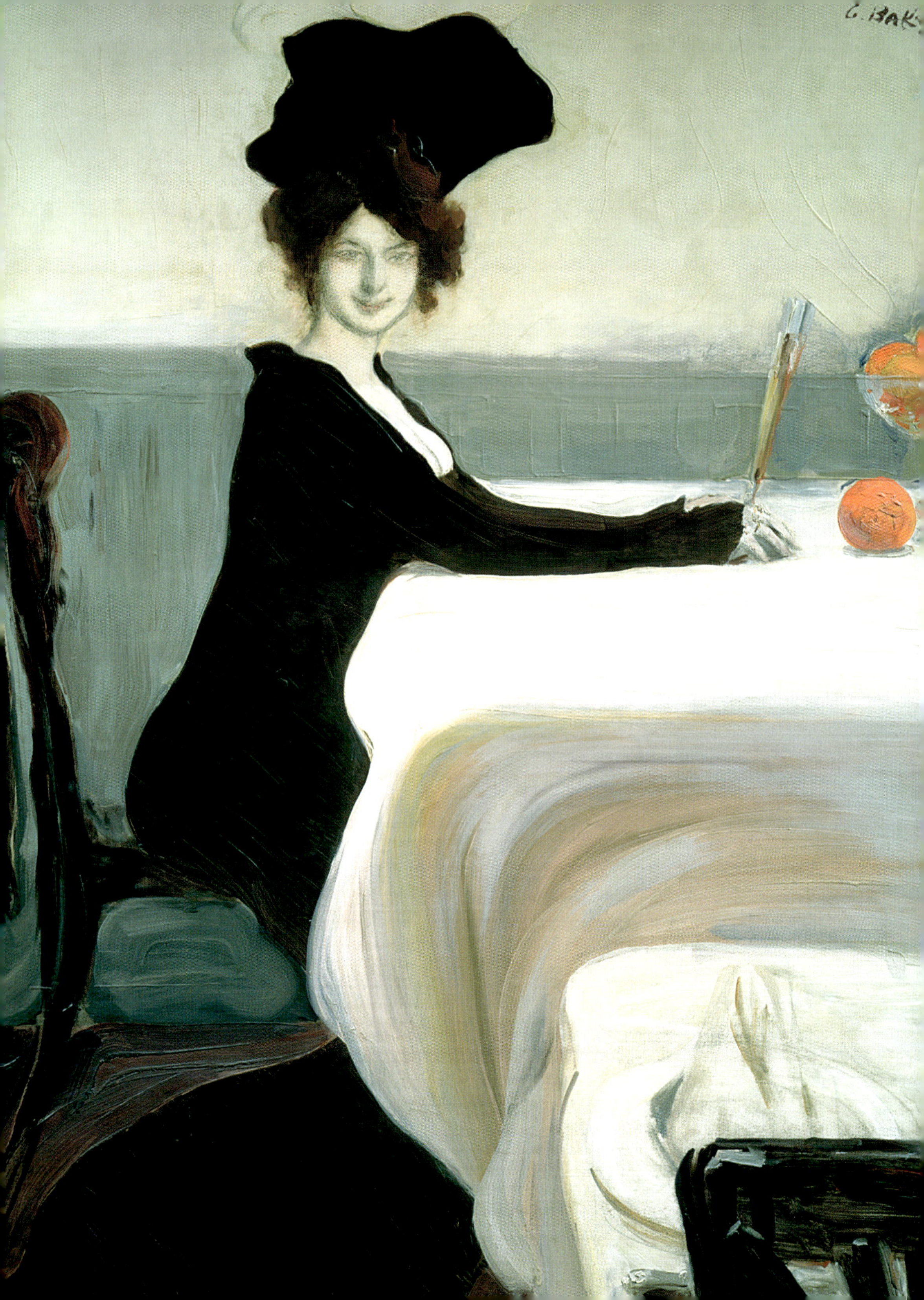

スは増大する一方の需要を満たすため、常に多量の糖リキュールを添加し、葡萄摘果後12カ月以内に飲めるようなシャンパンを造ったからである。しかし1860年代に入ると、イギリスでより辛口で、より長く熟成させたタイプのシャンパンを好む新しい流行が生まれ、これに応えていくつかのハウスがラベルに「辛口」という表示を加えるようになった。しかし現在われわれが知っているような真のブリュット（「加糖していない、生の」という意味で、超辛口を意味する）が作られるようになったのは1874年からである。その年マダム・ポメリーは、反対するスタッフもいるなかで、あの伝説的なヴィンテージを世に送り出した。1874ポメリーは、ヴィクトリア朝ロンドンに歓呼の嵐で迎えられた。辛口はシャンパン革命を先導し、それ以降シャンパンは、乾杯やデザートのためのワインとしてだけでなく、昼夜を問わずどんな時でも愉しむことができるワインとなった。

世紀末から飢餓そして暴動へ

ベル・エポックは、ドン・クラドストラップの言葉を借りれば、「シャンパンの黄金時代」であった。フランス国内では、女優を賛美する紳士連が、「特別なサロン」で女優のスリッパにシャンパンを注いで飲んだ。海外では、熱心なシャンパンのセールスマンたちは、無謀とも思えるほどの大胆な行動に出た。なかでも、モエのアメリカ代理店をしていたジョージ・ケスラーの右に出るものはなく、彼は1903年ニューヨークでのドイツ皇帝ヴィルヘルム2世のヨット進水式の船にぶらさげるボトルを、ドイツ産のスパークリング・ワイン、ゼクトから、モエ・ホワイト・スターに変えさせるという快挙をやってのけた。ヴィルヘルム2世はひどく立腹したが、来賓者一同はモエとともに喝采して喜んだ。

しかしフランスでは享楽の時代は終わりを迎えつつあり、ドレフェス事件での反ユダヤ主義の昂揚にみられるように、社会的緊張が高まった。それにつれてシャンパーニュ地方の人々の間にも、生活に対する不安が広まってきた。その上、フランスの鉄道網が整備され、南部の安い葡萄がイル・ド・フランス地域に流れ込む

左：流行の最先端にあった20世紀初頭のシャンパーニュを描いたレオン・バクストの『ランチョン』（1902年）

ようになると、シャンパーニュ地方の栽培家の市場は奪われ、収入は激減した。ハウスはシャンパーニュ地方以外の地域の葡萄を買い入れることに微塵も後ろめたさを感じず、ハウスと栽培家の関係は日を追うごとに悪化していった。エルヴェ・ルクサルドの『フランス革命（カラーイラスト世界の生活史）』（邦訳：東京書籍）から、クラドストラップは次のようなシャンパーニュ地方の葡萄栽培家の嘆きを引用している。「彼ら（シャンパン・ハウス）はシャトーに住み、われわれはその屋根の穴倉に住む。」

事態をさらに悪化させたのは、政府によるシャンパーニュ・ヴィティコール（シャンパン生産地区）の地図上の線引きが、栽培家の間に疑惑を生んだことであった。マルヌ県の栽培家たちは、彼らの土地だけがシャンパンのための古典的な葡萄にふさわしいと主張したし、一方、南部のオーヴ県の栽培家は、自分たちの葡萄畑は元をただせばクレヴォー修道院の修道女によって管理されていたもので、古代シャンパーニュ県の一部であり、トロワ市はその歴史的首都であると主張した。

フランス政府の優柔不断な態度によって緊張は一層高まり、1911年4月12日、ついに争闘の幕が切って落とされた。マルヌ県の栽培家たちは荒れ狂ったようにアイ村になだれ込み、他の地区の安い葡萄を買い入れていると見なされたハウスのセラーを襲い、ワインの入った樽を通りにぶちまけた。大惨事に至る前に妥協が成立し、双方は引き揚げ、奇跡的に死者はほとんど出なかった。最終的にはマルヌ県の古くからの中心部を正式なシャンパン産出地区とし、オーヴ県内の一部地区をシャンパーニュ・ドゥージェーム（第二）地区とすることで決着がついた。その後1927年に、オーヴの従属的な地位は撤廃され、拡大されたシャンパーニュ・ヴィティコールの一部となった。

苦難の時代：大戦・禁酒法・大不況

第1次世界大戦の間、ランスはドイツ砲兵隊の砲撃に曝され、事実上破壊された。しかし1920年代を通してランスの市街地は完全に再建され、広い通り沿いに優美なアールデコ様式の建築が並んだ。しかし大戦後の禁欲主義的運動は、シャンパーニュの人々にさら

上:「丘の上の作業はすべてを征服する」(ヴァージル)と刻まれたシャンパーニュの不屈の精神を表すアイ村の記念碑

なる苦難を強いた。1920年にアメリカは禁酒法を施行し、カナダとスカンジナビア諸国の多くが追従した。次いで大不況がやってきて、シャンパーニュ地方の人々は困窮のどん底に突き落とされた。ル・メニルの偉大な栽培家であるアラン・ロベールは当時を回想して、彼の父親がオレンジの果実1個を指して、「クリスマスの御馳走はこれだ」と言ったと述懐している。

協同組合・大躍進・再生

おぞましい1930年代、存亡の危機に立たされたシャンパーニュ地方の葡萄栽培家たちは、初めて協同組合を設立した。彼らの運動を支援したのが、両大戦で二度にわたって戦功十字章を授与されたフランス・レジスタンス運動の英雄、コント・ロベール・ジャン・ド・ヴォギュエであった。モエ・エ・シャンドンの当主でもあった彼は、栽培家が恥ずかしくない生活を送ることができるように葡萄の買い取り価格を6倍にするという、責任感に満ちた画期的な提案をした。彼が自ら痛みを分かち合ったことに対して、反動的同業者は彼のことを、「赤い侯爵」と罵った。

これもまた主にヴォギュエが提唱して実現させたことであるが、ドイツ人移住者たちは1941年に、シャンパーニュ地方ワイン生産同業委員会(CIVC)を設立した。CIVCはその後大躍進を遂げ、現在はエペルネに本部を置き、フランスにおけるワイン販売促進の最も力強い、最も影響力のある組織となっている。その成功は、効率性、現実主義、細部にわたる注意深さなどドイツ人特有の資質に負うところが大である。CIVCが設立されてから68年が経つが、現在シャンパーニュ地方はフランスで最も成功した農業地域となり、その実績はおそらくボルドーやブルゴーニュの人々でさえ、それを得られるならどんな代償でも支払ってもいいというほどのものになっている。

シャンパンの現況

ここ数年、シャンパンにとっては良い年が続いている。千年祭の前夜から10年、この地域がこれほど繁栄を享受している時代は歴史上他にない。2004年から4年続きの豊作に恵まれ、ハウスは葡萄を求めて高値で買い取り、栽培家たちの顔にも笑みが溢れている。東欧やアジア全域で新しい市場が開拓され、シャンパンに対する需要はとどまるところを知らない。今この地域全体に幸福感が蔓延している。しかしシャンパーニュ地方の賢者たちは、危機が迫っていることに気づいている。地下の深いところで、シャンパンのブームを支えてきた基礎が揺らぎ始めているのである。

アメリカがくしゃみをすると…

2007年8月、アメリカ・サブプライム市場での流動性危機を発端として世界金融の火山活動が活発化し、各地で噴火が相次いだ。人々の日常生活とかけ離れたところで起きた金融工学的危機は、すぐさま現代金融市場全体の脆弱な体質に対する全面的不安へと広がっていった。それ以降、信用は急激に収縮し、差し迫る不況の予感から奢侈品購入の目安となる消費者信頼感指数は弱まり続けている。シャンパンはこのような不況の波に対する抵抗力を持たず、また現在、世界の金融市場は密接に連係しているため、東欧における新市場開拓の短期見通しも、伝統的な市場での販売見通しと同じように大きな打撃を被りそうである。

しかし、減速しつつある世界経済の中で、シャンパンの市場での販売力に冷たい水が浴びせられ、価格

右:シャンパーニュの救世主として誰もが認めるコント・ロベール・ジャン・ド・ヴォギュエの功績を讃えるエペルネの記念碑

ROBERT-JEAN DE VOGÜÉ
1896-1976
COMMANDEUR DE LA LÉGION D'HONNEUR
CROIX DE GUERRE 1914-1918
ET 1939-1945
MÉDAILLE DE LA RÉSISTANCE
RÉSISTANT DÉPORTÉ
CO-FONDATEUR DU COMITÉ
INTERPROFESSIONNEL
DU VIN DE CHAMPAGNE
PRÉSIDENT-DIRECTEUR GÉNÉRAL
DE MOËT & CHANDON

制御力を無くしていた強気市場に冷静な落ち着きが戻り、販売予測が低く見積もられるようになったことは、シャンパン生産者にとっては案外善いことだったかもしれない。というのも、2004年から毎年年率5〜8パーセントという目を見張る高い比率で上昇してきたシャンパンの輸出の伸びからして、次の10年間の世界需要を満たすための葡萄の供給をどのように確保するのかという、きわめて切迫した問題が提起されていたからである。この状況は、好景気に葡萄栽培家が取る慣習的な反作用によってさらに悪化させられている。葡萄栽培家は、葡萄の価格がさらに急激に上昇するかもしれないという投機的な予測からか、あるいは、年末に多すぎる税金を払いたくないという気持ちからか、在庫を貯蔵しておく傾向がある。葡萄栽培家からの直近の売上税収入(2008年度)は、前年に比べ約13パーセント増加していた。このような状況の中で、葡萄の質を下げずに需給の逼迫を緩和する方策として、シャンパンの原産地範囲を再定義する議論が再燃している。

需要と供給の破断点

実際、葡萄果実の不足は、2011年以降死活問題となりそうである。2011年には、現在のAOC地域3万4000ha全体に作付けが完了してしまい、それから先8〜10年間は、需要増加分の葡萄を生産するための認証された葡萄畑が新規に拓かれる見込みはほとんどない。世界的な需要は増え続けており(いくぶん増加速度は鈍くなっているが)、生産は限界に近づきつつある。そんな中、栽培家は高値のまま推移しているワイン(シャンパンの原料となるブレンド用の)の多大な在庫を抱えているが、それは現在の繁栄を維持し続けるというコースにとっては、危険なカーブとなっている——それはまさに恐怖のヘアピン・カーブで、ハンドルさばきを誤れば高速道路から放り出されるかもしれない性質のものである。今後の葡萄供給の逼迫した状況について、興味深い分析がレモアのレコルタン・コーペラチュール(シャンパンを生産する葡萄栽培家の協同組合)のメンバーであり、ヤング・ワイングロワーズ・オブ・シャンパーニュの理事長であるオリヴィエ・コッシュによってなされている。ちなみに、これまでこ

のグループの理事長を務めた人の中には、その後シャンパンの最上の生産者となった人々——アラン・ロベール、ジャン・マリ・タルラン、ピエール・ラルマンディエなど——が大勢いる。

コッシュは書いている。「葡萄生産の理論的最大値と予測販売量の破断点は、2013年頃にやってくるだろう。販売量の伸びが年率2.5パーセント——それは過去20年間の平均伸び率である——を維持するならば、シャンパンの販売量は2013年には3億8400万ボトルに達するであろう。」この予測は単純な算術に基づいている。2011年までに、3万4000haの面積全体に作付けが完了するが、1ha当たりの葡萄の最大予測収穫量を14.3トンと見積もると、それは3億8300万ボトル分に相当する。こうして販売量の伸びがこのまま続けば、2013年には葡萄不足が顕在化する。もちろんこの見通しは、消費の動向と、シャンパンの販売量が伸び続けるために不可欠な世界情勢の安定に依拠している。

拡大シャンパーニュ・アペラシオン:範囲と時間軸

一方当局は、シャンパーニュ・アペラシオンとその概念を拡大の方向で再定義するという、長い時間を必要とするプロセスの具体的な第一歩を踏み出した。2007年10月、フランスの国家機関である国立原産地名称規制機構(INAO)は、拡大アペラシオンに新しく含まれる予定の40の村名を公表した。そのリストを見た人は、候補に挙げられた村の名前にほっとしている。というのも、それらの村々は概して古典的なシャンパーニュ地域の外延部にあたり、良い土壌と日照に恵まれた良好な立地にあるからである。ランスの北西部にあたるヴェール(Vesle)とアードレ(Ardre)の葡萄は、特有のミネラル香を持ち、卓越した酒質を有している。トロワの南西、セーヌ川の上流にある新しく調査されたいくつかの斜面では、夏の暑さが完熟した黄金色のシャルドネ——バランスのとれたブレンド・シャンパンのための非常に有益な構成要素となる——のための理想的な生育の場となりそうである。しかしこの時、同時にこれよりももっと重大なことが発表された。マルヌ県のずっと北側の、寒冷で森の多い2つの葡萄栽培醸造業者の村を、当局がアペラシオンから除名すると名指ししたこ

歴史・文化・市場

ン・ワインが醸造され、発泡性の商品に加工される地域の境界——634の村にまたがる9030ha——が新たに線引きされた。1例をあげると、マルヌ県の県庁所在地であるシャロン・アン・シャンパーニュがその中に含まれており、そこには葡萄畑は1つもないが、有名なシャンパン・ハウスであるジョセフ・ペリエがある。第2部では葡萄栽培地域が再定義され、313の村名が公表された。それらは主にマルヌ、オーブ、エーヌの3県にまたがっており、そこの村々から産出される葡萄はすべてのシャンパン・ブレンドに使うことができる。

　ここで少し厄介なことが起こる。それは、新たに指定された葡萄畑が、古典的なシャンパン産出地区の中心部からかなり離れた場所にあり、今後の再調査で拡大シャンパーニュ・アペラシオンに含まれる場合も、拒否される場合もあるということだ。このリビジョン・パーセレール（改定地籍簿）は2010年までは施行されず、完全に実施されるまでには5年はかかるとみられている——その葡萄がシャンパンに使われるようになる時期については言わずもがなである！ 選ばれた区画の作付けが最終的に2015年に終了するとしても、その葡萄が使用できるようになるには少なくともさらに3年が必要であり、それがデゴルジュマンされてシャンパンとして売り出されるまでにはさらに15カ月を要する。そうすると、新たに指定された地域の葡萄からできたシャンパンが市場に出回るようになるのは、2020年頃になる。INAOの最終決断に対して、後知恵であれこれ言うつもりはないが、新規に認定されたシャンパンのための葡萄畑が、今日の葡萄畑面積の15パーセント以上になり、それでも足りないかもしれないというのはまったく驚きである。シャンパンはこれまで同様——数に限りのある商品——であり続けるであろう。

シャンパンの未来：首尾一貫した展望

　シャンパンがこれまで通り、高品質の適切な量で生産された、厳格に定義された商品であり続けるかどうかは、押せ押せムードの拡張主義者と、葡萄畑のいかなる拡張も品質第一で行うべきだと主張する慎重な改革主義者のあいだの活発な議論なしには実現し得ないであろう。つまるところ、シャンパーニュ地方の人々

上：あちこちで見られるようになった、需要が供給を上回る優れた生産者であることを示す「在庫なし」のサイン

とである。そのうちの1つ、ジャーメーン（Germaine）には、モエ・エ・シャンドンとヴランケン・グループの実験葡萄畑がある。ジャーメーンがAOCから切り離されるかもしれないという発表は、巨大な腕力を誇示するものに対して当局が放った、いかなるものであれ当局の専門家の厳格な目を逃れることはできないという、ある種の警告と受け取られるべきであろう。

　2009年、INAOは専門家による丹念な調査と報告に続いて、2部からなる再定義の布告を発令した。第1部はシャンパンの生産地についてであり、第2部は葡萄の栽培地域についてである。第1部では、シャンパ

19

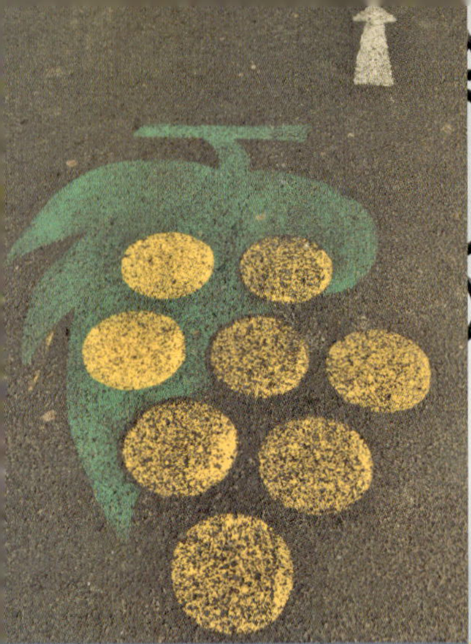
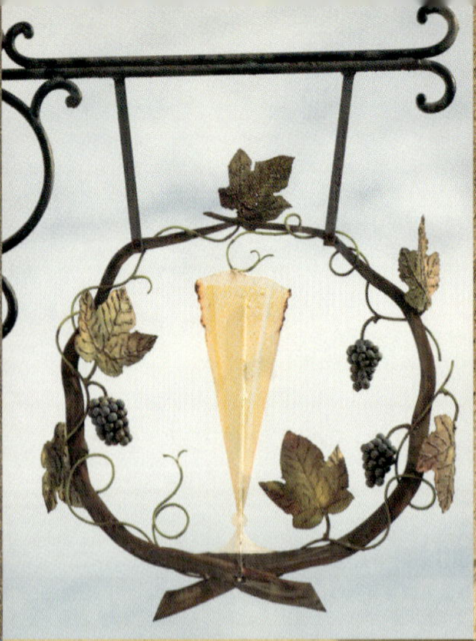
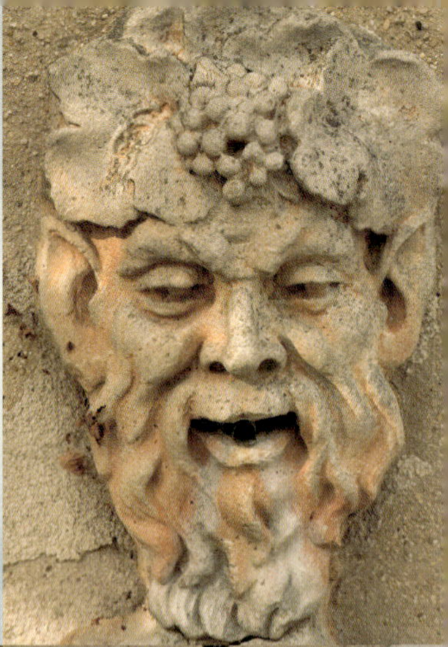
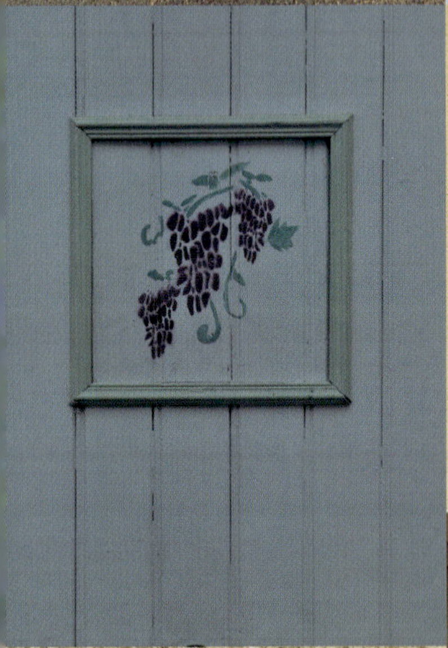
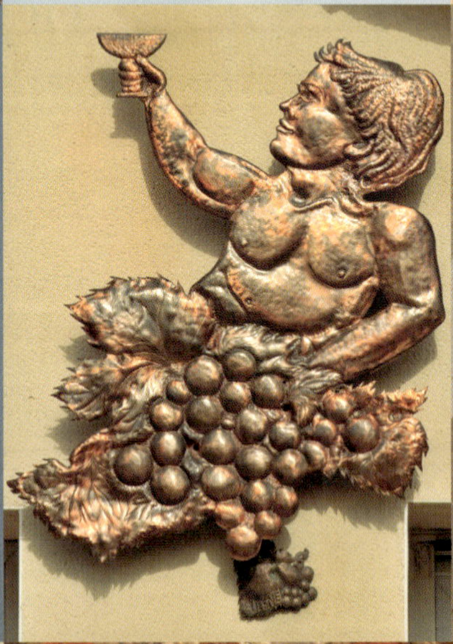
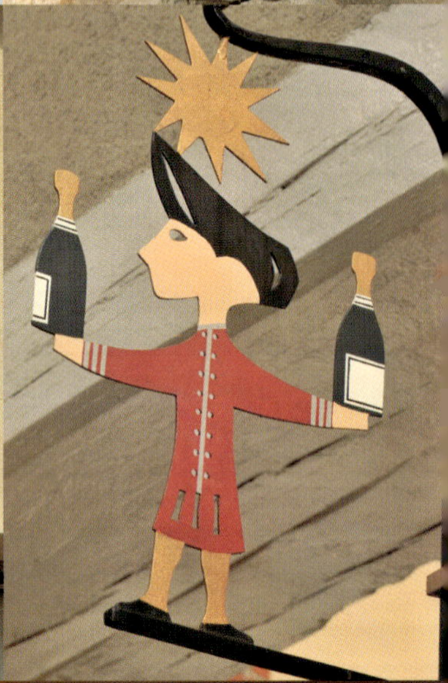
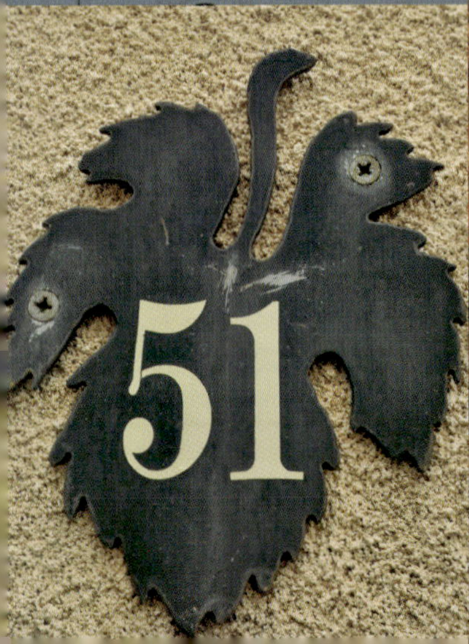
51
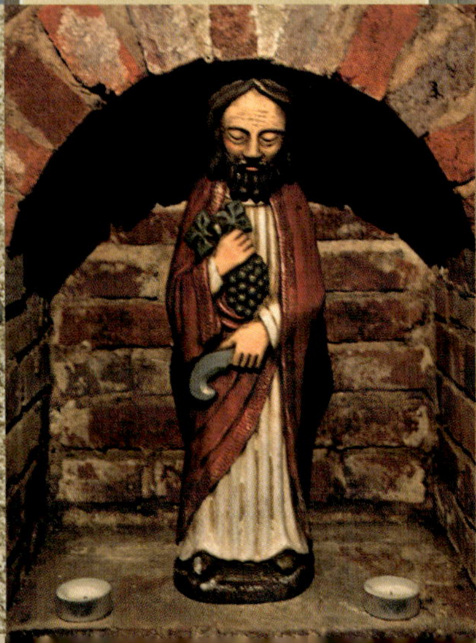
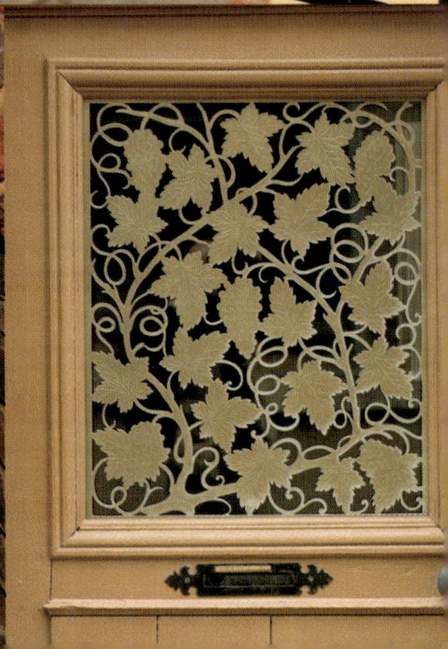

歴史・文化・市場

の前には小さなケーキしか置かれておらず、より大きな配分を求めてたくさんの攻撃的なプレイヤーが周りを取り囲んでいるといった状況である。

しかし救われることもある。その1つは、穏健な改革派——最も強大で、影響力の大きなモエ・ヘネシー・ルイヴィトン・グループ(LVMH)、ヴーヴ・クリコ、クリュッグもその中に含まれる——が最も強いカードを持っていることであり、もう1つは、新しくINAOの所長に就任したイヴ・ベルナールが、賢明な聞き手であるということである。彼はネゴシアンの団体であるシャンパン・メゾン組合(UMC)の前組合長で、非常に知性的な、合意を重んじる交渉人である。穏健な改革派にとって気がかりなのは、われわれが礼儀正しくも「若き実業家」と呼ぶ人々——この20年で大きな財産を築き、新規作付けが可能ならばどんなに遠く、どんなに悪立地の場所でもいとわない人々——の存在である。邪悪な考え方が生み出した悪しき前例がある。それは1980年代に行われたシャブリの葡萄畑の大規模な拡張である。その結果として生じた品質の低下が確認されたのは、つい最近のことである。もちろんシャンパーニュ・アペラシオン全体は、古典的地域よりもはるかに広域で、問題はもっと複雑である。しかしどんな場所であれ、最高品質を維持するための、妥協のない不断の努力が要求されていることに変わりはない。

誘惑に負けない収穫量を

当面の最大の焦点は、新しい葡萄畑から生まれるワインが出回る2020年までの窮余の策として当局が承認した、1株当たりの収穫量の増大という問題である。現在アペラシオンの品質を維持するために定められている最大収穫量は、1ha当たり1万5500kgで、容積に換算すると1ha当たり98.4hlである。多いと感じる人がいるだろうが、実際その通りである。トム・スティーヴンソンの厳密な検証によると、「ヴァン・ド・ターブルの最低レベルの品質を生産している栽培家が、認証さ れた栽培家リストにその名前を留めることができる収穫量の上限は、1ha当たり88hlである。」優れたハウスや栽培家に不公平にならないように言うと、高収穫量の葡萄からでも、良い、時には秀逸なシャンパンを造りだすことは可能である——1982、1990、2004年のような素晴らしい年の高収穫量の葡萄のように。しかしそれにも限度があり、現在収穫量はその上限に届きつつある。シャンパーニュ地方の人々はいま、そのハウスをもう一度秩序あるものに立てなおし、少しずつ長い時間をかけて収穫量を減らしていく必要がある——欧州委員会が彼らに代わって英断を下す前に。

ブルゴーニュやボルドーと同じ地平に

2009年初めの国際市場の状況は、シャンパンにとってかなり厳しいものになっているが、それはすべての生産者が、商品のあるべき姿、今後の戦略について厳しく自問する良い機会になっているのではないだろうか。シャンパンは本当に、世界市場の拡大がすべてと考える商品取引の専門家とともに歩むべきだろうか？ あるいは、そうなる資格と実力を備えているが、偉大な、比類なきワインへの道——いわばブルゴーニュやボルドーと同じ地平に立つ道——を昇っていくべきだろうか？シャンパーニュ地方の葡萄畑には限界があるのだから、見識のある消費者と生産者は、後者こそが栄光ある未来を約束する道であると確信するであろう。

ロシア、中国、インドなどの新興市場でのシャンパンの成長に依拠する楽観主義的議論の多くが、それらの市場がまだ生まれたばかりで、イギリスやアメリカなどの古典的市場のレベルに届くまでには、早くとも10年はかかるだろうという事実を無視している。巨大なフランス国内市場のシャンパンの2008年度売上高は1億8121万ボトルで、それはロシア、中国、インドへの輸出量を合わせた量の2倍以上である。またもう1つ確認しておかなければならないことは、これらの国の購買力は、一握りの非常に裕福な人々に集中しており、そのためこれらの市場は、量ではなく価値を提供するヴィンテージやプレスティージュ・キュヴェのための市場になるだろうということである。これもまたわれわれがよく知っていることだが、一般に量は質の敵である。

左:葡萄とワインは中世の初めからここアヴィーゼ、アイ、ダメリー、オーヴィレール、オジェなどのシャンパーニュ地方になくてはならない外観装飾デザインとなっている。それは輸出の強さに依拠するだけでなく、地元の顧客を大事にすることの大切さを訴えている。

21

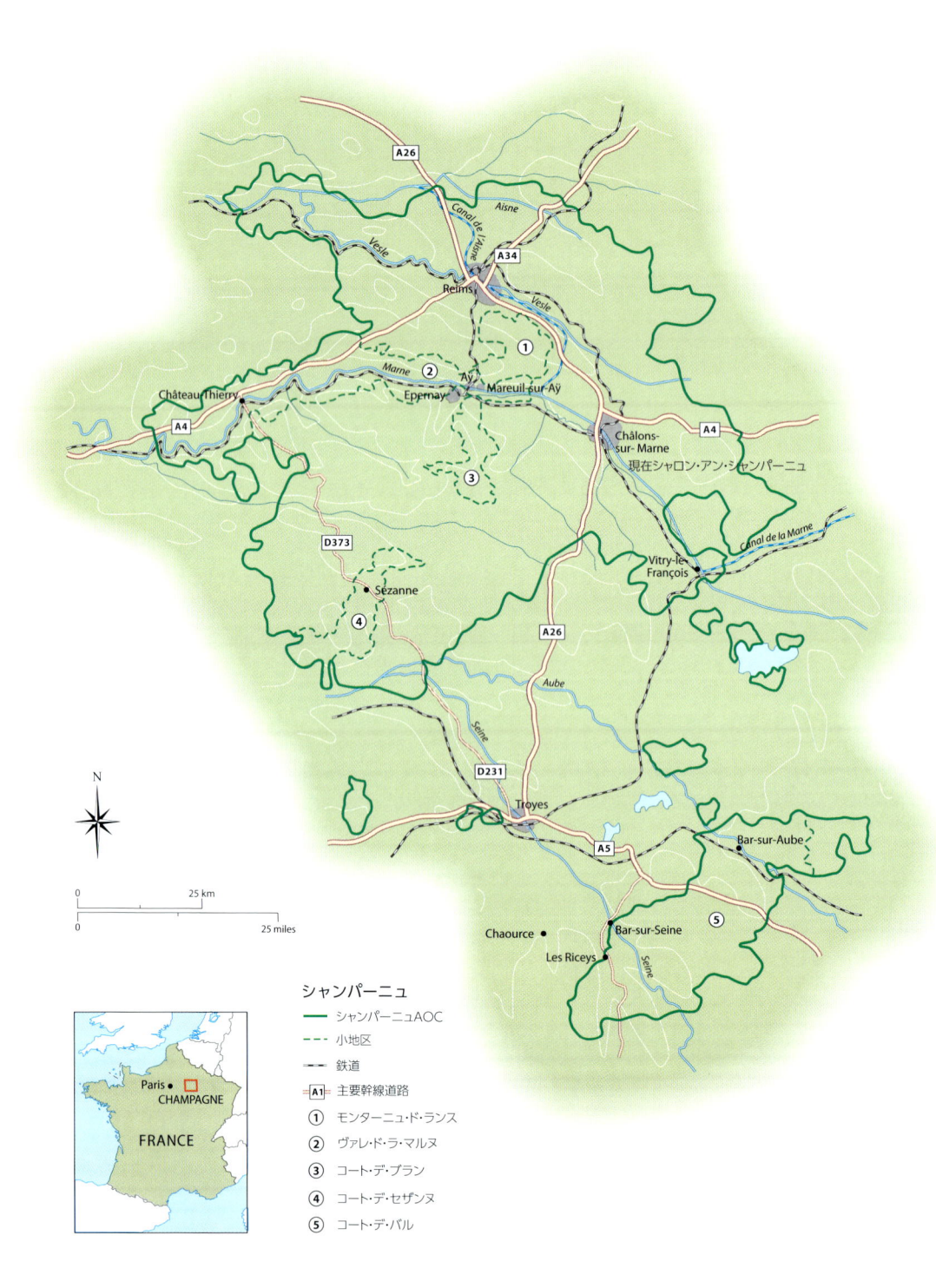

シャンパーニュ
- シャンパーニュAOC
- 小地区
- 鉄道
- 主要幹線道路
- ① モンターニュ・ド・ランス
- ② ヴァレ・ド・ラ・マルヌ
- ③ コート・デ・ブラン
- ④ コート・デ・セザンヌ
- ⑤ コート・デ・バル

2　葡萄栽培

品質と持続可能性

　テロワール——農業地域の、ある小地区の気候的、地理的、地質的特徴を包括的に表す神秘的なフランス語——は、シャンパンでは特に決定的な意味を持つ。葡萄樹はマルヌ県の最北端、北緯49～49.5度の寒冷な気候に耐えられる限界ぎりぎりまで植えられ、ランスとエペルネの年間平均気温が10℃以上に上ることはない。

　ドーバー海峡の港町から南東約290kmに位置するマルヌ県のシャンパーニュ地域中心部は、海洋性気候の影響を受け、ほぼ一定の間隔で降雨があり、季節による気温の変化はほとんどない。しかし、そこからさらに南に160kmほど下ったシャンパーニュ南部のオーヴ県コート・デ・バルでは、大陸性気候の影響の方が強くなり、夏の陽光はあり余るほど注がれる半面、冬には時に記録に残るような激しい被害をもたらす降霜が襲う（たとえば1957年と1985年）。オーヴ県の葡萄畑から最も果実味の強いロゼ・シャンパンが生まれるのはけっして偶然ではない。

岩と土壌

　シャンパーニュ地方のテロワールの最大の特徴は、名高いチョーク質の心土（表土と基岩の間にある地層）で、それは葡萄樹のための天然の灌水装置となる——1989年と2003年の最大級の早魃の夏にそれが果たした役割は際立っていた。シャンパーニュ・ヴィティコールの露出した岩肌は、本質的には厳密な地質学的基準で「石灰岩」（75パーセント）に属する——すなわち本来の石灰岩にチョーク質土壌と泥灰土の混ざったもの。そこには自然にできた亀裂が多く走り、葡萄樹の健康的な植生循環を促進する良好な排水をもたらしている。そのチョーク質土壌は、シャンパーニュ地方の2大品種、ピノ・ノワールとシャルドネが最も好む土壌である。その中でも最上のものがベレムナイト（p.7参照）で、多孔性に富み、1立方メートル当たり300～400ℓの水を溜める貯水池となっている。一方石灰岩は、それほど多孔性ではない。また泥灰土は基本的には石灰質土壌で、養分を多く含んでいるが、過剰に水分を貯留する傾向があり、葡萄樹の過度の繁茂と真菌による病害を招きやすい。

どの品種をどこに植えるか？

　古くからシャンパーニュ地方では、その土地の心土に最適な品種が選択され、どの地区、どの葡萄畑に、3大品種のうちのどの品種（2種以上の場合もある）を植えるかが決められている。

　シャンパーニュの葡萄畑の38～39パーセントを占めるピノ・ノワールは、主にモンターニュ・ド・ランスのチョーク質の特級畑に植えられ、壮大な骨格を持つバランスの取れた力強いワインを生み出す。その偉大な黒葡萄品種を摘果したばかりの果粒の状態で優しくプレスし果皮から果汁を分離させると、ほとんど無色透明の澄んだ果汁が流れ出す。プティ・モンターニュ地区では、砂岩の成分がそのワインを、より親しみやすい、しなやかなものにする。ピノ・ノワールはまた、オーヴ県の主要品種でもあり、その泥灰土地区の5分の4を占め、明るい果実味たっぷりのワインを生み出す。

　全葡萄畑の32.83パーセントを占めるピノ・ムニエは、硬い晩熟の品種で、粘土質の多いマルヌ渓谷の土壌に適している。シャンパンについて書いている書物の多くが、ピノ・ムニエをシャンパンのテロワールの特徴を最も出しにくい品種であるときめつけている。ブレンドに加えると口蓋を満たす量塊感は与えるが、それ自身としては旨みのない、働き馬的な品種であるとあまり高く評価していない。しかし実際は、ピノ・ムニエの最上の葡萄畑——エペルネの外周部、プティ・モンターニュ地区、キュブリ・ヴァレ沿い、そしてダメリの上、マルヌ川の右岸（南向き）——からは、きめ細かなしっかりした骨格の、長く熟成させることができるワインが生み出され、特にボーモン・デ・クレイエール、コラール、ジョゼ・ミシェル、ジェローム・プレヴォー等の手になるものは秀逸である。

　1980年代に起こったピノ・ノワール礼賛ブーム以来、マルヌ渓谷のピノ・ムニエの生産比率が7パーセント以上も下落したが、これにはとりたてて意味はない。これは、少なくともいくつかの例では、品質を改

次頁：斜面に広がる葡萄畑には勾配と日照量の微妙な変化があり、なぜある畑が他よりも高い格付けを受けるのかを説明する。

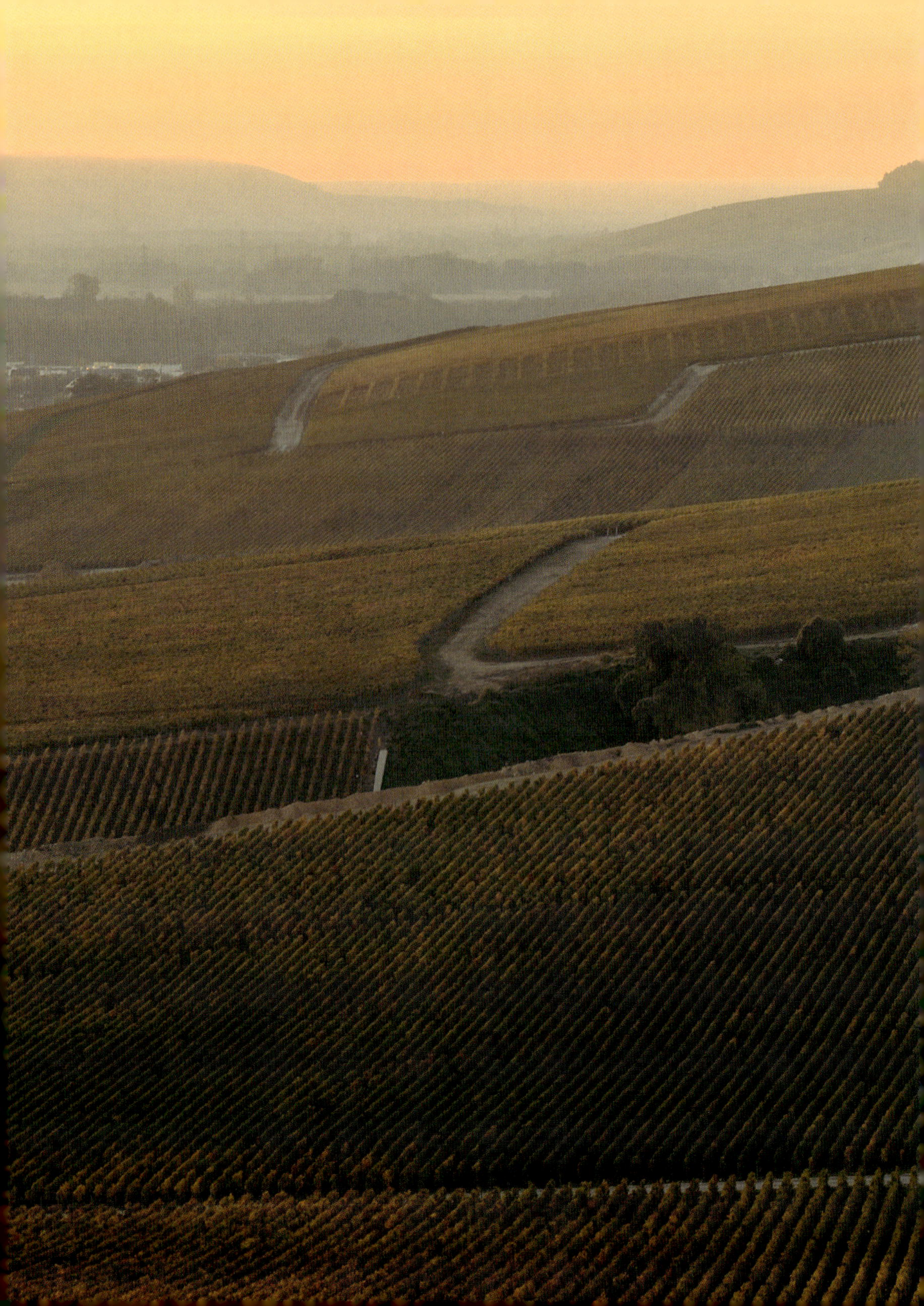

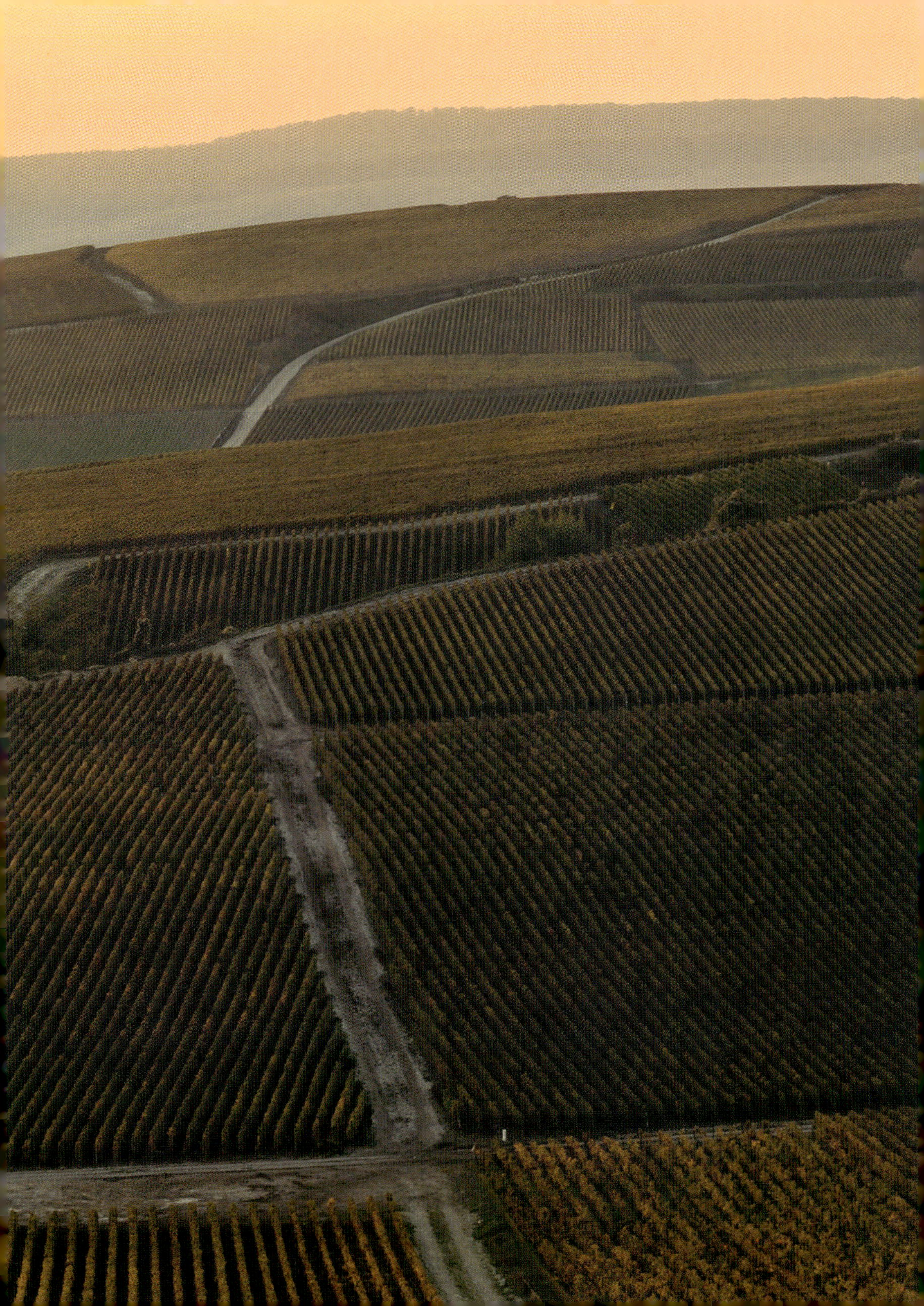

品質と持続可能性

良したいという真摯な取り組みの一環というよりは、流行と市場戦略に乗っただけのものである。マルヌ渓谷はピノ・ムニエにとって理想的な生育の地であるのだから、これが逆行した動きであることは間違いない。

　全葡萄畑の28.51パーセントしか占めていないシャルドネは、古くからコート・デ・ブランに植えられている品種で、ベレムナイト・チョーク質の厚い地層の上に育つ。その他、それほど多孔質でない砕けやすいチョーク質の露頭が、セザネィ（コート・デ・ブランの外延部）、ヴィトリー・ル・フランソワ（シヤロン・シュール・マルヌの上流）、トロワの西のモングーの大きな丘の上にも見られる。シャルドネはシャンパン・ブレンドに最も多く使われ、シャンパンにきれの良さと泡立ちの緻密さを与え、ピノ・ノワールの膨らみのある豊饒感にバランスを付け加える。それとは対照的に、最も特権的な葡萄畑から生まれるシャルドネだけを使ったシャンパンは、10〜15年、時には20年も美しく熟成することができ、偉大なブルゴーニュの白に似たトースティーな芳醇さを進化させる。

　プティ・メリエ、アルバンヌなどのその他の品種は、シャンパーニュ・ヴィティコールの残り0.27パーセントを占めるにすぎない。

斜面と命名畑（リュー・ディ）

　「斜面」に連なる葡萄畑ほど、シャンパーニュ地方を訪れる人の目を楽しませる景色はない。これは北限の地域では珍しいものではなく、誰もがその丘の斜面は、良好な排水と貴重な日照の両方を備えた、葡萄樹にとっては理想的な生育環境であることに気づく。平均勾配は12パーセント（100mにつき12m上がる）であるが、怖いほどに急な場所もある。たとえばアルイユ・シュール・アイ村のクロ・デ・ゴワセは、シャンパーニュで最も急峻な、壁のような葡萄畑で、その南向きの斜面は最大傾斜角45度でマルヌの支流へと急降下していて、太陽光をほぼ垂直に捕獲し、葡萄に高レベルの糖をもたらす。クロ・デ・ゴワセは、シャンパーニュの景観を彩る多くの名高い葡萄畑、命名畑（リュー・ディ）のモザイクのほんの1片にすぎない。シャンパーニュ地方の面積をエーカーで表すのと同じ数だけ命名畑（リュー・ディ）があるとい

上：チョーク質土壌の砕けやすい性質は、シャンパーニュ葡萄樹の秘密の鍵である。見せてくれているのは、アヴィズの指導者的栽培家であるアンセルム・セロス。

われ、現在8万4000前後に上る。多くの命名畑（リュー・ディ）には、ベル・ヴォワイエ（美しい眺め）、サンドレ（石炭殻）、レ・フロワ・モント（冷えびえする頂き）、レ・スープ・タール（遅い夕食、これは私好みの名前）など、イメージを喚起させる呼び名が付けられ、テロワールとその歴史について多くを物語っている。何年か前CIVCの専門家が、栽培家に彼らの葡萄畑のテロワールについてもっとよく知ってもらおうと、新しいゾーニング・プログラム（ゾナージュ）を開発した。現在精密な調査が進行中で、地理的編成、土壌成分、降霜地帯、浸食の危険性、地殻変動などの詳細を記した一連の地図

が作成されている。これによって栽培家は、いま以上に適切な葡萄品種、台木、さらには株間に植える芝の種類を選択することができ、除草剤の使用を最小限に抑え、そして最も重要なことであるが、摘果と最終的にワインに仕上げる時期を正しく決定することができるようになるであろう。

エシェル・デ・クリュ（クリュの等級）

ゾナージュに関する研究が進めば、シャンパーニュ地方の葡萄畑の格付けについてさらに深く理解することができるようになり、場合によってはそれをさらに精密なものに改定することができるようになるかもしれない。シャンパンの格付けはエシェル・デ・クリュ（葡萄畑の等級）と呼ばれ、ブルゴーニュやボルドーの格付けとは違って独特である。シャンパーニュ地域はそれ自体限定された地理的範囲であるが、その格付けは畑から生まれる葡萄の品質に基づく価格一覧表という性格のものになっている。エシェルはすでに1911年に制定されていたが、1919年に第1次世界大戦後のシャンパーニュ地方の地域再興計画の一環として、より包括的な形で再編された。当時は、グラン・クリュの最上の葡萄を100パーセントとし、だんだんと下って行って、最低で50パーセントまで価格は下げられた。現在では、最も恵まれない畑の葡萄でも77パーセントである。ドゥジエーム・クリュ（第2級畑）は80-89パーセント、43あるプルミエ・クリュ（第1級畑）は90-99パーセント、そして17のグラン・クリュ（特級畑）が100パーセントである。20年前までは、シャンパン・ハウスと栽培家の間で法律に従って締結される年間契約によって、収穫前に葡萄の固定価格が決められ、グラン・クリュがその固定価格の満額で取引され、それ以外の畑はそれに価格一覧表で決められたパーセンテージを乗じた額で取引されていた。

1990年からは、ハウスと栽培家の間で、よりゆるやかな、自由市場に近い形での価格交渉が行われるようになり、唯一の規制は、ハウスが買い取る時の上限を定めた参考価格（プライス・シーリング）だけとなった。これは最も力のあるハウスがその経済力で葡萄の多すぎるシェアを占めることがないようにするために定められた規制と考えられる。この規制は、21世紀初頭のもはや誰にも市場の力を止めることはできないと思われた好景気のなかで唯一頼りにできる心細い希望であったが、2008年の経済大混乱によって事態は一変した。1930年代以来といわれる深刻な不況の中、その参考価格は近い将来のためのより有効な規制手段とならなければならない。

シャンパンの品質は、その元となる葡萄の質と非常に密接にリンクしている。真面目なハウスで格付け90パーセント以下の葡萄を使うものはほとんどいないであろうし、ほぼ例外なしに有名なハウスのプレステージ・キュヴェは、グラン・クリュの葡萄をベースにしている。一握りの少数の村だけが、黒葡萄品種または白葡萄品種に特化して、その最高ランクを享受している。それ以外の村は、どちらの色の葡萄も栽培する資格があるが、モンターニュ・ド・ランスとマルヌ渓谷では大半がピノ・ノワールを育て、コート・デ・ブランはシャルドネに覆われている。この最高クラスの17のグラン・クリュの村々は以下の通りである。

モンターニュ・ド・ランス：アンボネイ、ボーモン・シュール・ヴェール、ブージー、ルヴォア、マイイ、ピュイジュ、シリリー、ヴェルズネ、ヴェルジ

ヴァレ・ド・ラ・マルヌ：アイ、トゥール・シュール・マルヌ

コート・デ・ブラン：アヴィズ、シュイィ、クラマン、ル・メニル・シュール・オジェ、オジェ、オイリィ

もちろん完璧な格付けなどなく、エシェル・デ・クリュの中にも明らかにそれとわかる矛盾があり、修正が必要である。しかし少なくとも言っておく必要があることは、コート・デ・バルの最上の葡萄畑が、一律に最低限度に近い80パーセントの評価しかなされていないのは、偏見のなせるわざとしか考えられない。セル・シュール・ウルス、レ・リセ、ウルヴィルなどの村からは、すばらしいピノ・ノワールが生み出されている。INAOの専門家はシャンパーニュ・ヴィティコールの拡

張を考えているが、同時に葡萄畑の序列の改定も視野に入れても良いのではなかろうか？

葡萄栽培：前進への道

　北緯49度の冷涼な気候で葡萄畑を維持管理していくことは、シャンパーニュ地方の人々にとっても決して楽な仕事ではない。しかしこの厳しい環境と、過去140年間に3度の外国による占領を経験したことにより、彼らの心には不屈の精神が育まれ、どのような窮地に立たされても最後には勝つという強い意志が鍛えられた。フランスのワイン生産地域で、シャンパーニュ地方ほどしっかりと組織化されている地域はなく、いまその葡萄栽培戦略は一貫して、植栽密度、最適な葡萄品種と台木の選択および包括的な調査プログラムといった品質的要素に焦点を合わせている。

　シャンパーニュ地域の現在の平均植栽密度は、1ha当たり8000～1万株となっている。株の数が増えれば増えるほど、葡萄樹は競って養分を奪い合い、1株当たりの房の数は少なくなる。葡萄樹の全エネルギーはその少ない房に注がれ、果汁の濃度と品質が高くなる。養分の行き届いた葡萄樹は、1株当たり12～15房を育てるが、それはほぼシャンパーニュ1本分に相当する。同様に、樹勢を抑え、日の当らない部分を少なくし、植栽密度を高くすることによって、葡萄の葉を最適な形で茂らせることができ、それにより光合成が盛んに行われ、より多くの糖が葉から果粒へと輸送されるようになる。

高品質の葡萄

　選択された葡萄品種の中の最上の株を選び出すことは、世界中どこでもワインづくりの最も重要な工程である。前世紀、シャンパーニュ地方は多品種生産から主要高品質3品種の生産へと大きく舵を切った。試行錯誤の結果、シャルドネと2つのピノ種が優れたシャンパン——糖と酸の適度なバランス、芳醇かつ優美な味わい、発泡との自然な親和性——を造るのに最も適していることが分かった。

　次に各品種の葡萄の質を高めるために、2つの技法が開発された。その1つがマサル・セレクション（集団選抜）と呼ばれるもので、多くの葡萄樹から接木用の枝を取り、それを増やしていく。もう1つはクローナル・セレクション（クローン選抜）と呼ばれ、ある好ましい特徴——果実のアロマが多いまたは少ない、房が少ない、病害に対する抵抗力がある、早熟など——を持った母株から接木用の枝を取り、それを増やしていく技法である。1960年に、シャンパーニュ地域内で葡萄樹を育てた記録のない場所（ウイルスの危険性を最小限に止めるため）に、葡萄樹観察センターが建設された。研究者はそこにアペラシオン全域から持ってきた何百という標本株を植え、その成長を観察した。実験的な植樹と継続的な科学的分析が行われ、健康で高品質な葡萄株の公式リストが作成された。いまそこには50株以上のピノ・ノワール、シャルドネ、ピノ・ムニエの優良認定株が育成されている。

葡萄畑で最も重要な作業

　世界中どこの葡萄畑であれ、最も重要な作業が剪定である。そのタイミングはまったく気候によって左右される。シャンパンにとって剪定は特に切り札的な役割をもち、一つ間違えば葡萄樹の成長を早めすぎたり遅らせすぎたりするおそれがある。そのため、どんなにベテランの栽培家が立てた年間計画でさえ、狂わされるのが常である。剪定は通常収穫後1カ月以内に始まるが、最近では11月初旬と、かなり遅くなっている。秋になってもいつまでも気温の高い状態が続くと、葉が緑のままで、光合成によって過剰な養分が葡萄樹にもたらされる。摘果の後、しばらくの間葉が茂り続けると、葡萄樹は糖を果粒に送る代わりに幹にため込み、それは冬の間凍結予防剤のような働きをし、春の新芽のための養分となって、根が十分にその働きを発揮し始める前に発芽を促してしまう結果となる。

　クリスマス週間が終わると、1月中旬に再び剪定が行われ、3月末まで続く。剪定の主な目的は、葡萄樹の成長エネルギーを、果房を付ける芽を多くすることに集中させ、トレリスの果房と果房の間の空間を狭くし、葉の過剰な繁茂を抑えることにある。樹勢と生産性の間にうまく均衡を取るのが理想的である——両者は通常対立した関係にあるため、均衡を達成するの

葡萄栽培

上：クローン選抜によって果房の数を減らし、葡萄畑の作業によって日照量を確保する。

は容易ではない。葉は果粒を成熟させるための糖を生産するが、葉が繁茂しすぎた葡萄樹は、果房が貧弱になり、果粒の成熟も乏しくなる。

　シャンパーニュ栽培者協同組合は、得意の組織的営みの一環として、この伝統的な技術を次世代に継承させるため、若い栽培家のための剪定技術必修認定コースを開いた。しかし意図していたことと世界的現実との間には隔絶があった。というのは、増え続けるシャンパンの世界的需要に応えるため、2004年以来幾人かの裕福な栽培家、特にコート・デ・ブランの栽培家たちが、適度な数を超える果房を葡萄樹に付けるようになったのである。ある最上の葡萄畑から、1ha当たり140hℓものシャルドネが生み出されたと聞いたことがある。しかしこれはAOCの公式の上限値（最近引き上げられた）を40パーセントも超過しており、その超過分は規則により蒸留酒用に売却しなければならないことになっている。これに一体何の意味があるのだろうか？

剪定法

　このように剪定は、非常に古くからシャンパーニュ地方の葡萄栽培家に伝わる基本的な技法であるので、古典的な「シャブリ」式剪定法が、17世紀に用いられていた技法と非常によく似ているのは不思議ではない。その剪定法では、葡萄樹(当時はほとんどがピノ・ノワール)は、仕立てを行わずにひとかたまり(en foule)の状態で地面を這わせる。葡萄樹はケーン(長梢)を伸ばすように剪定され、土をすき起こす時期にそのケーンの上に土を被せ凍結を防ぐ。いまでもアイ村のボランジェの古い畑の裏側、ヴィエィユ・ヴィーニュ・フランセーズの2つの小区画に、このようにケーンを土中にもぐらせる形で育てられている葡萄樹を見ることができる。そのずば抜けた、新世界のものに引けを取らない芳醇な強い香りから、トム・スティーブンソンによって「ボランジェの野獣」というあだ名を付けられたボランジェ・VVFキュヴェは、最も稀少で、最も特異なシャンパンの1つである。「なぜもっと多くの葡萄樹をこの方法で育てないのか？」という当然の疑問がわいてくるが、答えは単純である。つまり、シャンパーニュ地方で普通にみられるフィロキセラ耐性のために接木した葡萄樹は、en fouleの葡萄樹のように土の上を這わせた形では繁殖させられないということである。

　シャンパーニュ地方ではこれを含めて、4つの剪定技法が用いられている。

シャブリ式剪定法は、主幹(ケーン)を長く伸ばし、そのケーンにそって果実をつける枝芽を付けさせるもので、樹勢と生産性の間に良いバランスが生まれる。この技法は、収穫量が適度なレベルに保たれる限り、最も上質のシャンパンに適している。ケーンというのは2年目を迎えた長梢で、なめらかな褐色の木肌を持ち、その

主幹長梢につく枝芽はすべて果房になる力を備えている。シャルドネのグラン・クリュとプルミエ・クリュは、シャブリ式剪定法か次のコルドン・ド・ロワイエ式剪定法を用いなければならない。

コルドン・ド・ロワイエ式剪定法は、1本の長い「コルドン」——2年以上経過し木質化した主幹で、硬い樹皮を持つ——の上に、短梢（スパー）をつける方法である。コルドンはかなりの長さで、そこに、果実をつける芽を持つ短梢（スパー）が何本かついている。ケーンをスパーとして短く切り落とすのは、特に樹勢が旺盛すぎるシャルドネなどの品種の頂芽優勢を抑えるためである。樹液はケーンの先端の芽に向かって強く流れる傾向があるので、ケーンをスパーとして短く切り落とすことによって、樹液は樹の先端の果房を持たない「ブル・ウッド」の芽を伸ばすようには向かわず、果房になる芽へと注がれるようになる。

ギュイヨ式剪定法は、シャブリ式と同じく、基本的にはケーン剪定で、1本の葡萄樹に1本のケーンと1個のスパーを残す方法と、2本のケーンと2個のスパーを残す方法（ダブル・ギュイヨ式）がある。この場合、スパーは果房を付けるために残されるのではなく、翌年のケーンがその良い場所から伸びるようにするためである。この方法は特に霜害に襲われ、寒さで新芽をやられる危険性のある場所に適している。

マルヌ渓谷式剪定法は、ギュイヨ式とよく似ている。

ピノ・ムニエ種だけに用いられる方法で、この葡萄品種に特に適しており、霜害に対して特別な強さを発揮する。

夏の維持管理

葡萄樹の成長を管理するために行う夏の作業のうち、最も重要なもの——主に手作業——を以下に挙げる。

デサッカリング：これは主幹から伸びた果房を付けない不要な新芽を除去する作業で、樹液が無駄に使われることがないようにするためのもの。

リフティング：6月初旬には新梢は50cmほどに伸び、

上：数世紀を経ても剪定作業はほとんど変わらないまま。厳寒の冬の重要な作業である。

支持ワイヤーの上の、枝を這わせるためのワイヤーにそれらを結び付け持ち上げてやる必要がある。その数日後には、新梢をそれぞれ分離させながら、垣根状の棚のワイヤーに結びつけていく。これにより樹冠の密度を減らし、光合成のための日光量を最大限にし、また風通しを良くして腐れを予防することができる。

トッピング：6月中旬から7月初旬に始まる夏の剪定作業で、収穫の時期まで続くこともある。これは葡萄樹が無駄に葉を茂らせて、養分が果房に行くのを阻害することがないようにするためのもの。不必要な芽と葉

CLOS DES GOISSES
PHILIPPONNAT
"LES JOLIVETS"
TAITTINGER
Cuvée
Louise
PERRIER-JOUËT
PERRIER-JOUËT
LP
Laurent-Perrier
1760
DELAMOTTE
Veuve Clicquot-P
LA
GRANDE
DAME

は除かれ、果粒の成熟のための日光量をさらに確保する。トッピングはまた、春に出た葉よりも糖を生産する能力のある新葉の成長を促進させる意味もある（壮年の葉が最も効果的に光合成を行うことができる）。

ヴァンダンジュ・ヴェールト　7月から8月初旬にかけて、シャンパーニュ地方の栽培家のなかには、「グリーン・ハーベスト」を行うものがある。1枝に付く果房を減らし、残った果房に糖を集中させるためである。しかし栽培家の中には、これは尻拭い的な便法で、適度な植栽密度を取り、シーズン初めの的確な剪定など最初から几帳面な管理を行っておれば、必要のないことであるというものもいる。葡萄果実の着色（ヴェレーゾン）後に行う場合は、成熟していない房はまだ緑色ですぐに選り分けることができ、除去することも簡単である。

環境調和型葡萄栽培：理想と現実

シャンパーニュ当局が2000年以降大きく掲げている目標が、今後10年間で全地域の葡萄栽培を環境調和型にするというものである。その内容を要約すると「先祖から受け継いだ財産である土地と水と空気を守る活動を推進する」（CIVCの文書より引用）ということである。

「グリーン」な葡萄栽培は、理想の話なんかではけっしてなく、経済とワインの品質、そして環境の間の現実的な調和を実現するという、シャンパンが存続していくために是非とも解決しなければならない具体的な問題である。それは始まりもなければ終わりもない包括的課題であり、ワイン生産の全過程を貫く基準として考えられなければならない。田園環境の保護と調和する葡萄畑の設計と植栽、土地の涵養と浸食の防止、自然な方法による晩霜対策、そしてより一層慎重な廃棄物処理等々。町のゴミが青色のゴミ袋までも含めて葡萄畑の肥料に使われていた時代から、かなりの年月が経過した。その汚染するブルー・デ・ビル（町の青または青い悪魔）は、1980年代までシャンパーニュ地方の景観を穢し続けてきた。現在、環境調和型の栽培はほぼ標準的なものになりつつあるが、その一方で殺虫剤と除草剤の売り上げが、2000年代初頭の顕著な下降の後、再び上昇に転じたという逸話的証拠もある。葡萄に対する需要の強い圧力に耐え切れず、環境調和型葡萄栽培の原則のいくつかを放棄する栽培家が出始めていることを危惧する栽培家もいる。

それにもかかわらず、若い優秀なシャンパーニュ地方の青年栽培家は、一方で環境を改善するための継続した努力を続けながら、他方でシャンパーニュ地方という北限の地の気候が葡萄栽培に課す、操作の限界性に対しても冷静な目を向けつつある。ここで、称賛すべき自家栽培醸造家である、シャルル・アンリとエマニュエル・フルニの兄弟によって経営されているヴェルテュのヴーヴ・フルニの例をあげよう。彼らは1995年と1996年に、彼らの葡萄畑の2区画で、化学的合成除虫剤を使わないビオディナミを試した。その結果べと病が広がり、彼らはやむなく毎週、硫酸銅を散布したが、収穫のほとんどが無に帰した。ちなみにビオディナミ栽培では銅の使用は許されているが、それはビオディナミ栽培家の用語を使えば、銅は自然な「エレメント」だからである。とはいえ、銅もまた有毒であり、土壌を汚染し、葡萄樹の成長を阻害する。そこで兄弟は、硫酸銅の使用を減らすため、無毒な合成化学薬品の使用の方を選んだ。同時に彼らは、有機肥料を使うことにし、葡萄棚の間に芝を植え、フェロモンを使用して雄の蝶の間に「性的困惑」を起こして交尾を阻害し、葡萄樹の葉がアオムシにかじられて腐るのを防いだ。兄弟は1990年代から、彼らの葡萄樹を健康に育てるための堅実な改良を積み重ねながら、2010年までの無農薬栽培の実現を目指している。

左：ほとんどの葡萄畑は小規模栽培家によって所有されているが、大きなハウスはその所有者が誰か一目でわかるように表示している。

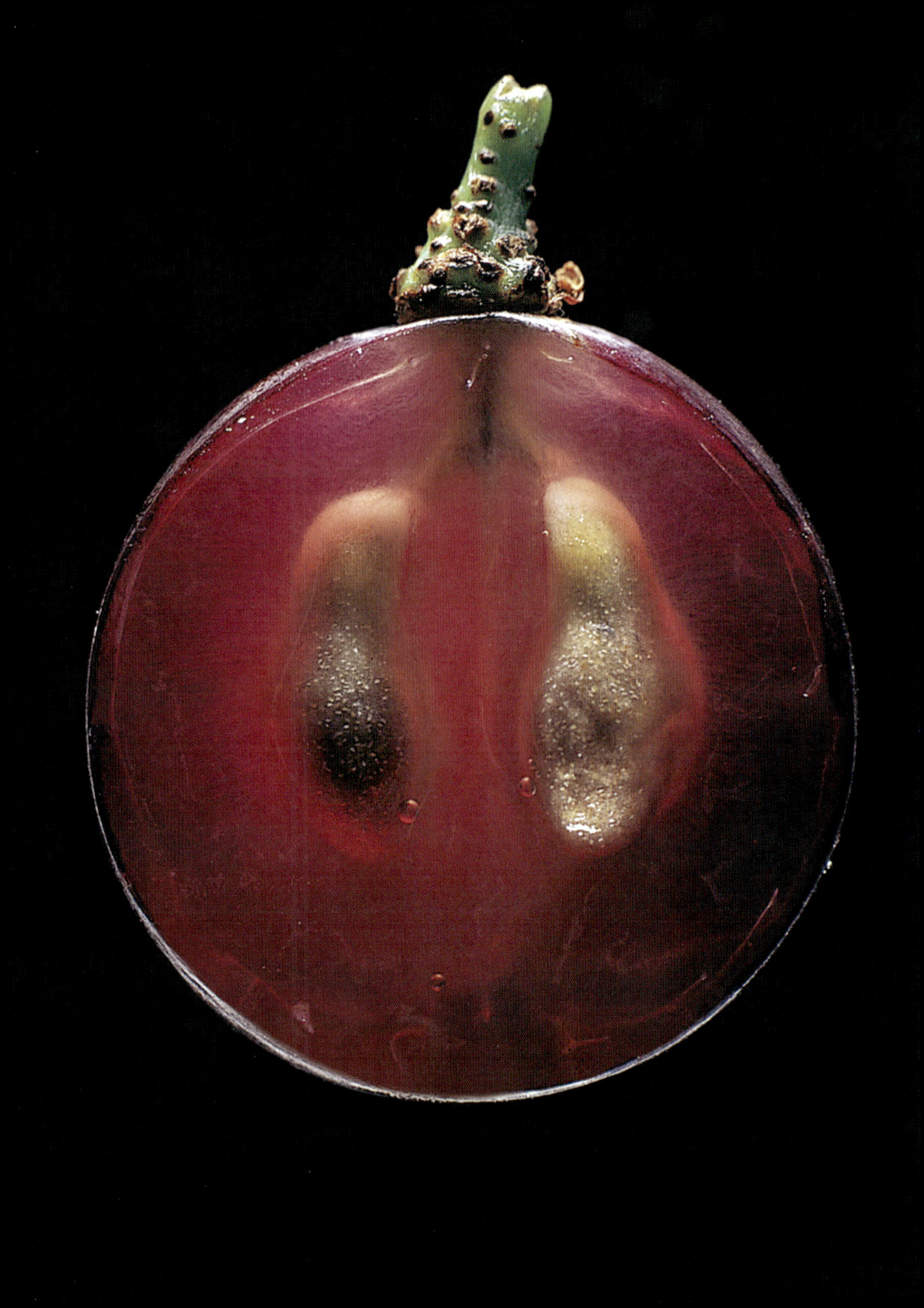

3　ワインづくり

キュヴェの芸術と魂

摘果の約1カ月前、果粒は成熟し色を変え始めるが、その色は葡萄品種によって異なる。シャルドネは緑から緑がかった金色へ、ピノ・ノワールとピノ・ムニエは青みがかった黒色へと変わる。果粒は完熟へ向かって柔らかくなり、果汁を多く蓄え、丸々と充実する——まるで生食用の葡萄のように見える。完熟の正確な瞬間は、酸が下がり始め、糖が上昇し始める時である。シャンパン造りでは摘果の時期を決めるのは、常に最も精妙な勘と経験が必要とされる最大の決断である——偉大なスパークリング・ワインに不可欠の「テンション」を確かなものにするために十分な酸を維持させる必要がある。一方、完全主義の醸造家は、やや遅く摘果し、フェノール類を十分に成熟させて、さらなる芳醇さをめざす。シャンパーニュの醸造長のなかでも古い学派に属する人々は、「フェノール類の成熟」という言葉を異端と考える。というのは、酸の維持こそ、彼らにとって中心的な、ほとんど強迫観念的な優先事項であるからである。気候変動を示すさまざまな兆候がなければ、彼らの言っていることはまったく正しいであろう。しかし気候変動のせいで、シャンパンを造る方法は次の10年間で大きく変わりそうである。というのは、今後は、より成熟した、おそらくより豊潤になった葡萄から、いかにして、みずみずしい生気あふれるワインを作り続けるかという課題が持ち上がってきそうだからである。

とはいえ現時点では、シャンパーニュ地方の北側の地区の葡萄の酸は、隣のブルゴーニュのものと比べてもかなりの高さを維持している。それに比べて糖の含有量は、特に2007年のような弱々しい夏では、はるかに頼りにならない。理想的にはシャンパンを造る葡萄は、約10パーセントのアルコール度数を達成できる力を有していなければならない。もちろん、成熟度は気候によって年ごとに変わる。また葡萄の成熟度は、ランスの北のサン・ティエリ山地からコート・ドールとの境界近くのリセ地区まで、距離にして約200kmのシャンパーニュ・ヴィティコールの上に広がる318の村の葡萄畑と葡萄品種によって大きく異なる。実際コート・デ・ブランの古くからある最上の葡萄畑では、糖濃度は時に13パーセントの天然アルコール度数を生むまでに上昇することがある。しかしメニルの偉大な栽培家アラン・ロベールが以前私に打ち明けてくれたように、「ネゴシアンはあのように芳醇で、グラマーなワインを好まない。尊敬すべき何人かの例外を除いて、彼らはあまり特色のない、アルコール度数の低いワインを好むのだ。なぜならその方がブレンドしやすいから。」

毎年10万人もの摘み手が葡萄畑で働いているが、その作業は今も昔と変わらず苛酷である。シャンパーニュ地方は、フランスの他のワイン地域とは異なり、いまでも伝統的な手摘みにこだわっている。それは人の手だけが、青みの残っていない完熟した葡萄を選別する器用さを持っているからである。摘み取り機械を使えば、果房は強く叩かれ、割れた果粒から浸み出した果皮の色素が全体の果汁を染めてしまうおそれがある——特に黒葡萄品種の場合、これは絶対に避けなければならない。丁寧に果房を摘む訓練を受けた摘み手は、それを優しくプラスティック容器に入れ、トレーラーの上に載せる。果房はその後酸化を防ぐため直ちにワイナリーに運ばれ、そこで圧搾される。

圧搾：キュヴェとタイユ

葡萄は全房のまま、できるだけすばやく、そして優しく圧搾されるが、ここにシャンパーニュの分節化したワイン造りの真骨頂がある。圧搾の最初の過程で出てくる、明るく、透明で、自然に流れ出る搾汁（キュヴェ）と、その後に出てくる搾汁（タイユ、「カット」ともいわれる）とが別々に抽出される。後者は果皮に含まれる不純物のせいで、徐々に色が黒くなっていく。透明な搾汁と不透明な搾汁を分離して取り出すのは、葡萄の自然なままの新鮮さと、弾けるような活力を引き出すために、もちろん単純な圧搾に比べはるかに熟練した技術が要求される。キュヴェは3回の連続した圧搾（セレス）によって抽出されるが、平均的な圧搾で1ha当たり20.5hℓが生産される。その中でも最上のキュヴェは、クール・ド・ラ・キュヴェ（キュヴェの心臓）と呼ばれ、連続した3回の圧搾の真ん中で抽出される部分

左：フェノール類の成熟と糖熟の度合いを見ながら摘果の時期を決めるのは、ワインづくりのなかで最も大きな決断だ。

で、ワインに純粋さと骨格の理想的なバランスをもたらす。

通常、そのバランスを達成するために、最も熟練した作り手が手作業で圧搾された葡萄の搾りかす（「ケーキ」とよばれる）の端をスコップですくい中央に戻す、レトゥルーセという作業を必要とする。幸い現在では、シャンパーニュ造りで最も重要なこの作業を劇的に進化させた輝かしい新技術が開発された。それは現代圧搾機のロールスロイスともいえるpressoir automatique à plateau incliné（PAI）という機械で、コカール社が製造している。これは圧搾された葡萄ケーキを傾斜角によって中央に戻すもので、手作業によるレトゥルーセを不要にする。かつて摘果の日まる1日を費やして行われたレトゥルーセの作業は、今ではこの機械を使えば3時間で済み、さらに地球にとって良いことに、エネルギー使用量も大きく削減することができる。伝統的な醸造家の中には、高額なPAIに反発して、昔からの垂直式圧搾機と手作業によるレトゥルーセに固執するものもいるが、おそらくそれは理屈ではなく、愛着によるものであろう。とはいえ、現在シャンパーニュ地方の多くの生産者が、コカールの伝統的なプレスでもPAIでもなく、現代的な空気圧搾機を使っている。

キュヴェがすべて抽出された後、段階的に圧力が高められ、2～3回圧搾が繰り返され、タイユが搾出される。厳格な品質規制が施行された1992年以来、このタイユの搾出は、1ha当たり5hℓ（公式には6.5hℓ）に規制されている。タイユは、糖分濃度はキュヴェと同じだが、すべての偉大な白ワインの骨格を形成するリンゴ酸と酒石酸の濃度は低い。またそれは、より多くの酸化物、鉱物質、色素、その他植物性の要素を含んでいる。1番目のタイユ――ハウスによって割合が決まっている――はいくつかのシンプルなアロマを持っており、早く熟成し、果実味は強いが、魅惑的である。シャンパンのシェフ・ド・カーブ（醸造長）は、ブレンドの種類によってこのキュヴェとタイユをさまざまな比率で使い分け、彼らの理想とするスタイルを創り出す。

圧搾の最終段階では、環境汚染を避けることに最大限の注意がはらわれる。最も注意すべきは、搾汁の後の圧搾機の洗浄に使う水による汚染で、その中には固体粒子や有機物が多く含まれ、不快な臭いを放ち、それが川や湖に流入すると生物に大きな被害を及ぼす。水質汚染を防止するための徹底的な研究を行った後、CIVCはシャンパーニュ地方の全生産者のためのガイドラインを作成し、水およびその他の排水に対する徹底した管理を呼び掛けている。

澱引きと発酵
デブルバージュ　ファーメンテーション

圧搾の後、固形物をシンクの底に沈殿させ、上部から透明な果汁を取りだす澱引きという工程によってマスト（圧搾された葡萄果汁）の中の不純物が除去される。この工程の超現代的な洗練された形――逆説的だが、これを行っているのはシャンパンの2つの伝統ある「グレート」・ハウスであるビルカール・サルモンとポール・ロジェである――が、デブルバージュ・ア・フロアである。これはマストを5℃前後の低温に保って行われる2度目の沈殿である。低温が濾過の働きをし、天然酵母と粗い澱の大半を除去することができる。また低温のため、果汁の酸化を防ぐことができる。この2つのハウスから生み出されるシャンパンが、優美で、新鮮で、長命であるのは、幾分はこの独特な工程のおかげであろう。

透明な果汁は、次にアルコール発酵へと向かう。多くの場合これはステンレス・タンクで行われる。1990年代半ばに全面的に木樽を使用していたのは、クリュッグ、ボランジェ、アルフレッド・グラシアンなどの少数のトップ・ハウスと、ルネ・コラールやアンセルム・セロスなど一部の偉大な自家栽培醸造家だけであったが、今、再びオークが脚光を浴びはじめ、秀逸なハウスと自家栽培家の多くが、発酵槽――特に最上の最も骨格のしっかりしたワインのための――の材料として、オークを好むようになってきている。

今日のシャンパン用の偉大な素質、その豊潤さを多くのシャンパン生産者が再認識し、最近では多くが、全量の、または一部のヴァン・クレール（第二次発酵をさせる前のワイン）をオーク樽で発酵させるように

右：ますます多くの生産者が発酵と熟成にステンレス槽とオーク樽の両方を使うようになっている。

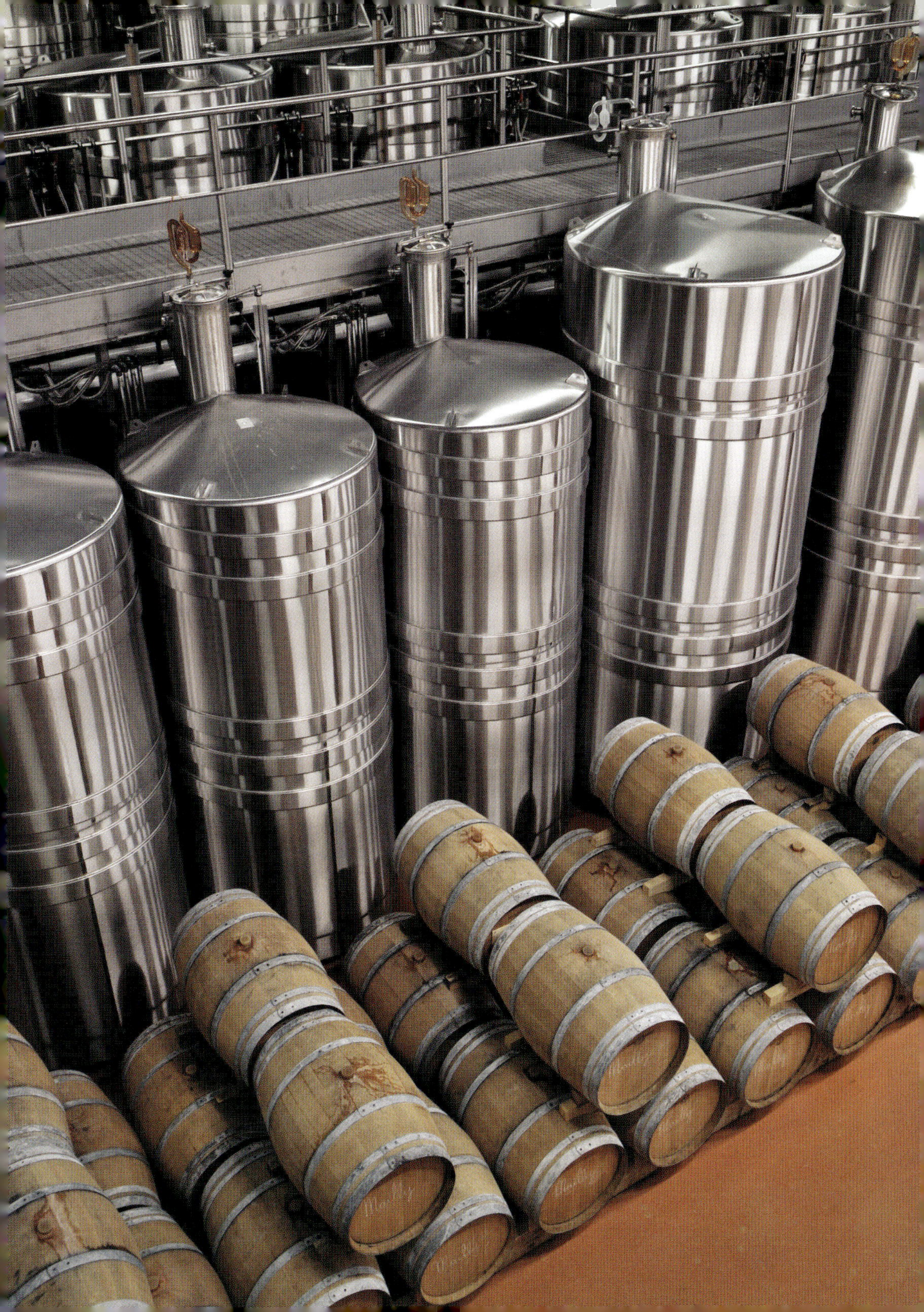

なっている。かつては、205ℓまたは228ℓのオークの大樽を用いていたのはほんの一握りの偉大なメゾンだけであったが、現在では100前後のハウスと自家栽培家が、ワイン造りの工程のどこか——さまざまな大きさの大樽、小樽による発酵、1トン樽での熟成、ヴァン・ド・ドサージュの製造（42頁参照）——でオークを使っている。これによってワインに強さとしなやかさがもたらされ、さらにオークのマイクロ・オキシジェネーション（微量酸素供給）作用によって、それに耐えうる十分な個性と骨格を持ったシャンパンに、あの複雑なフレーバーが授けられる。

さらに深く見ていくと、実際はシャンパン造りでのオークの使用法には3つの学派がある。第1は古典学派で、彼ら昔堅気の職人は、常にオークを、それもたいていは5～30年物の古い樽を使う。彼らにとってオークはそれ自体が目的なのではなく、まして流行でもない。それはワインが最もよく自分を表現するための補助、媒体であり、過剰なオークの香りでワインに仮面を被せるためのものではない。このスタイルの最上の例がクリュッグであり、一家はオークの使用を、第1次発酵のときに入れる小さな小樽に限定している。ワインはその後ステンレス製の槽に入れられることによって、新鮮さが最高の状態で保たれる。

第2の学派は、ワインの個性または独創性を強調するために、その精妙なアロマとフレーバーを求めてオークに回帰した伝統主義者で、オークは新しい活躍の場を与えられ、多くの場合ステンレス槽やエナメル槽の使用と組み合わされて、ブレンドまたはヴィンテージ・キュヴェに理想的なバランスを付与する。

第3の学派は革新的な醸造家である。彼ら革新派は、ワインづくりの不可欠な構成要素としてのオークの使用法を洗練させている。彼らはオークを、世界中のどんなに優美な発泡性ワインに対しても負けない表現力を持った最上のシャンパンを作るための最重要の手

下：ジェローム・プレヴォーのような小規模の自家栽培醸造家がオーク小樽復活の前線に立っている。

段と考えている。アヴィズの傑出した自家栽培醸造家であるアンセルム・セロスに代表される革新派は、シャンパン造りに現代的な技法を持ちこんでいる。アンセルムの場合は、最初にオークの新樽を使い、次にそのワインを「ソレラ」・システムで貯蔵し、バトナージュ（オーク樽の中の澱の攪拌）する。目に余るケースとして、多くの尊敬すべきテイスターから破門を言い渡されている一部の革新派の、過剰なオーク使いを批判的に持ちだす人もいるかもしれない。しかしこの点をくどくどと論じる必要はないであろう。というのは、シャンパンにおけるオーク使いは、最も優秀な醸造家にとっても、ある種の学習曲線であり、彼らは観察と柔軟な頭を持って、オークの使用法とその量を、彼らのワインの、ヴィンテージごとに変わる性質や骨格に合わせて加減しているからである。そのうえ今では、各学派の間で考え方と技法の一種の受粉が行われている——古典派はワインを感染と腐敗から守るために非常に現代的な補助を用いているし、伝統主義者はワインがオーク樽の中で熟成している間にバトナージュを行っている。

ブレンドの芸術

発酵後の早い段階では、生まれたてのワインはまだ普通の白ワインにそっくりである。それが昔は「シャンパーニュ・メソッド」と呼ばれ、現在では「トラディショナル・メソッド」と呼ばれているブレンドの技によって変身させられる。トラディショナル・メソッドというのは、ボトルの中で二次発酵させることによってワインを発泡させる方法（現在世界中の上質スパークリング・ワインがこの方法で作られている）で、EUはこの用語を推奨している。ともあれ、シャンパンを他のスパークリング・ワインから区別するものは、その精妙なブレンドの技である。ブレンダーの頭の中には300以上もの葡萄畑の特徴が記憶されており、彼らはそれらの畑が生み出すワインのフレーバーを巧みに融合させて、ハウスの創立時のスタイルを踏襲したシャンパンを創り出す。ほんの一握りのトップ・ハウスだけが、そのような匠の技を会得したブレンダーを抱えることができるという声をよく耳にするが、それは事実ではない。シャンパーニュ地方のような北限の地では、偉大な自家醸造栽培家もまた、彼の葡萄畑のさまざまな場所で生まれる異なったヴィンテージのワインをブレンドすることにかけては、偉大なメゾンにひけを取らないほどに熟達している。ただ規模が違うだけである。比較すべき点は、数多くの地区に分散する多くの葡萄畑の特徴を、丁寧に磨かれたハウスのスタイルへと収斂させていくビッグ・ハウスのブレンドの技と、ワインが生まれた場所と時間をより透明な形で反映させながら、隣接する村を含めてせいぜい7カ所程度の畑と2～3年のヴィンテージを合わせるブレンドの技のちがいだけである。

偉大なる葡萄：原料

ビッグハウスの販売促進課は、彼らのシェフ・ド・カーブの魔法のようなブレンドの技を至高の芸術として記述するときはいつでも、多少なりとも声高になる。ブレンドがいかに重要で魅惑的なものであろうと、偉大なシャンパンの最大の必要条件は、他のすべてのワイン同様、葡萄畑にある。シャルル・エドシックの故ダニエル・ティボーは、その世代の最高のブレンダーであったが、彼がいつも実直に語っていたように、「シェフ・ド・カーブは魔法使いではない。シャンパンの質を決めるのは、原料である葡萄なのだ」。

最良の醸造長は、葡萄の成長を見守るため1日の大半を葡萄畑で過ごすが、彼らはたいてい栽培家の息子または娘である。ヴーヴ・クリコの匠であるジャック・ペテルスは、ル・メニル村のピエール・ペテルスの農園の生まれであり、ドン・ペリニヨンの醸造最高責任者であるリシャール・ジェフロワは、アヴィズ村のシャンパーニュ協同組合の前理事長の息子である。

秀逸なシャンパンは、一般に特級畑のグラン・クリュ葡萄を原料にしている。そのため醸造長が、たとえばハウスのプレステージまたはトップ・キュヴェを作り上げようとするとき、彼らの手元には最上のフレーバーを並べたパレットが置かれている。17あるグラン・クリュの村のなかで、ピノ・ノワールで最も好まれている村はアイであろう。それはブレンドにハーモニーときめの細かさをもたらす。ヴェルズネは酸と骨格を、ブージは豊潤な果実味をもたらす。シャルドネなら、それは

ル・メニルであろう。それはミネラル香と長い余韻をもたらす。オジェはより丸みのある蜂蜜のような豊かさを、アヴィズは「鉛筆の芯」の優美さをもたらす。クラマンは躍動感を、シュイィはきれの良い辛口の明晰さをもたらす、等々。

　当然、この選択には造り手の好みがあらわれる。たとえばクリュッグは、アンボネイを称賛し、そのグラン・クリュのピノを最も好むが、その理由は厚く堆積したチョーク質がもたらす極上のフィネスが得られるからである。愛らしい塩味といえば、北向きのヴェルジの繊細に勝るものはないであろう。プルミエ・クリュに目を向けると、マレイユ・シュール・アイは、公式の格付けではないが、ピノ・ノワールのグラン・クリュであり、無比の堅固さと長寿の可能性を秘めている。きわめて特異なシャルドネという点では、モンターニュ・ド・ランスのアンボネイの北の高いところにあるトレパイと、コート・デ・ブランで一番北にあって標高も高いキュイの名前を挙げなければならないであろう。どちらも強烈な酸で、飲む者にテーブルの端を掴みたくなるような刺激を与えるが、ヴィンテージ・ブレンドのなかで超絶した演技を披露する。レクラパールやジモネのような優れた自家栽培家のワインが、それを証明している。

　周到なハウスの大半が、あまり長く熟成させないヴィンテージ・キュヴェを組み立てるときに使っている、ピノ・ムニエもまた無視すべきではない。ウィリアム・ドゥーツのような最高級のプレステージ・キュヴェに含まれるムニエは、少量ながらも口の中を満たすスパイシーなまろやかさを付け加える。20世紀の最高のシャンパンの1つであるクリュッグ1981には、ムニエが19パーセント含まれている。偶然にもクリュッグの名前を再度引き合いに出したが、それについては謝る気はない。というのは、ポール・ロジェ、ロデレール、ビルカール・サルモンを含むすべてのヴィンテージ・キュヴェを比較してそれが最高だったからだ。

　同じことがノン・ヴィンテージ・ブレンドにもいえる。そこでは幾重にも折り重なったフレーバーのパレットが、多くの糸からなる織物のように響き合う。1994年に私が最初のシャンパンに関する本を書いたとき、珠玉のトップ・ハウスとして当時約50万本のシャンパンを生産していたクリュッグは、そのグラン・キュヴェを、10〜12のヴィンテージから選んだ約40種のワインで組み立てていた。生産量が増え、ヴーヴ・クリコの最上の地区の葡萄も手に入れることができるようになったことを反映して、クリュッグは、今では70前後のワインの中から選択することができるようになった。また年間1100万ボトルも生産するクリコ自身のような怪物の場合、イエロー・ラベル・ブレンドを組み立てるために使われる葡萄畑の数は、優に200を超える。プティ・モンターニュおよびオーブ県のコート・デ・バル生まれの、抜群のしなやかさと明るさをもたらす基調ワインとしての2種のピノ、マルヌ渓谷とアードレの最高の畑から生まれるムニエ、トロワの西、モンゲーの南向きの斜面から生まれる黄金色に熟したシャルドネ——これらも変わらない洗練されたハウス・スタイルを生み出すために使われる補助的な役割の葡萄である。

ロゼのための赤ワイン

　ロゼ・シャンパンの多くは、白のシャンパン・ブレンドに赤ワインを加えて作られる（アッサンブラージュしたロゼ）。そうした方法を用いるのは、スパークリング・ワイン本来の優美さとフィネスを維持するためである。このスタイルのロゼの生産者が、赤と白を別々に作り、それをブレンドするやり方を好むのは、葡萄から過剰な色素とタンニンが抽出されるのを避けるためである。有力なハウスの強い需要に応えて、モンターニュ・ド・ランスとマルヌ渓谷沿いで、数少ない貴重な赤ワインが生産されている。最も難しいのは、ワインに瑞々しさを加えながらもフレーバーを洗練させ、けっして重くならず、ちょうど良い色調になるように赤ワインの種類と量を選択することである。そんな訳で、ヴーヴ・クリコの醸造長であるフィリップ・ティエフリーが、「ピノ・ノワールの最高の赤ワインを選びそれをブレンドするから、うちの葡萄畑とワイナリーで1日過ごさないか」と私を招待してくれたとき、私は飛び上がって喜んだ。クリコ未亡人の時以来、クリコはこの精妙な、ワインらしい旨みのあるロゼづくりのモデルであり続けている。

　4月のある典型的な涼しい朝、ランスを出発し、モ

ンターニュの南東を迂回してトレパイユを通り過ぎブージーへ向かっていると、教会の尖塔が霧の中から顔をのぞかせていた。そこが村の上、極上のピノ・ノワールが生まれるクリコの比類なき葡萄畑であった。心土を縫うように名高いベレムナイト・チョーク質の脈が流れる命名畑、エガリレスはこの上なく美しかった。その畑は完璧に南東の方角を向き、午前中と正午前後の日照を確保している。この小さな葡萄畑が、昔からグランダーム・キュヴェのための黒葡萄の主な源泉であると知らされても、私は少しも驚かなかった。その右手、部分的に少し南寄りになっていて同じ様に特権を与えられた2つの命名畑、レ・ヴォーダヤンとクロ・コランが、グランダーム・ロゼのための主な葡萄畑である。それからさらに南、ブージーとアンボネイの境界にあるオー・ムーランが、通常はより葡萄らしい味わいのクリコ・ヴィンテージ・ロゼのために最も好まれる畑である。

葡萄は摘果後すばやくクリコの村の、赤ワイン用に特別に作られた圧搾室と醸造室に輸送される。それはミニマリスト的な非常に芸術性を感じさせる建物で、現代的な魔術のための箱のように見える。大小の2つのステンレス製の発酵槽がコンピュータ制御のオート・

上：スパークリング・ワインへと変容するプリーズ・ド・ムース（「泡の捕獲」、二次発酵）のためシュール・ラテで寝かされているボトル。

ピジャージュ（自動櫂入れ）で果帽を果汁の中に突き落としていた。最近では、最高に優しいペリ・スタティク・ポンプが最高のピノ・ノワールの希薄で優美なアロマを逃がさないように捕獲している。

泡立ちを付け加え澱を除去する

ブレンドが完成すると、綿密に計算された量のリクール・ドゥ・ティラージュ（ワイン、庶糖、酵母の混ざった溶液）が加えられる。こうしてワインは二次発酵の用意が整う。プリズ・ド・ムース（泡の捕獲）といわれるゆっくりと進行する過程を通じて泡が形成されるが、その過程が非常に冷涼なセラーでゆっくりと進行すればするほど、泡はより繊細になるといわれている。壜内の圧力は徐々に高まり、大気圧の5〜6倍に上昇する。横に寝かせられた壜（シュール・ラテ）のなかで二次発酵が起こると、自己分解の過程を通して酵母は死に、ワインのアロマとフレーバーにさらなる複雑さを付け加える。この段階でシャンパンに与えられる熟成の時間が、その品質の決め手となる。ノン・ヴィンテー

ジ・シャンパンの場合、販売に出される前に最低16カ月は熟成されなければならず、ヴィンテージ・シャンパンの場合は最低でも3年である。実際にはシャンパンと呼ぶにふさわしいものを作るため、最高の生産者はノン・ヴィンテージを3〜4年、ヴィンテージを7〜8年熟成させる。実際には2006年まで続いた需要の圧力が、このように優雅な販売方法を許さない場合も多くあった。

酵母の沈殿物である澱は、ルミアージュという方法で除去される。このフランス語には、英語で「riddling（ふるい落とすの意）」という単語があてられているが、これでは正確に意味が伝わらない。昔ながらの方法では、壜を孔のあいたピュピトルと呼ばれるラックに壜口を下にして並べ、毎日少しずつ回転させながら傾きを大きくしていく。これを続け、最後に壜口がほぼ真下を向くようになると、王冠またはコルクの上に澱が堆積している。この労働集約型の作業は、現在では多くがコンピュータ制御されたジャイロパレットと呼ばれる機械で行われているが、その原型を制作し、特許を取得したのは、ル・メニル・シュール・オジェの偉大な自家栽培醸造家である故クロード・カザルである。いくつかの偉大なハウスでは、特にボランジェのグランダネやローラン・ペリエのグラン・シエクルのようなキュヴェの場合は、今でも人の手によるルミアージュが行われている。

この段階でボトルはジャイロパレットからはずされ、逆さまのまま静かに熟成しながら、コルクまたは王冠をはずし澱を壜から抜き取る作業、デゴルジュマンを待つ。ボトルは通常逆さまの状態でコンベアに並べられ、冷却されて、壜口の澱の溜まった部分が半分凍った「シャーベット」になる。その後、デゴルジャーが王冠またはコルクを抜くと、ガスの圧力で壜口の小さな氷の塊が澱の外へと排出され、透明な輝く色のワインが残る。この技法はデゴルジュマン・ア・ラ・グラースと呼ばれる。壜口を凍らせることなく沈殿物を除去する古いやり方は、デゴルジュマン・ア・ラ・ヴォレと呼ばれるが、現在ではめったに見られない。しかし特別な日に、コルクを抜くか抜かないかのうちに目にもとまらぬ早業で壜を直立させ、沈殿物以外のワインが

こぼれないようにする熟練の技を見るのは素晴らしい経験である。

最後の仕上げ：ドサージュとマリアージュ

最後に減ったワインの部分に、さまざまな量と成分のリクール・ド・ドサージュ（シャンパン・ワイン、砂糖、そして時には精留され濃縮された葡萄果汁）を加え、それによってシャンパンは甘口・辛口に分けられるが、その種類は通常ワイン1ℓ当たりの砂糖のグラム数で表示され、以下のような公式名称がつけられている。

エクストラ・ブリュット（「エクストラ・ロウ」）：0-6g/ℓドサージュ。超辛口（ブリュット・ナチュレ、ブリュット・ゼロ、パス・ドセ：0-3g/ℓ）

ブリュット（「ロウ」）：0-15g/ℓドサージュ——古典的、辛口

エクストラ・セック（「エクストラ・ドライ」）：12-20g/ℓドサージュ——辛口-中辛口

セック（「ドライ」）：17-35g/ℓドサージュ——中辛口

デミ・セック（「ミディアム・ドライ」）：35-50g/ℓドサージュ—中甘口

ドゥー（「スウィート」）：50-150g/ℓドサージュ—甘口

この最後の仕上げの後、ドサージュがワインとマリアージュ（結婚）するために、出荷まで6〜12カ月寝かされるのが望ましい。

右：デゴルジュマンによって澱を除去されるのを待つばかりのルミアージュの最終段階にあるピュピトルのボトル。

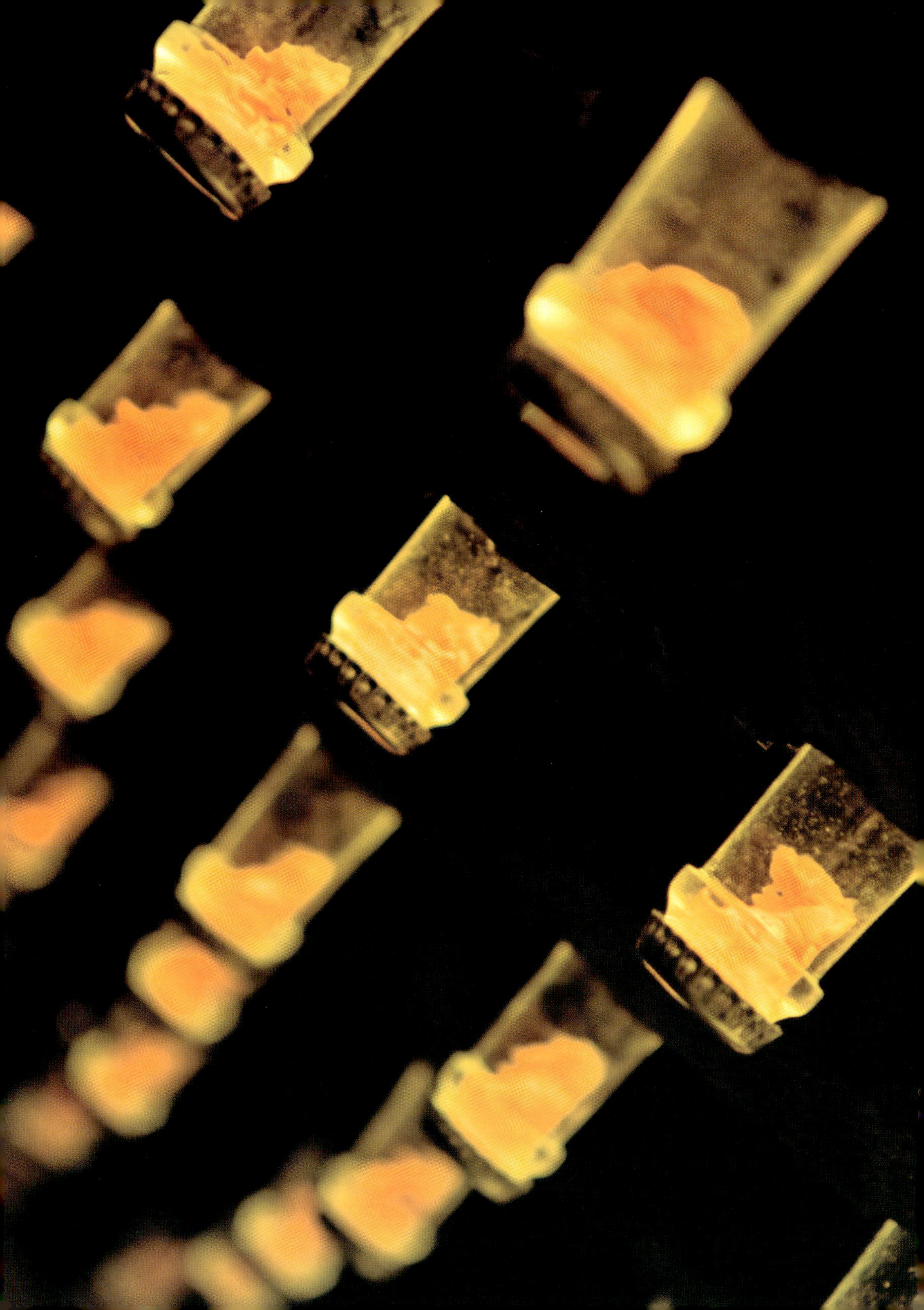

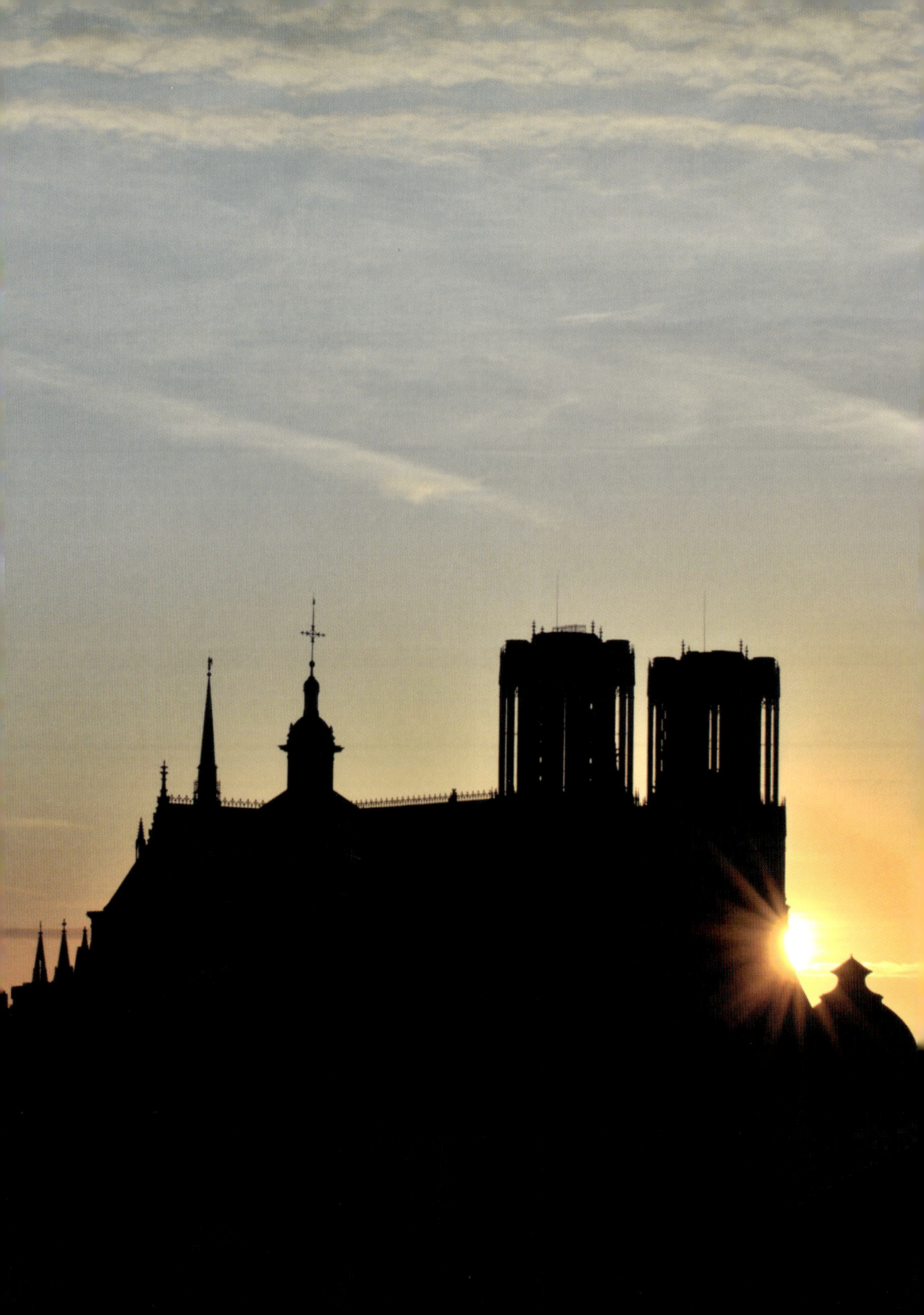

ランスとモンターニュ・ド・ランス

ランスは、プロヴァンスとミディの両地方を除き、フランスで最も古い歴史を有する町である。ローマ帝国が現在のフランスの国土を最初に支配した時（西暦57年頃）、パリはまだ大きな村でしかなかったが、ランスはすでに10万人近くのゴール系ベルガエ人が住む大都市であった。それから約2000年が過ぎ、ランスは今も人口約24万8000人を擁するこの地方を代表する大都市であり、フランスで最も充実した子ども病院がある。

ランスは誰もが知るとおり偉大なシャンパン・ハウスの本部が居並ぶ都市であり、小さなハウスの本部も数多くある――約40軒。ヴーヴ・クリコ、シャルルとパイパーの2つのエドシック、クリュッグ、ランソン、ポメリー、ルイ・ロデレール、テタンジェなど、まるで勲章授与のため名前を読み上げているようだ。しかし何といっても、1729年にスパークリング・シャンパンを歴史上初めて作った醸造元であるルイナールが最も歴史を感じさせる。ローマ時代に掘られたチョーク採掘のための坑道――レ・クレイエール――は、国指定記念物になっている。一方、ブルーノ・バイヤールとアラン・ティエノはどちらも卓越した新興ハウスで、1980年代に設立された。また2つの自家栽培家協同組合――パルメールとジャカール――も市内にある。

ランスとエペルネの2大都市で、ネゴシアンによるシャンパン生産量のほぼ全量を2等分しているが、エペルネの産業の90パーセントがシャンパンに依存しているのに対して、ランスはほんの10パーセントにすぎないし、他にも繊維、衣類、床材などの産業が盛んである。ランスは単なるワインの町ではない。あかぬけした店、有名なレストランとカフェ、1920年代に整備された広い大通り、そして荘厳なノートルダム大聖堂、さらに美しいサンレミ大修道院、これらすべてがフランスの第二の首都と呼ぶにふさわしい雰囲気を醸し出している。パリからそう遠く離れた場所ではないが、現在では時間的にその距離はかなり短縮されている。最新型のTGVに乗りランス中央駅を出発すると、パリの東駅までの160kmがたったの45分しかかからない。また新しく開通したばかりの別のTGVに乗ると、モンターニュ・ド・ランスの麓の駅ランス・ブザンヌを出発してわずか30分でパリ・シャルル・ドゴール空港に到着する。

モンターニュ・ド・ランス

モンターニュは山というよりはむしろ非常に大きな丘で、縦約20km、横幅約10kmに広がっている。ヴェルズネ村とヴェルジ村の間の最も標高の高い場所でも、レモア平原から180mの高さで、標高は275mにすぎない。ランス―エペルネ間の主要幹線道路によって二分されている丘の上の高原は、深い森に覆われた1万haの国立公園になっており、野性のイノシシが跋扈し、トレッキング好きなシャンパーニュ地方の人々の少し危険なお気に入りのコースになっている。モンターニュのある森には、自然を愛する心優しい人々にはたまらない世界でも珍しい木がある。それは今から1500年前にセント・ヴェール修道院の修道士たちによって植えられたフォー・デ・ヴェルジというブナの木で、くねくねと螺旋階段のように曲がった枝が傘のように広がり、まるでホラー映画の舞台装置のように見える。

モンターニュの葡萄畑は、ヴィレール・アルランからマイイへと北側の斜面に沿って連って行く。モンターニュの中でも最上の畑は、ヴェルズネとヴェルジからトレパイユを経てブージー、アンボネイに下る北東の斜面である。そこはエペルネの南のコート・デ・ブランが、黄金色のシャルドネにとって理想の地であるのと同じくらい、豊潤なピノ・ノワールにとって理想の地である。ほとんどがグラン・クリュで占められているこの斜面は、マルヌ渓谷のアイ村とともに1つの共通した性質を共有している。それらのグラン・クリュはすべて、ファレーズ・ド・シャンパーニュ（「シャンパーニュの断崖」）と呼ばれる東向きの、純粋なベレムナイト・チョーク質が露出した白い岩肌の上にある。ベレムナイトは、水晶のような無垢で透明なミネラルのフレーバーをワインにもたらすだけではない。その独特のスポンジのような肌理は、2001年のような湿潤な収穫期の降雨もすばやく排水し、またその反対に2003年のような熱波の年でも葡萄樹をしおれさせないだけの水を根元に蓄えておく能力を備えている。ワインに関して一般化は危険であるが、こと水

左：偉大なノートルダム大聖堂は今でもランスの街を睥睨している。ここで1825年までフランス国王の戴冠式が行われた。

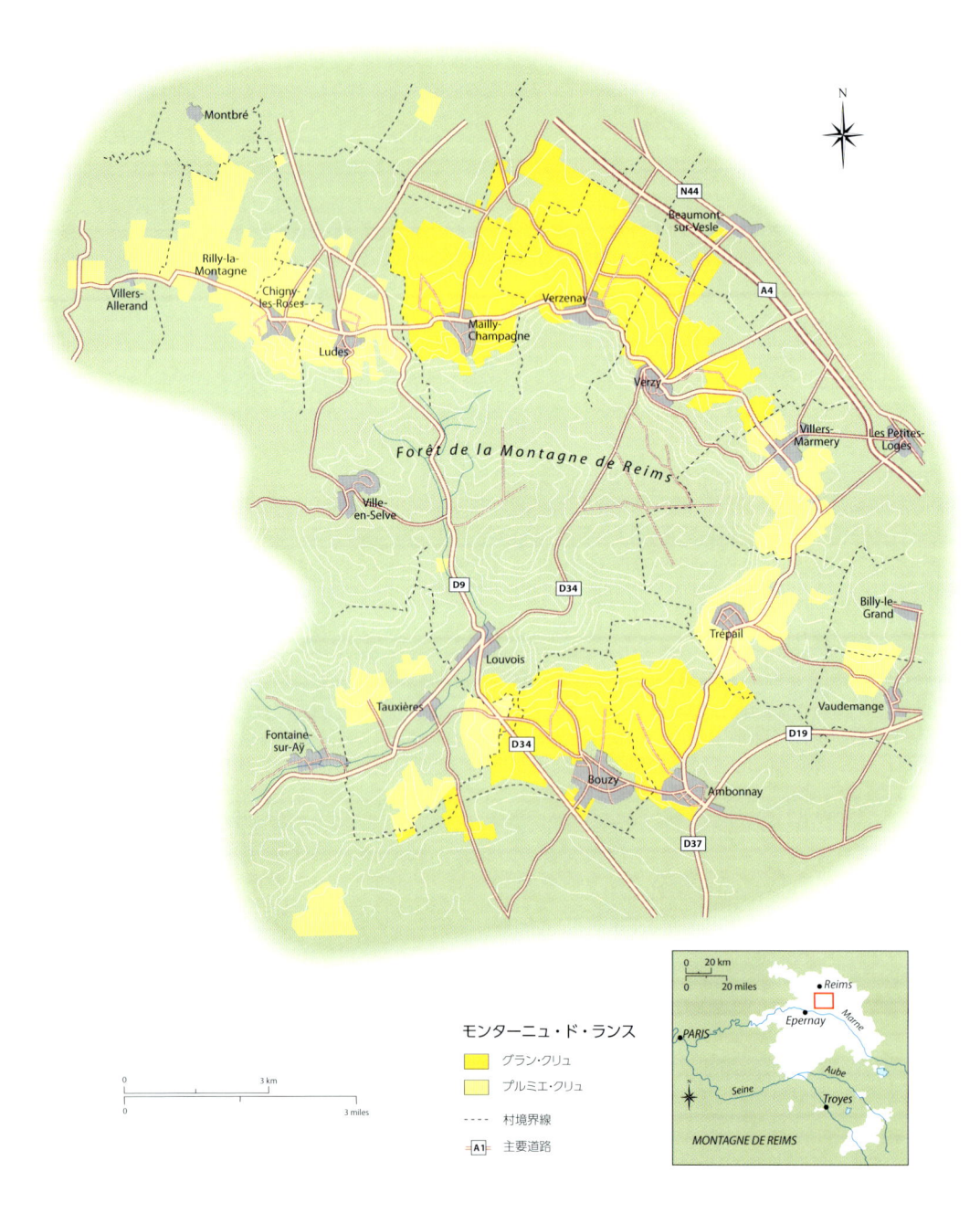

ランスとモンターニュ・ド・ランス

Montbré
Rilly-la-Montagne
Villers-Allerand
Chigny-les-Roses
Ludes
Mailly-Champagne
Verzenay
Beaumont-sur-Vesle
Verzy
Villers-Marmery
Les Petites-Loges
Forêt de la Montagne de Reims
Ville-en-Selve
Trépail
Billy-le-Grand
Louvois
Tauxières
Vaudemange
Fontaine-sur-Aÿ
Bouzy
Ambonnay

モンターニュ・ド・ランス
- グラン・クリュ
- プルミエ・クリュ
- 村境界線
- 主要道路

MONTAGNE DE REIMS

Reims, Epernay, PARIS, Troyes, Marne, Seine, Aube

に関していうならば、極端な自然現象と闘う能力を有する土壌を持たない土地では、偉大なワインを造るのは無理だということができる。

シルリィ

グラン・クリュのなかで最もランスに近い村がシルリィである（左頁の右上、北を示す印の上の方）。ランスからヴェスル渓谷に沿って13kmほど南東に下ったところにあり、隣村のピュイシュールスはこれよりも1～2マイル、モンターニュに近い。2つの村とも、シャンパーニュ地方の大土地所有者であったシルリィのブルラール家と縁が深く、大変興味深い歴史を有している。ブルラール家は代々州の高官を務め、16世紀から17世紀初めにかけて、立派なワイン・ドメーヌを経営していた。なかでも最も有名な人物がニコラス・ブルラールで、彼はアンリ9世の下でナヴァール県とフランス国自体の大蔵大臣を務めた。1621年、彼はシルリィ侯爵として貴族に列せられ、その10年後には彼の息子がピュイシュールス侯爵となった。彼らは2、3世代前からの婚姻を通じて手に入れた葡萄畑に大金を注ぎ、それは同時代の人々から、アイ村の葡萄畑に比べても遜色ないと絶賛された。しかしフランス革命の最中、シルリィにあったブルラール家の荘重なシャトーは無残にも略奪され、破壊された。1791年、一家の頭首の首は「マダム・ギロチン」に捧げられた。

ワーテルローの戦いの後、ブルボン王朝の王政復古とともに最終的にブルラール家の2つの葡萄畑を手に入れたのが、ジャン・レミ・モエとルイナール家であった。シルリィ・ワインの名声は20世紀まで続き、故パトリック・フォーブズ（シャンパンについて最初の本格的紹介者と書いた）は、サッカレーのある小説のなかの登場人物たちが発泡するものしないものを含めてシルリィ・ワインを1ガロンも飲んだというくだりを紹介している。彼自身もシャンパンにまつわる面白い逸話を紹介している。スコットランドのある地主が借地人たちを夕食に招待し、彼らにモエ・エ・シャンドンのシルリィ・ワインを御馳走することにした。ワインを注ぐためテーブルを回っていた彼が、マクドゥードゥル夫人というある年配の婦人のところへやってくると、彼女はグラスを手にせず、こう謝った。

「申し訳ありません、地主さま。わたくしお酒を飲むのをやめると神様に誓いましたの。ですからパンに浸して食べることにしますわ。」モエ家は現在もシルリィに葡萄畑を所有し、ムニエの古樹を育てている。その葡萄は、2000年代初頭にモエ・エ・シャンドンが市場に送った3つの単一畑シャンパンのうちの1つの原料となった。ルイナールもシルリィとピュイシュールスに畑を持っているが、そこにはあの極上のドン・ルイナール・プレスティージュ・キュヴェのためのシャルドネが植えられている。現在シルリィの葡萄だけを使ってシャンパンを製造している唯一のレコルタン・マニピュランが、フランソワ・スコンデである。

ヴェルズネ

ピュイシュールスからさらに斜面を登っていくと、グラン・クリュの村ヴェルズネが見えてくる。その村は有名な風車と灯台の間に挟まれるように広がっているが、灯台の横にはシャンパン造りに関する現代的なエコ博物館が新設されている。偉大なハウスのシェフ・ド・カーヴに、長命のプレスティージュ・キュヴェを作るためのピノ・ノワールを1種類選べと問うならば、彼らは迷うことなくヴェルズネを選ぶであろう。標高の高さ、北東向きの斜面、荒々しい気候、そして完璧な心土、これらがそのワインに、生き生きとした活力、正確な輪郭、透明感、旨みをもたらし、それは芳醇でありながらも厳粛で、これらが一体となって最高のシャンパン・ブレンドの堅固な建築構造を創造する。その一方で、真のシャンパン愛好家ならば、優れた自家栽培醸造家の、あまりブレンドされていないシャンパン、特にミッシェル・アルノー、ジャック・ブシン、ジャン・ラルマンを味わう機会を逃すべきではない。彼らは村で1、2を争う最上の命名畑、レ・コレット、レ・ペルトワ、レ・ブリュエール、レ・オートクチュールなどの持ち主である。ヴェルズネの葡萄畑は全部で415haあり、その86パーセントにピノ・ノワールが植えられている。この品種は特に石灰質土壌に適している。しかし少量のシャルドネがそれに加わると、特に自家栽培醸造家のパンチ力のある力強いシャンパンに優しいフィネスが色を添えることになる。

ランスとモンターニュ・ド・ランス

ヴェルジ

　モンターニュの丘の北東の斜面をさらに南に下ると、次の村、1985年にプルミエ・クリュからグラン・クリュに昇格したヴェルジが現れる。昔のシェフ・ド・カーヴは、ヴェルジがその控えの地位に留まっているのは正しいことだ、とよく言っていた。確かにヴェルジは、ミネラルと量塊感が理想的なバランスで共存しているヴェルズネに比べ、やや量塊感と力強さに欠けるきらいがある。しかし私は純粋なヴェルジの極上のボトルを何本か試飲したことがあるが、それらはグラン・クリュ・シャブリに似た愛らしい塩味の特徴を持っていた。もちろんここではシャルドネではなく、ピノ・ノワールの透明な果汁について語っているのだが、試飲者に語りかけてくるのは、葡萄品種よりもやはりテロワールである。この村の最高のドメーヌはフレネ・ジュイエであろう。それはジェラール・フレネがチョーク質の岩を掘ってセラーを造った1950年代から、独自のシャンパンを造り続け、ようやく40年近く経ってこれぞというものを作り上げた。彼の息子のヴィンセントは優秀な醸造家となり、マルヌ渓谷にある、ビスイユ村の彼の畑で収穫されたシャルドネを使って、堂々としたバランスの良いシャンパンを造っている。

ヴィレール・マルムリィ

　さらに南に下ると、プルミエ・クリュの村ヴィレール・マルムリィに着く。この村はモンターニュのクリュの中ではめずらしく、ピノ・ノワールよりもシャルドネで有名である。ヴィレール・マルムリィのワインは多くが突き刺すような酸味を有しており、ブレンドに加えると素晴らしい働きをするが、ブレンドせずに飲むと思わずテーブルの端を握りたくなる。ここの葡萄は収斂性が強いため、鳥があまり食べようとしないとよく言われている。しかしこの村には、2人の優秀な自家栽培醸造家アルノー・マルゲーヌとサディ・マロがおり、彼らはフィネスとバランスに優れたシャルドネ主導のワインを造っている。モンターニュの斜面をさらに下っていくと、一段と魅惑的な、爽快感たっぷりの極上のシャルドネで有名なトレパイユ村が現れる。ここではドメーヌ・クロード・キャレが特筆す

左：ヴェルズネのグラン・クリュを見下ろす高台にある有名な風車。その村のシャンパンは生き生きとしたワインらしさで称賛されている。

べきワインをいくつか作っている。彼の3haの葡萄畑では、アンセルム・セロスの弟子であり、熱心なビオディナミストであるダヴィッド・レクラパールが、この白葡萄を圧倒的な表現力を持ったワインに仕上げている。

ブージー

モンターニュの南東側の斜面は、ブージーとアンボネイの2つのグラン・クリュの村で終点となる。その葡萄畑はヴェルズネと優劣を争っているが、こちらの方が概して暖かく、葡萄がより良く成熟するからであろうか、芳醇と豊満でヴェルズよりも優っている。第1級の自家栽培醸造家によって生み出されるきらびやかなシャンパンは別にしても、ブージーはピノ・ノワールから生みだされる赤ワインでも有名である。トレパイユを経由してこの村の葡萄畑に立つと、その理由がはっきりと分かるだろう。レ・エガリレス、レ・ヴォーダヤン、クロ・コランなどの最高の畑は、南または南南東の方角を向き、北方の気候では貴重な昼間の太陽をほしいままに浴びている。ブージーの赤ワインで最上のものを造っているのは、ポール・バラであろう。また、ヴーヴ・クリコがそれから最も個性的なロゼを作りだしている。発泡性のシャンパンでは自家栽培醸造家のエドモン・バルノー、アンドレ・クルエ、ブノ・ワラエの名を挙げなければならない。

アンボネイ

すぐ近くのアンボネイは、中世にはガロ・ローマの荘園の中にある繁栄した小都市であった。アンボネイの指導的な自家栽培醸造家であるエリック・ロデスによると、ラ・フォンテーヌ・ド・クリリで古代メロヴィング朝の墓地が見つかり、そこがアンボネイの発祥の地ではないかと推測されているということである。その後11世紀初頭に、エルサレム聖ヨハネ・テンプル騎士団の修道士が村の教会を建てた。ロマネスクとゴシック様式を合わせたその教会は、現在この村の至宝となっている。教会の柱に彫られた葡萄の蔓と房が物語っているように、すでにこの頃には葡萄畑は村の生活の大きな柱となっていた。今日その葡萄畑は南南東を向き、恵まれた土壌を享受した理想的な丘の斜面に、370haにわたって広

上：この道一筋のアンボネイの栽培家。ここの葡萄栽培と醸造の基準は非常に高い。

がっている。レ・クレイエールのようなアンボネイの最上の畑を眺めると、土壌の上にチョークの脈がところどころ顔を出しているのに気づく。それは地下30mもの厚さに堆積したチョーク層が露出したところで、この地に育つピノ・ノワールに清冽なミネラルと生き生きとした躍動感と共に、生得の官能的性質を注ぎこみ、そのワインはヴォルネイのような最も優雅なブルゴーニュ赤ワインにも決してひけを取らない。このようなわけで、1990年代にクリュッグがアンボネイの小さな畑を買う機会を得て小躍りしたのも不思議ではない。その最初のリリースである1995クロ・ダンボネは極上のシャンパンであったが、それでもその10分の1の値段で買うことができた、この村のドメーヌの3ないし4銘柄と比べると、それほど極端に優っているというわけではなかった。アンボネイはヴェルジと並んで、モンターニュのワインづくりの最高の基準であり、それを作っているのは、セルジュ・ピリオ、フランシス・エグリ、マリー／ノエル・レドリュ等の芸術的職人である。

ルーヴォワ

　アンボネイからブージーを通って北西方向へ向かうと、モンターニュ南東の最高の斜面と西へ向かって伸びるマルヌ渓谷の接点になる森の多い美しい丘の村、ルーヴォワに辿り着く。そこは環境も土壌もこれまでとは異なっている。実を言うと私は、ルーヴォワがモンターニュ・グラン・クリュの1つに格付けされているのに合点がいかない。そこには理想的な斜面もなければ、ヴェルズネやヴェルジ、アンボネイに匹敵するような偉大な心土もないように見える。そしてローラン・ペリエ以外では、ここのワインが偉大なキュヴェの構成要素になっているというのを聞いたことがない。とはいえ、ルイ14世の軍事大臣であったルーヴォワ侯の所有していた荘重なシャトーのアプローチ、ファサード、サロンは、確かにノナンクール家とハウスの代表が重要な来賓をもてなすのに相応しい環境を提供している。この村では、非常に手頃な価格でおいしいワインを提供している、シャッセイ姉妹のドメーヌが作るシャンパンを推奨したい。

マイイ・シャンパーニュとそのプルミエ・クリュ

　国道26号線をヴェルジの端を通って戻るように北に向かうと、西の方向にモンターニュのグラン・クリュの村のひとつ、北向きの斜面に広がるマイイ・シャンパーニュに着く。ここの葡萄畑はチョーク質土壌の中にいくらか粘土質を含み、そのせいかワインは確かに力強いが、東側を向いた斜面の「偉大な」クリスタルの明晰さに欠けるきらいがある。生産量のほとんどが、すべて村内にある70haの葡萄畑を管理している小さな生産者グループ、マイイ・グラン・クリュによるものである。そのシャンパンは非常に精巧に造られ、協同組合にしては手堅く国際市場に進出している。ロンドンのベリー・ブラザーズ&ラッドのような賢明なワイン商は、しばしばそのキュヴェを彼ら独自の素晴らしいシャンパン・ラベルに用いている。それよりさらに上質のものとしては、古典的なミネラルを感じさせるレイモン・ブラールのマイイ・グラン・クリュを心より推奨したい。

　マイイとヴィレール・アルランの間のモンターニュの北向きの斜面に広がる最上のプルミエ・クリュの村も、本心から推奨したい。北西方向に進むにつれ土壌は徐々に変化し、純粋なチョーク質は少なくなり、砂岩や粘土が多くなってくるが、その土壌はムニエに適している。可愛い花が咲き誇るシニー・レ・ローゼ村のジル・デュマンジンのような優秀な自家栽培醸造家の手にかかると、ムニエも称賛さるべきグラン・レゼルヴ・ブリュット（ムニエ50%）に変身する。それは彼のすべての赤ワインにもいえることで、その赤ワインは彼の芳醇なロゼに加えられている。彼はシャンパンの中に、存在感とワインらしさではなく、フィネスと果実味を表現することに成功したが、それは彼が、彼の土壌の持つ強さと弱さを正確に把握していたからできたことであった。ジルは美食家らしく、2001年以来、繊細なフォアグラによく合う美味しいシャンパン・コンフィや、パテのための理想的な薬味であるグレープ・チャツネのような、忘れられていたシャンパンの副産物も復活させている。彼はまた独創的な方法で、樽熟成と伝統的なソレラ・システムを使い、ラタフィア、マール、フィーヌのようなアルコール度数の高い酒類も作っている。シニー村で最も有名な醸造元はカティエである。ネゴシアンであるが、カティエは土地に対する本物の愛情を持っている。20haの良く手入れされた葡萄畑の中でも最上の畑が、周りを壁で囲まれたピノ・ノワールとシャルドネの2haの畑である。3つのヴィンテージから造られたクロ・デュ・ムーランは、例外的に深い場所にあるセラーの効果もあって、非常に均質に成熟した、精妙な極上のシャンパンとなる。

　シニーからさらに進むと、リリー・ラ・モンターニュに行き着く。ここはモンターニュ最高の自家栽培醸造家の1つに数えられるヴィルマールがある。そこは特別優れた葡萄畑を所有しているというわけではないが、樹齢40年を超える古樹が植わる11haの畑は、土に対する強い愛情で手入れされ、また醸造職人も優秀な人材が揃っている。彼らは熟練の技でオーク樽による熟成を行い、そのトップ・キュヴェはまさに秀逸である。

　モンターニュは、ランス—エペルネ間を走る国道51号線の交差点近くの優れたプルミエ・クリュ、ヴィレール・アルランで終点を迎える。そこにあるオーベルジュ・デュ・グラン・セールは、マルヌの最高のセラーのものと匹敵するようなとても洗練された料理を提供してくれる。

　ここからプティ・モンターニュが始まるが、そこはまさ

ランスとモンターニュ・ド・ランス

にモンターニュの北西側の延長部にあたり、アードレ川とヴェスル川に挟まれて広がっている。葡萄畑はシャンパーニュ地域の北端にあたるが、そのワインの性質は粘土混じりの砂地の土壌を映しだし、どこか親しみやすいものとなっている。その土壌は上質のムニエのための最高の畑となり、マルヌ渓谷を見下ろすオーヴィレールやディジーの丘の上のそれと比肩しうる。

とはいえ、ムニエだけではこの地の全体像を描いたことにはならない。エキュイユ村はピノ・ノワールで有名であり、そのピノ・ノワールをシャルドネとブレンドすることにかけて右に出るものがいないと言われているのが、ドメーヌ・エルヴィユ・ブロッシェのアラン・ブロッシェである。アランと妻ブリジットは、1980年以来15haの畑を管理しているが、彼らの最高級のシャンパンであるヴィンテージHBHは、やや黒葡萄(ほとんどがピノ・ノワール)が優勢な、古典的な味わいの、長く熟成させることができるキュヴェである。中でもThe 1996は、探し出す価値のある1本である──そのヴィンテージの最高傑作の1つで、洗練され精妙で、しかも生き生きとしている。アランはまた秀逸なエクストラ・ブリュットも造っているが、それはピノ・ノワールの力強さをピノ・ムニエの親しみやすい果実味と融合させることに成功している。

中世の美しい教会が支配するプティ・モンターニュの村、ヴィルドマンジュは、グランド・メゾンの醸造長が最も好む、最高に洗練されたムニエの生産地であり、それは馬車馬のような葡萄という評価を一変させる力を有している。そのまま交差点を突きぬけてランス─パリ間の主要幹線道路に向かって進むと、アンボネイの偉大な自家栽培醸造家であるドメーヌ・エグリ・ウーリエのフランシス・エグリが所有する非常に古いムニエの葡萄畑が見えてくる。そのムニエからは手頃な値段で買える愛らしく精妙なシャンパンが生み出される。さらにその道を進むと、おそらく最も傑出したムニエの栽培家であるグー村のジェローム・プレヴォーの葡萄畑に行き着く。彼は言う。「ムニエは面白い葡萄で、言うべきことをたくさん持っている。しかしこいつに喋らせるのは一筋縄ではいかない。」

左:北東向きの高地にあるヴェルズネに見られるように、高度と日照量はワインの性質を大きく左右する

Krug クリュッグ

最も信望の厚いシャンパンの指導者的存在であるクリュッグ家は、常に他の追随を許さないエレガントなワインらしさを持った古典的シャンパンを造り続けてきた。15年、20年、あるいは30年以上も美しく熟成していくその崇高なシャンパンから、人はクリュッグを、スリー・ピースのツイード・スーツを着て、立派な口ひげを蓄えた初老の紳士によって経営される頑固な伝統主義者の要塞のように考えるかもしれない。

しかし実は、まったくそうではない。確かにクリュッグは、創立者のヨハン・ヨーゼフ以来のワインづくりの伝統——特に生まれたてのワインをオークの小樽で発酵させる——を忠実に守っているが、1843年以来一家を継承してきた各世代は、キュヴェの構成に対して非常に広い心を持ち続けている。クリュッグは、創造力の乏しいハウスが単なる馬車馬として見下しているピノ・ムニエの擁護者である。アンリ・クリュッグも、その息子のオリヴィエも、ムニエをけっしてそんな風には見ていない。天賦の才を持つブレンダーである2人は、いかなるキュヴェであれ、それがどれほど雄大であろうとも、ムニエを加えると、口の中を満たす果実味とパン屋の店先の香りがそれに付加されるということを知っている。彼らの自由な精神は、クリュッグ・ヴィンテージを造るときにも発揮される。20世紀を代表するシャンパンであるThe Krug 1981もまた、ブレンドの5分の1をムニエが占めている。ここに、他の偉大なハウスを凌駕するクリュッグの鋭敏な感覚が雄弁に語られている。他のハウスは、シャンパンの第3の葡萄であるムニエを、あまり良く熟成しないという理由でクリュッグほど大胆に使う気になれないのである——しかし最高の年のムニエは、ウールのようなきめのこまかさをワインにもたらす。アンリの弟であるレミー・クリュッグは熱くこう語った。「われわれは伝統を信用しない。」

この言葉に、現世代の姿勢が明確に示されている。現在オリヴィエに率いられているワインづくりのチームは、若い。恐れることなく先入観を捨て、最上の葡萄

右：品質の証である樽の傍に立つ、シャンパンの名家のなかでも最も華麗な一族の当主オリヴィエ・クリュッグ。

最も信望の厚いシャンパンの指導者的存在であるクリュッグ家は、
常に他の追随を許さない優美な、
ワインらしさを持った古典的シャンパンを造り続けてきた。

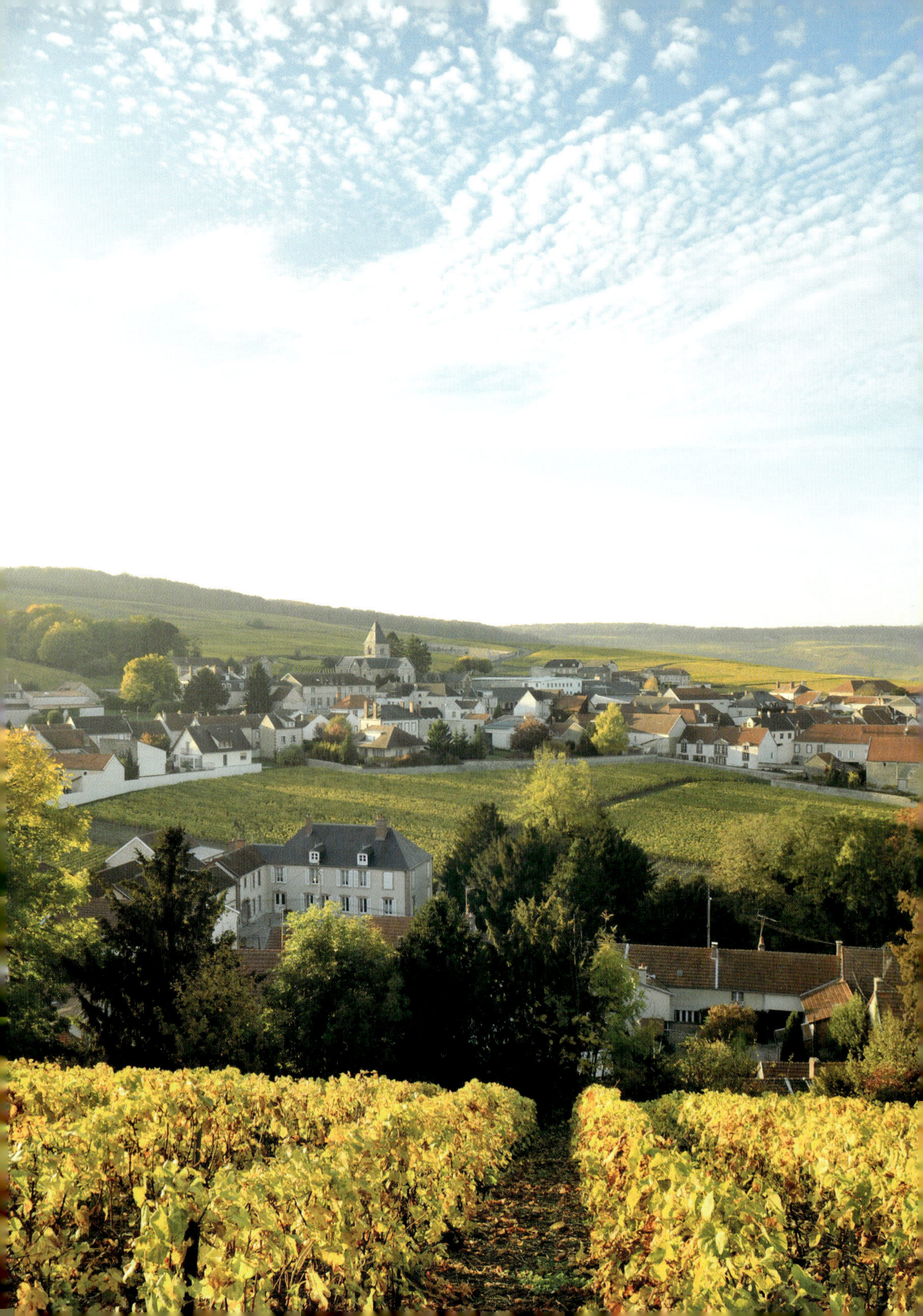

を見つけだすという倦むことなき熱情に突き動かされ、彼らは時に、シャンパンの偉大なハウスからは想像もできないような葡萄畑を探し出して使ったりする。クリュッグが最近結んだ最も過激な契約は、レ・リセの協同組合との契約だが、その組合は伝統的シャンパン生産地区のはるか南、ブルゴーニュとの境界すぐ近くにある。

昔からマルヌの醸造長たちは、シャブリから車で東へ40分ほどのリセの3つの村は、自然な輝きのある果実味と、ワインらしさを持った素晴らしいピノ・ノワールの産地であり、その純粋で伝統的な味覚が、よく知られた稀少ワイン、ロゼ・デ・リセに表現されていることを知っていた。さらに重要なことは、そのピノ・ノワールは、バランスの良いシャンパン・ブレンドの黒葡萄要素として非常に価値の高いものであるということである。リセの協同組合は大っぴらにクリュッグと接触を計り、「いま新しいプロジェクトを計画中であり、自分たちの5haの最上の葡萄畑からできるワインの質をさらに高めるには、クリュッグの技術支援が不可欠だ」と提携を呼び掛けた。一家はその協力関係がもたらす可能性を即座に認識し、ためらうことなくプロジェクトに参加することを表明した。契約はクリュッグにとって最高の成果をもたらし、彼らは最良の畑から生まれるワインだけを受け入れることとなった。こうして毎年9月、クリュッグ・チームは193km離れたリセに赴くが、到着するとすぐに苛酷な連続48時間のテイスティングが待っている。生まれながらの美食家であるオリヴィエは、「昼食もゆっくり取れないんだ」とこぼすが、どこか満足げである。

一家が、公式にはあまり高い格付けを得ていないが高い素質を持つ畑に対して、マルヌのグラン・クリュやプルミエ・クリュと契約するときと変わらぬ誠意を持って接することほど、クリュッグの完全主義を物語るものはない。常に最高の匠が全精力を注ぎ込んで行われるクリュッグのブレンドは、現在さらにその厳しさを増しているようだ。グラン・キュヴェのためのベースワインとして2014年に完成する予定の、あの難しかった2007ヴィンテージのクリュを作るため、チームはア

上：クロ・デュ・メニルの創設と1698年の最初の葡萄の植樹を記念して建てられた石碑。

ンボネイの葡萄（一家御用達のピノ・ノワール・グラン・クリュの）から18種のワインを作り、最大限に幅広い可能性を持ったブレンドのための強力な核を築いた。

90年代の初め、私がシャンパンに関する最初の著作の調査のためクリュッグを訪ねたとき、ブレンドは6～10のヴィンテージの、20～25のさまざまな畑の、40～50の種々のワインによって構成されていた。まさに複雑さの極みであった。ところが2007年にステンレス製の小容量の2槽式バットを36基導入して以来、オリヴィエの言葉を借りれば、「ブレンドのためにすでに持っているすばらしいパレットに、さらに72色もの色を加えることができる」こととなった。

「クリュッグのグラン・キュヴェは昔のものとは変わってしまった」と非難する観念的な批評家たちは、真実の一面しか見ていない。偉大なワインというものは、固定された成分と特徴を持つモノリスではない。それは完全主義者が創り出すすべてのものがそうであるように、常に変化し進化する。今日クリュッグは、私が40年前に初めてテイスティングした時と比べ、新鮮さとフィネスに強調を置いているようだ。鑑識眼のある現在の消費者の好みの変化に大胆に適応することは、失敗であるどころか躍動的な生命力の証である。

左：今日も村の中心に気持ち良く横たわるクロ・デュ・メニル。壁と家々が手厚く保護している。

クリュッグのヴィンテージ・ワインは完全無欠な技術によって造られるが、それほど難解な組み合わせではない。、むしろフレーバーの流れはヴィンテージごとの特徴を忠実に描き出している。クリュッグ家はあくまでも慎重に、そのワインを例外的な年だけにしか造らない。The 1996は、おそらく最高のヴィンテージだけに許された最も偉大なシャンパンであろう。The 1995は、愛らしく、洗練され、調和のとれた、調子を抑えた逸品である。The 1990は、華麗な芳醇さを持つ逸楽的ワインである。The 1988は、威厳に満ちた貴族のようなワインである。収穫後長い時間を経てリリースされるクリュッグ・コレクションの中では、The 1985が逸品で、この非常に強烈な年の、どちらかといえば角ばったシャンパンの中で欠けがちな優雅さと活力を熟成の中で保持している。コレクションという範疇は、クリュッグ・ヴィンテージが生まれてから約20年後に「第二の人生」に突入し、個々のフレーバーがより鮮烈になり、香味の全体的バランスが変化したシャンパンのことである。過去の例外的なヴィンテージの最後のボトルであり、ランスの地下深くにあるクリュッグの冷涼なセラーの完璧な環境の中で熟成し、コレクター用のシャンパンとして再リリースされる。

オリヴィエの祖父ポール・クリュッグ2世は、「クリュッグ家の卓越性は、優れた葡萄畑の所有によるものではなく、ましていわんや単一畑シャンパンの高潔な唱道者としてではなく、完璧な醸造者、ブレンダーとしての技にもとづくものでなければならない」と口癖のように言っていた。それはまったくの真実である。なぜなら、クリュッグの最高の強さは、これまでも、そしてこれからも、多くのクリュから生まれるワインの絶妙なアッサンブラージュにあり、クリュッグ一族に受け継がれてきたブレンダーとしての天賦の才にあるからである。

1971年に、一家はクリュッグのワインづくりの哲学を驚くべき過激な方法で表現する新たなプロジェクトを発進させた。人々がまだクリュッグの技術はあくまでも超絶的なブレンドの技にあると信じていたとき、一家はシャルドネのグラン・クリュの中で最も気に入っていた2haの小さな畑ル・メニル・スール・オジェを購入した。アンリ・クリュッグによれば、当初の目的はグラン・キュヴェのための最高のシャルドネを確保することであったが、それはすぐに新しい野心にとって代わった。すなわち、単一葡萄畑シャンパンへの挑戦である。

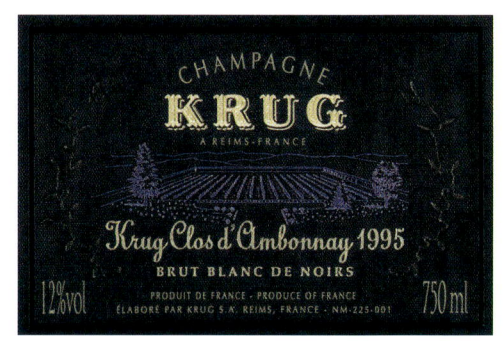

クロ・デュ・メニルの前身であるその畑の葡萄樹は、悲惨な状態にあった。クリュッグ家はいつものように遠くを見据えた計画を立て、全面的な再植樹を敢行した。こうして1986年に、初めてそのクロからのシャンパン——The 1979——がリリースされた。骨格がしっかりしていて、精悍で、酸味が清々しいThe 1979は、確かに葡萄畑の新しさを反映しているが、同時にル・メニルの土壌の強いミネラルを表現している。傍観者は、クロの方角——基本的に東向き——はまあまあだが、けっして完璧ではないと、わけしり顔に言う。たしかにル・メニルのもっと南向きの命名畑（リュー・ディ）——特にシェティヨンとムーラン・ナ・バン——からは、より完熟した葡萄が産出され、ほぼ間違いなくより豊満なワインが生み出されるであろう。実際平均的な年のクロ・デュ・

メニルは、厳しさと控えめさ、ある種の線の細さがあるかもしれない。しかし1981年、その年の強烈な性格とクリュッグの傑出したノウハウが結合し、素晴らしいワインが生まれた。そして1996年、あの熱い夏から生まれたワインは、いま特に、そして予測できる未来にわたって、最高の状態にある。その他のル・メニルの偉大な熱い夏のヴィンテージとしては、1990、1989（少し評価が低すぎる）、1986がある。

　小粒な、壁で囲まれた庭のような葡萄畑（0.685ha）、クロ・ダンボネをクリュッグが手に入れたのは、1990年代半ばである。すでに100年前からクリュッグは、アンボネイ村の最上のワインを、おそらくグラン・キュヴェのためのピノ・ノワールの中心的担い手としてであろうが寵愛し、その葡萄畑のワインをブレンドのために購入していた。新しい目的は、クロ・デュ・メニルの時と同様、この特に厚くチョーク質が堆積している畑に育つ黒葡萄から、究極のクリュッグ・スタイルの単一畑シャンパンを造りだすことであった。2008年にデビューを果たしたのは、そのとき約20年の樹齢を持つ堂々とした葡萄樹から生まれた最初のヴィンテージであるThe 1995であった。豊かな土壌を反映していることは言うまでもないが、そのワインの最大の特徴は、そのヴィンテージがもたらした天与の個性、風格とフィネス——それはシャンパンの競走馬だけに備わっているもので、脚が太くでっぷりとした白と黒のぶちの荷馬車馬とは全く違う——である。The 1996がリリースされるとき、それはまた別の色の縞模様を持ったエキゾチックな動物のようであろう。

　1983年にアンリ・クリュッグによって導入されたクリュッグ・ロゼは、一家のそれまでのキュヴェとは一線を画している。ここではクリュッグは、長く熟成することによって生まれる自己分解（オートリシス）の複雑さではなく、繊細な果実味とフレーバーの純粋さ——森の赤果実の香気とフレーバーを、森の下草やキノコのそれと融合させた——を持つ官能的な超辛口ワインを目指した。パリの有名シェフであるアラン・サンドランスは、この卓越したロゼに合わせた完璧なランチ——セイヨウネギで巻いたロブスターから仔牛のモザイクまで——を創造した。

極上ワイン

(2008年3月ランスにて試飲)

Krug Grande Cuvée　クリュッグ・グラン・キュヴェ
明るい金色。マルメロ、蜂蜜、ブリオッシュの香り、それらすべてが独特の新鮮さと深いミネラル香によって包まれている。しっかりした味わいがあり、萌え出る豊潤さがきめの細かい花の香りと果樹園の果実の純粋なフレーバーによってバランスを取られている。最高の状態。

Krug Rosé　クリュッグ・ロゼ
優美な淡いバラ色。小さな赤果実の純粋さ——まさにピノ・ノワール——と、湿った土、キノコ、森の下草の強い野性的な森のアロマ。わくわくするような新鮮さとハシバミの芳醇な香り。後味は長く申し分ない。食欲を増進させるワイン。

Krug Clos du Mesnil 1996
クリュッグ・クロ・デュ・メニル1996
金色の中に微かな緑色。最初クロ独特の深遠な香り、次いでブリオッシュ、ヌガーティーヌの愛らしい熟したシャルドネの香り。ミネラル香が口中を満たし、さらに豊かになって包み込む。豪華な後味風味でグランド・フィナーレを迎える。現在までで最上のクロ・デュ・メニル。

Krug 1996★　クリュッグ1996★
均質な黄色がかった金色。溌剌とした泡立ち。非常に新鮮な香りが、強い弾力性のあるミネラル香におおわれている。完璧までに華麗で荘厳なフレーバーと質感の融合——一瞬硬く鋭い切れ味を感じさせるが、すぐに想像できる限りの美味しい味覚——グラッセ・ア・ロランジュ、ウィリアム・ペアからレモン、プルーンまで——が目も眩むような勢いで襲ってくる。長く続くあとくちと力強さの壮大なフィナーレ。奇跡の感覚を呼び起こすシャンパンである。完全無欠。2030年以上まで。

Krug Clos d'Ambonnay 1995
クリュッグ・クロ・ダンボネ1995
殻を破って出てきたばかりのように非常にわくわくさせる潜在的力を持ったシャンパン。美しいウェールズ調の金色、究極の優雅さ。アロマとフレーバーの中に独特の個性を秘めている。スター・アニス、クリスタル・フルーツ、ブリオッシュ、アカシアの蜂蜜のしっかりとしたアロマがあるが、今後2020年に向けてさらに複雑に発展していくであろう。味わいはまだ非常に張り詰め緊張している。

Krug Collection 1985　クリュッグ・コレクション1985
依然として輝度の高い光沢のある色。クリームの泡立ち。焼イチジク、プルーン、森の下草の官能的なアロマ——濃密な年のピノ・ノワールが熟成した典型的な風味。卓越したバランスと質感、優美と洗練の極み、偉大と呼ぶにふさわしい逸品。

Champagne Krug
5 Rue Coquebert, 51100 Reims
Tel: +33 3 26 84 44 20
www.krug.com

REIMS AND THE MONTAGNE DE REIMS

Charles Heidsieck シャルル・エドシック

19世紀に創立された偉大なシャンパン・ハウスが居並ぶランスには、エドシックという名前を持つハウスが3つある。その3番目の——そして最も若い——「シャルル」は、1851年にシャルル・カミーユ・エドシックとその義理の弟エルネス・アンリオによって創立されて以来、質の面では概して3つのエドシックのなかで最高といえる。周知のようにシャルル・カミーユは、アメリカでの奇想天外なセールス旅行を題材にしたミュージカルがミュージックホールや演芸場で大人気を博した「シャンパン・チャーリー」の主人公そのものである。実際1850年代にアメリカ市場で活躍したシャンパン・セールスマンのなかで、彼ほど華やかな人物はいない。南北戦争が始まるまで、彼はニューヨークからルイジアナをまたにかけ、年間30万本以上のシャンパンを売りさばいた。

ダニエル・ティボーの新たな使命は、最高品質のノン・ヴィンテージ・シャンパンを創り出すことであった。こうして人を魅了してやまないミザン・カーヴ・キュヴェ・シリーズが生まれた。

しかし南部に長く滞在しすぎたことが、シャルルの身の破滅につながった。彼は1861年ニューオリンズで、南軍へ衣類を提供するというフランスの製造業者の手紙を持っていたため、北部連邦主義者に捕らえられた。ミシシッピーの泥沼のような牢獄に4カ月間閉じ込められた後、彼は廃人同様の姿でフランスに戻ってきた。しかし彼の会社は、南アメリカと極東に新たな販路を見出し、繁栄を続けた。その後1976年にジョゼフ・アンリオ（エルネスの子孫）がハウスを買収し、彼の9年間の支配の下で、いくつかの素晴らしいシャンパン・シャルル・プレステージ・キュヴェのヴィンテージが生み出された。その古いボトルは、今飲んでも素晴らしい味わいがある。しかし1985年、会社はすでにクリュッグを傘下に収めていたレミー・マルタン・コニャックに買収された。

再出発にあたって、レミーの役員会は賢明な判断を下した。アンリオの下で醸造長を務め、当代きっての

シャンパン・ブレンダーであったダニエル・ティボーを再雇用したのである。ダニエル・ティボーに課された新たな使命は、最高品質のノン・ヴィンテージ・シャンパン、シャルル・エドシック・ブリュット・レゼルヴを創り出すことであった。彼は、最上の葡萄を買い入れること、そしてさらに重要であるが、リザーブ・ワインの貯蔵量を増やすことに関して全権を与えられた。ダニエルの新しいキュヴェは抜群の高い質を示し、古典的な製法とブレンドの精妙さで広く称賛された。第1次発酵はステンレス槽で行い、葡萄本来の自然な個性を最大限に発揮させるため、技術的な処理は最小限に留められた。ダニエルが絶好調のとき、彼のノン・ヴィンテージは300のクリュによって構成され、そのうちの40パーセントがリザーブ・ワインであった。それは蜂蜜とバニラのフレーバーが息を詰まらせるほどに濃密で、官能的でありながらも優美である——しかもそのすべてがオークの一片も使うことなく実現されている。

倦むことなき完全主義者であるダニエルは、そこに留まらなかった。1990年代半ば、彼はブリュット・レゼルヴに革命を起こすミザン・カーヴの天啓を得た——すなわちラベルに年号を入れたノン・ヴィンテージを創りだすことである。「これは一体何だ？」想像力の乏しい彼のライバルや出版界の常識的な人々はこう叫んだ。ダニエルは静かに答えた。シャンパンの愛好者は、熟成の度合いを知るためにブレンドの年齢についてあらゆる情報を知りたいに違いない、と。ミザン・カーヴという言葉は、実は「壜詰日」を意味している。ベースワインは収穫の次の春にデゴルジュマンされるので、たとえば"1997"は1996ヴィンテージがベースワインとなっていることを示す。それ以来、魅惑的なミザン・カーヴ・キュヴェは、製造年は違うが、若さあふれる青年から威風堂々とした壮年まで、どれも一貫した質を持つブレンドによってもたらされる美しいフレーバーのハーモニーを響かせ、芳醇でありながらもしなやかである。ダニエルはあまりにも早く亡くなり——チェイン・スモーカーであった彼は、ほとんど自分の体を気遣うことはなかった——、私は彼がワインについて

右：レジス・カミュは静かだが豊かな才能と決断力のある醸造家。ミザン・カーヴのコンセプトが生き残ったのは彼のおかげ。

60

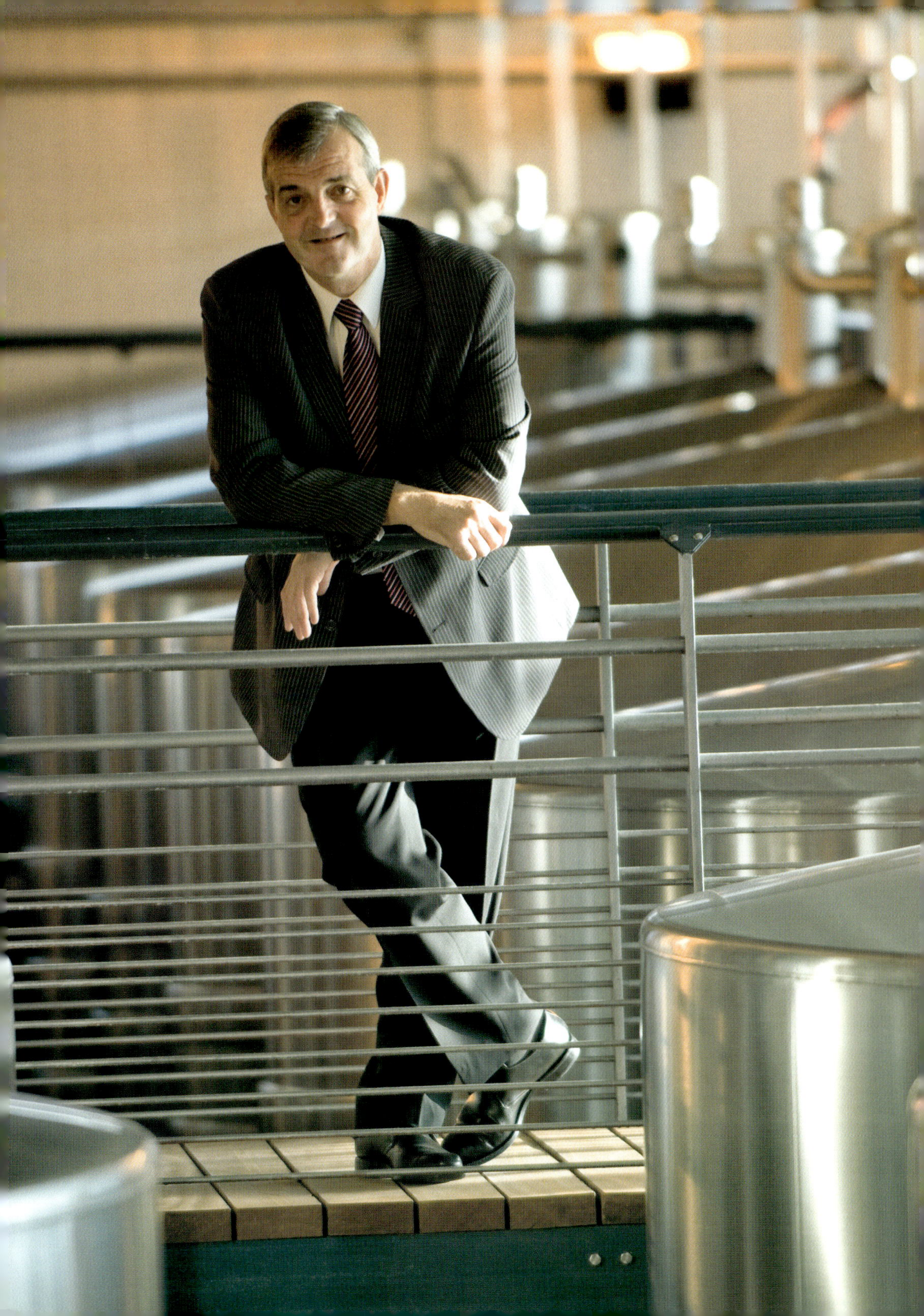

もっとよく知りたいと思っている愛好家のために特別に用意していた冷蔵庫から出してきた古いボトルを、彼と共に試飲した日のことが忘れられない。幸い、ダニエルの友人であり、彼の後継者であるレジス・カミユも、彼同様に才能豊かな醸造家である。レジスは彼流の静かなやり方で、ミザン・カーヴのコンセプトを放棄させようと企んでいた営業部の試みを葬り去ることに成功した——ありがとう！単一のブランド・イメージに固執した営業員にとっては、ミザン・カーヴの考え方はあまりにも複雑すぎた。現在ラベルの色は黒に変わっているが、壜詰の日付は誰にでも分かりやすく示され、その考え方についての説明はさらに見やすく、大きくなっている。ブラボー！

ダニエル・ティボーが残したもう1つの偉大な伝説は、超越した質を持つ純粋なシャルドネ・ヴィンテージ・シャンパンのブラン・デ・ミレネールである。どのヴィンテージも、変わらぬ芳醇さとクリーミーさを有し、偉大なシャルドネの、優しく、時にエキゾチックな果実味を示しながらも、シャンパンに不可欠な酸のしっかりした骨格も備えている。それは飲む人に、他のほとんどのブラン・デ・ブランを貧弱で質素と感じさせる力を持つワインである。アッサンブラージュに参加している葡萄は、コート・デ・ブランの最上の畑からの古典的ブレンドである。ル・メニルのミネラル、オジェの蜂蜜のまろやかさ、クラマンの活力、ヴェルチュの純粋な果実味、これらがバターやトーストの愛らしさを持った絶妙な香味のワインを生み出している。しかもそれは常に新鮮で、生命力に満ちている。ここでもまた、1片のオークも使われずにこのようなワインが生み出されている。

ピノ・ノワールとシャルドネの古典的組み合わせであるシャルル・エドシック・ヴィンテージ・シャンパンは、常にその年を代表する秀逸なシャンパンで、レジスは本当にヴィンテージ・ボトルにふさわしい葡萄だけを慎重に選び出して造っている。たとえば1996や2002のような偉大なヴィンテージの場合、個人的には、そのヴィンテージのベースワインで造られたミザン・カーヴと同じくらい、それは私を幸せにしてくれる——そしてもちろんもっと手頃な価格で。シャルル・ヴィンテージ・ロゼは、繊細な水彩画のようなピンク色で、熟成感のある、晩餐に合わせるのに最適なブルゴーニュの芳醇さを持ったワインである。ミレネールはハウスのプレステージ・キュヴェとしてシャンパン・チャーリーに替わ

るものである。しかしもしオークション等で1982チャーリーを目にしたときは、それがどのような場所でどのように保管されていたかを尋ね、すべて大丈夫だと思えたら、入札することをお勧めする——稀有なチャンスかもしれない。

極上ワイン

(2007年4月試飲)

Charles Heidsieck Brut Réserve Mis en Cave 2003★[V]
シャルル・エドシック・ブリュット・レゼルヴ・ミザン・カーヴ 2003★[V]
ベースワインは2002。3つのシャンパン葡萄品種を同量ブレンド。60％がベースワインで、40％がレゼルヴ・ワイン。ドサージュは10g/ℓ。明るいバターのような緑がかった黄色。マンゴ、柑橘類、果樹園の果実のエキゾチックな魅惑的なアロマ。第2ステージではトーストやバターの丸みを帯びたフレーバーだが、優美な自己分化（オートリシス）がさらに進みそうな気配。2009年以降は飲み頃。傑出したノン・ヴィンテージ・キュヴェ。

Charles Heidsieck Blanc des Millénaires 1995★
シャルル・エドシック・ブラン・デ・ミレネール1995★
愛らしく、なめらかで、豊潤。偉大なシャルドネ特有の黄金バター色。香りはまだ進化中で、起源であるグラン・クリュのミネラルと深さを感じ取ることができるだろう。最初美しい果実味と萌え出るようなワインらしさが口中を満たし、やがて豊かなトースト香に包まれる。長く残る余韻。2008～20年まで生き続けるであろう。

Charles Heidsieck Blanc des Millénaires 1985
シャルル・エドシック・ブラン・デ・ミレネール1985
2007年遅くにリリース。収穫量が少なかったこのヴィンテージならではの凝縮された金色。現在最高の熟成度。精密に進化した蜂蜜の香り。ピスタチオの繊細な微香。蜂蜜、ブリオッシュ、バター・トーストの鮮烈で複雑なフレーバーと共にオロロソ・シェリー酒とアジアの香辛料の独特の後味がある。1985の潜在能力に脱帽。

Charles Heidsieck Blanc des Millénaires 1983
シャルル・エドシック・ブラン・デ・ミレネール1983
2004年にリリース。均質なつやのある金色。格付けはあまり高くなかったが、私の評価では本当に美しく成熟したヴィンテージの偉大なシャルドネ・シャンパン。年齢のわりには素晴らしく新鮮で生き生きとしている。蜂蜜とイチジクにレモン・ピールとフレッシュ・クリームが混ざった味わい。フィネスの極致。

Charles Heidsieck Champagne Charlie 1985
シャルル・エドシック・シャンパン・チャーリー 1985
ほんのわずかな差でシャルドネが運転席に座っているが(55％)、22歳のこのワインのフレーバーを支配しているのはピノ・ノワール(45％)である。これは驚くことではない。なぜならピノ・ノワールがブレンドで真価を発揮するまでには長い歳月が必要だから。特に'85はこの黒葡萄にとっては非常に激烈な年であった。色は中庸の黄金色。スーボア(森の下草)、キノコのアロマで非常にブルゴーニュ風。口に含むと温かく力強いが、現在熟成の最高潮にある'85の他の角ばったシャンパンと比べるとバランスがよく安定している。

Charles Heidsieck Champagne Charlie 1982
シャルル・エドシック・シャンパン・チャーリー 1982
（マグナムで。）ピノ・ノワールとシャルドネが50対50。荘厳な深い金色。ドライフラワー（バラ、シャクヤク）とアンズのアロマに、微かに白コショウの香り。口に含むと稀有な美しさのシャンパン──クリーミーで繊細──で、シャルドネが正確な仕事をしている。この非常に偉大な年の飛び抜けた質を表現する快楽主義者の喜悦。

Charles Heidsieck Brut Rosé 1996
シャルル・エドシック・ブリュット・ロゼ1996
PN65%、C35%。エレガントなサーモン・ピンク。ブルゴーニュ風のキノコの発達した香りがあるが、嫌みではない。口に含むと魅惑的で優しくバランスが取れ、心地良い柔らかさがある。絶妙な調和とバランス、芳醇さはまだ進化の途上。仔牛、ロブスター、さらにはブレス産ピジョンやナント産アヒルの料理に最適なワイン。

（2007年6月ランスにて試飲）

Charles Heidsieck Brut Réserve Mis en Cave 1997
シャルル・エドシック・ブリュット・レゼルヴ・ミザン・カーヴ1997
ベースワインは1996。レジス・カミュと共に5種のミザン・カーヴを試飲したが、これが最高だった。緑色がかった金色で、荘厳な構造を示唆する。生き生きとして、依然として驚異的な新鮮なブーケ。どっしりとした岩のような酸があるが、バランスの取れた豊かな口

当たりで丸みがありフレッシュ。モモとアンズのフレーバー。切れが良く噛みごたえのある質感を持つため、ローストチキンやホロホロ鳥に最適。秀逸なワイン。

（2008年6月試飲）

Charles Heidsieck Vintage Brut 2000
シャルル・エドシック・ヴィンテージ・ブリュット2000
生き生きとした煌めきのあるレモン・ゴールド。エドシック独特の精妙な香りで、白い花と優美な自己分解が感じられる。その完璧な香りに続いてバタートーストや焙煎の官能的な味わい。本物だけの長く続く余韻と安心感。色鮮やかな卓越したワイン。

上：グラン・クリュ・クラマン。エドシック・ブラン・デ・ミレネールの優美さと独特の風味はこの畑のシャルドネ由来。

Champagne Charles Heidsieck
4 Boulevard Henry Vasnier, 51100 Reims
Tel: +33 3 26 84 43 50
www.charlesheidsieck.com

Louis Roederer　ルイ・ロデレール

1827年以来この卓越したシャンパン・ハウスを所有・経営してきたロデレール家とルゾー家は、フランスのいわゆるオー・ブルジョワの名家で、良い時も悪い時も会社の全権を掌握し支配してきた。1932年に会社の手綱を握ったもう1人の強い意志を持った未亡人、カミーユ・オリー・ロデレールは、知性、勇気、銀行家の警戒心など、必要なものをすべて兼ね備えた有能な経営者であった。その時会社は、25年間の売れない在庫を抱え、破産寸前の状態にあった。彼女は自分自身への報酬はほとんど受け取らず、大恐慌を乗り切り、それが収束に向かったとき、利益の大半を事業の再建につぎ込んだ。実業家としての鋭い洞察力を持って、彼女はモンターニュ・ド・ランスとコート・デ・ブランの偉大な葡萄畑を驚くような安い値段で買い入れ、以来それらの畑は当家の礎石となっている。しかし彼女はまた、派手にお金を使う術も心得ていた。持ち馬が競馬で優勝した時、彼女はいつもパーティーを開催したが、招待された人々はその時振る舞われた彼女のシャンパンの味を、その後数カ月間忘れることができなかった。

カミーユ・ロデレールの先を読む力は、孫のジャン・クロード・ルゾーに確かに引き継がれた（現在はその息子のフレデリック・ルゾーが社長）。彼は才能に恵まれた知性的な指導者として、主に20世紀の最後の4半期に会社を牽引し、その手腕からすぐに「シャンパン王」と呼ばれるようになった。実際彼が手に触れたものはすべて金に変化した。とはいえ、彼の不動の成功のレシピは、案外単純なものだった。すなわち、土地所有権の整理統合、ゆっくりとした着実な成長のための財務方針、買収時の可能な限りの現金取引（ドゥーツ・シャンパンやラモス・ピント・ポートなど）、そしてもちろん最高のワインづくりへの飽くなき挑戦である。

偉大なシャンパン・ハウスの後継者の多くがビジネス・スクールを卒業しているが、彼はその代わりに名門モンペリエ大学のワイン学部で醸造学と作物栽培学を修め

右：ロデレールのシェフ・ド・カーヴ、ジャン・バティスト・ルカイヨン。彼の指導の下、ワインはこれまで以上に完全に近いものとなった。

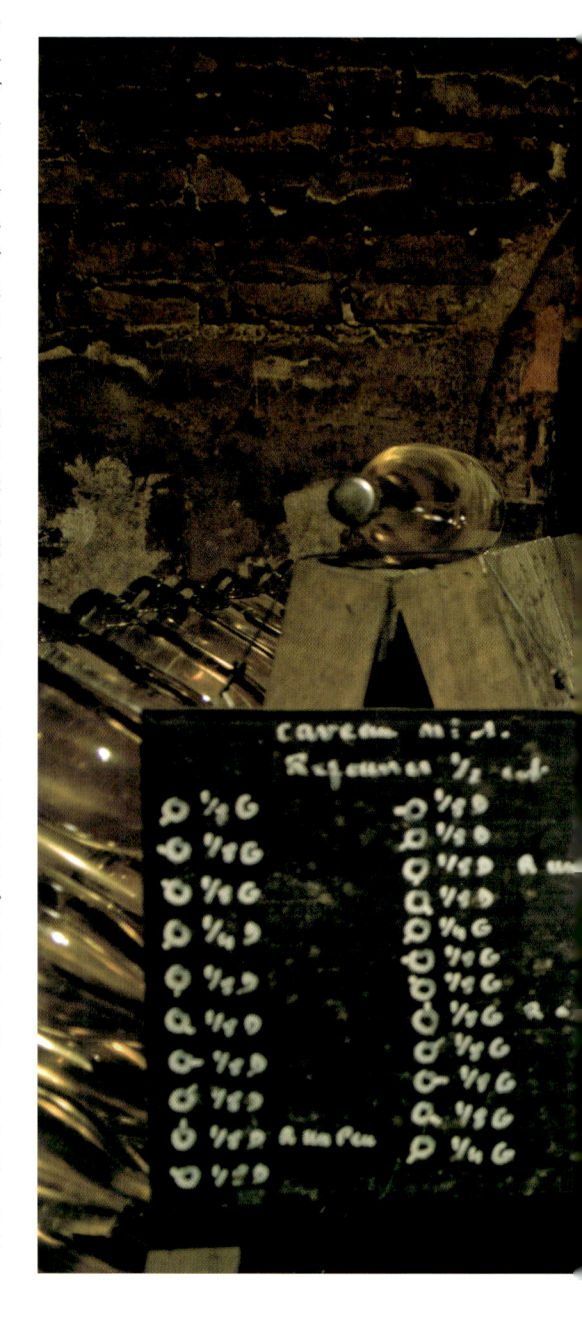

ジャン・クロード・ルゾーは才能に恵まれた知性的な指導者として、
主に20世紀の最後の4半期に会社を牽引し、
その手腕からすぐに「シャンパン王」と呼ばれるようになった。

た。経営者としての40年間、彼は会社を活力のある利益体質の企業として維持する厳しい実戦のなかで学び続け、その一方で常に片足を葡萄畑に置き、栽培家と「俺・お前」で呼び合う温かい絆を結び、前線で指揮を執り続けた。

90年代初頭にシャンパンを襲った経済危機による混乱の後、ジャン・クロードがユニオン・デ・グランド・メゾンの会長に就任し、長期再建計画と価格調整のため、同じく才能に溢れ柔軟な考え方のできる指導的栽培家であるフィリップ・ファヌルと手を組んだことは、実に幸運なことであった。2人の協調関係は、シャンパーニュ地方に次の10年間の未曾有の繁栄をもたらした。表舞台から退いた彼らが、現在の葡萄不足、その一方での栽培家の高い在庫率、切迫した景気後退の波の中での急激な価格高騰などの状況をどのように見ているか、実に興味あるところである。なにかしらデジャヴューのようではある。

ロデレールは他のハウスに比べ、気候変動の影響を受けにくいように自社畑を配置している。ほとんどがグラン・クリュの村にあるその畑は、賢明にも3つの古典的なシャンパーニュ地域に分散されている。モンターニュ・ド・ランスの北側の斜面の、ヴェルズネ、ヴェルジ、ボーモン・シュール・ヴェール。マルヌ渓谷の日当たりの良い南向きの斜面の、マレイユ、アイ、ディジイ、シャンピリョン、キュミエール、ダメリー。そしてコート・デ・ブランの中でも最も厚くチョーク質が堆積した、シュイィ、オイリィ、クラマン、アヴィズ、オジェ、ル・メニル、ヴェルテュである。これらの自社葡萄畑から生まれるワインでロデレールの必要とする量の3分の2がまかなわれ、それはさらに補充されつつある。90年代初期、ロデレールの所有する畑は180haであったが、2009年には218haと、5分の1以上増加している。

当然のことであるが、世界中で垂涎の的となっている伝説的な「クリスタル」の人気は陰りを知らず、そのための比類なき原料は、これまた垂涎の的である葡萄畑から独占的に供給されている。ロデレールは集約的に5種のキュヴェに絞っているが、その細部にこだわったワインづくりの姿勢は常に人を感銘させる。しかしジャン・バティスト・ルカイヨンが新しいシェフ・ド・カーヴに就任すると、ブレンドの正確性とそれを構成する葡萄の出所追跡可能性は、完全への希求の下、さらなる一歩を踏み出している。ブリュット・プルミエ・ノンヴィンテージは、概して小容量のステンレス槽で発酵させられているが、それによって、それぞれのクリュの特徴とフレーバーがより鑑別しやすくなった。2種のピノに支配されたその雄大な赤果実のフレーバーは、オークの大樽で熟成させられた20パーセントのレゼルヴ・ワインのバニラの香味によってさらに豊かにされている。また彼は、ヴィンテージ・ワインにもそのスタイルを貫き、オーク樽で発酵させたワインを、割合を微調整しながらそれに加え、より深い複雑さを生み出している。また酸を確保する――気候変動の現在、最優先事項である――ために、マロラクティック発酵は行っていない。

ジャン・バティストが、どんなに困難な状況でも最高を求めて怯むことがないということを如実に示したのが、2008年1月の2007ヴァン・クレールのテイスティングであった。2007年夏、シャンパンは記録に残るほどの長雨にたたられ、8月には大災害を被った。しかしその後、自然は葡萄畑に優しく見えた。北風は葡萄を乾燥させ、果実が水浸しになるのを防いだ。8月26日には太陽が顔を見せ、辛抱強く待つ勇気のあった栽培家は、シャルドネとピノの一部が、十分完熟し、適度な酸を持っているのを見ることができた。ジャン・バティストに率いられたチームは、葡萄畑の健康管理に奮闘し、9月10日前後に、最適な成熟を遂げた最高の果実だけを慎重に選びながら収穫した。こうして苦難のなかで、2007年はロデレールのヴィンテージ・イヤーとなるべき年になった。シャルドネ、とくにル・メニルとヴェルテュからのものは、ハウスの独特のスタイルで精緻を極めたブラン・デ・ブランとなるはずである。またマルイユ・シュール・アイのレ・クロと、ヴェルジのレ・モンタンのロデレールの最上の畑から採れたピノ・ノワールをオーク樽で発酵させたものは、私のテイスティング・ノートでは高得点をマークしている。2007は偉大なテロワールのヴィンテージであり、ロデレールのチームがそれを輝かしく証明してくれた。お見事！

ジャン・バティストは現在、ロデレールが最も新しく買収したボルドー、メドックのスーパーセカンド、シャトー・

ピション・ロングヴィル・コンテス・ド・ラランドの醸造長も務めている。買収のため、ジャン・クロードとフレデリック・ルゾーは融資に頼らなければならなかった。しかしいつも通り彼らは、2年後にはすべて返済できる見込みだと語る。このように父と子は、稼ぎ頭であるクリスタルの増え続ける需要に応えるのを見合わせるつもりはないし、クリスタルの品質に妥協を許すつもりも毛頭ない。ジャン・クロードがいみじくも言ったように、「ブレンドを決めるとき、テイスティング・ルームにいる者にとっては市場もへったくれもない！」

極上ワイン

(2008年1月と4月、ランスにて試飲)

Louis Roederer Brut Premier Non-Vintage★
ルイ・ロデレール・ブリュット・プルミエ・ノンヴィンテージ★
星の煌めきのような金色。静かで繊細な芳醇さ、ピノ主導のかなり独特の香味。このブリュット・プルミエの満開の豊満さについて語らぬ評論家はいないが、同時に新鮮さとフィネスが感動的で、それはますます大柄になりつつある現代のシャンパンにあって、嫉妬されるくらいロデレール固有のものである。ブラボー！

Louis Roederer Blanc de Blancs 2002★
ルイ・ロデレール・ブラン・デ・ブラン2002★
通常年よりもさらに均質になった黄金色は、このヴィンテージ特有の抜群の成熟度を示す。メニルとアヴィズがほぼ半分ずつで、クラマンも若干加わっている。「果実味の豊かさを加えるために、澱の上に長く置いた」と、ジャン・バティストは言う。柑橘系の果物とグレープフルーツのさらに広がりのある甘酸類の清々しく芳醇なアロマ。口に含んだときの豊かな層状の感触は世界一。精密で生き生きとし、そのうえ悦楽的でなめらか。

Louis Roederer Vintage 2004
ルイ・ロデレール・ヴィンテージ2004
例外的な成功をおさめた2002とまったく同格というわけではないが、このやや若いヴィンテージも傑作である。現時点ではミネラルが勝っているが、偉大なシャルドネの豊かな表情がうかがえる。2004のなかでは最も成功した逸品。

Louis Roederer Vintage 2002
ルイ・ロデレール・ヴィンテージ2002
ピノ66％、シャルドネ34％。ブレンドの3分の1強がオーク樽で発酵。すでに愛すべきクリームのような丸みがあり、澱撹拌を多く行うことによってブリオッシュの風味がある。妥協のない感性的なシャンパン。

Louis Roederer Cristal 2002
ルイ・ロデレール・クリスタル2002
60％がマレイユ、アイ、ヴェルズネ、ヴェルジからのPN。40％が、アヴィズ、ル・メニル、そして少々のシュイィとクラマンのC。ピノ・ノワールの若々しい色調。まだ青年期の真只中にあるが、恐ろしいほどのフィネスを持つ(シュイィのミネラルを感じる)。特有の芳醇さと天性の酸の潜在的可能性を感じる。

Louis Roederer Cristal 1999
ルイ・ロデレール・クリスタル1999
華やかさという点ではクリスタルのなかでも傑出。しかし偉大なヴィンテージのもののなかでは何番目というほどではない。

Louis Roederer Cristal 1995
ルイ・ロデレール・クリスタル1995
バランスとハーモニーという点では、1996よりもこちらを推す。1996は酸がぎっしり充填されており、和らぐ様子はない。美しく優雅に透明な金色。精巧な透かし細工のような泡。本物の円熟と持続する力、しかしすべてが精妙にコントロールされている。独特の熟成から生み出されたものであろう。5年間は熟成が必要。古典的。

Louis Roederer Cristal 1988★
ルイ・ロデレール・クリスタル1988★
通常よりも低いドサージュが限りなく大きな効果をもたらし、至高のクリスタルと呼ぶにふさわしい逸品となった。幽かに緑色を帯びた優雅なウェールズ・ゴールド。最初、あの'88特有の口を満たす酸がトップノーズで現れ、トリュフの刺激的な香りもする。口に含むと、酸、緑色の果実、萌え出る芳醇さが申し分なく、それらが融合し一体となって押し寄せてくる。非常に長いきめの細かい余韻。クリュッグ'96同様に畏敬の念さえ覚える、私の人生の究極のシャンパンのうちの1本。

Champagne Louis Roederer
21 Boulevard Lundy, BP66, 51053 Reims
Tel: +33 3 26 40 42 11
www.champagne-roederer.com

Taittinger テタンジェ

テタンジェは、ある一族の創業家としての魂の変遷と、人生を豊かにするものへの耽美的傾倒を象徴する物語的存在である。アルザス人であり、フランスの将校であったピエール・テタンジェは、第1次世界大戦の渦中、かつてヴォルテールとボーマルシェ（革命時の奇人、文学者、アメリカ独立革命のために活動、フィガロの結婚の作者）も住んだことがあるエペルネ近くの古いシャトー、ラ・マルケットリーに宿泊した。終戦を迎えた1918年、ピエールはそのシャトーとピエリーの葡萄畑を買い入れた。それからしばらくして1930年代、彼はフルノーの古い屋敷を手に入れ、それをテタンジェと命名した。

第二次世界大戦の終戦後、会社はシャンパン界で最も力のある企業の1つとなったが、それはピエールの2人の息子のエネルギーと才能によるものだった——フランソワは1960年に事故で亡くなり、クロードは20世紀の後半を通して会長を務めた。クロードはモンターニュ・ド・ランスとコート・デ・ブランの特級畑だけでなく、オーブの畑も購入したが、その時彼はこの地が優れた葡萄を生み出すことを予見していた。それだけでは足りないかのように、テタンジェはクロードの指揮の下、1973年にスパークリング・ワインのメーカーであるブヴェ・ラデュベを、その2年後にはコンコルド・ホテル・チェーンを、そして1990年にはナパ・ヴァレーのドメーヌ・カーネロスを相次いで買収した。それだけではなかった。クロードはモダンアートに深い愛着を示し、多くの画家や小説家に取り囲まれるのを好んだ。

しかし建設業や出版業までも含む急激な事業の拡大は、企業乗っ取りの餌食へと至る危険な道でもあった。ついに2006年、テタンジェは、クレディ・アグリコル銀行率いる米国系投資グループに買収された。ところが2008年、喜ばしいニュースが届いた。クロードの情熱を受け継いだ彼の甥、ピエール・エマニュエル・テタンジェが経営権を握ることになり、会社は再びテタンジェ家の支配下に戻ったのである。現在、一世を風靡している小さな自家栽培醸造家と、巨大コングロマリットの中間に位置する家族経営の伝統的なハウスが次々と消

右：第三世代の経営者であるピエール・エマニュエル・テタンジェは、この会社を再び創業家の支配下に置いた。

テタンジェは、ある一族の創業家としての魂の変遷と、
人生を豊かにするものへの耽美的傾倒を象徴する物語的存在である。
そのコント・ド・シャンパーニュは偉大なアペリティフ・ワインの系譜を証明している。

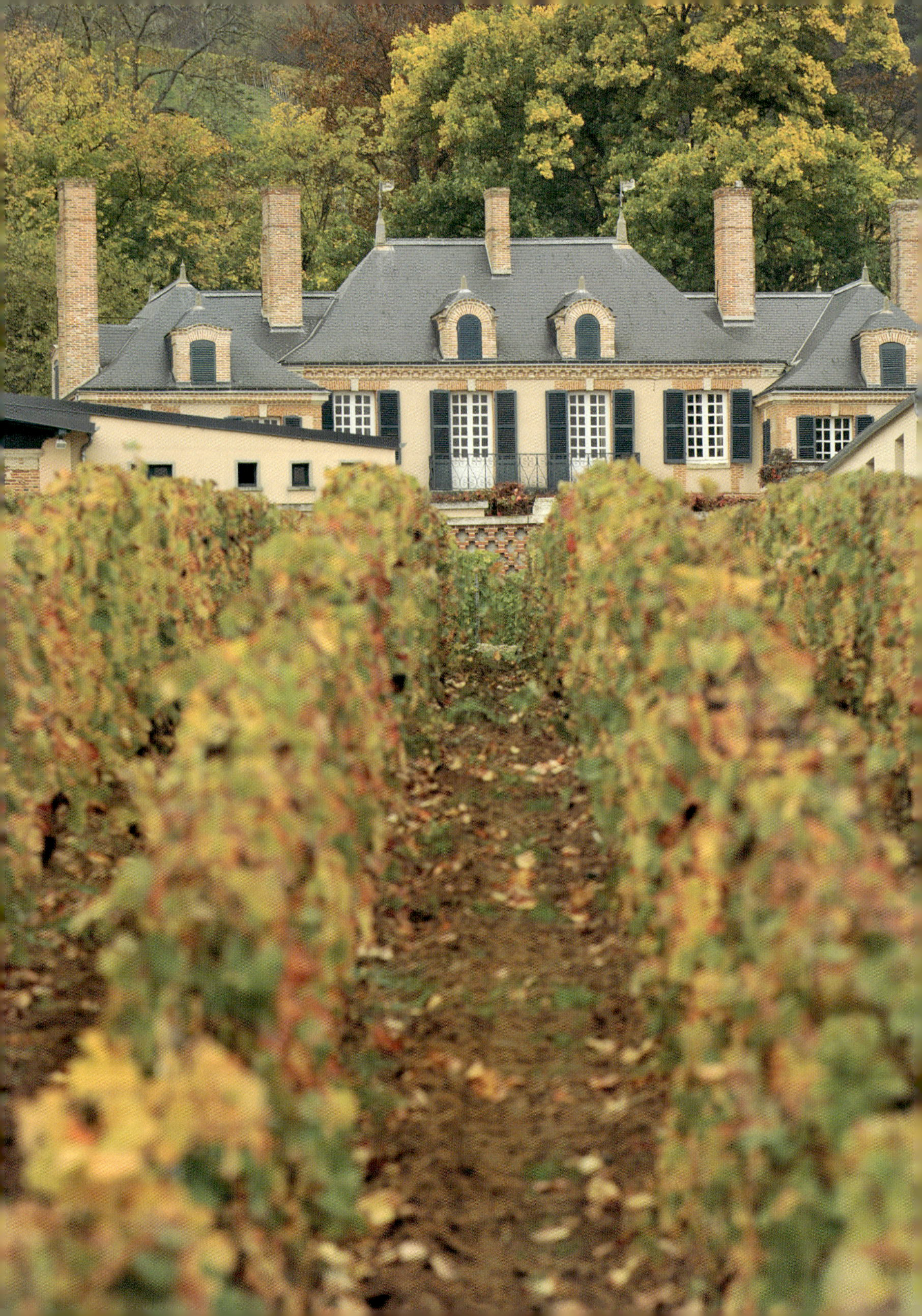

えつつある中、テタンジェはフェニックスのように再び灰の中から飛び立つことができるのだろうか？　たぶん…。
　ここ数年の改革の成果は目覚ましいものがある。フランスの最も思慮深いワイン評論家であるベタンヌ／ドゥソーヴの意見では、「最も有名な銘柄だけでなく、すべてのワインが、アペリティフ・スタイルの優雅さを基本とした古典的なシャンパン学派の輝かしい代表のようだ。」まさに狙い通りだ!
　特に、入門者レベルのブリュット・レゼルヴは、1990年代半ばに飲んだものに比べ、はるかに上質で新鮮(低いドサージュによるもの)である。あの時私はかなり不機嫌に、「ひどく乱雑だ」と評したことを覚えている。プレリュード・キュヴェは、ピノ・ノワールの深いフレーバーに支えられ、グラン・クリュ・シャルドネの香りが素直に表現されている。その一方で常に王冠の上の宝石のようなコント・ド・シャンパンは、これまで以上に燦然と輝き、特に素晴らしく洗練された1998ヴィンテージは極上である。そして変化が人生の薬味であるように、オークのフードル(大樽)で10カ月間熟成された単一畑ワイン、レ・フォーリー・ド・ラ・マルケットリーは、素晴らしくエキゾチックなシャンパンで、他と一線を画している。そこには自家栽培醸造家のワインと変わらぬ個性と土地の感覚が感じられる。ヴィヴ・ラ・ディファレンス！(「違いを楽しもう！」)

極上ワイン

(2009年1月ランスにて試飲)

Taittinger Brut Réserve NV
テタンジェ・ブリュット・レゼルヴNV

35〜40のクリュのブレンド。40%C、50%PN、10%PM。ドサージュは8g/ℓまで減らされ、それがワインの質を各段に引き上げた(2005がベース)。通常のNVに比べシャルドネの割合が高いが、それが奏功して鋭利なミネラルと豊かな果実味の絶妙なバランスが生まれた。

Taittinger Prélude NV
テタンジェ・プレリュードNV

ラベルには記されていないが、これは実は2004年シャンパンである。50%C、50%PN。グラン・クリュの葡萄だけを使用した見事にブレンドされたシャンパンで、上質のシャルドネだけが持つ繊細な

左：創業家によって購入されたシャトー・ド・ラ・マルケットリーからは、単一畑シャンパンが生み出されている。

優雅さと深みが、ここでは独特の沃素の個性と共に表現されている。ピノがブレンドに微妙で豊かな和音を加えている。印象的な1本。

Taittinger Les Folies de la Marquetterie NV
テタンジェ・レ・フォーリー・ド・ラ・マルケットリー NV

キュブリー渓谷のピエリーの石の多い畑から生まれた単一畑シャンパン。55%PN、45%C。オークの大樽で10カ月間熟成。麦藁の黄金色。ライチ、白桃、黄桃、さらにはパイナップルなどあらゆる種類の果物を詰め込んだ果物籠の香りが鼻腔をくすぐる。2003特有の、立派に完熟した葡萄果実の香味が口一杯に広がり、大樽ならではの清々しい風が吹き抜ける感触があり、そこにスパイスも感じられる。純粋な愉悦。

Taittinger Comtes de Champagne 1998★
テタンジェ・コント・ド・シャンパン1998★

大部分がグラン・クリュ・シャルドネで造られているこの煌めくようなブラン・ド・ブラン・プレステージ・キュヴェは、最初1952年に登場した。また同名のロゼが出されるようになったのは1966ヴィンテージから。美しい宝石のような緑色を帯びた金色。素晴らしく整った酸が流線形のTGVのようにワインを生き生きとさせ、興奮させられる。しかしその鋭利な酸は、豊かな澱の個性、焙煎、ミネラルで完璧にくるまれていて、すべてが完全に調和している。寛大であるが常にきめの細かい口当たりは、偉大なアペリティフ・ワインの系譜を証明している。1998ヴィンテージの精妙さとコント・スタイルの抑制された優雅さが一体となってこの卓越したシャンパンは生み出された。

Champagne Taittinger
9 Place Saint-Nicaise,
51100 Reims
Tel: +33 3 26 85 45 35
www.taittinger.com

REIMS AND THE MONTAGNE DE REIMS

Veuve Clicquot　ヴーヴ・クリコ

獰猛な大型野獣がのし歩くジャングルにあって、ライバルの仲買業者、協同組合、それに栽培家から最も尊敬されているシャンパン・ハウスが、ヴーヴ・クリコである。魅力的で、才気溢れる宣伝活動の背後に隠れて目立たないが、そのシャンパンは価値ある本物である。これは30年間このハウスを引っ張ってきた卓越したシェフ・ド・カーブであり、世界各地を訪問する親善大使でもあったジャック・ペテルスの功績である。彼の優れた技術、正面から問題に立ち向かう姿勢、率直な人柄、これは彼の醸造チームを奮い立たせただけでなく、マルヌとオーブの何百という栽培家との固い絆を生んだ。シャンパーニュ地方の農家は進んで自分の最上の葡萄をクリコにさし出す。なぜなら、クリコが彼らの葡萄を最高のワインに仕上げてくれるのをよく知っているからである。まだまだ若々しい彼が、2008ヴィンテージの終わりに手綱を離し、引退することになったとは、俄かに信じがたいことである。なぜならこのハウスの歴史は常に、傑出した人々がその持てる力をぎりぎりまで発揮させて築いてきた歴史だからだ。

　ヴーヴ・クリコその人は、1806年に27歳で未亡人となった。彼女はイギリスとオランダの価格優先の商人と手を切り、新しい顧客を求めて東方に舵を切った。1814年、彼女は鉄の決断力を持って仲買商人同盟による封鎖線を突破し、1811ヴィンテージをサンクトペテルブルクのツアー宮殿に搬入することに成功した。その結果、その後50年間、ロシア市場はクリコの独壇場となった。マダム・クリコはまた、偉大な発明家であり、ある意味空想家でもあった。現在約303haある、コートのクラマン、アヴィズ、オジェ、ル・メニルからモンターニュのヴェルジ、アンボネイ、ブージーまで均等に分散している膨大な数の葡萄畑を取得したのは彼女であった。またルミアージュ（p.42参照）の技法を開発したのは、彼女の下で醸造長を務めていたアントワーヌ・ミューラーである。また、2人はワインらしさの溢れるロゼ・シャンパンのスタイルを確立した。そのロゼは今日でも、仔牛やあらゆる種類の猟鳥獣肉の料理に最

右：ジャック・ペテルス（左）とその後継者ドミニック・ドゥマルヴィル。彼は次世代のホープの1人。

72

このハウスの歴史は常に、傑出した人々がその持てる力をぎりぎりまで発揮させて築いてきた歴史である。魅力的で、才気溢れる宣伝活動の背後に隠れて目立たないが、そのシャンパンは確かに価値ある本物である。

もよく合うシャンパンである。

　現在一家は、巨大なLVMHコングロマリットの一部となったヴーヴ・クリコ部門を統括しているが、そこには2004年から、同様のワイン気質を持つハウスであるクリュッグも傘下に入っている。現在年間1200万本ものシャンパンを生産するヴーヴ・クリコは、明らかに葡萄の購入者として非常に重要な役割を果たしている。特に、プティ・モンターニュとアードレの北部渓谷沿いの畑で実る上質のムニエにとってはそうである。同様にヴーヴ・クリコはまた、トロワの上のモンゲーの丘に育つ黄金色の素晴らしいシャルドネ、そしてオーヴ県コート・デ・バルのリセ／セール・シュール・ウルスとさらに東のバル・シュール・オーヴ周辺から産出される明るい生き生きとしたピノ・ノワールにとっても最大の購入者の1軒である。このように大規模な生産を行っているため、当然、醸造は近代的で最先端の技術を用いている。しかし眩しく輝く大型ステンレス槽の傍らに、小ぶりの槽が置かれていることに気づく。それは最上の葡萄畑から産出された葡萄だけを別個に発酵させるために設置されているもので、そのワインは後にブレンドされ、ヴーヴ・クリコのアイデンティティーを守る重要な役目を果たす。2009年以降は、ヴィンテージ・シャンパンのため、十分計算された上でオーク樽が用いられるようになった。1961年以降オーク樽はまったく使われていなかったので、隔世の感がある。

　少なくとも3分の2を2種の黒葡萄から、そして残りをシャルドネから作るバランスの良い、よく知られたイエロー・ラベル・ブリュット・ノン・ヴィンテージは、何十年もの間、高い品質を維持し続けてきた。しかもそれを毎年1100万本も生産しているのだから、まさに賞賛に値する。そのシャンパンはジャック・ペテルスの前の時代のものよりも上質でフィネスも多く感じられるが、それにもかかわらず、非常にまれではあるが、時々いつもの秀逸さに欠けることがある。これがなぜなのか、少し考えてみたい。営業マンが何と言おうと、ノン・ヴィンテージ・シャンパンであれ毎年変化する——特にブレンドの60〜70パーセントを占めるベースワインが、2001年（不安定すぎる）や2003年（酸が低すぎる）のような不調のヴィンテージの場合はそうである。基本となる葡萄が平均以下の場合、出来ることといえば、修正用のリザーブワインを用いてブレンダーがより多くの仕事をするだけである。それゆえ2007年も依然としてヴィンテージ・シャンパンを作り続けているボランジェやロデレールといったはるかに小さな会社と違い、クリコがこの難しい年に生まれた優れたワインをヴィンテージ・シャンパンにするのではなく、イエロー・ラベルのために残しておくのを見るのは、とても喜ばしいことだ——それはクリコらしい真摯な態度であり、先見の明ある決断である。

　ゴールド・ラベル・ヴィンテージ・レゼルヴ・シャンパンは、何十年にもわたってハウスの評価を高めてきた礎石である。それはヴィンテージの性格を素直に表現する一方で、華麗芳醇で、変わらぬバランスの良さを持ち、けっしてクリコ・スタイルを逸脱しない名品である。それがどれほど美しく熟成するかは、2008年1月にマノワール・ド・ヴェルジーで行われた、まるで絵の展覧会のような稀有な試飲会で如実に示された。1990と1955の間の偉大な12のヴィンテージが、ドサージュなしのマグナムで提供された。その時最も会場を沸かせたのは、1988の「抑制された芳醇さ」（ルゾーの言葉を借りると）、1982のゴージャスな官能美、53歳にもなろうかというのにまだ岩のような硬さを持ち、すべてのレベルで均質さを保つ驚異的な生命力の1955の伝説的な強さであった。しかしその日試飲されたものの中でも圧巻で、それ以外の驚きを取るに足りないものにしたのが、偉大な1962であった。それはあの1961さえも凌駕し、人がシャンパンに望みうる

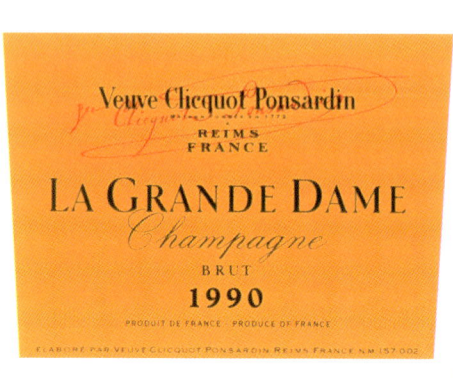

すべてのアロマとフレーバーを、そして口の中を愛撫しエネルギーを与える質感を有していた──至高の優美さ。それよりも若いヴィンテージも非常に高い水準を維持していた。古典的な1988★。なめらかでしなやかな1999。そして偉大なピノ好きにはたまらない、まだまだ成長する可能性を秘めた2002。またロゼ・シャンパンも同様に鮮烈である。それがどのようにして造られるかをより詳しく正確に知れば、さらに感動は深まるはずだ(p.40～41参照)。

　1985年に初めてリリースされたラ・グランダムは、市場の3大プレステージュ・キュヴェの1つである。ワインらしさに強調が置かれている両方の色のヴィンテージ・レゼルヴと比べると、こちらはエレガントさに重点が置かれ、ブレンド中のシャルドネの比率を高めることによって造りだされている。その1988★は、このヴィンテージの中では最高のシャンパンであるかもしれない。また1990ロゼも抜群である。

極上ワイン

(2008年1月と4月にランスにて試飲)
Veuve Clicquot Vintage Réserve Rosé
ヴーヴ・クリコ・ヴィンテージ・レゼルヴ・ロゼ
1996　サーモン・ピンク。チョーク質ならではの圧倒的新鮮さ。繊細なミネラル、躍動的で長く残る余韻。まだ飲む準備は出来ていない。
1990　さらに進化し、オレンジの光がある。熟成による二次的アロマ、特にチョコレート。複雑で発展しつつあるフレーバー。'96よりも豊満であるが、典型的なミネラルがその豊熟さとバランスを取っている。
1989　透明で繊細なサーモン・ピンク。緻密な泡。可愛い赤果実のピノの香り、シュルマテュリテ(過熟)の兆しがあるが、愛らしく新鮮なフレーバーでバランスが取られている。サポート役に回っているシャルドネが、純粋なピノの表現力に清浄な生命力を注ぎ込んでいる。この暑いヴィンテージにしては驚くほど精巧で、なめらか。
1985★　1989、1990よりも均質な色(収量の少なかったこの年のピノ・ノワールは非常に凝縮されていた)。強烈であるがまろやかで、美しい均整を保ち、23歳という年齢を感じさせない生命力を感じる。その年のヴィンテージ・レゼルヴよりも長命。
1978　最も深く最も劇的な色、burnish皮の感じがある。とてつもなく凝縮され、鼻腔にも舌にも強烈であるが、過抽出の感じはない。傑作。

Veuve Clicquot Coteaux Champenois Rouge
ヴーヴ・クリコ・コトー・シャンプノワ・ルージュ
2003　深いほとんど不透明に見える色で、この年の記録的な暑さ

上：ヴーヴ・クリコの貴重な葡萄畑の1つ。その葡萄はプレステージュ・キュヴェの名にふさわしい質を有している。

を証明している。それはタンニンの強烈さにも現れている。異常な状況を克服した、見逃せない賞賛すべき1本。
2002　美しく均質な、誘われるようなルビー色で、上質なヴォルネイにとても近い。果樹園の果実のアロマ、チェリー、フランボワーズ、ピーチさらにはイチジクさえも感じられる。口に含むと優しく愛撫されるようで、豊満だがしなやか、非常に優美。粋の極み、アルコール度数はかなり高いが、よく制御されている。
1989　すべてオークの新樽で熟成させているが、ワイン──クロ・コラン産のブドウだけ──は英雄的に戦っている。感動的な光沢のあるルビー色で、赤レンガ色の風合いもある。上質な香りはまだ進化の途上にあり、猟鳥肉や革の香りがする。味わいが特長で、20年を感じさせない生き生きとした果実味があり、あの栄光の9月を華麗に表現している。きめの細かいしなやかなあとくち。タンニンの強さは少しも感じられない。すべての要素を備えた卓越したチョーク土壌を証明するワイン。

Champagne Veuve Clicquot Ponsardin
1 Place des Droits de l'Homme, 51100 Reims
Tel: +33 3 26 89 53 90
www.veuve-clicquot.com

Henriot アンリオ

　アンリオのシャンパンは、シャルドネ主導の、常に飲む人の心を揺さぶる比類なき質を持ったワインであるが、それはジョセフ・アンリオのこの葡萄に対する並々ならぬ愛情の証明である。彼の情熱は、彼が最近行った2つの買収――優れたシャブリ・ドメーヌであるウィリアム・フェーブルと、再建されたボーヌのネゴシアンであり、ル・モンラッシュに大きな区画を持つブシャール・ペール・エ・フィス――も表れている。

　ジョセフは常人には計りがたい個性を持った人物である――けっして妥協することがない品質の守護者であり、また非常に鋭敏な辣腕経営者でもある。土地と商売に対する愛着は彼の家系に深く根を下ろし、代々受け継がれてきた。一家がコート・デ・ブランで葡萄栽培を始めたのは17世紀のことで、シャンパン出身の醸造家として事業を始めたのは1808年のことである。しかし彼はけっして伝統に甘んじるような人間ではない。ジョセフは1985年にアンリオとヴーヴ・クリコを合併させ、2つの会社をそれぞれの個性を生かしながら経営してきた。しかし1994年、彼は自分自身の会社に専念することにした――ここで付け加えておきたいことは、彼がその前に、ヴーヴ・クリコの旗印的ワインであるイエロー・ラベルに、より多くの比率でシャルドネを注入することを決めたということである。それは確かに良いことであった。

　ハウスは現在ランスのコクベール通りに本部を置き、ジョセフの息子のスタニスラス・アンリオが経営を受け継いでいるが、依然として老舗のハウスらしい風格を持ち続けている。一家は伝統的に平均樹齢25～30年の成熟した葡萄樹からの果実を好み、その葡萄畑のエシェル・ド・クリュの平均は97%と高い。もちろんストックの大部分がシャルドネで、それはコート・デ・ブランの偉大な畑――シュイィ、クラマン、アヴィズ、オジェ、ル・メニル――からのものである。サポート役のピノ・ノワールも同様の地位の村からのものである。最近では、どのキュヴェもピノ・ムニエは用いていない。

　すべての葡萄畑が、最大限の几帳面さで管理されている。収穫量を高めるための除草剤や肥料はまったく使われていない。つまり、アンリオでは質が量よりもはる

右：ジョセフ・アンリオは一家をこれまでにない高みへと導いたが、ヴィニュロンとしての一家の長い歴史に誇りを持っている。

アンリオのシャンパンは、シャルドネ主導の、常に飲む人の心を揺さぶる比類なき質を持ったワインであるが、それはジョセフ・アンリオのこの葡萄に対する並々ならぬ愛情の証明である。

かに大切にされている。シャルドネはシャブリ・スタイルで剪定され、2～3本の実のなる枝が伸ばされるが、けっして4本伸ばすことはない。また醸造においては、細かな分別が極限まで遂行される。すべての起源、すべての区画ごとに分けて醸造が行われ、別々に貯蔵される。こうしてすべてのクリュの個性が尊重され、ブレンダーの技術を最高度に引き出すために、可能な限りの幅広いフレーバーのパレットが用意される。

　ノン・ヴィンテージ・キュヴェだが、ブラン・スーヴェラン・ピュール・シャルドネは3～5年熟成された卓越したブラン・デ・ブランである。その繊細なミネラルのフレーバーと完全なバランスは、最初の造り手であるフィリップ・ティエフリーの功績で、彼は現在ヴーヴ・クリコの醸造責任者を務めているが、私の知る中でも最上の部類の味覚を備えている。

　ヴィンテージ・ブリュット・キュヴェは、最低でも8年間熟成させた力強いワインばかりであるが、少なくとも10年は壜熟させる価値がある。その1996は、この異常な年で最も輝かしい成功をおさめたシャンパンの1つである。

　最高級のキュヴェ・デ・アンシャンテールは、アンリオ・スタイルの精髄である。偉大なシャルドネが主役を務め、ピノ・ノワールが脇を固める長寿のシャンパンで、驚異的なほど長く、新鮮さ、ミネラル香、限りなき精妙さを保つ。本当に偉大なヴィンテージの時だけ造られる逸品で、通常は13年間はけっして触ることが許されず、20年過ぎた頃から良くなる。1990と1995は秀逸であるが、それらでさえも1988の横に並べると見劣りがする。これは20世紀を代表するシャンパンの1つである。生まれたばかりの2008ヴィンテージは、この20歳年上の兄と同じ素質を持って生まれたように思える。

極上ワイン

(2008年12月試飲)

Henriot Brut Souverain Pur Chardonnay NV [V]
アンリオ・ブリュット・スーヴェラン・ピュール・シャルドネNV [V]
100%C、メニル、オジェ、ヴェルテュ、シュイイ、トレパイユ。宝石のような緑がかった金色。鮮烈なレモンとミネラル。独特の風味があるがバランスは完璧。緻密で精悍、しかし円熟し調和の取れた味わい。長く美しい余韻、後味は口笛を吹くような清々しさ。NVブラン・ド・ブランはかくあるべきであるが、いつもというわけにはいかない。

(2008年8月試飲)

Henriot Vintage Brut 1996★
アンリオ・ヴィンテージ・ブリュット1996★
52%PN、48%C。メニル、オジェ、シュイィを主体にマレイユ、ヴェルズネ、ヴェルジがそれを支え、モングー（トロワの西）も参加し、合わせて15以上のクリュで構成。ドサージュは10g/ℓ。濃い金色。グラン・クリュ・シャルドネが香りも味も支配している。芳醇な蜂蜜とバニラ・フレーバーの忘れられない共演、それに堂々とした酸が加わり、非常に繊細であるが実に生き生きとしている。1996の傑作中の1本。グラン・ヴァン。

(2007年6月試飲)

Henriot Cuvée des Enchanteleurs 1988
アンリオ・キュヴェ・デ・アンシャンテルール1988
55%C、45%PN。ル・メニル、オジェ、マレイユ、アイ、ヴェルジ、ヴェルズネ主体に、全部で15のグラン・クリュで構成。ドサージュは9g/ℓ。星の煌めくような黄色がかった金色で、1990よりも微かに緑が強い。ブーケはうっとりするほどで、純粋なミネラル香が質の高さを証明している(まさにアンリオならでは)。さらにバター、ハシバミの香りもあとからゆっくりと立ち上り、常に古典的な威厳がある。偉大なワインの多くがそうであるように、言葉で表現できない味と香りで、果物、ワインらしさ、テロワール、長く続く余韻など、あらゆる構成要素が完全に調和している。威風堂々。

Champagne Henriot
81 Rue Coquebert, 51100 Reims
Tel: +33 3 26 89 53 00
www.champagne-henriot.com

Lanson ランソン

創立が1730年と、シャンパン・ハウスの中でもひときわ古い歴史を有するランソンは、誇り高い家族経営の会社で、その妥協を知らない至高のシャンパンは、1990年代の初めまで評判に違わぬ質を備えていた——フル・ボディー、清々しい辛口。ヴィンテージ・ワインはワインらしい芳醇さを持ち、洗練された料理によく合う。20世紀半ばまでハウスを引っ張ってきた、傑出した家長であったヴィクトール・ランソンは、幸せなことに一流のワイン職人であると同時に有名な料理家でもあった。彼は1930年代に、当時はあまり評判は良くなかったが実は優れた才能を秘めていたオーブのピノ・ノワールを初めてブレンドに用いたシャンパーニュ出身醸造家の1人であり、常に、家庭での祝宴に抜かれるシャンパンを造りたいと願っていた。

第1次湾岸戦争とそれに続く1991年の石油危機は、シャンパン市場の暴落を招き、ランソンは大企業が繰り広げる買収劇の人質にされた。その年、モエ・エ・シャンドンはランソンを買収し、たった175日間保有しただけで、それをマルヌ・エ・シャンパーニュに売却した。その取引の過程で、ランソンはその208haの壮大な葡萄畑をすべて失った（モエに保有された）。一方で、マルヌ・エ・シャンパンとそのパートナーは、ランソンの名前と会社を取ったが、驚くべきことに、彼らはそれにモエが買収に支払った金額——葡萄畑の分も含む！——と同じ金額を支払った。

有力なシャンパン・ハウスがその主力の葡萄畑を失ったとすると、率直な意見を言うシェフ・ド・カーブならば、優秀な契約栽培家を揃え、最高品質のリザーブ・ワインを貯蔵するには優に15年はかかると言うだろう。実際これがランソンに起こったことだ。紆余曲折はあったものの、幸いなことにランソン家のシェフ・ド・カーブで、1970年代以来一家を支えてきたジャン・ポール・ゴンドンは残った。彼はトゥレーヌ出身で、静かで、笑みを絶やさない、非常に有能な醸造家である——彼は今でもアンボワーズとヴーヴレイの間に葡萄畑を保有している。1991年以後の彼の活躍は目覚ましく、ランソン・ワインのルネッサンスが訪れたようであったが、それと時期を合わせるように、会社は2006年に、躍進中の新しいオーナー、ボワゼル・シャノワーヌ・グループによって買収された。最高経営責任者であるフィリップ・バイジョは、たぶんランスで最も背の高い男で、実寸よりもさらに大きく見えるが、実に人間味あふれる好人物で、現在のシャノワーヌ・シャンパン・ブランドを確立した立役者である。確かに彼がそこにいるだけで、クランシー通りの住人の顔は明るくなり、ランソンの将来は安泰という気になってくる。

入門者レベルのランソン・ブラック・ラベルの独特のスタイルは、大半がブレンドを支配しているピノ・ノワールによるもので、それはワインにフルな感じと重厚さを与えているが、けっして重すぎず、新鮮さは保たれている。このハウスではマロラクティック発酵は一切行われない。実際牡蠣とこれほど相性の良いシャンパ

上：ランソン・シャンパンといえば金色の王冠と銀色のワイヤが特徴だが、いまその戦列に単一葡萄畑シャンパンが加わっている。

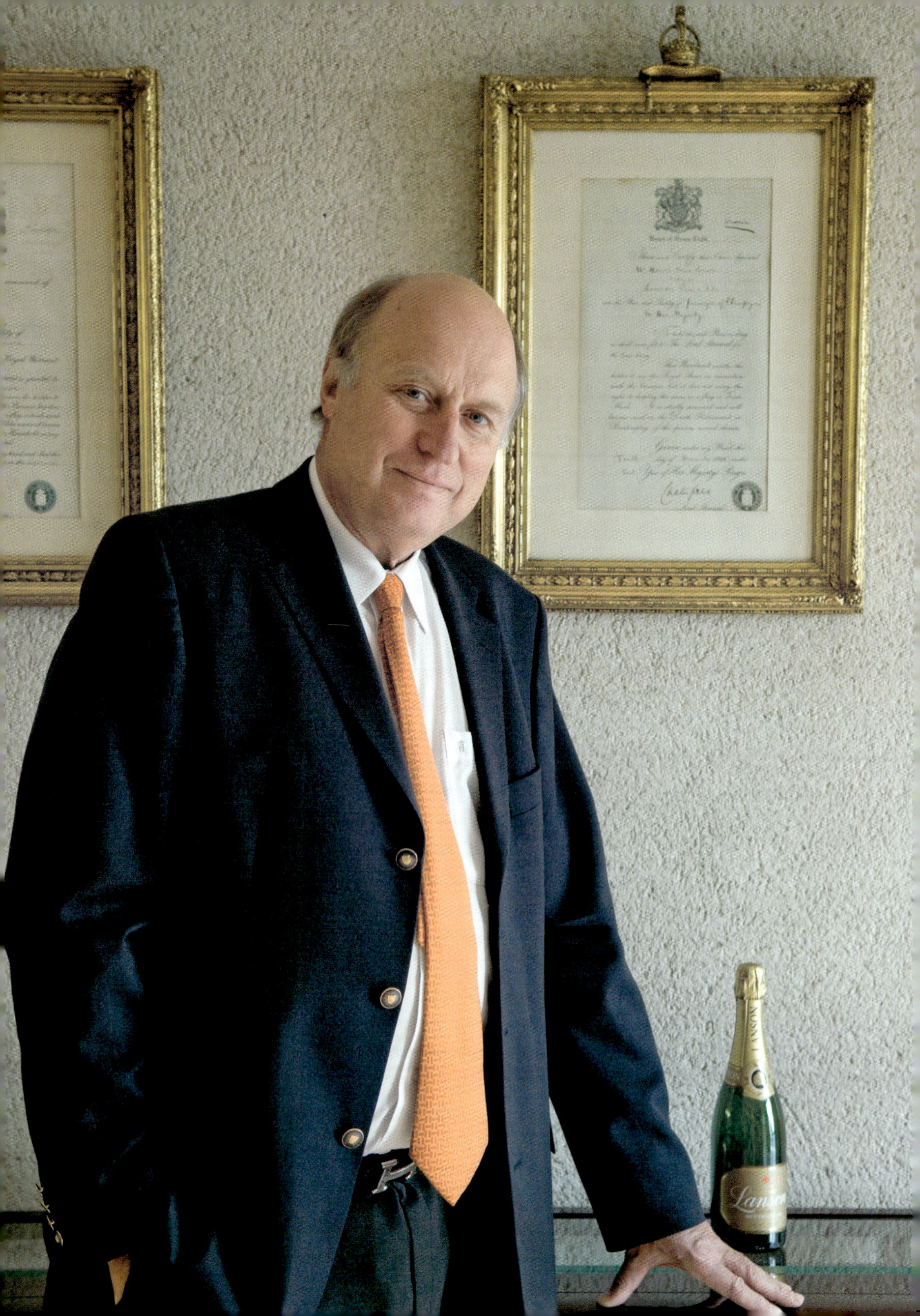

ンを私は知らない。ロゼ・ノンヴィンテージはこれよりも長熟し、ブレンドワインの中に、よく熟成させたリザーブワインを含んでいる。それは非常に辛口のワインで、より長く爆熟させる必要がある。というのもこのワインは、安易にドサージュの砂糖の量に頼るのではなく、果実の風味を尊重しようとしているからである。

個人的には、ランソンのワインのなかで最高のものは、ヴィンテージ・ゴールド・ラベルだと思う――もちろん価格が最高だからではない。それはピノ・ノワールとシャルドネを50対50でブレンドした古典的シャンパンであるが、その1998は、立ち上る香りに好ましい厳しさが感じられるが、口に含むと素晴らしく深みがあり、ミネラルが豊醇で、存在感がある。マロラクティック発酵を行わないワインは、繊細さがある半面、細身で直線的、芳醇さに欠けるきらいがあると感じる人がいるかもしれないが、辛口の果実らしさというのがランソンの切り札なのである。ともあれこれは個人の好みの問題だ。

2007年以来、ランソンは単一葡萄畑シャンパンを造り始めた。その畑とは、ランス市内にある、周りを壁で囲まれた1haほどの小さな畑、クロ・ランソンである。この葡萄畑では、樹齢が20～50年のシャルドネの古樹だけが育てられ、ワインはアルゴンヌの森から切り出したオークの樽で醸造される。そのオークは穏やかな性質で、けっして出しゃばることはない。その畑は以前シャンパン・マッセのものだったが、1976年にランソンが購入したものである。

Lanson Rosé (Rose Label)
ランソン・ロゼ（ローズ・ラベル）
55%PN、30%C、15%PM。ドサージュは9g/ℓ。美しい優美な野生サーモンの色。ブラック・ラベルよりもドサージュは低く、リザーブワインの比率が高い。エレガントでクリーミーな泡立ち、小さな赤果実の繊細な口当たり。重さのかけらもない。芸術的な技で引き出された葡萄の自然な味が強く前面に押し出されている。

Lanson Vintage 1988 (Gold Label)
ランソン・ヴィンテージ1988（ゴールド・ラベル）
50%PN、50%C。華麗な光沢のある黄金色。今回のテイスティングでは香りはやや控えめであったが、この年齢でもノン・マロラクティックのヴィンテージ・ランソンらしさが感じられた。口に含むと素晴らしくパワフルで芳醇、それを奥行きのあるミネラルが統御している。特別なヴィンテージが生んだ特別なワイン。

Lanson Noble Cuvée 1998
ランソン・ノーブル・キュヴェ1998
70%C、30%PN。ノーブル・トリオの中でも最高の1本。支配的なシャルドネがグラン・クリュ出身であることが理由の1つだろうか。光沢のある金色で、緑色の閃光もある。本物の深みと秀逸な酸が力強い骨格を作りだしている。しかしミネラルではなく果実味主導で、全体的にノーブル・ブラン・ド・ブランほど厳粛ではない。

Lanson Vintage 1981
ランソン・ヴィンテージ1981
収量の少ない非常に凝縮されたヴィンテージから生まれたワインで、いまなお拡張しているランソンのワイン稀古酒貯蔵庫から引き出され、再生されたもの。37歳という年齢にもかかわらず、依然としてぞくぞくさせられるような金色で、果実味は美しく澄み渡り、酸化は微塵も感じられない。生命力とエレガンスさが完全なバランスの下にあり、フィニッシュは非常に長い。完成の域に達しており、今後これほど優れたノン・マロラクティック・シャンパンにはお目にかかれないだろう。

極上ワイン

(2008年12月ランスにて試飲)

Lanson Black Label Non-Vintage
ランソン・ブラックラベル・ノンヴィンテージ
50%PN、35%C、15%PM。ドサージュは11g/ℓ。緑色がかった明るい黄色。青リンゴとナシの新鮮さが一面に広がる。フルだが生き生きとしており、レモンのような柑橘類とチェリーのような核果の味。後味は非常に清澄で切れが良いが、厳しさは微塵もない。牡蠣はもちろんのこと、ハマグリやウニにも良く合う。

左：2006年以来のランソン・ルネッサンスを率いている最高経営責任者、フィリップ・バイジョ。額縁の中は王室御用達証明書。

Champagne Lanson
16 Rue de Courlancy,
51100 Reims
Tel: +33 3 26 78 50 50
www.lanson.com

GH Mumm G.H.マム

19世紀に創立された有名なシャンパン・ハウスのなかには、ドイツ人プロテスタント出身者によるものがいくつかあるが、ジュール、エドゥアール、ゴットリープのマム家3兄弟によって設立されたハウスもその1つである。彼らはラインガウのリューデスハイム出身で、そこに自分たちの葡萄畑と、かなり大きな卸売会社を所有していた。彼らがランスのドアを開けたのは1827年のことで、その15年後にゴットリープの息子のG.H.マムが経営に加わった。1853年に会社は彼の名前を社名とし、今日まで続いている。

1880年代のシャンパンの全盛時代、マムのフラッグシップ・ワインであるコルドン・ルージュは、ハウスの名前以上に知れ渡り、特にその主要な輸出市場であったアメリカでは、大掛かりな宣伝が奏功して、1年間に85万本以上を売り上げていた。実際、ニューオリンズの豪華な娼館で「ワイン」といえばシャンパンであり、なかでもコルドン・ルージュが特に好まれた。

しかしマムの幸せな時間は長続きしなかった。彼らはドイツ国籍を維持していたため、1914年の第1次世界大戦勃発とともに、葡萄畑を含むすべての資産をフランス政府に押収された。1920年、ランスで最大であったそのハウスは競売にかけられ、ソシエテ・ヴィニコール・ド・シャンパン・サクセールに売却された。1955年にはカナダのシーグラム・グループが株を取得し、その後過半数を握った。

1991年のシャンパン危機の混乱の中、ハウスは買収劇のターゲットとされ、テキサスのベンチャー企業に買収された後、最終的に2005年、ペルノ・リカールの一部となった。

幸いマムは、モンターニュ・ド・ランスのヴェルズネ、ブージー、アンボネイやコート・デ・ブランのクラマンなどの素晴らしいグラン・クリュの村の218haの主力葡萄畑を保持している。ではなぜ、それにもかかわらずコルドン・ルージュ・ノンヴィンテージはここ数年批評家の非難の的となり、時には敵意さえも感じられる評価を受けているのだろうか?

シャンパンの権威トム・スティーヴンソンの腹蔵のない意見——私も同じだ——に従うならば、マムの評判がガタ落ちしたのは1982年から1991年の間に造られた質の悪いワインのせいで、その主たる責任は明らかに当時の醸造長であるアンドレ・カレにある。1993年12月の私のテイスティング・ノートには、コルドン・ルージュNV（ベースワインは1990/91）についてこう書いてある。「未熟、青く未成熟で不器用なワインを、狡猾にもブリュットの平均よりもわずかに高いドサージュでごまかしている。（中略）硬いが期待の持てない1本。結構良い値段だがそれほどの価値はない」

公平に言って、マムの品質は、カレの後任にピエール・ハラング、次いでドミニック・ドゥマルヴィル（彼はその後ヴーヴ・クリコに移った）が就いて以降、全般的にめざましく改善された。またドミニックの有能な弟子で、後継者であるディディエ・マリオッティは、最近リリースされたキュヴェ・ルネラルー1998——素晴らしいワインだ!——の点睛の一筆でその才能を証明した。最近復活したこのプレステージ・キュヴェは、同じく最近蘇ったクラマン・ド・マム同様に、ドミニックとディディエの下で品質は急上昇し、これからを期待させてくれる。しかしコルドン・ルージュNVに関していえば、昔の不細工なバランスの悪いスタイルに戻っており、まだまだやるべきことが多く残っているようだ——少なくとも私の最近のテイスティングでは。またいくつかの生硬なヴィンテージ・キュヴェも、その剛直さに見合ったテンションとフィネスをさらに注入する必要があるようだ。

極上ワイン

(2007年6月試飲)

Mumm de Cramant NV
マム・ド・クラマンNV
通常のブラン・ド・ブランとは異なった方法で造られた、100%シャルドネの珍しいシャンパン。クラマン村のグラン・クリュの葡萄だけを使ったドゥミ・ムース(強くない泡立ち)。その躍動感と新鮮さを維持するため2年ほどしか熟成されず、そのためフランスの法律ではヴィンテージと記すことはできないが、常に単一年のワインのみ造られる。淡い黄色で、銀色の輝きもある。白い花や柑橘系の果物の繊細なアロマが立ち上る。口当たりははるかに良くなり、す

右:愛すべき才能豊かなG.H.マムのシェフ・ド・カーヴ、ディディエ・マリオッティは、そのプレステージ・キュヴェの復活の功労者。

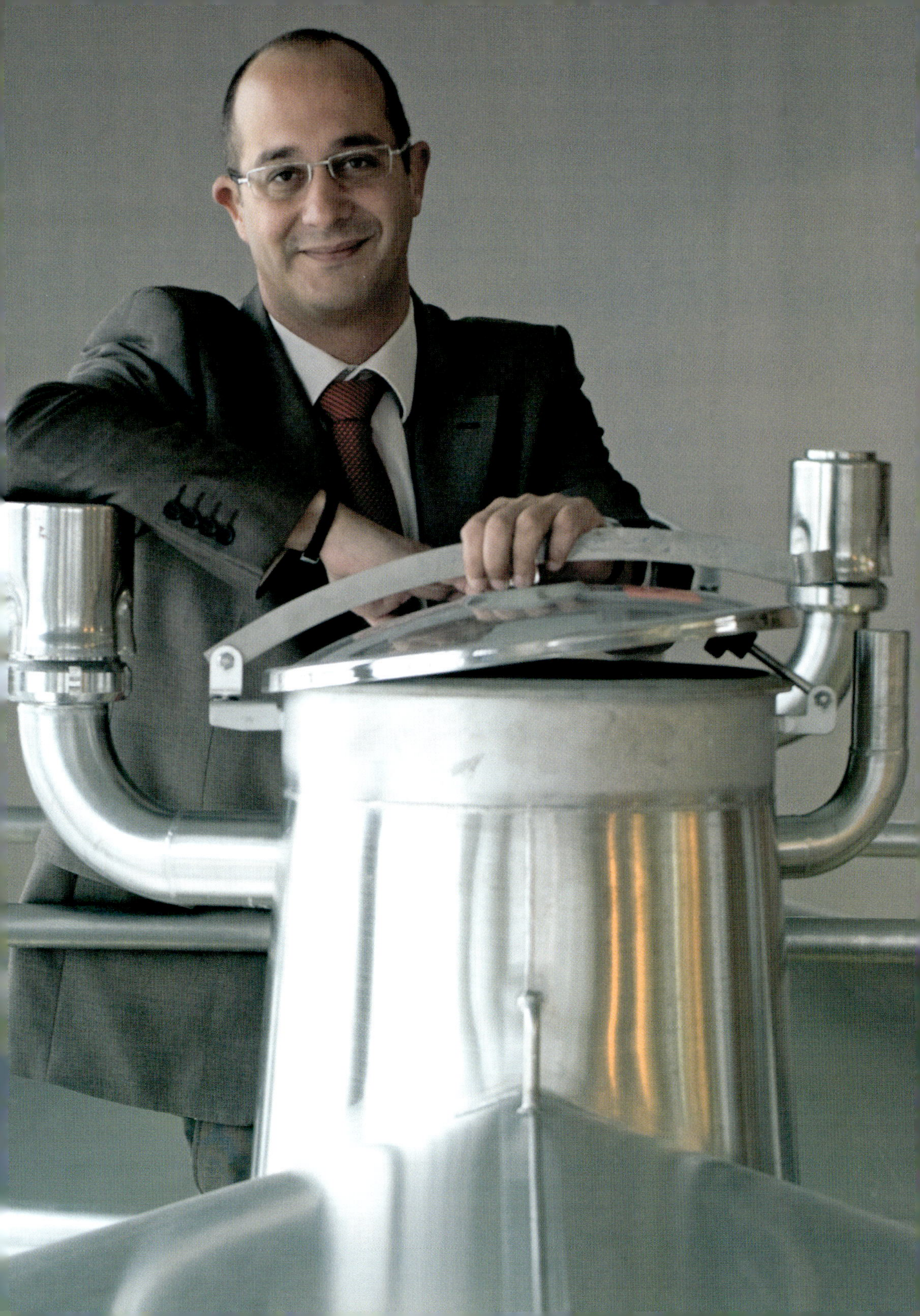

GH MUMM

ぐにミネラルと柔らかな感触が、ライム、グレープフルーツのフレーバーとともに口いっぱいに広がる。1990年代半ばのものにくらべ余韻はずっと長い。秀逸。

Mumm Cuvée R Lalou 1998
マム・キュヴェ・R ラロー 1998
このキュヴェを作るにあたって、最初ピノ・ノワールとシャルドネの12の偉大な葡萄畑が考えられたが、最終的に7つの畑に絞られた。美しい光沢のある金色は強さとエレガントさを示唆する。通常、最初にシャルドネ由来のラ・クロ・ド・クラマンの柑橘系の香りが支配的で、次にピノ・ノワールがオレンジの花、ヌガー、アカシアの香りの優美なメドレーで勇躍する。美しいチェリー、赤いベリーフルーツ、スパイスの、美しく整っているがしなやかな口当たり。ヴェルズネ・レ・ロシェルとブージィ・レ・ウレスのピノ・ノワールがたっぷり使われているのを感じる。古典的な厳粛さとともに非常に長い余韻。名高い1998の新鮮さ、骨格、酸、雄大さ、それらすべてがここにあり、この魅惑的な年の最も偉大なワインの1つに数えられる。

右：ヴェルズネの有名な風車は、G.H.マムの所有。同社所有の広大な畑の中のグラン・クリュの1つ。

Champagne GH Mumm
29 Rue du Champs de Mars, 51100 Reims
Tel: +33 3 26 49 59 69
www.mumm.fr

REIMS AND THE MONTAGNE DE REIMS

Bruno Paillard　ブルーノ・パイヤール

血統、シャンパンに関する透徹した知識、経営者としての明晰な頭脳、これらを併せ持つブルーノ・パイヤールは、シャンパン界に強い影響を及ぼし、この世界を改革していく人間になるべき運命を持って生まれたようだ。彼は1953年、ランスの葡萄栽培と仲買人を営む一家に生まれたが、一族は17世紀以来ブージーの近辺に住んでいた。ブルーノは1975年に、まず仲買人として独立したが（彼は今もこの仕事を続けている）、いつかは自分のシャンパン・ハウスを持ちたいという夢を持っていた。1981年ついに彼は大望を実現させ、最も若いグランド・メゾンを設立した。それは今も最小のハウスの1つである。

彼の実力は、パイヤール・ブランドを創立して30年も経たないうちに、そのワインが、ボランジェ、ルイ・ロデレール、ヴーヴ・クリコ等の錚々たる市場の「巨人」と同等の価格を享受していることに象徴されている。そのワインは完璧に造られ、他の大部分のワインよりも長く熟成することができ、見栄えも豪華なのだから当然である。すべてのボトルの裏ラベルにデゴルジュマンの日付が記されているため、鑑識眼のある愛飲家はボトルの熟成段階を測ることができる。

シャンパンに関する透徹した知識、経営者としての明晰な頭脳、これらを併せ持つブルーノ・パイヤールは、シャンパン界に強い影響を及ぼし、この世界を改革していく人間になるべき運命を持って生まれたようだ。

これらすべてがワインに命を賭ける男としてのブルーノの完璧主義を物語っているが、その一方で、ランスのエペルネ通りにあるオフィスとセラーを兼ねたステンレスとガラスで出来た眩しく輝く現代建築を眺めると、彼が常に鋭い眼差しで損益分岐点を見定める冷徹な分析的現実主義者であることがわかる。1階のセラーは常に理想的な温度（10.5℃）に保たれ、その流線形のデザインは、少ない人数で最も効率よく働けるよう設計されている。現在ブルーノの下の娘アリス・パイヤールが、輸出部門で父を手伝っている。というのも彼は、7つのハウスで構成されるこの地域で2番目の大きなグループ、ボワゼル・シャノワーヌ・シャンパン（BCC）の会長の椅子にも座り、非常に多忙な男だからである。実際、このBCCの逞しい影響力は、ベルナール・アルノーの指揮により、買収の餌食となっているハウスから次々と葡萄畑を吸収し、シャンパン市場を独占するかのように見える強大なLVMHグループ（モエ・エ・シャンドンとヴーヴ・クリコに率いられる）の野望に対する堅固な防波堤となっているのである。

話をブルーノ・パイヤールの珠玉のワインの話に戻そう。彼の作る卓越した極上シャンパンは、常に非妥協的な厳格な基準で収穫される葡萄を使い、ドサージュは低く、非常に辛口で、繊細さとエレガントさ、そして何よりも自然であることを目指している。ブルーノの感覚と嗜好を知る手掛かりは、彼が1981年以来買い入れてきた24haの堂々とした葡萄畑の列にある。最初に購入した畑は、コート・デ・ブランのなかでも彼が最もお気に入りの（私もだ）オジェ村にある。そのワインは柔らかさと優しさ、そして洗練された感覚の不思議な混合気体で口の中を満たす。これに彼は、ル・メニルのいくつかの優良畑——それは極上のブラン・ド・ブランの長寿に不可欠な要素である——を加え、さらにブージーの同等に素晴らしい畑——それは多くの意味でモンターニュ・ド・ランスで最も芳醇で壮麗なピノ・ノワール・グラン・クリュである——も加えている。

3つのノン・ヴィンテージ・ワインの1つで、入門者レベルのプルミエ・キュヴェ・ブリュットは、シャンパンの3葡萄品種による古典的アッサンブラージュである。きめの細かい泡立ちの鮮烈な金色で、新鮮さと鋭いミネラルの間の危ういバランスを巧みに取り、愛らしい果実味と葡萄らしさを表現したシャンパンの模範である。発泡しないワインのような穏やかな酸化の精妙さは、ブレンドの20%ほどをオーク樽で発酵させ、樽のフレーバーを前面に出しゃばらせないようにしながらうまく使うことによって実現された。ロゼ・プルミエ・キュヴェは、変わらぬエレガントなスタイルを貫いている。優美な色、フレッシュなアロマ、赤い小果実の純粋な

85

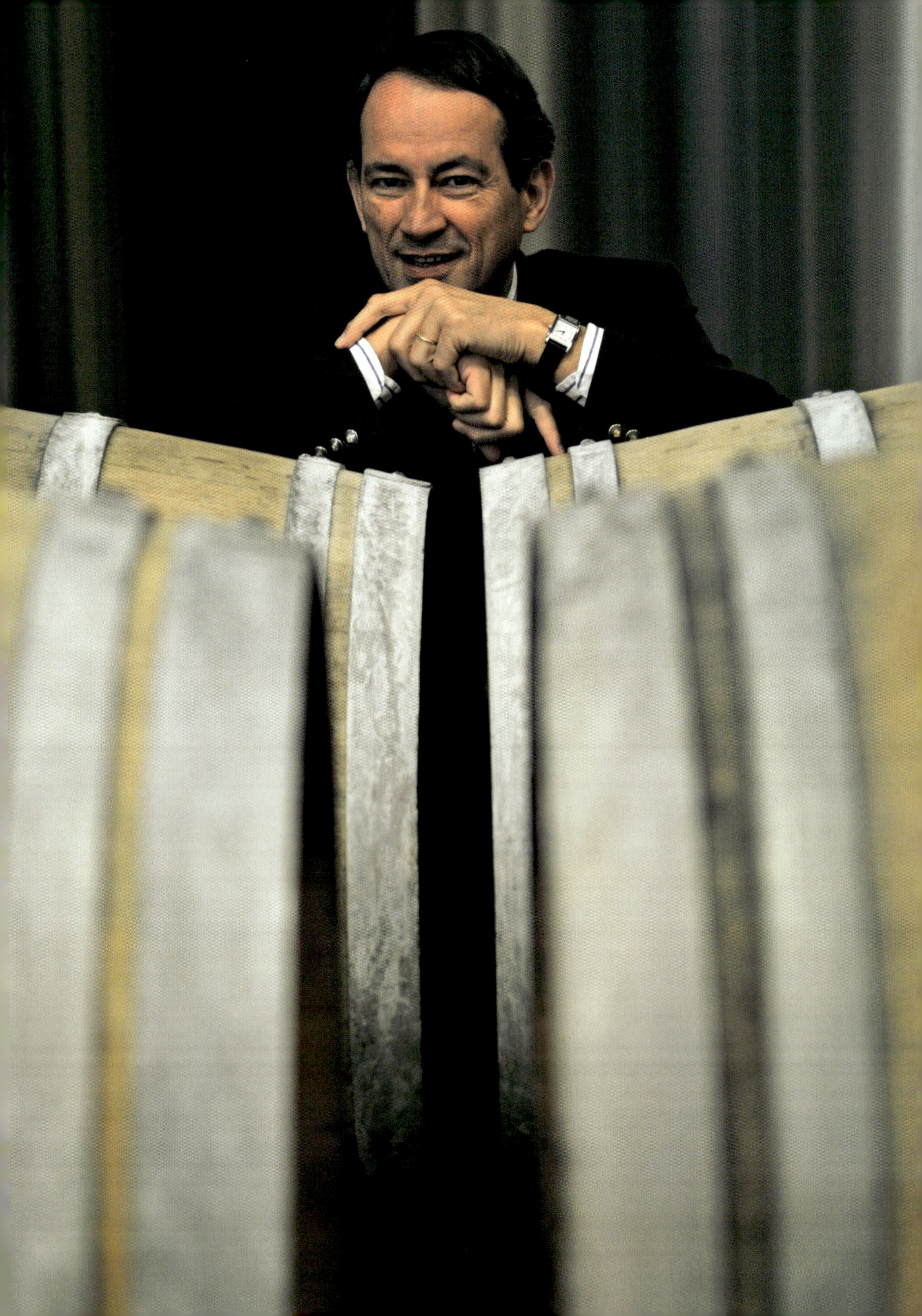

フレーバー——豊かなミネラルと軽い骨格の、公表されていないがかなりの量のコート・デ・ブラン北側のシャルドネによって、極上のピノ・ノワールがさらにエレガントにされている。ブラン・ド・ブラン・レゼルヴ・プリヴェは、華麗でブルーノ・パイヤールらしい非妥協的なシャンパンである。100%コート・デ・ブランのシャルドネを使い、ドミ・ムースという伝統的な発酵技法を復活させた方法を用いている。壜内の二次発酵——泡を生み出す——を活性化させるための砂糖と酵母の量は控えめで、泡の勢いを抑えた穏やかな発泡ワインが生み出されている——それは特にシャルドネ・ワインに適している。天然の海の幸と一緒に飲むための精緻を極めた理想的なシャンパンである。

ヴィンテージ・ブリュットは、毎年有名な画家によって制作される美しいラベルで有名であるが、その絵はその年の本質を表現する。たとえば1999のディディエ・パキニョンの絵の題名は『燃え上がる騒乱』であり、さらに偉大な1995のローランド・ルゥルの絵は、的確にも『バランスと完全性』であった。

とはいえ、私が最も気に入っているパイヤール・ヴィンテージ・キュヴェは、ブリュット・ブラン・デ・ブランである。それはコート・デ・ブランの最も偉大な葡萄畑のシャルドネを完璧にブレンドしたもので、それぞれの葡萄畑の個性が最大限に発揮されている。たとえば荘厳な1995の場合、シュイィは清々しい爽快さを、クラマンは躍動感を、オジェは柔らかな丸みを、ル・メニルは浸透するミネラルを与えている。そしてヴェルテュが親しみのある果実味を添えている。1996もまさにそれに劣らぬ1本であるが、こちらはまだ最高点に到達していない。

パイヤール・プレステージ・キュヴェNPUは、望みうる限りの最高のシャンパンを作り上げるという大それた考えの下に造られたシャンパンで、NPUとは「Nec Plus Ultra（越えることの出来ないもの、至高）」の略である。それは傑出した年だけに造られるシャンパンで、最初のヴィンテージが1990、次が1995で、1996は2010年にリリースされることになっている。

極上ワイン

(2008年8月から2009年1月にかけて試飲)

Vintage Brut Assemblage 1999
ヴィンテージ・ブリュット・アッサンブラージュ1999
29% C、42%PN、29%PM。マルヌの42の村。ドサージュは低く6g/ℓ。金色に近い黄緑色。円熟、しなやか、エレガントな果実の芳香と味覚——さらに5年以上は魅惑し続ける。疑いもなく非常によく造られた卓越したシャンパン。

Vintage Brut Blanc de Blancs 1996
ヴィンテージ・ブリュット・ブラン・ド・ブラン1996
本文でも述べたようにコート・デ・ブランのシャルドネ100%。ドサージュは5g/ℓ。鮮烈な深い金色。砂糖漬けのレモン、ジンジャー・ブレッドの抑制された香りが沃素の香りを和らげ、時に微かに還元が感じられる。20%オーク樽による発酵は、適度な焙煎風味で味覚を刺激し、生き生きとした酸の脇役を務めている——1996で見事に表現。まだ若いが、今でも十分いける。

Vintage Brut Blanc de Blancs 1995
ヴィンテージ・ブリュット・ブラン・ド・ブラン1995
構成は本文で述べたとおり。ドサージュは5g/ℓ。飲み頃は2009～2012年。完璧に近い仕上がり。非常に精妙で均質な金色。卓越したヴィンテージ・シャンパンの驚異的な新鮮さを保持したまま豊かに熟成した古典的スタイル。現在成熟の絶頂に向かいつつある。偉大なシャルドネ・ブレンドの目も眩むような絶対的表現。

Prestige NPU 1995
プレステージNPU1995
ピノ・ノワールとシャルドネのグラン・クリュを50/50でブレンド。神々しい金色の揺らめく反射光と深さは本物の聖衣のよう。精妙で希薄なシャルドネの美しい芳香、偉大なピノの力が背面を支える。口に含むと非常に広大でなめらか、まさに真に豪華なシャンパン。その高い質は疑えないが、私は実はブラン・ド・ブラン1995の方が好きだ。

左：類を見ない成功を収めたブルーノ・パイヤールの目には、情熱と冷徹さの両方がうかがえる。

Champagne Bruno Paillard
Avenue de Champagne, 51100 Reims
Tel: +33 3 26 36 20 22
www.champagnebrunopaillard.com

Piper-Heidsieck　パイパー・エドシック

パイパー・エドシックを、偉大なハウスが建ち並ぶランスのシャンパン殿堂のどこに位置づけるかは、かなり難しい問題だ。というのも、1834年にエドシック一族の家長であったフローレンツ・ルードウィッヒの甥のクリスチャン・エドシックによって創業されて以来、パイパーは常に——そして今も——忠誠を誓うファンをアメリカに、特に映画俳優の中に多く持つことで有名なグランド・メゾンだからである。1989年にレミー・コアントロ・グループに買収され、シャルル・エドシックの姉妹ハウスになる以前、パイパーのシャンパンはどちらかといえば細身で、厳しく（悪い意味ではない）、魅力に欠けるきらいがあった。しかしそれから20年、故ダニエル・ティボーとその後継者のレジス・カミュが醸造長に就くことによって、パイパーのスタイルは俄然、芳醇で果実味が豊かになり、魅力的なものになった——とりわけ最高品質のムニエを丁寧に育て上げ選別することによって、ノン・ヴィンテージ・ブレンドに口の中を満たすまろやかさが生まれ、ナイトクラブやパーティーによく合うシャンパンに生まれ変わった。また、それは大衆受けする果実味で、上空9000mで最も親しまれているシャンパンとなった。圧

> 故ダニエル・ティボーとその後継者のレジス・カミュが醸造長に就くことによって、ここ20年でパイパーのスタイルは俄然、芳醇で果実味豊かになり、魅力的なものになった。

力のかかった旅客機の客室でシャンパンを提供することは、飛行が身体のバイオリズムに及ぼす影響とあいまって酸が目立ってしまい、シャンパンにとっては苛酷な試験となるが、パイパーは口うるさいワイン鑑定家をもうならす実力を証明した。レジスの軽快な筆致のワインづくりのおかげで、そのヴィンテージ・キュヴェはいまエレガンスさと生命の躍動感を兼ね備え、姉妹であるシャルルと好対照をなしている。レジスのドゥミセック・シャンパン、キュヴェ・シュブリムはちょっとした傑作だ。それは豊かではあるが、けっして甘すぎず、アジア風の料理には最適である。彼はまた、古い体制の下でも新しい体制の下でも、常にハウスの最高峰として君臨してきたワインを復活させ、造り続けている。それがパイパー・レアである。

パイパー・レアの誕生秘話は、勇気が湧いてくるような話である。1976年夏、シャンパーニュ地方の空はまるでシシリーの白い暑熱のようであった。ロンドンの6月でさえ、その暑さときたら、当時聖メアリー病院のシスターであった私の恋人を毎晩車で職場まで送って行きながら、「ローマのヴィア・ヴェネトにいるみたいだね」と語りあったほどだった。シャンパーニュ地方では、ランスからバル・シュール・オーヴまで、またエペルネからシャトー・ティエリーまで、川という川、泉という泉が干上がり、地面は日割れし、立ち枯れした葡萄樹の葉は、時を待たず深い黄色に変わっていた。糖がすべての酸を覆い尽くすかもしれないという危機が迫っていた。しかしパイパーの醸造長と彼のチームは、我慢強く待った。葡萄が収穫され、その後ヴァン・クレールが最初に試飲されたとき、あらゆる困難に打ち克って、パイパーがとてつもなく純粋なヴィンテージ・キュヴェを獲得したことが明らかになった。そのため、そのワインは特別なブレンドでさらに磨きをかけられることとなり、命の水を求めて多孔質のチョーク質の奥深くまで根を伸ばした古い葡萄樹から出来たワインと絶妙の割合でブレンドされた。モンターニュの南側のトレパイユからは、豊富なミネラルと焼けつくような酸で有名な特別な種類のシャルドネが、そして北側のヴェルズネからは、しっかりした骨格と力強さで有名なピノ・ノワールが加えられた。こうして出来上がった特製の'76キュヴェは、それを造るに到った経緯を忘れることがないように、レアと命名された。

それ以来このスペシャル・ヴィンテージは、自然が気まぐれな性格を露わにする、それぞれ異なっているがどれも魅惑的な年に造られてきた。1976年以降今日まで、全部で6回造られている。1979年、葡萄は遅く収穫されたが、きわめてきれの良いワインとなり、1985年は、収穫量の少ない凝縮された葡萄から精密な骨格の強いワインが、1988年は記録的な8月の暑さの後の涼しい9月が非常に力強いワインを生み出した。また1990年は、同様に暑い夏であったが、好機

上：シェフ・ド・カーヴのレジス・カミュはシャルルとパイパーの2つのエドシックの差異を際立たせた。

に雨が降り調和と豊かさが際立ち、1998年は、8月初旬には気温が39℃まで上昇したが、9月初旬には雨が降り続き、そして再び日照が戻り、醸造家の腕の見せどころのヴィンテージとなったが、劇的な成功を収めた。そして1999年、1998年よりも中庸の年であったが、レアにとっては勝利の年で、素晴らしくエレガントなシャンパンが出来上がった。

ワインの世界ではすべてが流れゆく。ランス郊外の現代的なワイナリーでシャルルとパイパーの両方のシャンパンを造っているレジスは、それぞれのハウスのためのまったく新しいスタイルを進化させた。パイパーでは彼は、その溢れんばかりの果実味を、フィネスを加えることによってさらに強調した。今では、入門者向けのブリュットは24～36カ月澱の上に寝かされることによって、明るい果実味を保持しながらも成熟し丸みを帯びたフレーバーを放っている。また独特のキュヴェ・スュブリム・ドゥミセックは、40g/ℓという高いドサージュを受けながら、少しも砂糖を感じさせない1本

89

に仕上がっている——まさに匠の技だ。

極上ワイン

（2007年4月試飲）

Piper-Heidsieck Brut NV
パイパー・エドシック・ブリュットNV
55%PN、25%C、20%PM。生き生きとした緑がかった金色。柑橘系の香りが鼻と口に際立つ。きめ細かく躍動的で、中肉、清澄、純粋そしてなめらか。入門者向けのNVブレンドにしては堂々とした円熟味。現代的味覚の秀逸なシャンパン。

Piper-Heidsieck Rosé Sauvage NV ［V］
パイパー・エドシック・ロゼ・ソヴァージュNV ［V］
ピノ・ノワール20%の高い比率で赤ワインを作り、それをブレンドに加えることによって鮮烈なブラッド・オレンジ色のロゼが生まれた。しかし香りは色ほど「野性的（ソヴァージュ）」ではなく、マンダリンオレンジや東洋の果物のアロマとフレーバーが鼻腔にも口の中にも広がる。バーベキューの肉や魚に良く合う。大衆受けする1本。

Piper-Heidsieck Cuvée Sublime NV
パイパー・エドシック・キュヴェ・スュブリムNV
澱の上で十分熟成させたことにより（36カ月）、高いドサージュにもかかわらず非常に深い味わいのドゥミセックになっている。バランスのとれた芳醇さで、東洋のスパイスが感じられる。ジンジャー風味のロブスターの蒸し焼き、ウイキョウ風味の中華風ダックとお試しあれ。興奮すること間違いなし。

Piper-Heidsieck Brut 2000
パイパー・エドシック・ブリュット2000
2007年4月と2008年8月の2回試飲。最初はまだ若くきびきびとしており、爽快なレモンのフレーバーが鼻腔と口の中に広がる。らせん状のまだ張り詰めた味覚、躍動的で中肉中背。生き生きとした酸が素晴らしく、それは2000年代には貴重なもの。その16カ月後の2回目——ワインは驚くほど開花し、咲き誇っていた。鮮烈なレモンの香りの後、トースト香。美しく、スモーキーで、ミネラルな香りが口の中に充満し、それでいて快活で躍動的。贅沢な果実味がしっかりした酸に支えられている。良いが偉大とまではいかない年の秀品。

（2008年9月試飲）

Piper-Heidsieck Rare 1999★
パイパー・エドシック・レア1999★
淡い金色に緑の光が冴え、泡立ちは優美。白い花（アイリス、ジャスミン）のかぐわしいアロマは偉大なシャルドネのもので、甘草の残り香は完熟したピノ・ノワールのもの。愛らしく繊細なフレーバーは、レモンとミルクが溶け合ったような香りで、軽いスパイス香がそれを持ち上げている。後味は素晴らしく長く、絹のようなフィネスがいつまでも残る。'99を代表する感動的なシャンパン、比類なき秀品。

Piper-Heidsieck Rare 1998 (in magnum)
パイパー・エドシック・レア1998
深い緑がかった金色。最初きめの細かい白檀の繊細な香り、次いで希薄なジンジャーブレッド、オレンジの花、乾燥アンズの前兆があり、メレンゲ、ココア、甘草のデザートが現れる。優しく円熟したクリーミーなフレーバーが、マンゴー、セイヨウスモモに率いられ、非常に豊かで、精妙、成熟している。マグナムではほぼ頂点に達しているので、2010年以降まで待たないこと。

Piper-Heidsieck Rare 1988
パイパー・エドシック・レア1988
1997年にデゴルジュマン。深みのある濃い金色が20年の熟成の日々を物語っている。泡はとても穏やか。鼻からの香りは非常に複雑で、最初森の下草——乾燥したシダ、腐葉土——、次に黒トリュフが現れ、それにフリージア、ユリ、シャクヤクの花が混ざる。口に含むと鮮烈で、フレーバーが華やかに広がり、焙煎したモカコーヒー豆、クリ、ドライフルーツ、パイナップルの焼いた香さえする。最後に豊かでよく発達した味わいが残る。美しいクジャクバトのようで、ブルゴーニュに似たところがあり、秀逸で、いま絶対的に飲み頃。

> 最初から終わりまで驚きの連続のテイスティング。琥珀色、優美な泡立ち、レースのように繊細で、しかも生き生きとしている。幾重にも折り重なるアロマとフレーバーは、言い表すことができないほど。

（2007年10月試飲）

Piper-Heidsieck Rare 1979
パイパー・エドシック・レア1979
最初から終わりまで驚きの連続のテイスティング。琥珀色、優美な泡立ち、レースのように繊細で、しかも生き生きとしている。幾重にも折り重なるアロマとフレーバーは、言い表すことができないほど。押し花、うっとりさせるスミレの香り、それに混じって修道院の蝋と御香の匂い。年齢からして驚くことではないが、バニラ、カラメル、コーヒーの香り。口に含むと海藻と沃素（言葉の響きよりも良い香り）の独特の海の香りが、活気のあるカミンのようなスパイスと混ざり合い、それにモルト・ウイスキーを彷彿とさせるピートの香り。しかしすべてが想像を絶する。けっして重くならない驚異的な力強さを持つシャンパンだ。

Champagne Piper-Heidsieck
4 Boulevard Henry Vasnier, 51100 Reims
Tel: +33 3 26 84 43 50
www.piper-heidsieck.com

Ruinart ルイナール

「神と聖処女の名において本書が開かれますように」。1729年9月1日、歴史上初のシャンパン・ハウスの創立を記念してニコラス・ルイナールはこう書き記した。こうしてニコラスは、彼の叔父で、先見の明あるベネディクト派の修道士であったドン・ティエリー・ルイナールの悲願を成就させた。ドンはヨーロッパの宮廷を巡る旅行で、シャンパンは広く世界に受け入れられ、経済的成功を収めるに違いないという確信を得ていた。彼の夢が実現するチャンスが、1728年のルイ15世の、ワインのボトルによる輸送を認めるという布告によって到来した。それまでワインは樽詰の状態でだけ輸送が許されていたため、シャンパンの輸送はまったく論外であった。天性の起業家であったニコラス・ルイナールは好機を逃さなかった。

会社はナポレオン軍の東欧席巻という勝利の波に乗って多くの顧客を獲得していったが、ワーテルローの戦いの後、一家も帆の向きを変える時期が来たことを悟った。当時ランスの市長でありマルヌ県の県議であったイレーネ・ルイナールは、1825年、ブルボン公シャルル10世の戴冠式をランス大聖堂に招致することに成功した。彼らの子孫も、疲れを知らない旅人であった。イレーネの息子のエドモンド・ルイナールは、1832年にアメリカ大統領アンドリュー・ジャクソンの招待を受けたが、彼はその返礼にシャンパンを1ケース贈呈した。それから30年後、今度は彼の後継者のエドガーは、サンクトペテルブルクを訪問し、ロシア皇帝に拝謁した。第1次世界大戦中、会社の建物はドイツ軍に破壊されたが、当時の家長であったアンドレ・ルイナールはシャンパン造りの人達特有の不屈の精神を発揮し、水浸しになったセラーの浮き台の上に黙って自分のデスクを置き、いつもと変わらずに仕事を続けた。ハウスは家族経営を続けたが、1963年、ついにモエ・エ・シャンドンに買収され、現在はLVMHの一部となっている。

生産量は着実に増え、1990年代初めの140万本から現在では250万本までになっているが、賢明にもルイナールは、優れたシャルドネ・ハウスという創立時からの独自の立場を貫き続けている。ルイナールは創立以来、モンターニュ・ド・ランスの東側斜面のシルリー、ピュイジュに15haの自社シャルドネ畑を所有している。それらのモンターニュ・クリュは、コート・デ・ブランの偉大な畑のシャルドネよりも芳醇で丸みを帯びたワインを生み出す。後者はミネラル香が強くエレガントであるが、細く感じられる。モンターニュとコートのシャルドネを巧みにブレンドすると、きわめて独創的なワインが生み出されるが、その最高の表現が銘酒の誉れ高いドン・ルイナールである。

決して裏切ることのないルイナール・テイスト——エレガント、フル、雄大——はまた、ハウスのあまり種類の多くない他のキュヴェにも一貫しているが、それを支

上：歴史の重さを感じさせるルイナールの正門の標識。史上初のシャンパン・メゾンとして1729年に設立される。

えているのが、大事に守られてきたリザーブワインであり、もう1つがワインに自然な個性を発揮させる低いレベルのドサージュである。"R"ド・ルイナール・ブリュット・ノン・ヴィンテージは、通常はブレンドで、ピノ・ノワールが多数派を占める入門者レベルのシャンパンである。それはフランス人が「イギリス人好みの」と呼ぶスタイルで、発泡は穏やかで、瑞々しく、最適な酵母の自己分解フレーバーを得るため澱に広く接触させ、長く熟成することによって得られる豊かな風味が特徴である。

1999 "R"ド・ルイナールは、ノン・ヴィンテージよりも強烈さの増したワインであるが、この穏やかな年の多くのシャンパンに比して、しっかりした骨格が特長である。ブラン・ド・ブラン・ノン・ヴィンテージは1997年に導入されたが、それは理想的なアペリティフである。切れがよくミネラル香があるが、このハウス特有のなめらかさと丸みがあり、きめの細かい新鮮さがあとくちに残り続ける。ブリュット・ロゼは以前のものよりもより洗練され、鋭敏になっているが、これはキュヴェからピノ・ムニエが除かれ、大半がシャルドネ、少量がピノ・ノワールのブレンドに良質の赤ワインが加えられている。

1998や1990のような偉大なヴィンテージのドン・ルイナール・ブラン・ド・ブランは、「シャルドネの中にピノ・ノワールのパワーとボディーを持つ」が、こう言ったのはこの両方の素晴らしいシャンパンを造った前のシェフ・ド・カーヴのジャン・フランソワ・バラットである。とはいえ、この2つの年には微妙な違いがある。1998年は、8月の強烈な暑さの後、9月初めに豪雨に見舞われたが、太陽は収穫に間に合うように戻ってきた。偉大なワインを造るためには収穫時期を間違えないことが肝要だが、ドン・ルイナール'98はまさにそのような一品で、古典的な風格の中に正確で落ち着きのある独特のフレーバーが漂う。それに対してドン・ルイナール1990の場合、日照時間が2100時間という記録的な暑さの夏であった。2007年に試飲した時、それは熟成の頂点に達しようとしており、美しい金色で、すぐに官能的な成熟したアロマが立ち上り、次いでミネラル、さらには大らかで贅沢な口当たりが広

がる――それはまだ青年の域にある1996よりも芳醇でシルキーである。そして驚くことに、オーク樽をまったく使ってないにもかかわらず、壮麗なバニラのような後味が長く続く。

ドン・ルイナール・ロゼも白と同じように、グラン・クリュのシャルドネから造られるが、ブージーの赤が20%加えられている。それは常に例外的なワインだ。1996はピンク色を帯びた金色の中に、幽かに琥珀や赤銅色も垣間見える。アロマはフルーティーで繊細であるが、骨格はしっかりしており、長く熟成する力を感じさせる。口に含むとベリーやさまざまな果樹園の果実の饗宴で、甘草も感じられ、ロブスターによく合うワインとなっている。

1988はいま第二の人生の最盛期にあり、深い成熟したサーモンピンクの中に、銅の反射光がきらめく。ブーケが際立ち、最も良い意味で野菜の新鮮さが感じられ、ブルゴーニュに似た官能的な魅力がある。口に含むともちろんエレガントさの極みで、高い比率のシャルドネが現れるが、ピノ・ノワールと組み合わされることによって生まれる精妙な複雑さがじわじわと広がる。まるで偉大なブルゴーニュに泡を加えたようだ。

極上ワイン

(2008年6月ランスにて試飲)

Dom Ruinart 1998　ドン・ルイナール1998
神々しい金色に緑色の反射。レモン、グレープフルーツ、アンズ、モモの豊かな香り。モンターニュ・シャルドネ特有の豊かで、しなやかな味わい。長く続く余韻。2010年以降が飲み頃。

Dom Ruinart 1988 Rosé★
ドン・ルイナール1988ロゼ★
透明なサーモンピンクに赤銅のきらめき。最高に良い意味でハーブと野菜の香り、森の下草も感じられる。ブルゴーニュのワインに似た豊饒な味わいとエレガントさが長く持続し、フィニッシュは豪華絢爛。料理によく合うシャンパンで、特に広東風ダックや牛乳で育てた仔牛の肉がお薦め。

右：現在シェフ・ド・カーヴを務める、ヴーヴ・クリコから移籍してきた才能豊かな醸造家フレデリック・パネイオ。

Champagne Ruinart
4 Rue des Crayères, 51100 Reims
Tel: +33 3 26 77 51 51
www.ruinart.com

CHEF DE CAVES

Pommery ポメリー

ポメリーは19世紀シャンパンの歴史で特別な位置を占めている。そのドメーヌは1837年、ランスの裕福な毛織物商の御曹司として生まれ、非の打ちどころのないセールスマンという意味の「ナルシス・グレノ」というあだ名で呼ばれていたムッシュ・ポメリーによって設立された。驚くべきことに、この激動の時代にあって、ポメリー家はそれほど大きな野心を持たず、発泡しない赤ワインの製造に特化することで満足していた。しかし1858年、ムッシュ・ポメリーが若すぎる死を遂げ、彼の妻が経営権を握ると、事態は一変した。ルイーズは意志の強い未亡人というだけでなく、才能豊かな実業家でもあることを証明した。1890年にその生涯を閉じるまでの30年間で、彼女は慎ましやかな家業を、シャンパーニュで最も力強く最も活力に満ちたドメーヌへと変身させた。彼女の伝説は、今でもランス市郊外のランドマークともなっている大建築群に具象化されている。それはローマ時代のチョーク採掘用坑道の上に建てられ、あまり趣味は良くないが威容を誇っている——正面には中世の城のような大小の塔が立ち並び、一説によると、その下には彼女の顧客であったアーガイル公爵をはじめとするイギリス貴族の別邸が並んでいたということである。

ルイーズは彼女自身の優先順位を持っていた。「qualite d'abord（品質第一）」。彼女はまた理想とするシャンパンのイメージをはっきりと描いていた。繊細できめ細かく、可能な限り辛口。

上：ルイーズ・ポメリーに捧げられたレリーフ。このセラーも彼女の偉大な遺産の1つ。

　この1870年代の誇大妄想的建物は別にして、彼女は経営を始めたまさにその瞬間から優先順位を確立していた。彼女のモットーは「qualite d'abord（品質第一）」であった。彼女はいち早くイギリス市場におけるシャンパンの巨大な可能性に気づいており、理想とするシャンパンのイメージを明確に描いていた。すなわち繊細できめ細かく、可能な限り辛口。彼女の伝説的1874ヴィンテージは、大方の予想を裏切ってビクトリア朝ロンドンに嵐の喝采で迎えられた。確かにそれは後に一般的となる、ワイン1ℓ当たりの砂糖の量を6〜9gに減らした本物の辛口であった。彼女のもう1つの功績は、ローマ時代のチョーク採掘用坑道を貯蔵用セラーに変えたことである。その坑道は深いレリーフ彫刻で装飾されている。レセプション・ホールに置かれている華麗な装飾を施したブレンド用大樽は、10万本分のワインを入れる容積があり、会社が1904年のミズーリ州セントルイスの万博に出品したものである。その大樽はフランスとアメリカの友情を描いたエミール・ガレの

レリーフで装飾されている。とはいえ、ルイーズ・ポメリーが後継者に残した最大の遺産は、何といっても彼女が在任中に集積した308haにもなる極上のグラン・クリュで、その大半がモンターニュ・ド・ランスに集中していた。

　これらの魅惑的な遺産とは対照的に、20世紀後半のポメリーは長い休眠期間に入り、巨大グループの餌食になりつつあった。1990年、すべてのワイン愛好家を震撼させた出来事が起こった。モエ・ヘネシー・グループ(LVMH)がポメリーを買収し、1996年までに年間生産量800万本を達成するという生産至上主義を掲げたのである。急激な生産増加という無理な目標を掲げることによって、当然であるが、致命的な影響が出た。全般的に質は低下し、特に主力商品であるノン・ヴィンテージ・キュヴェの質の劣化はひどく、ポメリーのブランド・イメージは大きく傷ついた。

　LVMHはその後1996年に、そのブランドをベルギーの起業家ジャン・フランソワ・ヴランケンに売却したが、美しい葡萄畑だけは手放さなかった。誰もがポメリーはさらに負の螺旋階段を下っていくものと想像した。しかし単なる企業買収屋からシャンパン界の大立者へと変身したヴランケンは、非常に知的な男で、当時最も注目されていた醸造家であるティエリー・ヴァスコと契約することに成功した。その成果はすぐに現れ、彼の1998ルイーズは急上昇を遂げ、この有名な歴史あるプレステージ・キュヴェの輝かしい未来を予感させた。それは極上のシャンパンの1つに数えられ、現在もルイーズ・ポメリーの時代同様に、クラマンとアヴィズからシャルドネを、そしてアイからピノ・ノワールを得て造られている——その秀逸さは、注目を集めた2007年の垂直テイスティングで明らかに示された。また入門者レベルのノン・ヴィンテージ・ブリュット・ロワイヤルもティエリーの監督の下、目覚ましい前進を遂げた。

極上ワイン

(2007年9月試飲)

Pommery Cuvée Louise 1998
ポメリー・キュヴェ・ルイーズ1998
65%C、35%PN。ドサージュ 6g/ℓ。レモン麦藁色。ミネラル、グレープフルーツの古典的なアロマ。驚くほど新鮮、絶妙なバランス。独特だが優しいフレーバー。きめ細かく純粋なレモン・ミネラルの後味。今ちょうどシャルドネが優勢になりだしたところ。例外的な1本。

Pommery Cuvée Louise 1996 (magnum)
ポメリー・キュヴェ・ルイーズ1996（マグナム）
63%C、37%PN。'98と同様のドサージュ。まだ非常に若々しいレモン麦藁色。高い酸の強い香りが刺激的だが、口の中ではさほど気にならない。この段階では少し還元的。

Pommery Cuvée Louise 1990 (magnum)
ポメリー・キュヴェ・ルイーズ1990（マグナム）
1999年にデゴルジュマン。黄色みがかった輝かしい金色が収穫時の成熟を物語る。美しく進化しながらも抑制された乾燥させた果樹園の果実、アンズのアロマ、イチジクさえも感じられる。モモやチェリーの砂糖漬けの贅沢なフレーバー。瑞々しい口触りと長い長い余韻。ドサージュなし。その必要なし。2015年まで、あるいはそれ以上生き続ける。本物のグラン・ヴァン。

Pommery Cuvée Louise 1989 (magnum)
ポメリー・キュヴェ・ルイーズ1989（マグナム）
1997年にデゴルジュマン。黄色みがかった金色で'90ほど強烈ではない。非常に芳醇な香りが立ち上り、口に含むとさらに拡張する。しかし嫌みはなく感動的。きめ細かく新鮮な後味。1990よりもやや細身。

Pommery Cuvée Louise 1985 (magnum)
ポメリー・キュヴェ・ルイーズ1985（マグナム）
クラマンとアヴィズからのシャルドネだけを使ったキュヴェ。'85はピノ・ノワールが非常に凝縮されていたため、ブレンドから除外された。というのは繊細なルイーズにはあまりにも重量感があり過ぎたため。ドサージュは4g/ℓ。デゴルジュマンは2005年。優美で光沢のある緑がかった黄色。きめ細かな泡立ち。蜂蜜の古典的で官能的な香り、きれの良い酸。口に含むと完璧な熟成感、美しいミネラル、口いっぱいに広がる偉大なシャルドネの純粋なフレーバー。長い交響曲の終わりのような余韻。ブラン・ド・ブラン・ルイーズの最高傑作。ドサージュの低いワインはあまり良く熟成しないとは誰の言か?

Pommery Grand Cru 1982 (magnum)
ポメリー・グラン・クリュ1982（マグナム）
1982年は戦後最も偉大なヴィンテージだったが、この年にルイーズが不在の中、このストレート・ヴィンテージ・ポメリーは生まれた。葡萄はルイーズと同じ畑からのもの。魅惑的なワイン。

Champagne Pommery
5 Place du Général Gouraud, 51053 Reims
Tel: +33 3 26 61 62 63
www.pommery.com

Alain Thiénot　アラン・ティエノー

彼らしい静かなやり方で、アラン・ティエノーはシャンパーニュとボルドーの両方の地で最も注目される企業家となった。1980年代半ばから、彼は非常に慎重に、しかし恐るべき強靭な意志を持って、買収の損得を瞬時に判断する天性の才覚を元手に一大ワイン帝国を築きあげてきた。自身のシャンパン・ハウスを立ち上げてから33年の間に、彼はシャンパン・マリー・スチュアートとカナール・デュシェーヌの経営権を掌握し、ジョセフ・ペリエに関しては、遠いいとこのジャン・クロード・フォアマンと紳士的に50対50で株式を分け合っている。彼はまたボルドー南部にもいくつかのシャトーを所有しており、その中には幽霊の出そうな小塔の立つシャトー・リカールがある。そこでは私が知る限りフォアグラと最も相性の良い極上のネクター、ルーピアックが造られている。

アランは血の通わない計算機のような人間なんかではけっしてない。彼は非常に人間味のある真のワイン人間である——大胆ではっきりと物を言うが、温かく自然だ。そしてその性格は彼のシャンパンにも表現されている。仲買人としての経歴を積むなかでシャンパンを深く理解した彼は、その知識に裏打ちされた技術と「感覚」で彼独自のシャンパンを生み出している。彼のハンサムな息子スタニスラスは、父親そっくりだ。彼はワシントンやサンパウロなど世界中を旅してまわり、友人とともにパリでワイン・バーを開き、そして父と共に働くことを決意した。スタンはいま全力でワインづくりに取り組んでいる。2008年7月、ル・プティ・コントワーで彼と一緒に食事をしているとき、私はわざと収穫に関して答えにくい質問をしたが、それに対する彼の知性的で正直な受け答えに、私は逆にすっかり心を奪われてしまった。

一家に対する私の個人的な親しみの情は脇において、ブラインド・テイスティングの冷徹な感覚で批評すると、入門者レベルのティエノー・ブリュットNVは、常に変わらぬ美しい表情を見せ、非常に軽やかなタッチと穏やかなドサージュで造られている。それはまた価格以上の値打ちがある。ブリュット・ロゼも同じ原型から造られているが、こちらは果樹園の果実のみずみずしい感覚で口の中を満たす。最近リリースされた1999ヴィンテージは、この価値ある年の代表的ワインである。それは丁寧に正確に造られているだけでなく、非常に豊かな表現力を持っている。しかしそれよりもさらに惹きつけられるのは、すべて単一葡萄畑のシャルドネから造られるラ・ヴィーニュ・オー・ガマンである。これはグラン・クリュ・アヴィズの古樹の果実だけを使い、最近の潮流に逆らって、オーク樽の使用をやめ、ステンレス槽を使用している。それによって余計な装飾を脱ぎ捨て、この特権的な畑特有の鉛筆のような洗練されたエレガントさがよく表現されている。グラン・キュヴェはまさにその名にふさわしいプレステージ・シャンパンで、その1985★は、この超絶的に凝縮された年の、そしてそれにもかかわらず新鮮でみずみずしく、しつこさのない——まさにこの家系の輝ける特質である——最高傑作の1つである。1996も同様にバランスのとれたワインであるが、こちらは深い味わいが特徴で、焼きあがったばかりのパンの愛らしい香りが鼻腔をくすぐる。

極上ワイン

(2008年7月ランスにて試飲)

Alain Thiénot Brut NV★[V]
アラン・ティエノー・ブリュットNV★[V]
3つのシャンパン品種の古典的ブレンド。家庭やレストランでいつも用意しておきたい完璧なハウス・シャンパン。みずみずしくフルーティーで、優しく、気取らない。特に価格以上の価値がある1本。

Alain Thiénot Brut Rosé NV
アラン・ティエノー・ブリュット・ロゼNV
エレガントなサーモン・ピンク。白と同じくみずみずしくフルーティーで純粋、イチゴやラズベリーのフレーバーが舞い上がる。

(2008年8月試飲)

Alain Thiénot Les Vignes aux Gamins 1999
アラン・ティエノー・ラ・ヴィーニュ・オー・ガマン1999
4000本しか生産されない希少ワイン。純粋な美しい輝きの淡い金色。緑色の反射光。より還元的なスタイルだが、やがて古典的なミネラル、フィネスを映しだすであろう。フレーバーは長く熟成する可能性を感じさせる。2010〜15年まで待った方がよい。

右：息子スタニスラスと並ぶアラン・ティエノー。鋭敏なビジネスマンであるが、人間味あふれる真のワイン人間でもある。

Champagne Alain Thiénot
4 Rue Joseph-Cugnot, 51500 Taissy
Tel: +33 3 26 77 50 10
www.thienot.com

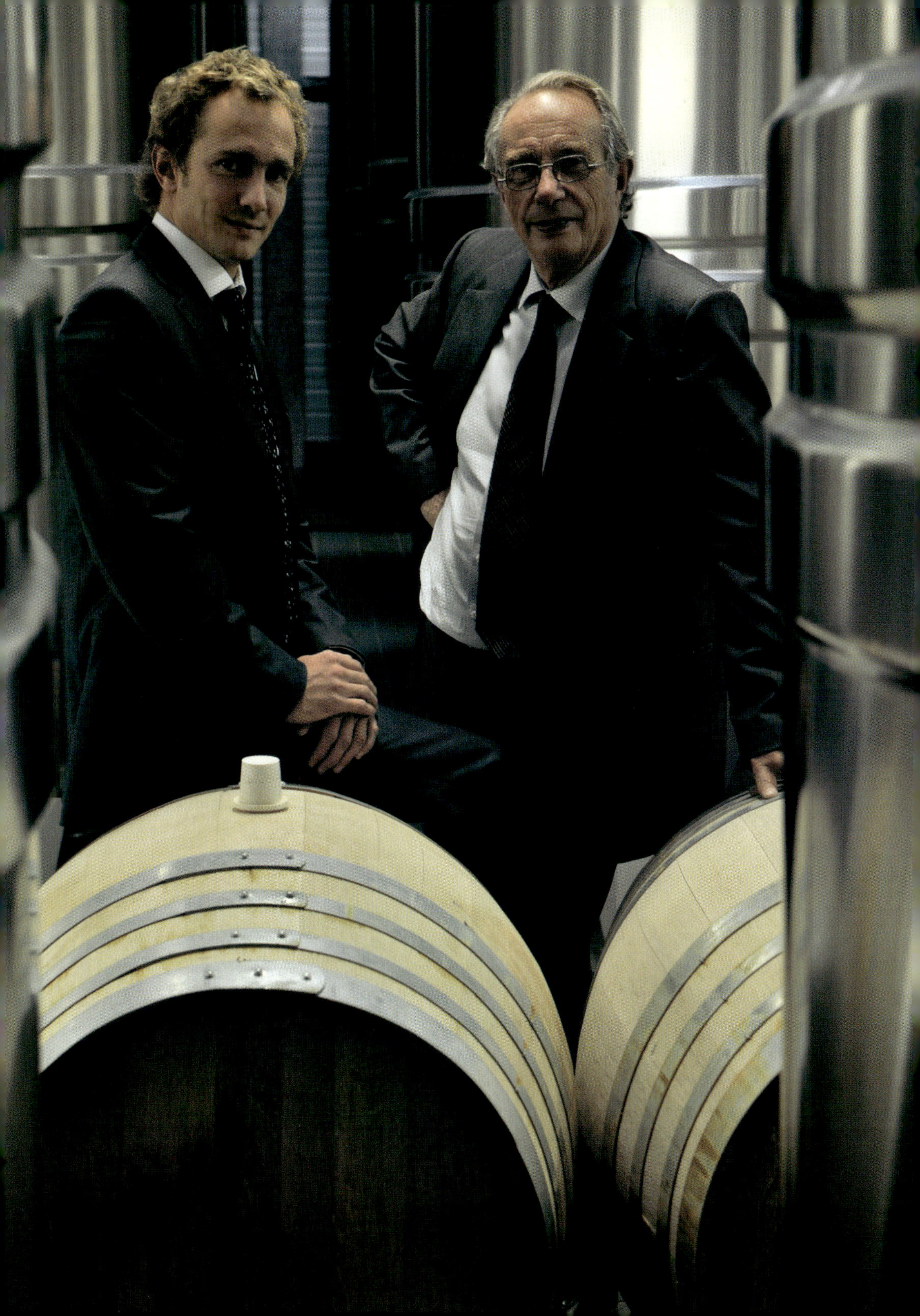

Jacquart ジャカール

ジャカールはシャンパーニュを代表する協同組合企業の1つであり、そのブランド名は確かな品質と格安の価格で国際的にもよく知られている。その始まりは慎ましやかなものだった。1962年、主にコート・デ・ブランの30の葡萄栽培家が集まりジャカールは設立されたが、その中にはアラン・ロベールの父親であり、最後のヴィンテージの1999年まですべてが偉大なル・メニル・シャンパンを作り続けたレネ・ロベールも含まれていた。それから50年、ジャカールは劇的な発展を遂げた。現在ではマルヌの64の村に広がる1000haの畑から700人の栽培家が葡萄を供給し、それはランスの超近代的なワイナリーで非の打ちどころのないシャンパンへと生まれ変わっている。ジャカールは現在アリアンス・グループの強力なメンバーとなっており、そのグループには他にも、聡明なローラン・ジレットに率いられた有力な協同組合ユニオン・オーボワーズ(ヴーヴ・ドヴォー)も参加している。

最高級ワインは、ブラン・ド・ブラン・プレステージュ・キュヴェ・ノミネである。私は1994年に飲んだ1985を忘れることができない。それは洗練の極みともいうべきシャンパンであった。しかし1990はそれ以上かもしれない。

ジャカールは市場戦略もしたたかである。2001／2002年には、その主力商品であるブリュット・モザイクNVは、イギリス、アメリカ、日本などの主要海外市場に合計100万本輸出した。白葡萄と黒葡萄の古典的なブレンド(ムニエを15％含む)であるモザイクNVは、無理なく買える上質のシャンパンで、砂糖漬けのレモン、パン屋のオーブンの匂いが立ち上り、長く鮮烈な感覚が口いっぱいに広がる。また予算的にあまり余裕のない時は、入門者レベルのブリュット・トラディシオンが手頃で飲みやすく、息抜きの一杯として冷蔵庫の扉に入れておくといいだろう。ブランド名がよく浸透しているため、こちらも「モザイク」とラベルに記したヴィンテージ・ワインは、まさにその年の基準となるワインである。セラーの最高級品がブラン・ド・ブラン・プレステージュ・キュヴェ・ノミネである。私は1994年に飲んだ1985を忘れることができない。それは洗練の極みともいうべきシャンパンであった。しかし1990はそれ以上かもしれない。私は最近の、気候変化の激しかった年に生まれたヴィンテージをテイスティングできる日を心待ちにしている。また幸せなことに、古いワインを満喫出来るすばらしい機会が訪れそうである。というのはジャカールは2009年3月に、新たにエノテーク・シリーズを立ち上げたからだ。

極上ワイン
(2008年9月試飲)

Jacquart Blanc de Blancs Mosaïque 1999
ジャカール・ブラン・ド・ブラン・モザイク1999
美しい黄色。熟成感のあるアロマが刺激的なライムと混合。口中を満たす酸が澱由来のエレガントな風味と競い合う。空気に広く触れた方が良くなるワインなので、フルートよりもワイン・グラスの方が良いだろう。

Jacquart Mosaïque Vintage 2002
ジャカール・モザイク・ヴィンテージ2002
輝度の高い緻密な金色で、緑の閃光も見える。熟した果実の濃厚な芳香、クリーミーな、ほのかなトーストのアロマ。元気の良い泡立ちがきれの良い口当たりを生み、その中に甘く熟した果実が包み込まれている。古典的なヴィンテージであり、さらに良く熟成する。

Champagne Jacquart
6 Rue de Mars, 51100 Reims
Tel: +33 3 26 07 88 40
www.jacquart-champagne.fr

Palmer & Co パルメ&Co

パルメ&Coは、第2次世界大戦後にコート・デ・ブランとモンターニュ・ド・ランスの7つの葡萄栽培家によって設立された協同組合、ソシエテ・ド・プロデュクトゥール・デ・グラン・テロワール・ド・シャンパンのブランド名である。どちらかといえば高級品志向の強いこの協同組合は、特権的な葡萄畑を持っている栽培家しかメンバーに入ることができない。315haにも拡大した葡萄畑は、大半がモンターニュ・ド・ランスのグラン・クリュかプルミエ・クリュであるが、シュイィとコート・デ・ブランの間の極上のシャルドネを生み出すいくつかの畑も散発的に選ばれている。

ワインは、ランス中心部の地下深くにある、古いセラーの上に建てられた現代的な醸造所で、非常に伝統的な方法で手間暇を惜しまず造られている。現在でもルミアージュのような工程にも非常に多くの時間が与えられている。リザーブワインの在庫はかなり豊富にあり、シャンパンはデゴルジュマンの後3～6カ月休まされる。現存している協同組合の中では他に聞いたことがないが、パルメには1947年にまで遡ることができる古いヴィンテージのライブラリーがある。1994年に理事長のジャン・クロード・コルソンと一緒に壮大な1961を試飲した時のことを思い出すと、私は自然と温かい気持ちになる。彼の会社も、彼のユーモアのセンスも、彼のワイン同様に快活で楽しい。

入門者レベルとなるブリュット・ノン・ヴィンテージは、50/50のブレンドで、高品質のピノ・ノワールとシャルドネを組み合わせることによって、良く熟成し、きめ細かなワインらしい複雑さがあり、焦点の明確なエレガントさが長く続く、味わい深いシャンパンとなっている。それとは対照的にロゼ・ブリュットは、多くに含まれたピノ・ノワールの魅力が満開で、瞼にモンターニュの最高の畑で成熟した葡萄を思い浮かべることができる。ブラン・ド・ブラン2000は、力強いフルーティーなヴィンテージを代表するワインで、表情豊かなグレープフルーツのフレーバー、みずみずしい口当たり、そしてビスケットのような自己分解の気持ち良い微香、これらが次々と押し寄せる。キュヴェ・アマゾンは、ラグビーボールのようなどこか風変わりなボトルであるが、その中のシャンパンはいたってまっとうである。それは複数ヴィンテージのブレンドで、長く置いておくタイプのものではないが、丸みがありしかも新鮮である。対照的にヴィンテージ・アッサンブラージュ・ブリュット2002は、ソシエテが設立されて以来の偉大なヴィンテージの1つから生まれた稀有なシャンパンで、長く寝かせておく——2020年いやそれ以上——価値のある秀品である。

極上ワイン
（2008年8月に試飲）

Palmer & Co Brut Amazon de Palmer
パルメ&Coブリュット・アマゾン・ド・パルメ
古典的なピノ・ノワールとシャルドネの50/50のブレンドで、通常は3年——これは2000、1999、1998——のブレンドである。フルで円熟してまろやかで、今が絶頂期にある。きめ細かいトースティーなアロマ、アンズやモモの果樹園の果実のフレーバーを十分に賞味するため2010年過ぎまでには飲んでしまうこと。

Palmer & Co Assemblage Vintage Brut 2002
パルメ&Coアッサンブラージュ・ヴィンテージ・ブリュット2002
麦藁のような金色。燦然と輝く果実の香り。遅い収穫から生まれたワインのような忍びよる微香、ベルベットの口当たり。トースト、バター、焙煎の香り。シャルドネ主導——現段階では、まだ進化の途上にある本物の美しさ。

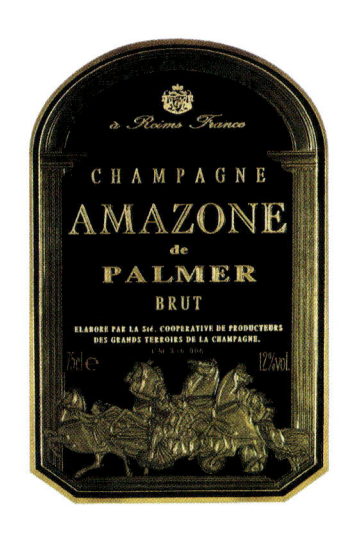

Champagne Palmer & Co
67 Rue Jacquart,
51100 Reims
Tel: +33 3 26 07 35 07

MONTAGNE DE REIMS | AMBONNAY

Henri Billiot　アンリ・ビリオ

1993年にシャンパンに関する最初の著作のための調査で、この小さな5haほどのアンボネイの葡萄畑から生まれたキュヴェ・ド・レゼルヴを試飲した時、私はそのフレーバーの奥行きの深さと頑健なパワーに圧倒された。それを造ったセルジュ・ビリオが最も幸せを感じるのは、手塩にかけて育てた古樹と語らう時だ。当然グラスに注がれた作品は壮観であるが、そのシャンパンは初心者向きではない。最初に現れる還元性を昇華させるためには経験が必要だ。

ワインは主にステンレス槽で造られ、新鮮さと正確性、繊細なアロマを生かすため、マロラクティック発酵は行わない。その絶妙なバランスと深遠なフレーバーから受けた衝撃は、あれから15年も経っているのにまだ私の記憶に鮮明に残っている。セルジュはいま前線を退くために、少しずつ仕事を娘のレティシアとその夫に譲っている。2人はいまセルジュがどうやって魔法を編みだしているのかを探るのに必死だ。彼はその作品を作るために幾重にも秘法の網を被せているから。

ブリュット・トラディシオンはピノ・ノワール70％、シャルドネ30％で出来ている(セルジュは特に彼の偉大な白葡萄の株に誇りを持っている)。その果実の質の高さは、ワインのフィネスを損なうことなく果実味を出すために、少量の二次搾汁(タイユ)まで使うほどだ。キュヴェ・ド・レゼルヴはピノ・ノワールを90％使って強さを出した実質上ブラン・ド・ノワールと呼べるワインである。最もよく知られているキュヴェ・ド・レティシアは、最愛の娘の名前を取ったワインであるが、それは1983年からの20ヴィンテージをブレンドした永久的ブレンドである。一見軽いタッチだが、非常に複雑な風味が広がる。アンリ・ビリオ・ヴィンテージ2002は、例外的な醸造家が居並ぶこの村でも出色の、1945年以来ともいわれている最上の年の1本である。それとはまったく対照的に、彼の他のワインからは隔絶した非常に異色な、キュヴェ・ジュリ——レティシアの娘の名前を取った——は、オーク樽で熟成させたシャンパンという感じが前面に押し出された1本であるが、個人的には、本来のアロマとフレーバーに対する木のイン

右：陽気で神秘的なセルジュ・ビリオと愛娘のレティシア。彼らのキュヴェ・パーペチュエルは彼女の名前を取っている。

100

この小さなアンボネイの葡萄畑から生まれたキュヴェ・ド・レゼルヴを試飲した時、私はそのフレーバーの奥行きの深さと頑健なパワーに圧倒された。

上：セルジュ・ビリオの飾り気のないワイナリーと彼の商売道具。彼は葡萄樹と語らう時が一番楽しい。

パクトを和らげることをもう少し考えた方が良いように思う。というのはそれはまだ、人を虜にする他のセルジュ・ビリオのシャンパンが持つあの独特の洗練されたスタイルを確立しきれていないからである。

極上ワイン

(2009年1月アンボネイにて試飲)

Henri Billiot Cuvée Tradition NV
アンリ・ビリオ・キュヴェ・トラディシオンNV
2006、2005、2004のヴィンテージをそれぞれ50/25/25の割合でブレンドし、2008年12月に8g/ℓのドサージュでデゴルジュマンしたこのシャンパンは、まだ完全にこなれてていない。まだ硬く若いが、以前のもの同様に果実味が華麗で、あと数カ月瓶熟させれば満開となるだろう。

Henri Billiot Cuvée de Réserve NV
アンリ・ビリオ・キュヴェ・ド・レゼルヴNV
キュヴェ・トラディシオンよりも強烈で深い味わい。麦藁のような金色。ピノ・ノワールの確かな力強さがあるが、豊満な質感によってバランスが取られ、和らいでいる。芳香が口いっぱいに広がり、その後本物の古典的なミネラルのあとくち。最上のアンボネイのしるし。

Henri Billiot Vintage Brut 2002
アンリ・ビリオ・ヴィンテージ・ブリュット2002
麦藁色に金色の光。真に荘厳なシャンパンで、酸、果実味、ワイン風味、テロワール感、これらが完全に調和し渾然一体となっている。古典的で非常にバランスの良いこのヴィンテージに自家栽培醸造家の作ったものの中で最高と呼べる1本。

Henri Billiot Cuvée Laetitia NV
アンリ・ビリオ・キュヴェ・レティシアNV
20ヴィンテージ(この時試飲したものは)をブレンドした永久的キュヴェ。進化した金色に円熟したアロマとフレーバー——蜂蜜、しかしチョーク質特有のきれの良さ。酸化や果実味の減退を微塵も感じさせない。長く多彩なフレーバーのフィニッシュ。

Henri Billiot Cuvée Julie 2004
アンリ・ビリオ・キュヴェ・ジュリ2004
ステンレス槽で発酵させ、オーク樽で熟成させた非常に豪勢で華麗なシャンパン。アカシア、バニラの芳香が充満するが、きめ細かな蜂蜜漬けの果実の香りはオークで強く抑え込まれ、やや木の香りが勝ちすぎた感は否めない。オーク樽で熟成させるのではなく、発酵だけをそれで行うことを検討していることであろう。そうすれば木とワインはもっとよく融合し、生まれたてのワインが早期に空気と接触することによる免疫効果でシャンパンの酸化も防ぐことができるであろう。

Champagne Henri Billiot
1 Place de la Fontaine,
51190 Ambonnay
Tel: +33 3 26 57 00 14

MONTAGNE DE REIMS ｜ AMBONNAY

Paul Déthune　ポール・デテュンヌ

デテュンヌ家は、17世紀初頭からアンボネイの特権的な場所に畑を持つ最も古い家柄の1軒である。地区登記所の謄本によれば、ドメーヌが公式に創設されたのは1847年——ヨーロッパが政治的混乱と革命のるつぼにあり、同時にシャンパンが国際的販路を広げていった時期——であった。

1930年代、アンリ・デテュンヌは家族にもっと良い暮らしをさせたいと、自分自身のシャンパンを造り、販売することを決意した。その後息子のポールが跡を継ぎ、現在は若いピエール・デテュンヌと妻のソフィーが、すべてグラン・クリュの7haの畑に、ピノ・ノワールとシャルドネを、実質上のビオディナミで70対30の割合で育てている。粗石積みで建てられた母屋と離

> ワイナリーでは歴史を感じさせるオークの大樽が、夫婦の伝統への尊敬を象徴している。とはいえ彼らのシャンパンは常に新次元の質を獲得し続けている。

れはすべて蔦で美しく覆われ、四季折々の変化を映し出している。ワイナリーには歴史を感じさせるオークの大樽が整然と並び、夫婦の伝統への尊敬を象徴している。とはいえ彼らのシャンパンが旧態依然としているというわけではなく、最新の技術に基づく新次元の質を常に獲得し続けている。ここは過去の栄光にあぐらをかくようなハウスではないのである。

デテュンヌのワインづくりの姿勢が最もよく表れているのがブリュット・ロゼで、それはセニエ法というワインに特別なフィネスをもたらす方法で造られている。搾汁はピノ・ノワールの果皮に短時間接触させるマセラシオン（浸漬）を受け、赤色でもピンク色でもない独特の色を呈する。その後約20％のシャルドネが加えられ、ワインに明るさがもたらされ、色が固定される。これはシャンパンの均質な外観という点からも重要である。結果は、新鮮でバランスのとれた豊かな果実香とワインらしい旨みのあるシャンパンとなる。ブリュット・

上：数世紀にもわたってアンボネイで葡萄を育ててきたデテュンヌの歴史のしみ込んだ看板。

ノン・ヴィンテージは光沢のある明るいワインで、グラン・クリュ生まれの葡萄の血統を感じさせる。ブラン・ド・ブランはモンターニュ・シャルドネの豊満さが際立つワインで、特にイタリアで好まれている。セラーの最上の3大ワインが、エレガントなブラン・ド・ノワー

103

ル、プレステージュ・キュヴェ・プランセス・デテュンヌ、そしてキュヴェ・ア・ランシエンヌである。これらすべては食欲をそそるフレーバーが特長であるが、それはフードル（大樽）による発酵と205ℓのオーク小樽（ピエス）による熟成によってもたらされたものである。

極上ワイン

Paul Déthune Blanc de Noirs NV
ポール・デテュンヌ・ブラン・ド・ノワールNV
樽の中で呪文をかけられたような艶のある金色。まろやかで円熟しているが、肉感的というほどではなく、バランスの取れた上品な仕上がり。重さがないので親しみやすい飲み口となっている。若い猟鳥獣肉や、パルメザン、トム・ド・サヴォアのようなほど良い硬さのチーズによく合う。

Paul Déthune Prestige Princesse des Thunes NV
ポール・デテュンヌ・プレステージュ・プランセス・デ・テュンヌNV
頃合いを正確に見切った酸化スタイルのワインで、極上の蜂蜜、アカシアの花の芳醇なブーケが漂う。その後優しいドゥミ・ムース（強くない泡立ち）に近い感覚が舌を撫で、進化しつつある複雑な旨みが現れる。長い永続的な後味。

Paul Déthune Cuvée à l'Ancienne NV
ポール・デテュンヌ・キュヴェ・ア・ランシエンヌNV
名前の通り最も古典的で伝統的なシャンパンで、その製法の確かさが十二分に表現されている。澱由来の芳醇さと超完熟葡萄の深みのあるフレーバーを持つ、イタリア人なら「コンテンプラチオーネ（瞑想）のシャンパン」と呼ぶような夕食後のひと時に飲むのにふさわしいワイン。

澱由来の芳醇さと超完熟葡萄の深みのあるフレーバーを持つキュヴェ・ア・ランシエンヌは、コンテンプラチオーネ（瞑想）のシャンパンである。

右：伝統と最新技術を知的に融合させ、豊潤でワインらしい旨みのあるグラン・クリュ・ワインを造りだすポール・デテュンヌ。

Champagne Paul Déthune
2 Rue du Moulin, 51150 Ambonnay
Tel: +33 3 26 57 09 31
www.champagne-dethune.com

MONTAGNE DE REIMS | AMBONNAY

Egly-Ouriet エグリ・ウーリエ

アンボネイの恵まれたエステートでワインを造っているフランシス・エグリは、マスコミ嫌いで通っているが、以前何とかして彼に会う機会を作ったとき、彼は心から私を歓待してくれた。言葉ではなくワインで語ることを好むので、この自家栽培醸造家の最新の生き生きとした横顔を描くのは骨が折れるが、彼の手作りのシャンパンについては私は心酔しきっている。フランシスは父のミシェルとともにアンボネイに8.5haの葡萄畑を持ち、他にもヴェルズネに1ha、さらにはブージーにも数区画所有している。それらのグラン・クリュとは別に、彼はヴリニィの数区画で非常に古いムニエの古樹を育てている。そのムニエからは、ハーブ、花の香り、スパイシーさの独特の魅力を持つ単一葡萄畑シャンパンが造りだされる。フランシスは環境問題にも非常に関心が高く、ディジョンの土壌学者であるクロード・ブルギニオンに助言を仰ぎ、化学肥料と農薬の使用を極端に少なくした。

エグリはシャンパンで1、2を争う極上のブラン・ド・ノワールを造っているが、それと肩を並べられるのは（スタイルはまったく違うが）、ビルカール・サルモンの磨き上げられた、しかしやや値の張るクロ・サン・ティレールくらいである。エグリのワインは、1947年に植えられたピノの古樹の畑に因んでレ・クレイエールと名づけられているが、チョーク質で覆われた深い土壌から、力強さとフィネスをかねそなえた至高のワインが生み出されている。

極上ワイン

（2007年6月に試飲）

Les Crayères Blanc de Noirs Vieilles Vignes NV
レ・クレイエール・ブラン・ド・ノワール・ヴィエユ・ヴィーニュ NV
2001ヴィンテージをベースに造られた豊満で官能的なシャンパン。しかしミネラルは美しく、焦点は正確に定まっている。オーク樽で精緻に発酵させられ、ろ過は行われず、ドサージュもわずか2g/ℓしか必要としない。この特別な畑がすごかった猛暑を征し、すべての気象エレメントに勝利して生み出した稀有なシャンパン。

右：3つのグラン・クリュから非常に個性的な手作り感あふれるシャンパンを送り出す、熱情家で完璧主義者のフランシス・エグリ。

Egly-Ouriet
51150 Ambonnay
Tel: +33 3 26 57 00 70

エグリはシャンパンで1、2を争う極上のブラン・ド・ノワールを造っているが、それと唯一肩を並べられるのは(スタイルはまったく違うが)、ビルカール・サルモンの磨き上げられた、しかしやや値の張るクロ・サン・ティレールくらいである。

MONTAGNE DE REIMS | AMBONNAY

Marie-Noëlle Ledru　マリー・ノエル・レドリュ

アンボネイはクリュッグ家が最も大事にしている黒葡萄のグラン・クリュ村であるが、それは至極当然である。このチョーク質の土壌に育つピノ・ノワールは、鋭く研ぎ澄まされたミネラルを持ちながらも、その官能的なふくよかさは頂点を極めている。この二面性がアンボネイ生まれの優駿の証明である。それは愛好家垂涎の的であり、当然純粋なアンボネイ・シャンパンの価格は強気である。そんななかで、テロワールの特徴を純粋に映しだし、美しく熟成する、健全でグルマンなシャンパンを黙々と造り続け、非常に手頃な価格で販売している醸造家に出会える喜びに勝るものはないであろう。もうお気づきだと思うが、これはマスコミでもてはやされる今風の腕白な若者の話ではない。飾らない魅力を持ち、美しく年齢を重ね、ワインを造っていなければ今頃はフィラデルフィアかチェルトナム・スパで美しい手芸品を生み出しているかもしれない優しい女性の話である。

　マリー・ノエル・レドリュは両親から6haのドメーヌを譲り受けた。彼女は結婚せず、たった2人の従業員とともに実質上1人でこのドメーヌを切り盛りしている。退屈な事務仕事から大好きな葡萄畑の手入れまで、彼女はすべてを入念にこなす。南または南東を向いた理想的な斜面から生まれる葡萄は、ステンレス槽またはホーロー槽で醸造され、オークは使用しない。受け継いだ素晴らしいテロワールに自らを語らせるためである。

　彼女の畑の85％はアンボネイにあってピノ・ノワールが植わっており、残りの15％はブージーでシャルドネが植わっている。葡萄畑の割合もほぼ同率で、彼女のほとんどのシャンパンのアッサンブラージュの割合となっている。最も顕著な例外が、骨格のしっかりした、素晴らしいヴィンテージ・ワインであるキュヴェ・デュ・グレである。2008年のワールド・オブ・ファイン・ワインのテイスティングで彼女の2004に大きな感銘を受けた私は、その時是非ともこのシャンパンの製作者に会いたいと思った。彼女の地下深くにあるセラーは熟成中の壜でいっぱいで、さながらセレンディピティーに迷い込んだようだった。古典的なワインらしいふくよかさのある1988、美しく豊かで調和のとれた1990、快活で弾むような1996等々。マリー・ノエルの客室でそれらのワインをテイスティングするのは、何か魔法にかけられたような、心地良い幻想的な体験であった。私とノエルの時間に飛び入りで参加したのは、彼女の17歳の飼い猫フリモース（「可愛らしい顔」）であった。彼女は凍てつくような1月の寒さを逃れて部屋に飛び込んできたのだった。

極上ワイン
(2009年1月アンボネイにて試飲)

Marie-Noëlle Ledru Brut NV
マリー・ノエル・レドリュ・ブリュットNV
2005にリザーブ・ワインを加える。ドサージュは8g/ℓ。グルマン・レドリュ・スタイル。生き生きとした金色。生気に満ち、雄大で、あらゆる種類の芳香、フレーバーが最上のバランスで現れる。長く力強い後味。

Marie-Noëlle Ledru 2003　マリー・ノエル・レドリュ 2003
85%PN、15%Cの典型的なブレンド。同じく抑えたドサージュ。完熟の色。極端に暑い異常な夏の黄金色の果実を祝福するシャンパン。しかし判断は正確で美しい。今でも新鮮で、酸化を感じさせるものは微塵もない。

Marie-Noëlle Ledru Cuvée du Goulté 2004
マリー・ノエル・レドリュ・キュヴェ・デュ・グレ2004
アンボネイのピノ・ノワール100%。淡い金色。複雑なアロマが力強く立ち上がる。骨格はしっかりしているが新鮮で、落ち着きがあり、生き生きとしている。まだ非常に若いが、潜在的な芳醇さは2010年から徐々に花開くであろう。偉大なテロワールから生まれた、とても自然なシャンパン。

Marie-Noëlle Ledru Brut Nature 2002
マリー・ノエル・レドリュ・ブリュット・ナチュール2002
ドサージュなし。化粧なしの本物だけが持つ複雑な旨みが引き立つシャンパン。この偉大で、豊饒なヴィンテージだからこそできた1本。最初ウイキョウ、はっか、次いで甘草の香りが葡萄の完熟を伝える。端正で力強い骨格。澱由来の精妙な感触が心を和らげる。飲むのは2012年以降。本物の極上品。

Marie-Noëlle Ledru Brut 1999 [V]
マリー・ノエル・レドリュ・ブリュット1999 [V]
レドリュでは最高の仕上がりを見せたヴィンテージ。ここでは主流に反して1998よりも出来が良い。輝かしい金色。精密な泡立ち。力強いミネラル、次いでスイカズラ、炒ったアーモンド、セージよりもコクのある何か、これらを合わせた華やかな芳香。美しく純粋なフレーバーは、特権的な土壌と職人の匠の技を真っ直ぐに語る。

右：マリー・ノエル・レドリュは純正で頑健なアンボネイ・ワインを手作りする独立派自家生産者の代表的存在。

Champagne Marie-Noëlle Ledru
5 Place de la Croix, 51150 Ambonnay
Tel: +33 3 26 57 09 26
info@champagne-mnledru.com

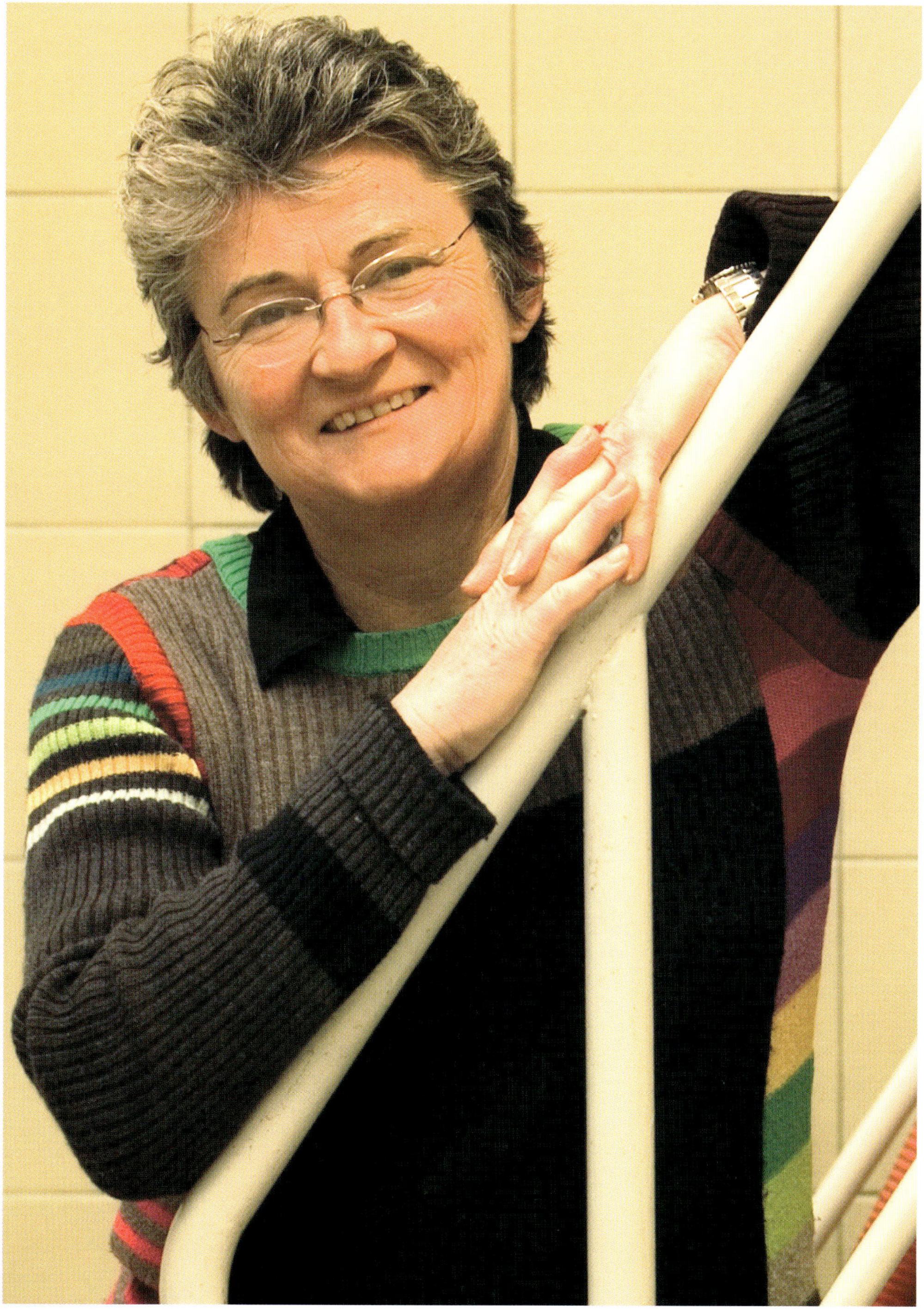

MONTAGNE DE REIMS | BOUZY

Edmond Barnaut　エドモン・バルノー

1930年代からブージーのシャンパン生産者を率いてきたエドモン・バルノーは、家族経営のワイナリーである。ブージーの25のグラン・クリュ命名畑(リューディ)に、合わせて12.5haの恵まれた畑を持ち、他にアンボネイとルーヴォワにも少しずつ畑を所有している──すべてピノ・ノワール一族の青い血が流れている。現オーナーのフィリップ・スコンデは創立者の孫にあたり、気さくで人懐っこく、天性の話し上手である。彼は理想的なレコルタン・マニピュランといえる存在で、葡萄を適度の収穫量で栽培し、ゆっくりと醸造し、平均4年間とかなり長く熟成させた後リリースする。バルノー家は伝統の最上のものを継承している。そのワインづくりには一片の妥協もなく、啓発的である。そしてすべてのワインが手頃な価格で販売されている。最近バルノーを訪ねた時、フィリップはあいにくロシアへ出張中であったが、私は彼の妻ローレットとともに、バルノーのシャンパンを全種類テイスティングすることができた。

ここでは伝統的な垂直圧搾機が使われ、搾汁は若い樹から古い樹まで4〜5回に分けて行われる。マロラクティック発酵を行い、微細な澱は懸濁のままにしておかれる──すべてが古典的な製法であり、少しも外れたところはない。フィリップの方法のなかで特筆すべきは、シェリーのソレラ仕込みに似た「永続的ブレンド」である。ブレンドされた量の半分だけが壜詰めされ、残りの半分は槽に残され翌年のベース・ワインとして使われる。翌年新しいワインができると、それを加えて新たなブレンドが造られ、そのうちの半量だけが壜詰めされる。これが毎年繰り返されることによって、時の経過とともに永続的ブレンド(リザーブ・キュヴェ)の複雑さが増すというわけだ。

この独特の製法は彼のシャンパンの個性となっている。エドモンの新しいキュヴェはシャンパン・ド・プレジール(愉悦)であるが、名前の印象に反して、こちらも重厚である。それは確かにバルノー流シャンパンであり、全体の5分の4を占める円熟した味わいのブレンドに、新鮮なマルヌ渓谷のピノ・ムニエが20%加えられることによって、生き生きとした口いっぱいに広がる豊満さとグラン・クリュのピノ・ノワールとシャルドネの極上のフレーバーが、絶妙なバランスで現れる。

ヴィンテージ表示のグラン・キュヴェは、収穫量の少ない古樹からのピノ／シャルドネの古典的ブレンドである。エクストラ・ブリュット(ゼロ・ドサージュ)は超辛口愛好者のためのもの、ブラン・ド・ノワールは全銘柄の中で最も若いワインで、ピノ・ノワール100%ならではの果実香とブージーのテロワールの活力に溢れている。

オーセンティック・ロゼも独特で、名前が示すようにそのピンク色をしたシャンパンは正真正銘のロゼで、あえて難しい方法で造られている。後から赤ワインを足すのではなく、ワインに十分な色を付けるためにピノ・ノワールは最初から果皮ごと発酵させられる。このプロセスはセニエ(「血の抜きとり」という意味)法と呼ばれる。この古典的方法には、色が濃くなりすぎる、フレーバーが過抽出されるという固有の危険性が潜んでいる。バルノーの場合は、5〜10%のシャルドネを加えることによって上品なバランスを確保し、色を定着させる。

当然ながらフィリップは地の利を生かして、2002年のような日照に恵まれた年には素晴らしく美味しい非発砲のブージー・ルージュを造る。とはいえ彼のもっとも独創的なワインは、クロ・バルノー・ブージー・ロゼで、おそらくそれはコトー・シャンプノワ・アペラシオンという表示を持つマルヌでただ1つの発泡しないロゼであろう。3年前からこの独自のロゼ・ワインのために、壁で囲まれた小さなクロでピノ・ノワールを育てている。実際そのクロの、草が繁りやすく、良く肥えた土地は、シャンパンには豊饒すぎるかもしれないが、豊かな味わいの発泡しないワインには最適である。完熟した果房を手摘みし、最上の葡萄だけを手で選別し、低温浸漬によって色を抽出し、ぎりぎりの時を見切って発酵させる。こうして美しく透明なルビー色のワインが生み出される。それは赤果実のアロマとフレーバーが膨らむ精妙な豊潤さがあり、同時に切れの良いミネラル香もある。白の新鮮さと赤の骨格を持つクロ・バルノーは、ほとんどすべての料理──寿司、燻製ハム、干し肉、タルタル・ステーキ、猟鳥、新鮮な山羊のチーズ、季節の果物の盛り合わせ皿──によく合う。ついでながら言っておくと、バルノー・ワインはすべてオーク樽なしで造られている。「わたしたちは自然の香り、自然が恵んでくれたものをワインで表現したいの」とローレットはきっぱり言った。

MONTAGNE DE REIMS | BOUZY

極上ワイン

Edmond Barnaut Extra Brut (Zéro Dosage)
エドモン・バルノー・エクストラ・ブリュット（ドサージュ・ゼロ）
葡萄の成熟の良好な年だけに造られるが、過去のものは90％のピノが少し重すぎるように感じられた。現在は若いシャルドネが加えられ、新鮮さと活力が感じられる。加糖なしのため、海の香りのする牡蠣に最適なシャンパンである。秀逸なワイン。

Edmond Barnaut Blanc de Noirs
エドモン・バルノー・ブラン・ド・ノワール
深いが明るい銅と金の中間の古典的なブラン・ド・ノワールの色。豊かな核果（チェリー、アンズ、モモ）がアロマとフレーバーに充満。本物のピノが口中に鮮烈に広がるが、この造り手らしく、口当たりは完璧に穏やかで、絶妙にバランスが取れている。

Edmond Barnaut Authentique Rosé
エドモン・バルノー・オーセンティック・ロゼ
目の覚めるようなルビー色だが、けっしてどぎつくなく、泡は生き生きとしている。すべてが葡萄の果皮の効果である。ピノ特有のアカ

上：フィリップ・スコンデの赤い櫂棒は、彼の伝統的な製法と、ピノ主体のワインをよく物語っている。

フサスグリ、自生のフランボワーズなどの森の果実の複雑なフレーバーに、シャルドネの柑橘類やグレープフルーツも感じられる。エポワスのような強い香りのクリーミー・チーズとよく合うシャンパン。秀逸。

Edmond Barnaut Grand Cru 1998 [V]
エドモン・バルノー・グラン・クリュ 1998 [V]
若々しい明るい金色。モレロ・チェリーのピノらしい微香に続いて、豊かな円熟味のあるフレーバーが蜂蜜の香りとともに現れる。そのすべてがきめ細かな酸によって美しく調和させられている。1998ヴィンテージを見事に表現した1本。

Champagne Edmond Barnaut
1 Place Carnot, 51150 Bouzy
Tel: +33 3 26 57 01 54
www.champagne-barnaut.com

MONTAGNE DE REIMS ｜ BOUZY

André Clouet　アンドレ・クルエ

ピエールとフランソワーズのクルエ夫妻、そしてワインづくりに全身全霊で打ち込んでいる彼らの息子ジャン・フランソワ、彼らはシャンパン地方が誇る最上の生産者である。彼らの8haの葡萄畑は、ブージーとアンボネイの斜面の中腹という最高の場所を占めている。すべてグラン・クリュのこれほどの畑を1軒のドメーヌが持っているということは、完璧なワインを仕上げるのにまさにもってこいの条件である。それはまた一家に、適度なゆとりある生活をもたらす。彼らは今でも、17世紀にヴェルサイユ宮殿の印刷技師としてルイ15世に仕えた先祖が建てた農家風の瀟洒な家に住み続けている。

確かに一家には芸術的なデザイン感覚が流れており、現在も使われている絶対君主時代の装飾的なラベルは、ジャン・フランソワの曽祖父が印刷技師であった先祖に捧げたものである。高級娼婦の雰囲気をたたえるクルエのキュヴェ1911は、今でもパリのフォリー・ベルジェール（ムーラン・ルージュと並ぶパリの高級キャバレー）のバーに貯蔵されている。そのバーはエドゥアール・マネの絵画で有名である。

彼らの葡萄畑は、ブージーとアンボネイの斜面の中腹という最高の場所を占めている。すべてグラン・クリュのこれほどの畑を1軒のドメーヌが持っているということは、完璧なワインを仕上げるのにまさにもってこいの条件である。

極上ワイン

André Clouet 1911　アンドレ・クルエ1911
このシャンパンはその歴史と同じくらいに豊かで興味深い。ブージーのなかでもクルエ最高の10の命名畑のピノ・ノワールのアッサンブラージュであり、普通は3つの連続するヴィンテージによって構成されている。半分が最も近い年のもので、4分の1ずつがその前の2年のものである。偉大な村ならではの豪華なフレーバーとサテンのような質感、しかし非常に軽いタッチで造られ決して重すぎない。鮮烈な金色で、泡立ちはきめ細かくクリーミー。アロマは花が開くようで、アカシア、スイカズラの香りがモモに似たしなやかな口当たりへと続く。まさに多才なグラン・シャンパンで、アペリティフとしても最高であるが、蒸したロブスター、サーモンのパイ皮包み焼きなどの料理とも美しく調和する。驚くべきことに、この特別なキュヴェは、名前のとおり毎年限定で1911本しか壜詰めされない。

André Clouet Silver Extra Brut NV
アンドレ・クルエ・シルヴァー・エクストラ・ブリュットNV
もう1つの偉大なシャンパンが、見事なネーミングのグランド・レゼルヴ・ブリュットのエクストラ・ブリュット版である。このシャンパンは一家の主力ワインである。ピノ・ノワール100％で、普通は連続する3つのヴィンテージをブレンドしている。ブージー・テロワールの秀逸なフレーバーをありのままに感じてもらうため、ドサージュは最小限に抑えられている。近年このスタイルのシャンパンの割合は倍増している。牡蠣やサーモンのタルタルソース添えに最高。

André Clouet Grand Cru Rosé NV
アンドレ・クルエ・グラン・クリュ・ロゼNV
一番良い意味で典型的な自家栽培醸造家のワインである。奥行きのある豊かな淡いピンク色の色で、最初ピノ・ノワールのフランボワーズのアロマが立ち昇るが、あくまでも驚くほど新鮮で、輪郭がはっきりしており、切れのよい酸のおかげでしなやかである。クルエのブージー・ルージュ（ブレンドの8％を占める）と同様に、日照に恵まれた年にしか造られない。料理に最適なワインである。シャルキュトリー（ハム・ソーセージ類）、蟹、ローストしたブレッセ鶏、仔牛のツナソース、マイルド・クロミューやケアフィリーから強烈なマロワールやラングルまでのチーズ。

右：ジャン・フランソワ・クルエの後ろに見える樽は、ボルドーの有名なシャトーが使っていたものを買い入れたもの。

Champagne André Clouet
8 Rue Gambetta, 51150 Bouzy
Tel: +33 3 26 57 00 82
jfclouet@yahoo.fr

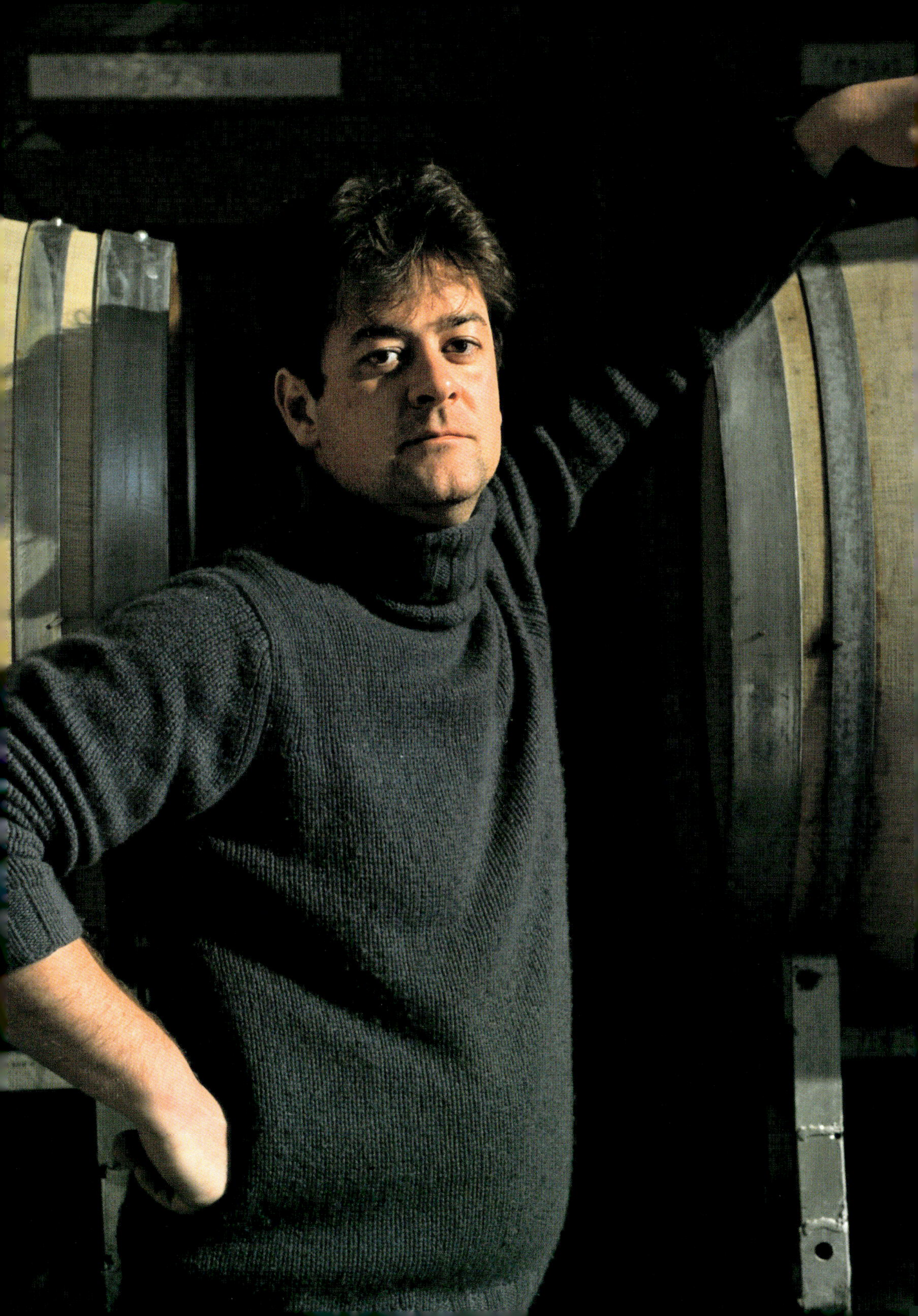

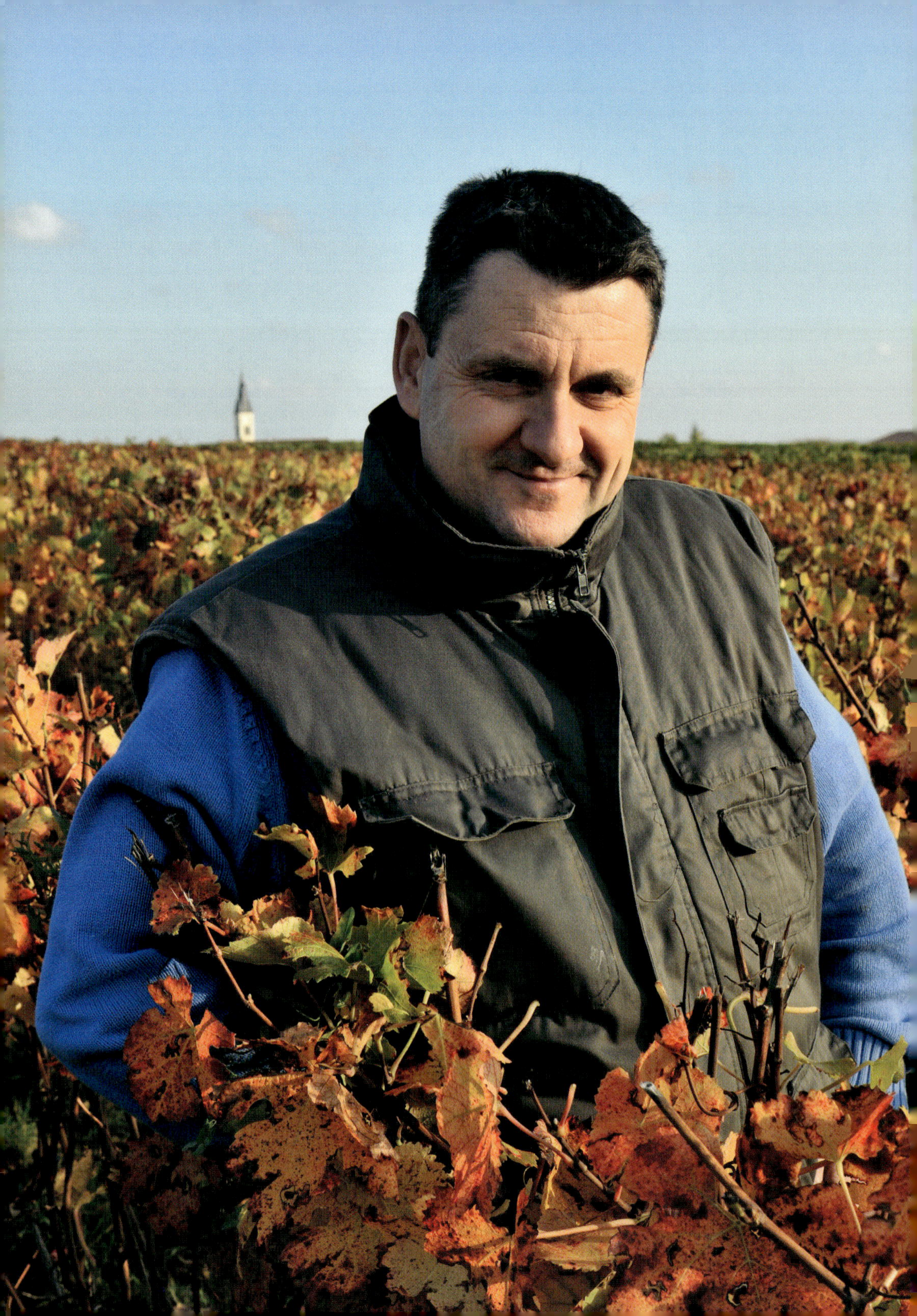

MONTAGNE DE REIMS | BOUZY

Benoît Lahaye ブノワ・ライエ

非常に真面目な青年栽培醸造家であるブノワ・ライエは、この北限に近い厳しい環境のなかで、きわめてレベルの高い、よく考え抜かれたビオディナミを実践している。彼は自然に対して心から深い尊敬の念を抱いており、それは2007年の恐ろしく湿潤な夏に直面した時でも、彼が大方の予想に反してルドルフ・スタイナーの教えを頑固に守り抜き、極限状態の中、手厚い介護によって葡萄を守り抜いたことに如実に示された。彼の所有している畑は4.5haをわずかに上回る。1haがアンボネイで、それに近接してブージーに3ha、そしてトキシエールに0.7ha、さらにヴェルテュスにシャルドネの畑を0.12haである。収穫量は注意深く調整され、また彼はいま徐々にオーク樽を集めつつある。それはサン・ロマン村のフランソワ・フレアーから仕入れたもので（平均使用年数4年）、発酵に使っている。ワインの生産量は少なく、年間4万本である。

そのシャンパンは起源を正確に表現している——若い時にはやや鈍重に感じられることもあるが、年齢を重ねるにつれて複雑さを増していき、自然な味わいの上質ワインに進化する。

2009年1月に最初に訪問した時の印象は、そのシャンパンは起源を正確に表現している——若い時にはやや鈍重に感じられることもあるが、年齢を重ねるにつれて複雑さを増していき、自然な味わいの上質ワインに進化する——というものであった。その時が来るまでは、まだしばらく厳しい時間が続きそうだが、彼の最も手頃な価格のワイン——ブリュット・エッセンティエルというよく似合った名前を持ち、少量のシャルドネによって明るさを増したブージー・ピノ・ノワールの美しい表現——で手短な幸せを味わっておこう。ブラン・ド・ノワールは力強くバランスのとれたブレンドであるが、まだ少し若く、その血統を証明するまでにはあと数年がかかりそうである。ブリュット・ロゼ・ド・マセラシオンはピンク色のシャンパンが好きな人にぴった りのワインで、まさに赤ワインの代役になることができる——深い色をし、シャルキュトリー（ハム・ソーセージ類）やスパイシーなアジア風料理によく合う。これらに比べかなり重厚なのが2004ヴィンテージ・ブリュットで、王冠ではなくコルクで熟成されている。それは、その方が長命で個性的なシャンパンになるという彼の信念に基づくものである。彼の最高峰が秀逸な2002ヴィンテージで、それはいま成熟と慎重なドサージュへと向かいつつある。

極上ワイン

(2009年1月ブージーにて試飲)

Benoît Lahaye Brut Essentiel NV★
ブノワ・ライエ・ブリュット・エッセンティエルNV★
90%PN、10%C。2006ヴィンテージ主体。ドサージュ6g/ℓ。魅惑的な明るいピノ・カラーで、グラスの縁に微かにピンク色の光が見える。気泡は流麗な飾り紐を描く。チェリー、さらにはフランボワーズの小さな赤果実の愛らしい香り。口に含むと、活力に満ちたブージー・テロワールが美しく広がるが、すべてが鋭敏なミネラルの新鮮さで抑制されている。友人が訪ねてきた時のとりあえずの1杯にふさわしいシャンパン。

Benoît Lahaye Blanc de Noirs NV
ブノワ・ライエ・ブラン・ド・ノワールNV
2006、2005ヴィンテージのブレンド。ブージー60%、アンボネイ20%、トキシエール20%。グラン・クリュ・ピノ・ノワールが主体だけあって力強い香りが持続し、同時にまろやかさと旨みが口中に広がる。カリンの味がする。芳醇で新鮮な後味。

Benoît Lahaye Vintage 2002
ブノワ・ライエ・ヴィンテージ2002
偉大なピノの力強さと芳醇さが充満している。しかしシャンパンらしい成熟を見せ、コルク栓で熟成した6年間のフィネスがあり、この例外的なヴィンテージらしいバランスとハーモニーを見せる。料理によく合うシャンパンで、特に猟鳥、コンテや農家自家製ゴーダのような長く熟成させたチーズにぴったり。

左：たっぷりの愛情で育てたブージーのグラン・クリュ葡萄樹に囲まれてご満悦のブノワ・ライエ。

Champagne Benoît Lahaye
33 Rue Jeanne d'Arc,
51150 Bouzy
Tel: +33 3 26 57 03 05
www.vitiplus.com/champagne-b-lahaye/

MONTAGNE DE REIMS | MAILLY-CHAMPAGNE

Mailly Grand Cru　マイィ・グラン・クリュ

1929年、近づきつつある大不況を予知して、モンターニュ・ド・ランスの中でも名高いマイィ村の栽培家を守るために結成されたこの造り手は、協同組合として独自の道を歩んでいる。この村の約70軒の栽培農家によって構成され、すべてがグラン・クリュからなる71haの畑から、入念に仕上げられた精巧なシャンパンを生み出している。

キュヴェは、シャンパン地方で1、2を争う最高の醸造長といわれているエルヴェ・ダンタンの手になるもので、販売は有名な凄腕の市場商人であるジャン・フランソワ・プレオが一手に引き受けている。マイィのシャンパンは価格の割りに非常に高い価値を有しており、年間50万本の生産量の約半分が世界約35カ国に輸出されている。

協同組合は名声に違わぬワインを送り出している。常にマイィの最高峰であるレ・エシャンソンは、グランド・メゾンの最高級シャンパンと堂々と肩を並べることができる。

キュヴェの半分を占めるブリュット・レゼルヴは、ブレンドの大半を構成するピノ・ノワールの果実味が充実し、旨みが口中を満たし、根菜を思い出させる後味が続く——まさにマイィの個性。大物の豊満なシャンパンを望むなら、ブラン・ド・ノワールが冬の食卓のポトフのような田舎料理に最適だ。タイ風チキン・カレー、あるいは程良く熟成したチーズにもよく合う。

ブリュット・ロゼは力強く構成されているが、バランスが良く、パン屋の店先の香りがまろやかに口の中を満たし、正確に調整されたドサージュがワインの味を効果的に高めている。ヴィンテージもののレ・エシャンソンは常にマイィの最高級ブランドで、グランド・メゾンの最高級シャンパンと堂々と肩を並べることができる1本であるが、価格は格段に安い。1997と1998ヴィンテージは、最高峰シャンパンの別の顔を見せてくれる。

極上ワイン

(2008年11月試飲)

Mailly Grand Cru Les Echansons 1997
マイィ・グラン・クリュ・レ・エシャンソン1997
通常は75%PN、25%C。平均樹齢70歳を超える老樹の葡萄だけを厳選して造られる。生産量は各ヴィンテージ約1万2000本に制限され、ドサージュは低く6g/ℓ。常に質実で力強く、特に1997はそれが際立つが、インディアンサマーがもたらした魅惑的な熟成した果実香がそれを和らげている。なめらかで贅沢な口当たりが、抜群の力強さとよく調和した秀品。

Mailly Grand Cru Les Echansons 1998
マイィ・グラン・クリュ・レ・エシャンソン1998
この年の8月の強烈な暑さを反映して、ワインらしい非常に凝縮されたスタイル。10年経った今でもアロマはきつく閉ざされ、沈黙している。しかし口に含むとタンニンが感じられる——そう、白ワインもタンニンが感じられるのだ。2010年以降が飲み頃で、その頃につぼみが開き始める。

右：見渡す限りのグラン・クリュ。すべてのワインが組合員の所有する40の区画から生まれる。

Champagne Mailly Grand Cru
28 Rue de la Libération,
51500 Mailly-Champagne
Tel: +33 3 26 49 41 00
www.champagne-mailly.com

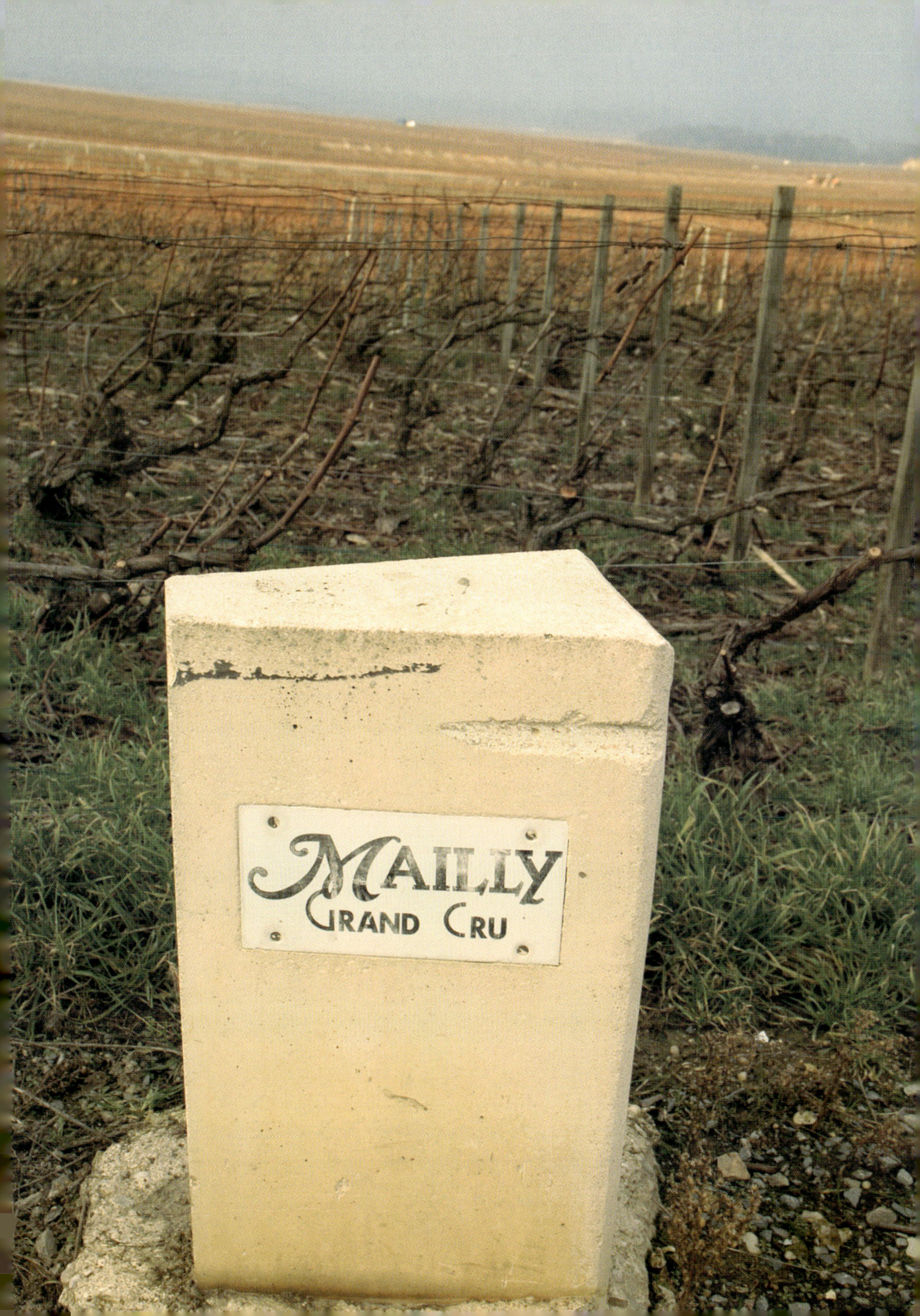
MAILLY
GRAND CRU

MONTAGNE DE REIMS | VERZENAY

Jean Lallement　ジャン・ラルマン

モンターニュ・ド・ランスの丘の上、ランス平原に向かって北東に面するグラン・クリュの村ヴェルズネは、最上のシャンパン・ブレンドにはなくてはならない構成要素で、壮大な酸の骨格とそれがもたらす長寿によって、特に偉大なハウスのプレステージ・キュヴェに重宝されている。確かにヴーヴ・クリコの「稀古酒貯蔵庫」で、古いリザーヴ・ワインをテイスティングするとき、私はいつもヴェルズネこそは不変のピノの星で、その位置は盤石で揺るぎないと感ぜざるを得なかった。そのため今でもレコルタン・マニピュランでさえ、その多くが長期契約で彼らの貴重な葡萄やワインをランスやアイのメゾンに送っている。

ジャン・ラルマンはヴェルズネ、ヴェルジ、リュードに4haの畑を持ち、よくあるようにルイ・ロデレールで数年間働いたことがある。しかし彼の祖父が創立したこの小さなエステートは、アメリカ、イギリス、スカンジナヴィアの目ざといワイン商に発見されてしまった。そのためネゴシアンとの2009年分の契約が満了したいまも、その1700ケースの追加分として新たに2500ケー

スモール・イズ・ベリ・ビューティフル。そのトリオはジャンの人柄そのもののように、筋肉質的な凝縮感と芳醇さ、そしてエレガントさが絶妙なバランスで融合している。

スが船積みされている。ジャンと、リスボン生まれの彼の妻と話していると、2人がこの直接取引の機会を控えめに歓迎していることがわかる。2人には元気の良い子どもが3人いる。ある水曜日にたまたま機会があって訪れた時、彼らは学校から帰ってきていたが、われわれを見ると階段から転げ落ちるように近づいてきて、見知らぬ訪問者にキスのための頬をさし出してくれた。こんな温かいフランス風の出迎えを受けたのはいつ以来だろうか？

ジャンは現在3種類のシャンパンを造っている。まさにスモール・イズ・ベリ・ビューティフル。そのトリオはジャンの人柄そのもののように、筋肉質的な凝縮感と芳醇さ、そしてエレガントさが絶妙なバランスで融合し

ている。その魔法のような味わいの大半は、彼の巧妙なワイン造りのなせる業である。オークはまったく使わず、発酵槽で発酵が終わった新酒の上に長く寝かせ、一般に行われているように春の早い時期にではなく、7月になってから壜詰めされる。最初のラルマン・ヴィンテージ・シャンパンは2009か2010年にリリースされるだろうが、探す価値のある1本となるであろう。

極上ワイン

(2009年1月ヴェルズネにて試飲)

Jean Lallement Brut Tradition NV
ジャン・ラルマン・ブリュット・トラディションNV
80%PN、20%C。2005主体に2006が少量。ドサージュは6g/ℓと控えめ。3種類の中では最も価格は低いが、ラルマンの実力がはっきりと証明されている。クリスタルの輝き、クリームのような泡立ち、鼻からも口からも偉大なピノ主導の清澄な香り。軽く澱が感じられ、非常に長い豊かな余韻。

Jean Lallement Brut Réserve NV
ジャン・ラルマン・ブリュット・レゼルヴNV
樹齢30年の古樹から生まれたワイン。トラディションと同じセパージュで同じ年の組み合わせであるが、ここではすべてが非常に深く、凝縮されている。豊饒な麦藁の色。周りに立ち込める濃厚な香り、口に含むと電気が走ったような酸、しかしすべてが長く澱の上に寝かされたことによるワインらしいコクでまろやかにくるまれている。究極のノン・ヴィンテージ。

Jean Lallement Cuvée Réserve de Rosé NV★
ジャン・ラルマン・キュヴェ・レゼルヴ・ド・ロゼNV★
100%PN。赤ワイン9%。NVとなっているが、すべてが2005ヴィンテージのもの。優美な薔薇色、赤サンゴの印象もある。純粋なヴェルズネ・ピノの表現。暑いが必ずしも容易ではなかった夏を象徴する完熟したイチゴの香り。荘厳な酸を背景にした才気あふれる食欲をそそるワインで、表面をすばやく焦がしたマグロに、たぶんピノ・ソースをかけたものに最高にマッチする。しかし極辛の四川料理にも十分耐える力強さを持つ。

右：ヴェルズネ・ワインの幅をさらに広げる最初のヴィンテージを醸しているジャン・ラルマン。

Champagne Jean Lallement
1 Rue de Moët & Chandon,
51360 Verzenay
Tel: +33 3 26 49 43 32

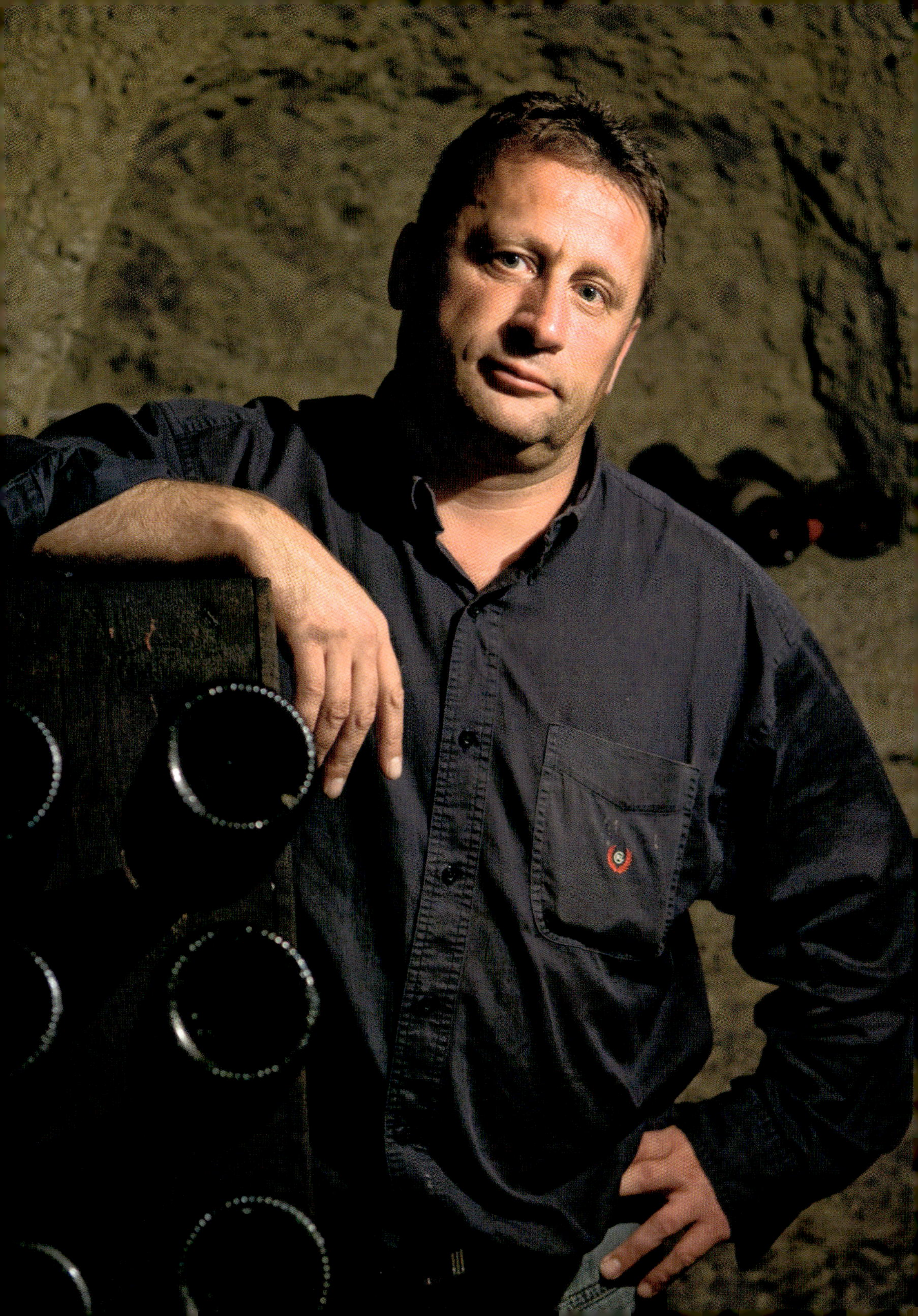

MONTAGNE DE REIMS | VERZENAY

Michel Arnould & Fils ミッシェル・アルノー・エ・フィス

パトリス・アルノーが育てるヴェルズネの葡萄は、グランド・メゾンがこぞって欲しがる逸品で、彼は今でもボランジェのための葡萄を栽培している。しかし完璧なまでに手入れされた彼の30haの清潔な畑から生まれる最上の葡萄（80％ピノ・ノワール、20％シャルドネ）は、彼自身のシャンパンのためにとっておかれる。そのシャンパンはいま世界中に顧客を持っている。ワインらしいコクを持ち、生き生きとした生命力に溢れ、バランスが取れ、クリーミーな質感を持つ、これらすべての特質を兼ね備えたシャンパンをお探しなら、ここヴェルズネには2つある。1つがジャン・ラルマンで、もう1つがこれである。

メモワール・ド・ヴィーニュ2002は、エグリ・ウーリエやビルカール・サルモンのクロ・サン・ティレールと肩を並べる極上ブラン・ド・ノワールの現代的古典になりつつある。

ミッシェル・ベタンヌやティエリー・ドゥソーヴのような尊敬すべき権威あるワイン評論家からも、パトリスが低いドサージュへと向かいつつあることは歓迎されている。実際、気候変動や、2005、2006のようなピノの超完熟を考えると、これはうなずける。

ブリュット・ノン・ヴィンテージは正真正銘のブラン・ド・ノワール（ピノ・ノワール100％）で、2つのヴィンテージをブレンドし、澱の上で3年間熟成させたものである。すべてが黒葡萄で造られているにもかかわらず、醸造は手際がよく、出来上がったシャンパンはしなやかな果実味を持つフル・ボディとなり、ドサージュはバランスよく統合されている。けっして重くなく、過抽出もなく、2杯3杯とついつい誘われるシャンパンである。

ブリュット・レゼルヴはきれのよい辛口で、3分の2がピノ・ノワール、3分の1がシャルドネの構成で、シャルドネがこの秀逸なキュヴェに高揚感と正確な定義をもたらしている。多くの栽培家にとって偉大なヴィンテージであった2002は、単なるヴィンテージものにおいてもメモワール・ド・ヴィーニュにおいても、シェ・アルノーにとって特に素晴らしいヴィンテージとなった。後者は樹齢40年を超えるものもある古い葡萄畑の3区画から生まれ、ほとんど変わることなくセラーの最高級ワインの地位を占めている。

極上ワイン

(2008年12月試飲)

Michel Arnould Carte d'Or Grand Cru 2000
ミッシェル・アルノー・カルト・ドール・グラン・クリュ2000
果実香の魅力が前面に出たこのヴィンテージの基準となるワインで、少なくとも収穫後10年までは愉しませてくれる。なめらかに口の粘膜を覆い、まろやかで少しも尖った所がない。最高級品と肩を並べるとまではいかないが、幅広い層に受ける良く出来た1本。

Michel Arnould Grande Cuvée Brut 2002
ミッシェル・アルノー・グラン・キュヴェ・ブリュット2002
70％PN、30％C。鼻腔からも口からもきびきびとした躍動的な香りが感じられる、汚れのない最高級シャンパン。抑制された美しさを持つ。ドサージュは控えめで、長く完全な余韻が続く。

Michel Arnould Mémoire de Vignes 2002
ミッシェル・アルノー・メモワール・ド・ヴィーニュ2002
純粋な100％ピノ・ノワール。エグリ・ウーリエやビルカール・サルモンのクロ・サン・ティレールと肩を並べる極上ブラン・ド・ノワールの現代的古典となるべく運命づけられている至高のワイン。2012年までは暑熟させておきたい。料理によく合うシャンパンで、ヤマウズラ、ヤマシギなどの若い猟鳥や良く熟成したトム・ド・サヴォワ・チーズなどに最適。デカンターに移し替え、フルートグラスではなくふつうのワイン・グラスで賞味すべし。

Champagne Michel Arnould & Fils
28 Rue de Mailly, 51360 Verzenay
Tel: +33 3 26 49 40 06
www.champagne-michel-arnould.com

MONTAGNE DE REIMS ｜ CHIGNY-LES-ROSES

Cattier カティエ

色 とりどりの花が咲き乱れるモンターニュの小さな村シニー・レ・ローズに18世紀以来居を構えるカティエ家は、1921年にシャンパン・ネゴシアンとなり、その30年後に村の2.2haの壁に囲まれた葡萄畑クロ・デュ・ムーランを買った。

　その畑から生まれる一家の自慢のシャンパンは、ノン・ヴィンテージ・プレステージュ・キュヴェのなかの数少ない最高級ランクに位置している。常に3つの良いヴィンテージのブレンドで、直近のヴィンテージが最低限の60％に抑えられ、プルミエ・クリュのピノ・ノワールとシャルドネの50/50の古典的組み合わせである。変わらぬ品質と理想的なバランスで賞賛されるクロ・デュ・ムーランは、独特の高みを表現しているが、それは明らかに葡萄の育ちの良さと大いに関係がある。葡萄畑の規模が小さいため、働き手たちは葡萄樹の1本1本を知り尽くしている。

> 一家の自慢のシャンパンは、クロ・デュ・ムーランからのもので、変わらぬ品質と理想的なバランスで、ノン・ヴィンテージ・プレステージュ・キュヴェのなかの数少ない最高級ランクに位置している。

　ワインづくりも同様にきわめて入念に行われ、キュヴェの80％（1回の圧搾20.5hℓのうちの16hℓ）しか使われない。しかしもう1つの決定的要素が、ワインの熟成である。ワインはカティエのセラーで最低でも7年間熟成させられるが、そのセラーはシャンパン地方でも1、2を争う深さで、地下3階30mにも達しており、それを支える、ロマネスク、ゴシック、ルネサンスの3大様式による荘重なアーチ天井は圧巻である。パリのシャルル・ド・ゴール空港から出ているTGVに乗ると、モンターニュの端にあるランス駅までわずか30分、それから15分ほどタクシーに乗ると、もうここにたどりついて、その素晴らしいシャンパンを口に含むことができる。そのシャンパンは平均して毎年1万本ほどしか出荷されない。

　一家はこれ以外にも主にプルミエ・クリュの畑を20haほど持っており、その葡萄を使った入門者用のブリュット・プルミエ・クリュはシャンパン3品種のブレンドで、ピノとムニエが膨らみのある味と香りで口の中を満たし、シャルドネが柑橘類の香りで浮遊感をもたらす。シャルドネ100％のブラン・ド・ブランは繊細で控えめであるがボディーはしっかりとしており、モンターニュ・シャルドネの血統の豊かさが感じられる。最近登場したばかりのブラン・ド・ノワールはピノ・ノワール100％で、赤果実の豊潤なフレーバーと堂々とした風味が楽しいひと時を演出する。

極上ワイン

(2007年6月試飲)

Cattier Clos du Moulin　カティエ・クロ・デュ・ムーラン
50％PN、50％C。1996、1998、1999のブレンド。麦藁色で緑色のきらめき。完熟の香りの中にビスケットの香りが秘かに感じられる。最初はまだ硬い10代の感じだが、しばらく置いておくと、ピノ・ノワールが存在感を示し始め、豊かな膨らみが口の中を満たす。非常に多才なシャンパンで、グラン・アペリティフとしても、猟鳥やコンテ・チーズに合わせても良い。

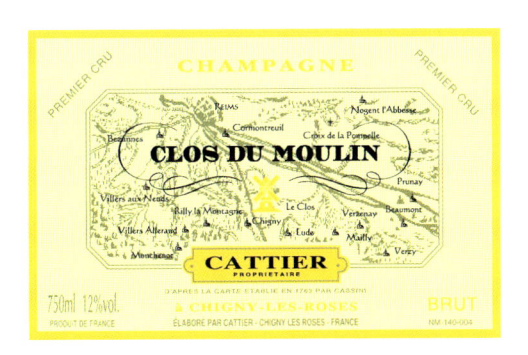

Cattier
6 Rue Dom Pérignon, 51500 Chigny-les-Roses
Tel: +33 3 26 03 42 11
www.cattier.com

MONTAGNE DE REIMS | LUDES

Canard-Duchêne カナール・デュシェーヌ

葡萄畑と牧草地の向こうにランス大聖堂を望む小さなモンターニュ・ド・ランスの一級村、リュード村は、カナール・デュシェーヌの故郷である。そのドメーヌは、いくつかの優秀な栽培家とともにこの村を牽引している。樽屋のヴィクトル・カナールとその妻で女性葡萄栽培家であったレオニーによって1868年に創立されたそのドメーヌは、行動力のある彼らの息子エドモンが跡を継ぐと、20世紀の始まりとともに大躍進を遂げた。彼はロシア皇帝ニコラス1世とその宮廷に、彼らのシャンパンを納めることに成功した。一家はその誇りを忘れないように、ロマノフ家の双頭の鷲を会社の紋章にあしらっている。エドモンのもう1人の息子ヴィクトルも、先見の明がある傑出したワイン人間であり、誰よりも早くオーヴ県の優れたピノ・ノワールがシャンパン・ブレンドで大きな働きをすることを見抜いた。私は今でも、1970年代にアメリカ市場を開拓するため一家を代表して乗り込むことになった人の壮行会の席上、ヴィクトルがホストとして笑みを絶やさず彼の素晴らしいワインをグラスに注いで回っていた姿を思い出す。家族経営の良さを感じた一場面であった。

その10年後、ヴーヴ・クリコがこの会社を買収した。ヴーヴのシャンパンは確かに素晴らしいのだが、カナールに乗り込んできた若い造り手たちは、1990年代の半ば、試練に遭わなければならなかった。1994年、私は憂慮に堪えず、入門者レベルのブリュットについてこう書いた。「そのワインは、胡散臭い、染められたような深い色で、フレーバーは粗野だ…（2度とも）。」幸いペテルスの弟子であるジャン・デュバリーが出向してくると、状況は上向いてきた。彼はそれまでのブリュット・キュヴェを一掃し、新しく美しい姿で生まれ変わらせた。さらに良いことに、2003年にハウスは企業家アラン・ティエノに買収された。アランは以前シャンパンの卸商を営んでいた人物で、彼の動きはシャンパン地方に新しい息吹をもたらしている。彼は自分の手のひらのように葡萄畑を熟知し、誰よりも早くバランスシートを読み取る類いまれな力！と合わせて、周りの人々に安心感を届ける。

カナールがアラン・ティエノ・グループに加わることによって、グループの市場における販売戦略の推進力は、統合と個性化の組み合わさったものになった。カナールは伝統的にあまり高価なシャンパンではなく、常に果実味と、生命力、そして清々しい酸が売り物の飲みやすいワインを目指してきた。主要市場はフランス国内で、ジンク・バーのグラス売りが主な顧客であった。しかし現在経営陣は新興の東欧市場とカリブの保養地を睨んでいる。実際まだフランスの県となっている夢想家の島グアドループは、世界でも1人当たりのシャンパン消費量が多いことで有名であり、ここではカナールは強い存在感を示している。

現在そのシャンパンは、2種類のピノとシャルドネを幅広く合わせて60の村から仕入れている。グランド・モンターニュのリュード、マルヌ渓谷、コート・デ・ブラン、もちろんセザンヌも。しかしオーブの葡萄もかなりの量を占め、明るく早熟な黒葡萄を供給している。

入門者レベルのブリュットは清々しい新鮮なワインで、丸みがあるが切れも良く、複雑さよりも果実味を前面に出している。ヴィンテージは澱の上で長く熟成させたフレーバーの漂うコクのあるワインで、価格以上の価値がある。しかしカナールの切り札はシャルルⅦ・グラン・キュヴェ・ブラン・ド・ブランで、開栓の瞬間にバター、トースト、花の香りがすばやく立ち込める。ロゼはチェリーやモモなどの果樹園の果実の新鮮な果汁と官能的な旨みの中間をうまく縫いながら進んでいる。

極上ワイン

(2008年7月ランスにて試飲)

Canard-Duchêne Grande Cuvée Charles VII
カナール・デュシェーヌ・グラン・キュヴェ・シャルルⅦ
複数ヴィンテージのシャルドネ100％のプレステージ・キュヴェで、わりと珍しいタイプのシャンパン。美しく熟成している。成熟したシャルドネのアロマと、バター、トースト、白い花のフレーバー。非常にバランスが良い。今回リリース分は、2011〜2012年まで十分味わえる。

Champagne Canard-Duchêne
1 Rue Edmond-Canard, 51500 Ludes
Tel: +33 3 26 61 10 06
www.canard-duchene.fr

MONTAGNE DE REIMS │ RILLY-LA-MONTAGNE

Vilmart & Cie ヴィルマール・エ・シー

20世紀後半に自家栽培醸造家のための黄金律を確立したドメーヌの1つが、ヴィルマールである。1990年代初頭にルネ・シャンと息子のローランに初めて会ったとき、私はその親子の葡萄とワインにかける無限の労力に激しく心を揺さぶられた。リリー・ラ・モンターニュ村のピノ・ノワールとシャルドネが育つ11haの葡萄畑で、株間の土を手鍬ですき起こし、除草剤は未使用だった。「自然環境を最大限に尊重することからしか、ワインの独特のフレーバーは生まれてこない」、これが彼らの座右の銘であった。それ以来彼らのワインづくりは、全世界の環境意識の高い自家栽培醸造家の手引きとなっている。

現在ローラン・シャンが舵をしっかりと握り、変わらぬ几帳面なやり方ですべてを取り仕切っている。ワインはオーク樽で発酵させ、大半が大きなフードルである。ローランの職人気質が最もよく表現されているのが、最高級品であるヴィンテージ・シャンパンで、それは樹齢40〜50年の古樹に実る葡萄を主体にしている。それと対照的に、ノン・ヴィンテージ・キュヴェはわりと平板な味覚である。ヴィルマールは、アルザスのロリー・ガスマン同様卓越したワイン醸造家であるが、惜しむらくは、両者ともにグラン・クリュを持たず、その弱さがどうしても入門者レベルに表れてくるようだ。

20世紀後半に自家栽培醸造家のための黄金律を確立したドメーヌの1つが、ヴィルマールである。私はその親子の葡萄とワインにかける労力の限りのなさに激しく心を揺さぶられた。

グランド・レゼルヴNV（ピノ・ノワール70％、シャルドネ30％）は、フードルで10カ月間熟成させることによって、オーク樽ならではの黄金色を輝かせる。明快な青リンゴの果実の香りが広がり、ふくよかな口あたりで、長く心地よい余韻がある。グラン・セリエは明らかな前進を示している。3つのヴィンテージ（最近のものは2004、'05、'06）のブレンドで、その3分の1がモンターニュ・シャルドネオレンジである。全体的に丸みがあり、芳醇で、タンジェリン・オレンジ、レモンの魅力的な香気があ

上：ルネ・シャンはステンド・グラスの技も超一流だ。しかしここでもテーマは同じく葡萄。

る。豊潤なピノ・ノワールが最後まで口の中を満たし、アペリティフとしても、料理と合わせても最高である。

その格上の、ヴィンテージ・グラン・セリエ・ドールは、一家の名声を高めたシャンパンの名品である。それはいつでも思い出すことができるほどに印象的な味と香りで、現在セリエ・ドール2002が制作中の美女である。シャルドネが支配的（80％）で、香りは精妙、複雑で、例外的なほどバランスが良い。バターを贅沢に使ったブリオッシュのフレーバーの中にアンズのような果樹園の果実が溶け込み、緻密な生命力あふれる酸が長く続く。2012年頃から壮大な愉悦をもたらしてくれるだろう。2000は独特のスタイルで、より繊細で、フィネスの極致を示し、現在すでに頂点に達している。

この山脈の最高峰がヴィンテージ・クール・ド・キュヴェで、その名前が示す通り、キュヴェの最高の部分、「心臓部」（第1次搾汁）だけが使われている。発酵は225ℓのバリックだけを使っている。最初の数年間、この偉大なワインは木の香りに支配されているが、やがて

ローラン・シャンが変わらぬ几帳面なやり方ですべてを取り仕切っている。ワインはオーク樽で発酵させ、大半が大きなフードルである。ローランの完璧主義が最もよく表現されているのが、最高級品であるヴィンテージ・シャンパンである。

MONTAGNE DE REIMS | RILLY-LA-MONTAGNE

成熟に達し、9～13年ごろからその偉大な風格、新たな精妙さの極みを示し続ける。そのためにはたっぷりと空気を与えてやること――できるならデカンティングをし、フルートではなくワイン・グラスで飲みたい。

　新規格のブレンド、キュヴェ・クレアシオンはもう1つのシャルドネ主導のシャンパンで、より精密な醸しが行われ、夏に最適である。落ち着いたライムの香り、繊細なバニラの微香で、ターボットやマトウダイのような魚に深い味わいのソースを添えた料理に合うように造られている。

極上ワイン

(2009年1月リリー・ラ・モンターニュにて試飲)

Vilmart & Cie Coeur de Cuvée 2000
ヴィルマール・エ・シー・クール・ド・キュヴェ 2000
テロワールの最も古い樹(樹齢50年)から。80%C、20%PNですべてプルミエ・クリュ。発酵および10カ月の熟成はバリック。非常に透き通った円熟味のある金色が揺らめいている。まさに聖衣。新鮮な果実の香りが立ち昇る中に、ハシバミも感じられる。豊満で贅沢な香りが口の中を満たし、ワインらしさが正確に定義され、フレーバーはバランスが良い。オークは現在完璧に統合されている。2012年まで待つ価値がある、特にマグナムは。

Vilmart & Cie Coeur de Cuvée 1999
ヴィルマール・エ・シー・クール・ド・キュヴェ 1999
表現力があり、果実香が前線に出ているが、その後ろに細い線形の姿が垣間見え、どこか無愛想で、雄大で完璧な2000と比べるとひよわな感じが否めない。他の人はどう言うか知らないが、1999があまりたいしたヴィンテージではなかったことをこのワインが証明しているように思える。

Vilmart & Cie Coeur de Cuvée 1998
ヴィルマール・エ・シー・クール・ド・キュヴェ 1998
丁寧に育てられ、厳密に選果されるならば、シャルドネがどれほど素晴らしい実力を発揮するかを特にこの1998は示している。本物の優雅さを持ったワインで、まだ蕾は固く巻閉じられているが、ゆっくりとミネラルの花を開き始め、精緻な酸がこのヴィンテージの象徴である雄大な果実味と融合する。

左：ローラン・シャンは父ルネゆずりの完璧主義気質でワインを造り続けている。

Champagne Vilmart & Cie
4 Rue de la République, 51500 Rilly-la-Montagne
Tel: +33 3 26 03 40 01
www.champagnevilmart.com

MONTAGNE DE REIMS | TRÉPAIL

David Léclapart　ダヴィット・レクラパール

ダヴィット・レクラパールは根っからのビオディナミストで、アンボネイの北、モンターニュ・ド・ランスの南東向きの斜面トレパイユ村の3haの畑で葡萄を育て、その葡萄だけを使ってシャンパンを造り上げる。トレパイユ村はピノ・ノワールも栽培されているが、元気が良く突き刺すような酸を持つシャルドネが特に秀逸で、それはクリュッグの醸造家の心をしっかり捕らえている。最後にダヴィットと会った後、彼とその若い家族は同じ村の彼の祖父の小さな家に引っ越していた。私にシャンパン地方ではまだ見たことがないものを見せたくてたまらないというように彼は車を走らせ、私を葡萄畑に連れて行ってくれた。顔だけが黒い毛で覆われているスコットランド羊が10頭、柵で囲まれた区画の株間の雑草を美味しそうに食べていた――古き良きフランス？　ダヴィットは確かにビオディナミに深く傾倒しているが、もっと重要なことは、彼がワインづくりに不可欠の"フィーリング"を持った醸造家であり、それが彼の作品を高いレベルに持ち上げているということだ。

彼のシャンパンはすべてシャルドネ100％で、ホーロー槽またはオーク樽で発酵させたものと、それを組み合わせたものがある。キュヴェにはそれぞれ詩的な名前――アマトゥール（信奉者）、アルティステ（芸術家）、アポートル（使徒）など――が付けられ、美しい芸術的なラベルが貼ってある。ベースワインのアマトゥールはすべてがホーロー槽で発酵させられたもので、独特の個性を持ち、芳醇なフレーバーの元となり、古典的なシャルドネ・シャンパンが持っていたであろう、そしてシャンパンが全般的な生産過剰になって失われていったあの"テンション"を持っている。アルティステ（ホーロー槽とオーク樽が半量ずつ）はたいてい最初に樽材の微香があるが、すぐにワインの強さと骨格がオークのフレーバーを吸収してしまう。

ダヴィットはいくつかの秀逸な2003を造っているが、それはあの激烈な暑熱の年の、そして収穫の4分の3を晩霜でやられたにもかかわらず達成された、真の勝利である。アマトゥールは豊潤な果実味、凝縮感、適度な酸を有しており、葡萄畑でのダヴィットの入念な手入れのおかげで、再酸性化させる必要がない。すべてオーク樽で発酵させ、現在は壜の澱の上で30カ月寝かせているアポートルは、雪のように真っ白な泡立ちを有し、鮮烈な口当たりがある。樽熟成のピノ・ノワールから造られた2003の非発泡赤ワイン、トレパイユ・ルージュは、均質なルビー色が美しく、豊饒な果実味を持ち、旨みが程良く抽出され、夏の暑熱がもたらした熟したタンニンが心地良い。後味にミネラルの厳粛さがあり、それは野ウサギのシチューのような冬の猟獣料理の脂っこさを流し込むのにもってこいだ。レクラパールの葡萄畑に適用されたビオディナミの原則によって、確かにこれまでにないワインが、しかも特に困難な年に生み出されたようだ。

極上ワイン

(2009年1月トレパイユにて試飲)

David Léclapart Amateur NV
ダヴィット・レクラパール・アマトゥールNV
ベースワインはホーロー槽発酵の2004ヴィンテージ。ダヴィットのシャンパンの中で最も安価なもので、私好み。強く躍動的なレモン-麦藁色。ミネラルの純粋さが際立ち、トレパイユならではの刺激的な香り。柑橘系フレーバーの本物の鮮烈さが、適度な収量と葡萄畑での入念な作業を物語っている。長く芳醇な余韻が続く。

David Léclapart Apôtre 2003
ダヴィット・レクラパール・アポートル2003
オーク樽発酵。雪のように白い泡が、ゆるやかにレモン・ゴールドに変わっていく。澱の上に長く寝かせた後の、酵母の自己分解の抑制された魅力的な微香がある。口に含むと、あの激烈な夏からは信じられないほど新鮮、純粋で、酸も高貴（葡萄畑の綿密な管理の象徴、再酸性化などとんでもない）。完熟した頑健な果実の美しさ、数少ない2003の秀品。

David Léclapart Trépail Rouge 2003 (Coteaux Champenois)
ダヴィット・レクラパール・トレパイユ・ルージュ2003（コトー・シャンプノワ；非発泡性）
225ℓバリックで発酵させた100％ピノ・ノワール。鮮烈で清澄、青みがかった"ブルゴーニュ風"ルビー。適度に熟した香りと、小さな赤果実の味わい、優美なタンニン、しかし深いミネラルの後味がやはりトレパイユのワイン、本質的にはシャンプノワ（未発砲）であることを印象付ける。野ウサギやイノシシなどの冬の料理によく合う秀逸な赤ワイン。

Champagne David Léclapart
10 Rue de la Mairie, 51380 Trépail
Tel: +33 3 26 57 07 01

MONTAGNE DE REIMS | CAUROY-LÈS-HERMONVILLE

Raymond Boulard　レイモン・ブーラール

　ブーラール家の歴史は、「特別優れたテロワールでなくても、経験、熟練の技、明確なビジョンを持っていれば何が達成できるかを示す格好の実地教育である」という編集者のもっともらしいコメントに誘われて、私は厳寒の2009年1月にこのランスの南西、マッシフ・ド・サン・ティエリーの、やや辺鄙な場所にあるドメーヌを訪問する決意を固めた。良く肥えた中年のぶっきらぼうなワイン農場主であるフランシス・ブーラールは、愉快な魅力的人物である。おおらかな抱擁のあと、噂通りの風貌をしわくちゃにして、悪戯っ子のような笑みを浮かべてこう言った。「われわれの小シベリアへようこそ!」

　一家の歴史は1952年に始まる。この年フランシスの父親であるレイモン・ブーラールは、マルヌの右岸、ヌーヴェル・オー・ラリスの葡萄畑を購入し、ドメーヌを創立した。大部分がピノ・ムニエで、いくらかピノ・ノワール、シャルドネはほんの少しであった。それから半世紀以上経った現在、畑は各地に分散したものを合わせて10.5ha程になった。マルヌ渓谷の若木ばかりのエーヌ県側、それよりもかなり質の良いモンターニュ・ド・ランスのマイィ・グラン・クリュの1.62ha、そしてたぶん突出して優れた区画、マッシフ・ド・サン・ティエリの3.03haである。こちらは2001年以降本格的なビオディナミを実践している。

　フランシスと彼の弟ドミニクが、彼らの分散する畑にかける情熱は並はずれている。葡萄樹はロワイヤ式とシャブリ式の最上の伝統で短く剪定され、風通しを良くするための葉落としが夏を通して行われる。また状況が要請する時だけにしか行われないが、7月にはさらに過激なグリーン・ハーベスト(過剰緑果摘出)も行われる。ブーラール兄弟はまた、過度なシャプタリザシオンをしなくて済むように、最高の完熟とフェノール酸の成熟を待って、なるべく遅らせて厳密に選果しながら房を摘む。

　セラーでも完璧主義は徹底される。葡萄は空圧式膜圧搾機で圧搾され、土着の酵母を使い、発酵はステンレス槽とオーク樽の50/50で行う。兄弟はピノにはブルゴーニュのピエスを、シャルドネにはボルドーのバリックを用いるのを好む。ステンレス槽の容積は小さく、異なったテロワールのワインを別々に発酵させるようにしている。マロラクティック発酵は促進させたり、遮断したり、部分的に行ったりしているが、キュヴェの状態、性質に応じて決めている。特徴的なのは、どのブレンドもブリュット・ナチュール(ほとんどドサージュなし)と5〜8g/ℓのブリュットの両方を造っているということだ。兄弟はまたドサージュには砂糖を一切使わず、代わりに最新技術の成果である精留濃縮果膠を用いる。

　ワインの質はグラスに如実に現れる。全生産量の45%を占めるキュヴェ・レゼルヴは親しみやすいムニエ主導のシャンパンで、洗練されたブリュット・ナチュールが特に秀逸。対照的にスウェーデン出身の広く尊敬されているシャンパン評論家であるリチャード・ユリンは、彼らしくブリュット・タイプのグラン・クリュ・マイィを好んでいる。その軽めのドサージュは、このテロワールならではの強いミネラル香や力強さとよく調和している。キュヴェ・ペトラエアは1997〜2005までの9つのヴィンテージによる永続的な複雑なブレンドで、蜂蜜のような美しく熟成したシャンパンとなっている。しかしなんといってもセラー一番のシャンパン——目立たないサン・ティエリを起源にしているわりには強烈な個性を持つ——は、すべてシャルドネからなる光り輝くキュヴェ、レ・ラチャイである。最初2001年に、この脆弱な年のささやかな傑作としてリリースされたが、現在の2002——まさに例外的なヴィンテージ——は、芳醇な果実香と精妙さがさらに際立ち、さらなる高みへと上昇している。時間を与えれば(2010〜2012年)、それは間違いなく現代シャンパンの古典の1つとなるであろう。

極上ワイン

(2009年1月コロワ・レ・エルモンヴィルにて試飲)

Raymond Boulard Cuvée Réserve NV★[V]
レイモン・ブーラール・キュヴェ・レゼルヴNV★[V]
マルヌ渓谷の粘土と石灰岩の混ざった土壌に育つピノ・ムニエ70%、ピノ・ノワール30%を使用。ラベルには書いていないが、実質上のブラン・ド・ノワール。ベースワインは2006で、オーク

127

樽で熟成させた2004と2005をブレンド。ブリュット・タイプは、ドサージュは控えめな5g/ℓで、ふくよかな丸み、うれしい刺激があり、果実香がしっかり定義されている。ブリュット・ナチュールはさらに良い。麦藁のような黄金色で、純粋、ミネラル香があり、余韻は長い。最高の技にかかると、ムニエがどれほど美味しくなるかを証明している。

Raymond Boulard Grand Cru Mailly NV
レイモン・ブーラール・グラン・クリュ・マイィNV
この偉大なモンターニュ・クリュの石灰質の岩に育つピノ・ノワール90％、シャルドネ10％。ベースワインは2005で、20％がオーク樽で造った2004、2003、2002。私にはブリュット・タイプ(ドサージュ5g/ℓ)の方が良いように思える。まろやかだがグラン・クリュの起源を示す強さがある。豚足や仔牛の頭の料理に良く合うシャンパン。

Raymond Boulard Cuvée Petraea NV
レイモン・ブーラール・キュヴェ・ペトラエアNV
60％PN、20％C、20％PM。基本的には9つのヴィンテージによる永続的ブレンド(この場合は1997～2005で、ラベルにはローマ数字で記載)。毎年最も若いヴィンテージが加えられ、キュヴェが新しくされる。平均5～6年物のオーク樽(*Quercus petraea*)と、一部をシャンプノワ・ピエス(205ℓ)で発酵させる。天然酵母だけを使い、ろ過は行わない。ピノ・ノワールのまろやかな芳醇さの中に進化しつつある蜂蜜のフレーバーが次々と現れ、シャルドネが鋭い焦点を作り、ムニエがスパイスを利かせる。真に独創的な、そして古典的な崇敬すべきシャンパン。

Raymond Boulard Les Rachais 2002
レイモン・ブーラール・レ・ラチャイ2002
マッシフ・ド・サン・ティエリーの石英の多い石灰岩土壌に育つシャルドネ100％。農薬などの化学薬品をまったく使用せず、ビオディナミで栽培。8年物のオーク樽で熟成、清澄・ろ過は行わない。エクストラ・ブリュットはドサージュはわずか2g/ℓ。シャルドネの純粋さと繊細さが際立ち、ミネラル香や希薄さが漂う、しかしその中にスパイスがすばやく現れては消える。口に含むとまだきつく、味覚がほどけるまで長くかかるが、それはこのワインがまだ青年のため。あと2～3年もすれば、精妙な複雑さが燦然と輝き始め、酸郁と薫るようになる。2012年からが最高。

右：人懐っこい笑顔のレイモン・ブーラール。彼は特別優れたテロワールでなくても素晴らしいシャンパンが生まれることを証明した。

Raymond Boulard
Route Nationale 44,
51220 Cauroy-lès-Hermonville
Tel: +33 3 26 61 50 54
www.champagne-boulard.fr

最高のワイン——目立たないサン・ティエリーを起源にしているわりには強烈な個性を持つ——は、光り輝くキュヴェ、レ・ラチャイである。それは間違いなく現代シャンパンの古典の1つとなるであろう。

MONTAGNE DE REIMS | GUEUX

Jérôme Prévost　ジェローム・プレヴォー

ランスから数マイル南西のプティ・モンターニュの麓の村グーは、市内への交通の便が良く、人口も多いが、その中に少なくとも1人の傑出したシャンパン・ハウスの醸造家がいる。今から1世紀ほど前、第1次世界大戦中、グーは死と破壊が覆う村であった。村は最前線に位置し、停戦時にはほとんどの家屋がドイツ皇帝ヴィルヘルム2世の軍隊によって壊滅状態にされた。しかし1軒の豪邸が戦火を免れたようだった——あるいは戦後まもなく再建されたのかもしれない。それがルイ・ロデレール家のシャトーで、現在もそうである。

ジェロームはピノ・ムニエの古樹から、ただ1種類のワインを造っている。それはこの地区で最も鮮烈な異国風のスパイスの香りを持つムニエ・シャンパンである。

その豪邸の真向かいに、小さな愛らしい1920年代風の田舎家が建っているが、それがシャンパン地方で最も勇敢な小さな自家栽培醸造家の家である。ジェローム・プレヴォーは1987年、21歳の時に一家の2.2haの葡萄畑を相続した。最初は小規模栽培家として葡萄を地元の組合に卸さざるを得なかったが、その11年後、彼は小さな田舎屋を買うことができた。その田舎家には納屋のほかに、ちょっと珍しい"セラー"が付属していた。実はそれは第1次世界大戦中に武器庫として使われ、敵の爆撃にも耐えてきた建物で、ワインを熟成させるための格好の安定した場所となった。

彼は1998年にワインづくりを始めるが、それを支え、計り知れない援助を与えてくれたのが、アヴィズの偉大な栽培家アンセルム・セロスであった。彼は収穫時には彼のワイナリーにジェロームのためのスペースを空けてくれた。これが3年間も続いた後、ようやく彼はグーで自分のワインを造ることができるようになった。ここではワインを一銘柄にしぼっていることに気づいてほしい。ジェロームは1960年代に植えたピノ・ムニエの古樹から、ただ1種類のワインを造っている。彼は手鋤で畑をすき起こし、ビオディナミに近い栽培法を取る。そのラ・クロズリーは常に単年の葡萄だけから造られるワインで、オーク樽、それもバリックで発酵させる。これまでの常識を破り、そのワインはボトルの中の小さな澱の上で長期間熟成させられるのではなく、カスク樽の土着の酵母の中で短期間熟成させられる。

その結果、たいていの場合、この地区では最も鮮烈な異国風のスパイスの香りを持つムニエ・シャンパンとなる。しかしこの移り気なムニエという品種は、ヴィンテージごとに、醸造家に、そして飲み手にも異なった物語を紡ぎだす。2006はしなやかで前向き、魅惑的なエレガンスさを持ち、2005は凝縮された深みがあり、ワインらしいコクがある。2003はムニエの優美な果実味の勝利——あの異常な夏の激烈な暑さに対する——を祝うかのようだ。実際ムニエはこの年最も成功した品種であった。2000は熟成の頂点に向かいつつあるが、新鮮さを保ち、果実味の純粋さは時間とともにますます研ぎ澄まされている。ドサージュは非常に控えめで(4g/ℓ以下)、エクストラ・ブリュットの範疇内である。

ジェロームは画家的な感覚の持ち主で、同時に詩的センスも優れている。それは彼のシャンパンの裏ラベルを読めばわかる。

極上ワイン

(2009年1月グーにて試飲)

Jérôme Prévost La Closerie Cuvée Les Béguines★
ジェローム・プレヴォー・ラ・クロズリー・レ・ベギン★
公式にはノン・ヴィンテージ・シャンパンであるが、常に単年の葡萄からのワインで、ノン・ドゼに近い。大樽の中で長く魔法にかけられていたことを示す艶のある黄金色。トースト、スパイスなど非常にきめの細かい純粋なピノ・ムニエのアロマが広がり、まるでオーブンから取り出したばかりのブリオッシュのよう。大らかで豊か、しかし比類なきバランス、凝縮感。オーク使いの名人の技。

右：芸術家のような風貌のジェローム・プレヴォーは、数あるシャンパン製造家のなかでも最も勇気ある人物の1人である。

Champagne Jérôme Prévost
2 Rue de la Petite Montagne,
51390 Gueux
Tel: +33 3 26 03 48 60
champagnelacloserie@orange.fr

130

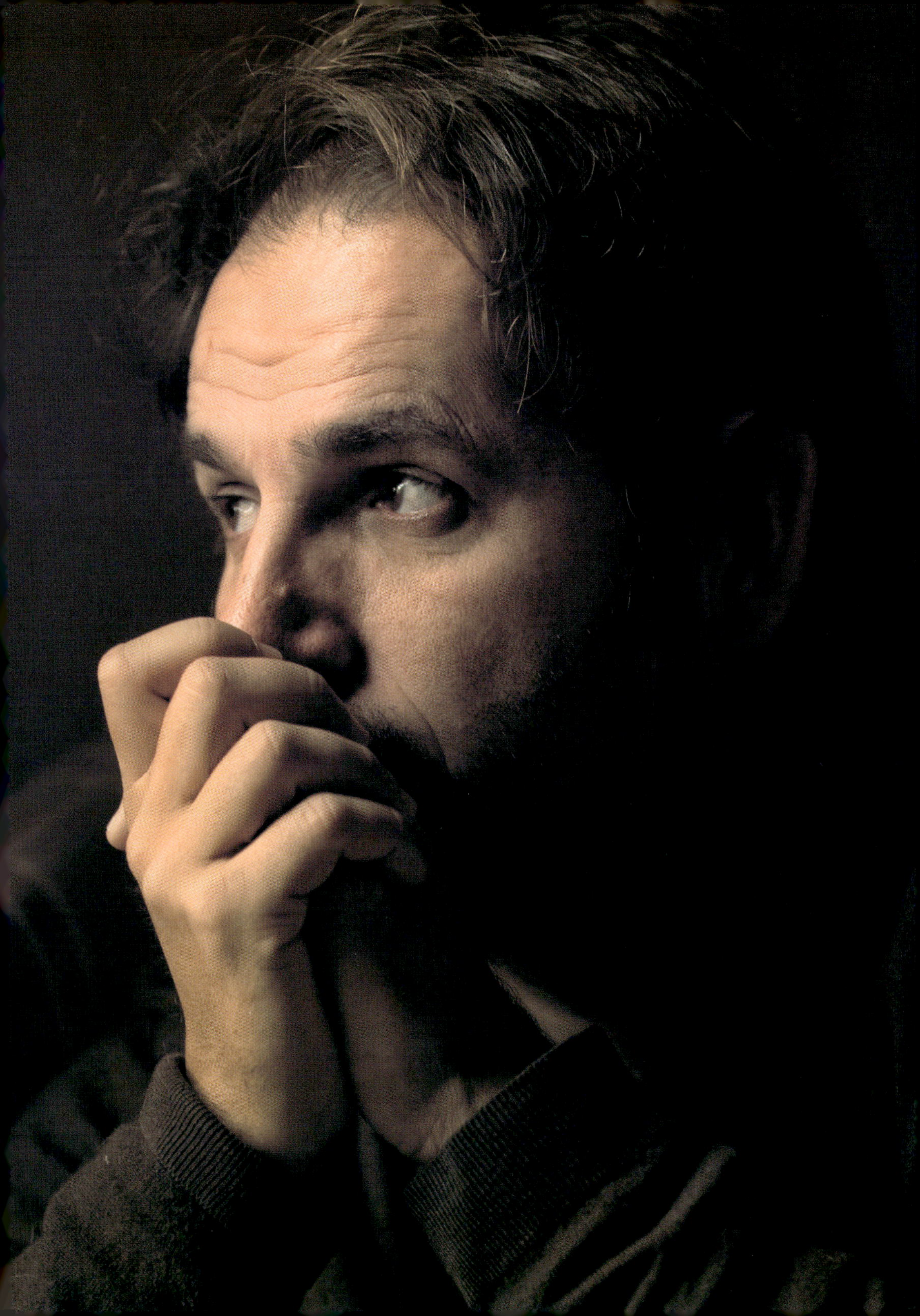

5　最上のつくり手と彼らのシャンパン

アイとヴァレ・ド・ラ・マルヌ

エペルネを出てマルヌ川を横切り、小さなディジーの町の郊外に沿って真っ直ぐ東へ4kmほど進むと、シャンパンの3大ワイン産地の1つ、アイに到着する。そこはたぶん3つの町の中でいちばん小さい——町というよりは大きな村で、人口は800人ほど——が、そこで造られるシャンパンは至高の名をほしいままにしている。なぜここがワインにとってこれほど特別な場所であるのかを知るには、その西側のディジーから近づくのが良いだろう。進行方向に向かって左側、モンターニュの丘からなだれ落ちてくる南向きの斜面に、見る者を圧倒する壮大な葡萄畑が広がる。その下でマルヌ河渓谷の入り口を防備している小さな町、それがアイである。

ルネサンスの時代、アイは最良のヴァン・ド・ラ・リヴィエール（ワインの川）として知られていた。ミケランジェロやレオナルド・ダ・ヴィンチのパトロンとして有名であった教皇レオ10世は、大のシャンパーニュ地方のワイン好きで、いつも自分用にアイのワインを運ばせていた。また16～17世紀のヨーロッパの君主の中にも、ブルゴーニュよりも淡い赤色のアイのワインを好んだものも多かった。今日、コート・ドールやコート・シャロネーズと同列に並べられるシャンパーニュ産の赤ワインはあまり多くないが、ただ1つ果敢に挑戦し続けているのがメゾン・ガティノワのピエール・シュヴァルが造るアイ・ルージュである。

アイのシャンパン生産はいくつかの土着の名門ハウス——ドゥーツ、ゴッセ、最近目覚ましい復活を遂げたアヤラ、そして最も有名なボランジェ——によって支配されている。しかし最近になって一群の有能な自家栽培醸造家が、アイの極上シャンパンの旗頭であるこれらグランド・メゾンに挑戦し始め、この地特有の偉大な純粋さを持つピノ・ノワールを使い、さまざまなスタイルで、テロワールの特徴を正確に表現しながら独自のワインづくりの技法を発展させている。深い凝縮された複雑なアロマ、しかしベルベットの質感を持つロジャー・ブルンのキュヴェ・サイアー・ラ・ペレ、筋肉質であるが非常にきめの細かい、オークを一切使わないゴッセ・ブラバンのレ・ノア・ダイ、そして繊細なシルクやサテンのようなジャクソンのヴォーゼル・テルヌ。最も官能的なシャンパンが、クロード・ジローのキュヴェ・フェ・ド・シャヌであろう。それは芳醇、華麗で、臆することなく堂々とオークで発酵させたシャンパンで、主に命名畑、レ・ヴァルノンのピノ・ノワールを使い、少量のシャルドネで見事に明度を高めている。これらはアイ村の最も印象的なシャンパンのほんの1例にすぎない。

マレイユ・シュル・アイ

そのすぐ東に位置するマレイユ・シュル・アイは、公式にはグラン・クリュと認められていないが、——エシェル・デ・クリュでは99％の格付け——その生産者たちは古くからの言い伝えで応える。「アイは名声を持っているが、マレイユはワインを持っている。」これは半分正しい。確かにマレイユの最上の畑——特に村の東端の完全に南向きのクロ・デ・ゴワセ——は、シャンパーニュ地方でも比肩しうるものがないほどに恵まれており、そこから歴史に名を残す名ボトルが数多く生み出されている。しかしゴワセ丘陵の反対側、マリア像の背部は、土壌は重く、面白みに欠ける——これはマレイユに畑を所有しているゴッセ・ブラバンのクリスチャン・ゴッセ自身が悔しさをにじませて語った言葉だから説得力がある。

しかし土壌がすべてではない。鑑定家の中には、いまマレイユで最高のワインはビルカール・サルモンのクロ・サン・イレールだというものがあるが、その畑は普通の家の裏庭とほとんど変わらない。だがその評価は当たっており、多くの鑑定家が同意している。心土は名高いチョーク質ではなく、凝灰岩に似た石灰岩と粘土の混ざったものであるが、ここで育つピノ・ノワールはそのような逆境をものともせず、純粋で荘厳（特に1996）である。これはテロワールがもたらしたものであると同時に、天賦の才を与えられたビルカールのシェフ・ド・カーヴ、フランソワ・ドミのワインづくりに負うところ大である。

マレイユにあってその恵まれた10haの畑が正当に評価されているのが、ベナール・ピトワである。その偉大なピノ・ノワールはかなり前からポール・ロジェの原料となってきたが、自家醸造のベナール・レゼルヴ・ブリュッ

右：アイ村に朝日が昇る。ここのワインは数世紀にわたって本物を知る人々に探し求められてきた。

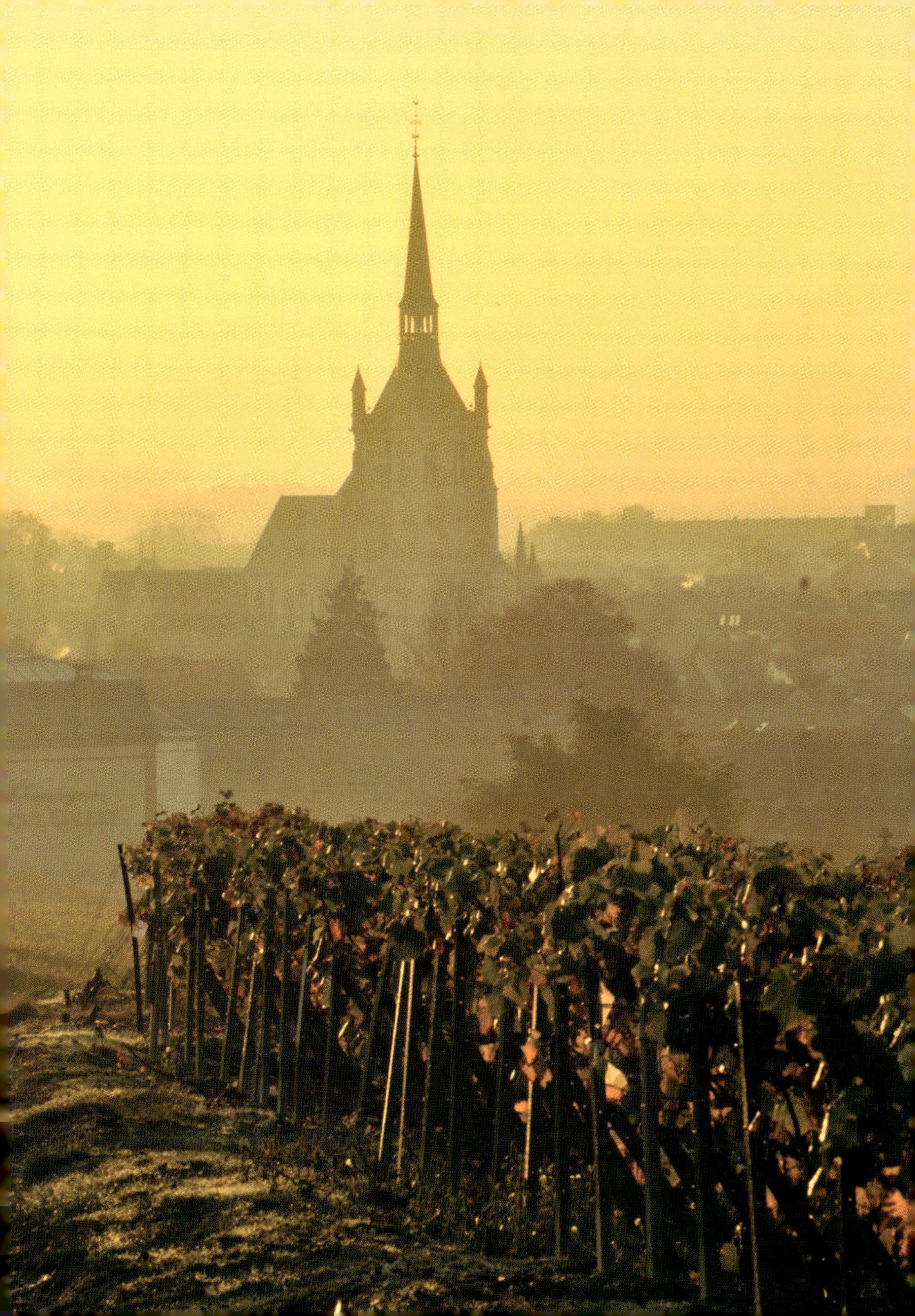

アイとヴァレ・ド・ラ・マルヌ

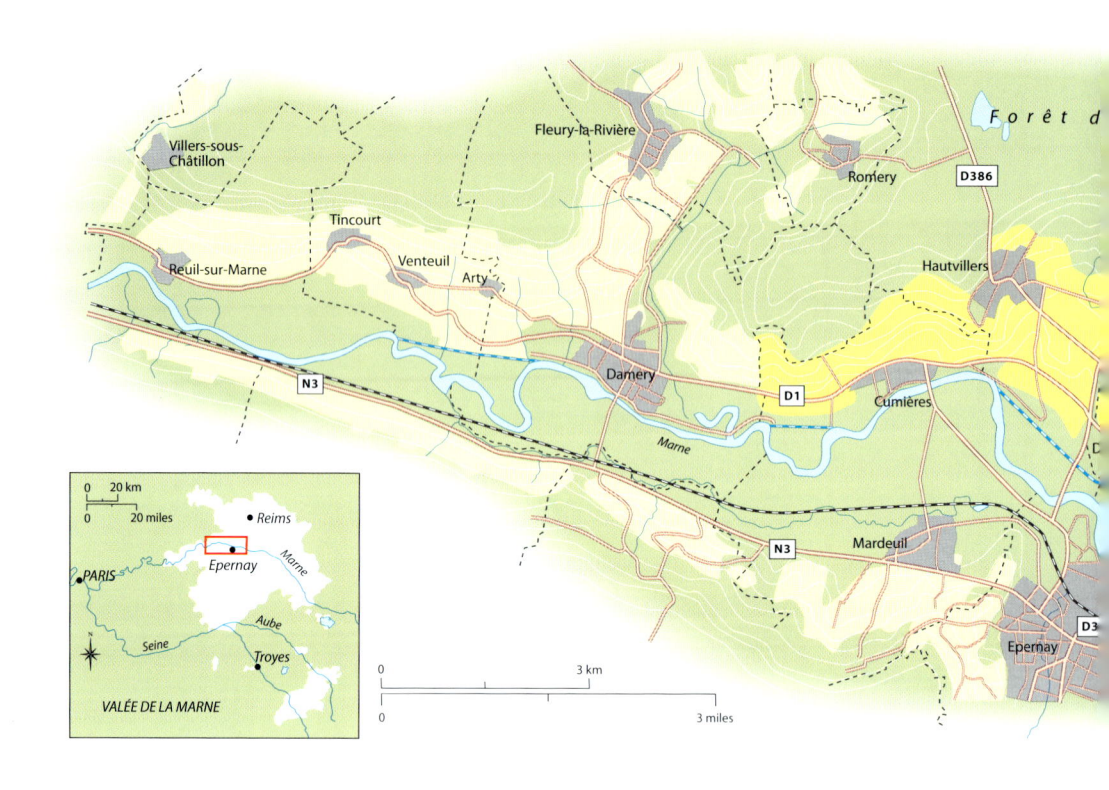

トは、60%ピノ・ノワール、40%シャルドネで、オークを巧妙に使い、深い奥行きのあるシャンパンとなっている。バニラの微香とともに花の香りが広がる秀品である。

マレイユからさらに東に進むと、プルミエ・クリュの村ビスイユが見えてくる。そこは秀逸なシャルドネが育つところである。その近くのトークシエール村はピノ・ノワールの産地である。シャロンに向かう道路を谷に沿って行くと、トゥール・シュル・マルヌに着くが、そこはピノ・ノワールだけを生産している最後のグラン・クリュである。その村にはローラン・ペリエの本部が置かれているが、そのハウスは買収が相次ぐシャンパン業界にあって、家族経営を守り続けている数少ない成功例の1つである。通りをはさんでその本部の向かい側にあるのが、10haの畑を持つ優れたネゴシアン、シャルヴェである。そのカルト・ブランシュは4つのヴィンテージのブレンドをうまく熟成させており、ピノ・ノワールとシャルドネの馥郁とした香りが特長である。また1996ヴィンテージは最高の名に値し、もっと知られてよい1本である。

ディジー

Uターンしてアイに戻るとき、丘を登り西に向かって葡萄畑の中を抜けていくと、広大な景色が眼前に広がり、次々と有名な畑が現れ、誰もが思わずため息をつくに違いない。東西南北すべてが葡萄樹で埋め尽くされているが、率直にいえば、当然ながら品質はまちまちである。アイを抜けてそのまま数キロメートル真っ直ぐ西に向かうと、美しい教会の尖塔の下にプルミエ・クリュの村、ディジーが見えてくる。左手に壁に囲まれたア・ラ・ブルギニョンヌという葡萄畑を持つ美しい旧邸、その反対側にはオークのフードルが積み重ねられている伝統的な石造りの醸造所が見える。これらはシャンパーニュ地方で最も美しい建築群といわれているジャクソン

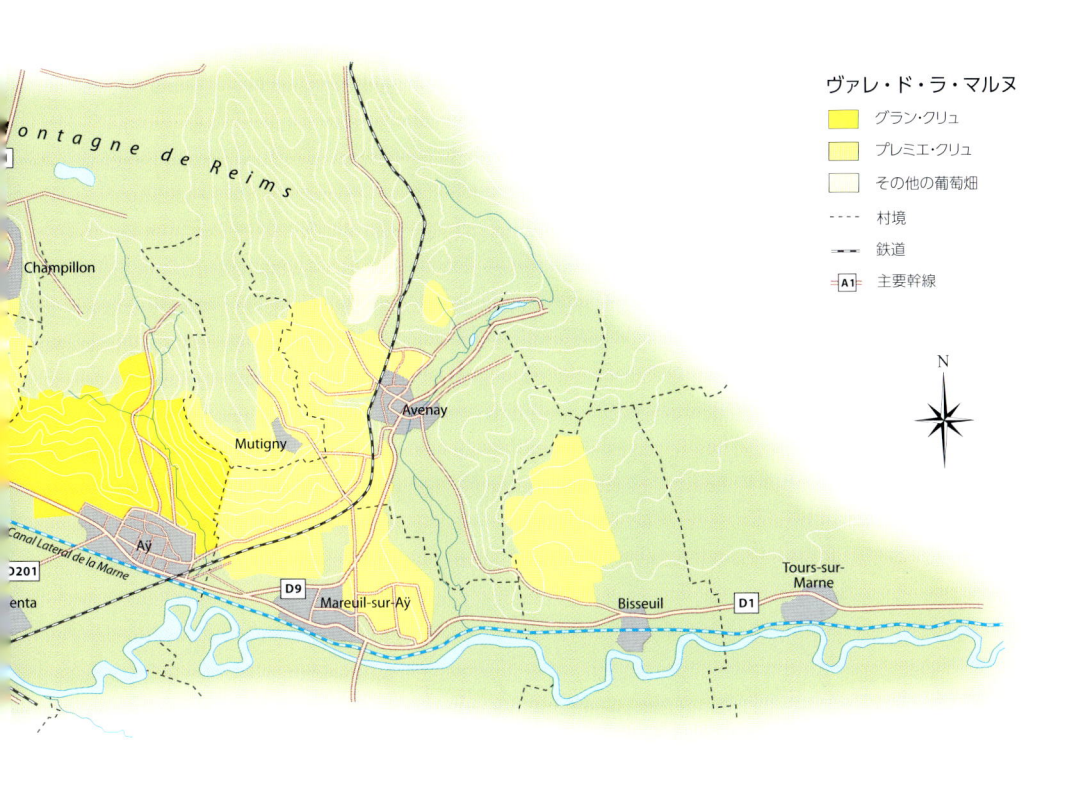

最上のつくり手と彼らのシャンパン

凡例:
ヴァレ・ド・ラ・マルヌ
- グラン・クリュ
- プレミエ・クリュ
- その他の葡萄畑
- 村境
- 鉄道
- 主要幹線

の資産のほんの一部である。そのハウスは現在シケ兄弟によって所有、運営されており、2人はディジーの他にもアイ、オーヴィレール、アヴィズに合わせて30haの葡萄畑を持っている。ジャン・エルヴェ・シケは一家の都会向けの顔である——魅力的なとても温厚な人物で、洗練されているが、的を射た辛辣なユーモアで驚かすこともあり、彼自身の土地を心から愛している。彼はビジネスマンとしてメディアに紹介されることが多いが、1988ヴィンテージまでは彼自身ワインを造っていた。彼のワインは明るく優美で、なかでもジャクソン・プレステージ・シグニチュール1988は、その偉大な年に生まれた最高のシャンパンの1つに数えられる。彼の弟のローランは以前は建築家であったが、現在はワインづくりに励んでいる。

彼らの造るワインは、確かに本物の個性と存在感を持った、きわめて重厚なワインであり、ほぼすべてのキュヴェが巨大なオーク樽で発酵させられている。しかし私は時々、彼らの昔の入門者レベルのシャンパンであったペルフェクションの、あの明快で美味しい果実味が懐かしく感じられることがある。かつては、——少しは使ったかもしれないとしても——オークの樽板の助けをそんなに借りなくても純粋な喜びを感じることができたのだが。

その代替として登場したナンバー入りのキュヴェ728−735は、毎年毎年同じ味を再生しようとするのではなく、ブレンドに占める直近のワインの量を大幅に増やし、それが与える特徴と個性を楽しむことを目的に造られた新しいコンセプトのシャンパンである。それらは私には、アペリティフというよりも料理に合わせて飲むもののように感じられる。私はまたジャクソンの単一畑シャンパンにも、かすかに好悪相半ばする感情を抱いている。彼らの代表作であるアヴィズ・キュヴェは、2002年以来、シャン・ガンという命名畑の葡萄だけを使って造られて

135

いるが、かつては村の3つの畑からのワインをブレンドしていた。そのキュヴェはいまよりももっと味に深みがあった——特にあの荘厳な1996。アイ・ヴォーゼル・テルヌは、公平に言って、いつも貴族的で繊細な味わいがあり、また新しく生まれたテール・ルージュ・セニエ・ロゼは、ディジーとオーヴィレールの境界線上にある畑からのものである。

　ここから5分ほど歩きアヴェニュ・デュ・ジェネラル・ルクレークに行くと、同じ家系の分家でありながら、まったく異なったスタイルのシャンパンを体験することができる。それがガストン・シケである。このドメーヌは、ジャン・エルベとローランの従兄弟に当たるアントワーヌとニコラスの2人の兄弟によって運営されている。ガストン・シケはアイとオーヴィレールに合わせて23haの畑を所有しているが、その畑の葡萄樹と土壌は、非の打ちどころのないほど几帳面に管理されている。さらにランス近郊に新しく買ったアードレ渓谷の1haの畑も同様である。彼らはまた、ディジーの中腹にも素晴らしい畑を持っている。

　セラーに足を踏み入れると、現代的なオートメーション・システムの圧搾機があり、その地下深い所に熟成用のセラーがある。ニコラス・シケは寡黙な思慮深い醸造家で、シャンパンの自然で純粋な果実味を守り、精妙な複雑さと完全なるバランスを追及している。そのワインは愛好家を唸らせる逸品であると同時に、万人に愉悦を与えるシャンパンである。ニコラスのブラン・ダイは、ピノ・ノワールで有名な畑で育つシャルドネ100%の豊かで贅沢な質感の特異なシャンパンで、品種というよりはそのテロワールの個性を鮮烈に物語っている。このドメーヌの2000ヴィンテージは偉大な成功をおさめ、平板であった1999に比べてはるかに魅力的で、個性があり、ワインらしい旨みに溢れている。いまこれを書いている時も、このワインがいかに秀逸であるかを外側の世界の人にしきりに勧めているシャンパーニュ人が多くいる。ニコラスが白鳥の代わりに間違えてアヒルを造りだすことは、まずあり得ない。ガストン・シケ・スペシャル・クラブ1998（本当に素晴らしい年だった）は美しいワインで、バター、ブリオッシュ、そしてシャルドネのバニラが香り、口に含むとみずみずしく、ピノ由来のチョコレートも感じられる。まさに一流のドメーヌだ。

オーヴィレール

　健康なふくらはぎを持った人々にとっては、ディジーからオーヴィレールへ徒歩で行くのは元気の出てくる道中に違いない。その村はまさにシャンパーニュ地方でも最も完全に近い場所にある。西暦650年、ランスの大司教であった聖ニヴァールは、一羽の神々しいハトが天空から舞い降りてオークの木の上にとまったのを目にして大いに感激し、修道士であった聖ピエール・ド・オーヴィレールに命じてその場所に修道院を建てさせた。大司教が祈りと瞑想にとってこれ以上の場所はないと確信したその場所は、モンターニュ・ド・ランスの南端にあたり、マルヌ渓谷を天上から眺めるように望み、その向こうにエペルネ、コート・デ・ブラン、さらには左向こうにシャロン平原を眺望することができる。オーヴィレールはヨーロッパで最も有名な修道院になるべき運命にあった。その設立の1000年後、ベネディクト会の修道士ドン・ピエール・ペリニヨンがここで最初の発泡するシャンパンを造ったと言われている。荘厳な回廊を抜けて厳かな雰囲気の漂う部屋に入り、彼の名前を冠した有名なキュヴェの偉大なヴィンテージをテイスティングすることほど、深く記憶に刻まれる経験はない。すべてがここから始まった。

　蜂蜜色の石で造られた家々が並ぶ村は、心安らぐ雰囲気で、その南向きの斜面から生まれるワインは、少なくともカペー王朝以後は常に素晴らしい。私が最もよく知っているオーヴィレール・シャンパンは、トリボー・シュローセールで、それは1929年、シャンパーニュとアルザス出身の一家によってロメリー村の近くに設立された。その20haの畑は主にピノ・ノワールとピノ・ムニエが植えられ、シャルドネも少量栽培されている。きれの良いトラディション・ブリュットは、上質の黒葡萄由来のモモ、アンズの香りが広がる万人向けのシャンパンである。オーヴィレールにはまた、上質のシャンパンを造る協同組合もある。そのシャンパンは美しい溌剌とした

右：シャンパンでも最も完璧に近い村の上に立つ、西暦650年に創設されたオーヴィレール大修道院

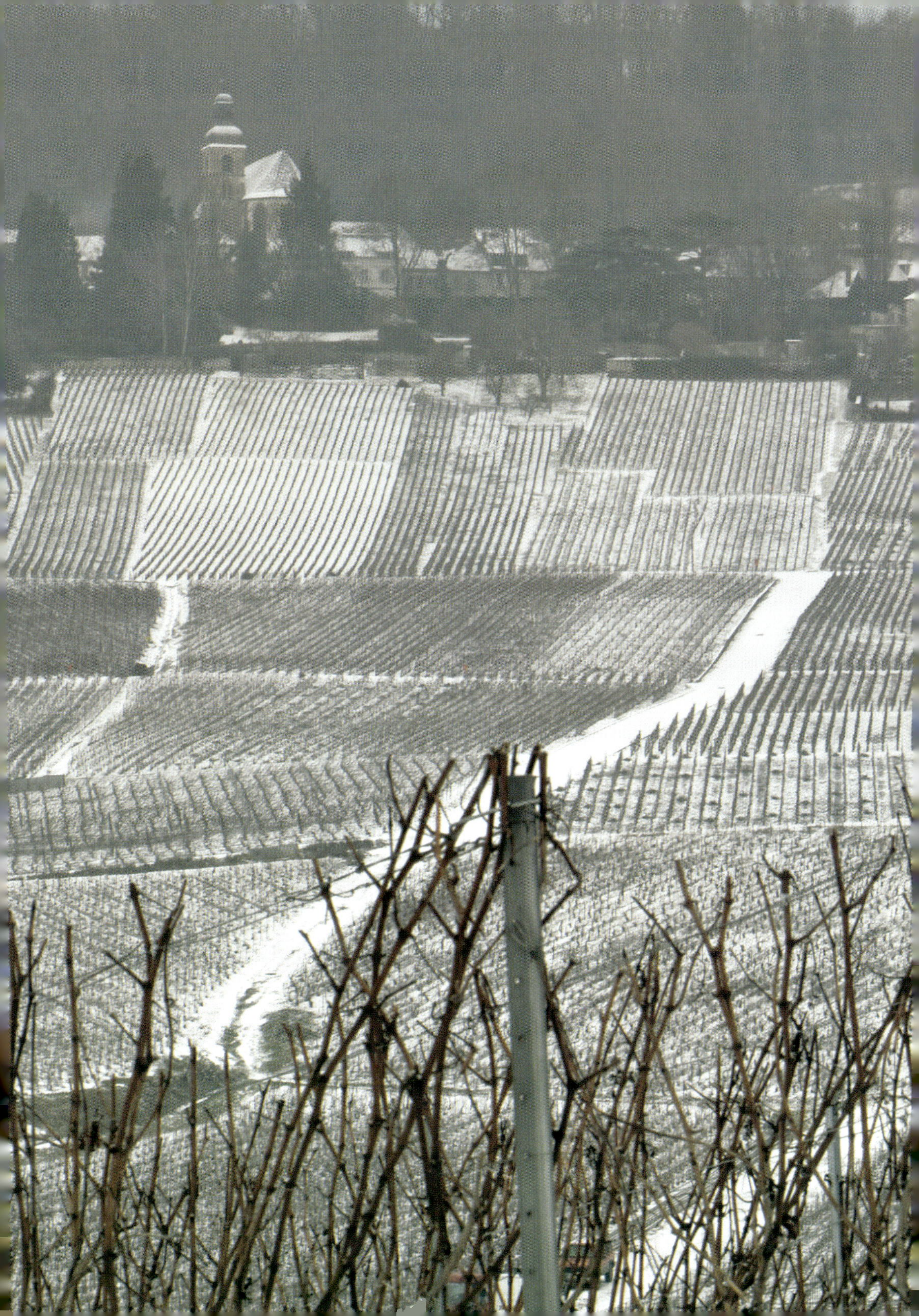

1人の女性によって造られていたが、その女性は"マダム"と呼ばれることを嫌がっていた。

キュミエールからシャトー・ティエリー

　オーヴィレールから南西方向に向かってすぐ下に、プルミエ・クリュの村キュミエールがある。そこにはたぶんマルヌ渓谷で最も日当たりのよい斜面があり、そのせいかシャンパーニュ地方で最も味わい深い赤ワインができる。その村の一番のシャンパンは、ルネとジャン・バティスト・ジョフロワのものである。デュヴァル・ルロワはそのオーセンティス・シリーズで素晴らしく純粋なキュミエール・シャンパンを造りだし、またパスカル・ルクレール・ブリアンも秀逸で、リリース前にもう少し寝かせるようにするともっと良くなる。谷を下るとマルドゥイユに小さな協同組合ボーモン・デ・クレイエールがあるが、そこは小さな区画を持つ栽培家の集まりで、区画ごとにきめ細かな管理をしており、葡萄も厳選され、高品質のワインを生み出している。

　さらに西に行くと、ウイィ村が現れるが、そこはジャン・マリ・タルランのいる村である。彼はこの村を代表する醸造家で、特にそのオーク使いは見事である。彼の荘厳なキュヴェ・ルイはシャンパーニュ地方の錚々たるハウスと互角に戦える力を持っているが、それがマルヌ南岸の比較的目立たないテロワールから造りだされるのだから驚きはひとしおである。

　さらに真っ直ぐ進み、ドルマン街道を少し外れると、協同組合リューヴリニーがある。その生産者たちは円形劇場のような壮大な広がりを持つ斜面に区画を持っており、1日中いつでもどこかの区画が太陽を捕えている。そのため、ここのムニエがいくつもの偉大なハウス——ビルカール・サルモン、ポール・ロジェ、そして特にルイ・ロデレールの御用達であるのもうなずける。

　ここの北側の河岸斜面には数軒の卓越した生産者がいる。ダムリィには、ルイ・キャステールとA・R・ルノーブルがいる。後者は両大戦の間にランスのワイン好きの軍医によって設立されたドメーヌで、現在はその畑を18haまで広げ、その中にはコート・デ・ブランの頂上の名高いシュイィも含まれている。シャティヨン・シュル・マルヌの下のリウイユ村は、伝説的なルネ・コラールが

ムニエだけを使った最長寿のシャンパンを造ったことで有名である。その息子のダニエルと孫のオリヴィエは、一家の高い基準を守り、さらなる高みへと飛翔しようとしている。

　シャティヨン・シュル・マルヌから西に向かうにつれて、土壌は重くなってゆき、マルヌ川がシャトー・ティエリーに向かって流れるあたりで、チョーク質は消えてしまう。アメリカの地質学者で、『テロワール』の著者であるジェームズ・ウィルソンによれば、ここの地層はゆっく

最上のつくり手と彼らのシャンパン

上：なだらかに傾斜するマルヌ渓谷の葡萄畑。東西南北すべての方向に向けて広がり太陽を受ける。

りとパリ盆地へと沈みこんでいき、チョーク質が地下深くもぐり込んでいくのとは対照的に、泥灰岩と褐炭が支配的になるということである。シャトー・ティエリーは、1970年代に設立されたシャンパン生産者協同組合パニエのある村である。現在組合は、モンターニュ・ド・ランス、コート・デ・ブラン、さらにマルヌ西部の葡萄を使って非常に質の高いシャンパンを造っており、うれしいことにすべて手頃な値段である。その町からさらに西に、葡萄畑はシャルリそしてパリから55kmほどのナントゥイユ・シュル・マルヌまで点在する。マルヌ川が首都に向かって川幅を広げ、ゆったりと曲がりくねっていくのを眺めるのは本当に楽しい。丘の上はビーチやオークのこんもりとした森で覆われ、夏は美しい村々に囲まれて黄金色の麦が穂を揺らす。幸せなことに、この素晴らしい大地は後世の人々のために、すべてコローの絵やラ・フォンテーヌの寓話に残されている。

139

VALLÉE DE LA MARNE | AŸ

Bollinger ボランジェ

ボランジェほど妥協を許さないグランド・メゾンは他にない。そのメゾンは誇り高き伝統をもとに、確固とした信念を持ってシャンパンを造り続けている。一家がこの土地に定住したのは15世紀で、現会長ギスラン・ド・モンゴルフィエの先祖であるド・ヴィラモン家がキュイに葡萄畑を購入したことに始まる。

ハウスは1829年に、ヴュルテンベルク出身のシュヴァーベン人であるジョセフ・ボランジェと、シャンパーニュ人のポール・ルノーダンによってアイ村に創立された。ルノーダンはすぐに会社を去ったが、彼の名前は130年間ラベルに残ったままだった。その間ボランジェはド・ヴィラモン家の娘と結婚し、そこから事業は一挙に拡大していった。1865年には、ドライ・タイプのシャンパンをイギリスに持ち込んだ最初の商人の1人となり、次いで1870年には、アメリカに上陸した。その後ニューヨークの有力なワイン商人であったユリウス・ワイルに独占的販売権を与えると、彼はアメリカ市場に確固たる地歩を築いた。その体制は1988年まで続いた。

第2次世界大戦中は、未亡人のマダム・リリー・ボランジェが会社を守った。ドイツ軍の占領下で、ガソリンが入手できなかったが、彼女はそれをものともせず自転車と徒歩で葡萄畑を見回った。驚いたことに働き手の大半がいなくなったにもかかわらず、彼女はシャンパンを造り、そして売り続け、連合軍の空爆——その中にはアイ村の3分の1を破壊した1944年8月10日のアメリカ空軍による大規模爆撃もあった——の間も献身的な社員とともにボランジェのセラーで寝た。

戦争の後、リリー叔母さん（家族は愛情を込めて彼女のことをこう呼んだ）は、アイ、グロワ、ビスイユ、シャンヴォアジに畑を購入し、今日の178haに至るボランジェの資産の基礎を築いた。それらの葡萄畑は現在、ボランジェの必要分の3分の2以上を供給しており、それがボランジェの強さの一因となっている。特にロシアや中国、インドなどの新しい市場の需要を満たすための葡萄の供給をどうするかということが切実な問題として持ち上がっている現在、これは大きな強みである。

右：ギスラン・ド・モンゴルフィエは系譜といい教育といい、この超越的な家族経営ドメーヌのトップとして理想的な人物だ。

ボランジェほど妥協を許さないグランド・メゾンは他にない。そのメゾンは誇り高き伝統をもとに、確固とした信念を持ってシャンパンを造り続けている。

ボランジェがいかに厳格にそのワインづくりの姿勢を貫いているかは、彼らがマルヌ産の高品質の葡萄しか使わないことに端的に表れている。私は以前、リリー・ボランジェの甥で後継者であった故クリスチャン・ビゾーと、真剣に、しかし穏やかに、なぜオーヴの葡萄から偉大なシャンパンを造ることはできないのかということについて話し合ったことがある。それから20年経った今、この見方は若干修正を余儀なくされているが、ボランジェは確固とした不動の立脚点というものを持っており、それが品質の守護者、マルヌ・シャンパンの擁護者としてのボランジェのイメージを高めている——もちろん堅実で優れたマーケティングも加わって。公正に言って、高品質の葡萄の第1次搾汁しか使わないことによって、ボランジェは常に秀逸な果醪を造るし、そのしっかりした構造があるからこそ、ヴィンテージ・シャンパン——まさにボランジェの栄光——のオーク樽による発酵が可能となるのである。

　ここでは好んで第1次発酵にオークの小樽が使われるが、現在その樽は、ボーヌの古くからあるネゴシアンで、今はボランジェの子会社となっているシャンソンからのブルゴーニュ産ピエスを使用している。ギスラン・ド・モンゴルフィエに言わせれば、樽は「われわれのグラン・ヴァンの生命保険のようなものだ。」つまりボランジェは、そのシャンパンでオークのアロマやタンニンを追及しているわけではない。オークはけして新樽で使われることはなく、ブルゴーニュ産ピエスも通常3〜6年物を使用している。また、それよりも大きく古いカスクもよく使われる。とはいえ、すべてのワインがオーク樽による発酵に適しているわけではなく、特にそのワインが軽めで繊細である場合は、ステンレス槽が使用される。オークとステンレスの組み合わせの最も良い例が、ボランジェ・スペシャル・キュヴェ・ノン・ビンテージ——愛好者はその味を"ボリー"と親しみをこめて呼ぶ——で、そこでは通常より低い圧力のマグナムで貯蔵されるリザーヴ・ワインがその独特のスタイルを造りだしている。ハウスはリザーヴ・ワインをマグナムで貯蔵するのを好むが、それはその方がより安定した熟成が可能となり、酸化を避けることができるからである。

　ここで話を少し戻し、大事なことを言っておかなければならない。新しいシェフ・ド・カーヴと契約しなければならなくなったとき、モンゴルフィエは候補者の条件として、柔軟な心を持ち、特定のやり方に固執せず、シャンパンに対する先入観を持たないことを挙げた。こうしてアルザス出身の有能な醸造家マチュー・カウフマンが選ばれた。彼らは一緒にボランジェを新しい高みへと引き上げ、その顕著な成果がヴィンテージ入りのグランダネとなった——1990、1995、そして特に1997。しかしこれとは対照的に、彼らがなぜ1998——概してその10年で最も優れたヴィンテージと考えられている——を取りやめ、1999を選んだのかは少し理解に苦しむ。1999は確かに完熟し、果実の元気は良かったが、長く熟成させるには向かない年だった。（異彩を放った"2003 by ボランジェ"も確かに美味しいが、同様に長熟には向かない。）

　ボランジェ・RD（Recently Disgorged）・シャンパンに関しては、このような不安はまったくない。これは例外的な年だけリリースされるワインであり、RDというコンセプトはボランジェ独特のもので、シャンパン界では他に例を見ない。確かに非常にまれではあるが、例外的に素晴らしい仕上がりのワインをかなり長く熟成させて売り出すハウスもあるにはあるが、それを発泡シャンパンで、しかもこの貴族的な会社がしているように、1952年以来恒常的にやっているところはない。最終的にRDになる前は、そのワインはボランジェのプレステージ・ヴィンテージ・シャンパンであるグランダネである。そしてそれがRDになるには、その後さらに8〜20年、さらにはもっと長い熟成の期間を必要とする。その長い熟成期間を通して、RDは精妙で多彩な顔を持つアロマを発展させ、同時にピノ・ノワールの膨らみのあるワインらしい旨みに対するボランジェ独特の表現が醸し出される。しかしそのピノは、ブレンドの3分の1よりやや少ない量を占める優美なシャルドネを惹き立てることも忘れていない。現在普通に入手することができるRDは、最近リリースされた1997で、それはグランダネ1997ほど官能的ではない。記念碑的な1996はまだ少し時間が必要である。美しい1995は、ボディとフィネスのバランスが理想的で、壮大な1988は現在熟成の頂点に近く、本物らしい風格と威厳を漂わせている。

　ボランジェ・ヴィエイユ・ヴィーニュ・フランセーズ（VVF）はハウスの最も貴重なシャンパンだ。「このシャンパンを造るため、われわれは自らを過去に投げ戻し、大胆にシャンパンの原点の味に回帰しなければならなかっ

VALLÉE DE LA MARNE | AŸ

た」とモンゴルフィエは語る。最初の発泡シャンパンが造られた17世紀、入手できる葡萄はピノ・ノワールだけだった。それから300年ほど経ったとき、イギリスのジャーナリストのシリル・レイは、ボランジェのピノ・ノワールの古樹から生まれたワインに仰天させられた。それがヴィエイユ・ヴィーニュ・フランセーズであったが、実はそれは1969年に、彼がマダム・リリー・ボランジェにその古樹からのワインだけを別個に壜詰めするように勧めたことに対する解答だった。ボランジェ家の傍の2つの小さな畑（3番目のブージーの畑は1990年代末にフィロキセラによって全滅させられ、少ないリザーブはますます減少している）は、今もごく少量の非常に凝縮された葡萄を生み出しているが、その葡萄樹は整枝されずに地面近くを這っており（アン・フール）、土壌の熱を吸収して理想的な完熟に至る。1998は完璧で、ワインの力強さがフィネスと調和し、ヴィンテージの特徴を見事に表現している。1999は果実味がより前面に出ているが、軟らかく、マラソン・ランナーにはなれない。

　ボランジェの新しいキュヴェ——40年ぶり——は、新ノン・ヴィンテージ・ロゼである。それは愛らしい純粋なピノの果実味があり、泡の背後には期待通りのワインがある。

極上ワイン

(2008年6月と2009年1月に試飲)

上：ボランジェ・ヴィンテージ・キュヴェの発酵には小さなオーク樽が使われるが、新樽は一切使用されない。

Bollinger Special Cuvée Brut NV
ボランジェ・スペシャル・キュヴェ・ブリュットNV
淡い、きらめきのある金色。秀逸なベースワイン（2004）由来の完熟葡萄の強い印象。鮮烈な赤果実のフレーバーが、マグナムで熟成させたリザーブ・ワインが大きな役割を果たしていることを示す。コクがあり、きめが細かい。正確無比のバランス。

Bollinger Grande Année 2000★
ボランジェ・グランダネ2000★
この素晴らしい出来栄えの2000は、あらゆる面で1999より優れており、復活を喜びたい。美しい光沢のある金色は、湧きあがる果実香とフレーバーの深さの証し。本物の魅力。偉大な'97を彷彿とさせる。

Bollinger RD 1997　ボランジェ・RD1997
グランダネ1997の後にこのRD1997をテイスティングすると、すべての面で驚かされる。明るく若々しい金色。素晴らしくきれの良い酸。壮健でしなやか、ひきしまった感じさえする。まだグランダネの豊かさはなく、いつデゴルジュマンされたのだろうと不思議な感じを受ける。

Bollinger RD 1988　ボランジェ・RD1988
優しく熟成した色で、金色の中に微かな緑。泡は元気良く、口の中でも穏やかにはじける。熟成した第三の酸化の香り、緑の果実、上質なランシオの感触。熟成された豊かなワインらしいコクのあるフレーバー、しかし驚くほど新鮮。厳格さのある美しい余韻。超越している。

Champagne Bollinger
Rue Jules Lobet, BP4, 51160 Aÿ
Tel: +33 3 26 53 33 66
www.champagne-bollinger.fr

VALLÉE DE LA MARNE | AŸ

Henri Giraud　アンリ・ジロー

　クロード・ジローはシャンパーニュ地方でも指折りの、人たらしの魅力ある生産者である。彼は自身も美食家であるが、人をもてなすことが大好きで、異国の生産者や商人ともすぐに打ち解ける。クロードはいつも優しい微笑みを浮かべているが、それは驚くに足りない。というのも彼は恵まれた環境のなかで人生を始めることができたから。一家は17世紀からアイ村でワインづくりを始め、そのグラン・クリュの自社畑は、現在14の命名畑、30区画(リューディ)まで広がっている。これほど素晴らしい葡萄に恵まれているのだから、クロードがオーク使いの名人となり、本当に芳醇なワインを造りだすのは当然のことであろう。何事につけ彼の流儀は、感動的なほど正直で一貫している。クロードは論理的に、アイ村の彼自身のグラン・クリュの葡萄は、アイの南東、サント・ムヌーのアルゴンヌの森のオークと親和性があるに違いないと結論づけた。そしてその小さな町は、クロードの祖母、マドレーヌ・エマールの生誕の地でもあった。その若い娘は、マルヌの戦いに敗れ隠れ家を探していた騎兵のレオン・ジローとめぐり合い、2人はすぐに恋に落ち、結婚した。

　家族の歴史と情感は、やはりクロードの遺伝子に深く刻まれていた。というのは19世紀の終わりごろまで、アルゴンヌのオークは繊細なシャンパーニュ・ワインを優美に引き立てる天然の乳母だったからである。しかしつい最近まで、その特別な種類のオークが生えている場所を突きとめることができなかった。クロードはめげることなく古くからの友人で、アルゴンヌの森については右に出る者がいないほどに熟知しているオークの樵夫であり、熟練したテイスターであるカミーユ・ゴティエに相談した。こうしてそのオークの木は樽板用に切断され、コニャックのヴィカールで樽に組み立てられ、アイ村に届けられた。現在アンリ・ジローのシャンパンの3分の1が、アルゴンヌ産のオークの228ℓピエスで醸造されている。

　クロード・ジローは、一旦は消えてしまった認証されたアルゴンヌ産のオークを、その数10年後にマルヌのワインづくりに復活させた最初の人間であるのだから、

右：微笑みを絶やさないクロード・ジロー。一家は17世紀からアイの最高の葡萄畑を継承してきた。

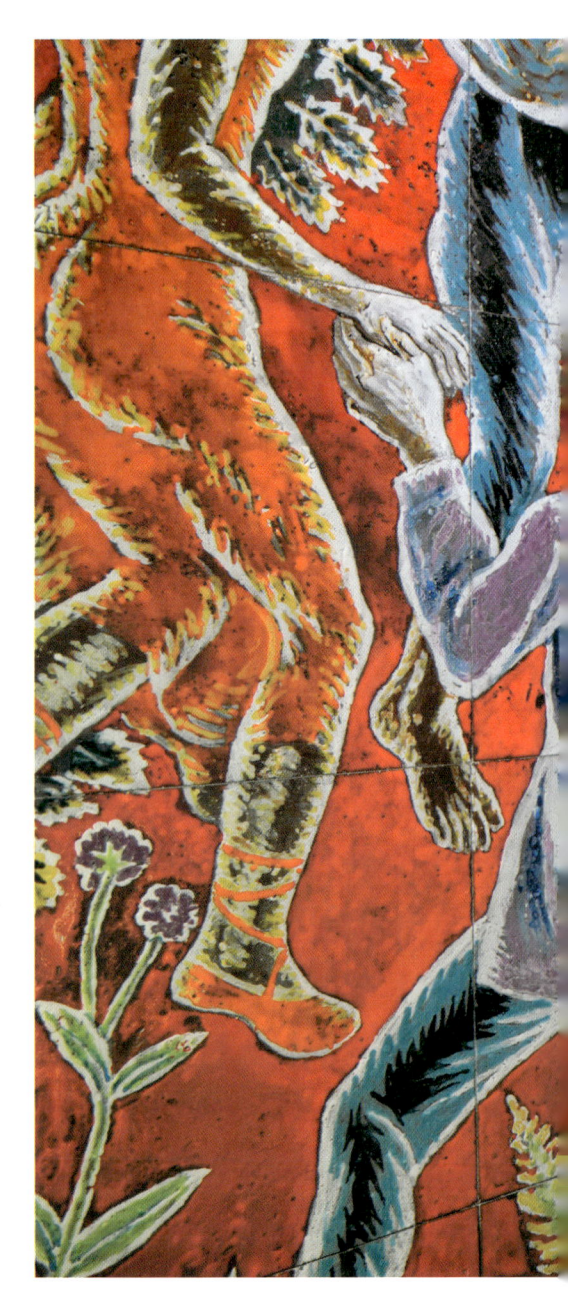

クロードはいつも優しい微笑みを浮かべているが、それは驚くに足りない。なぜなら彼は恵まれた環境のなかで人生を始めることができたから。一家は17世紀以来アイでワインをつくり続け、現在も最高の葡萄畑をいくつも所有している。

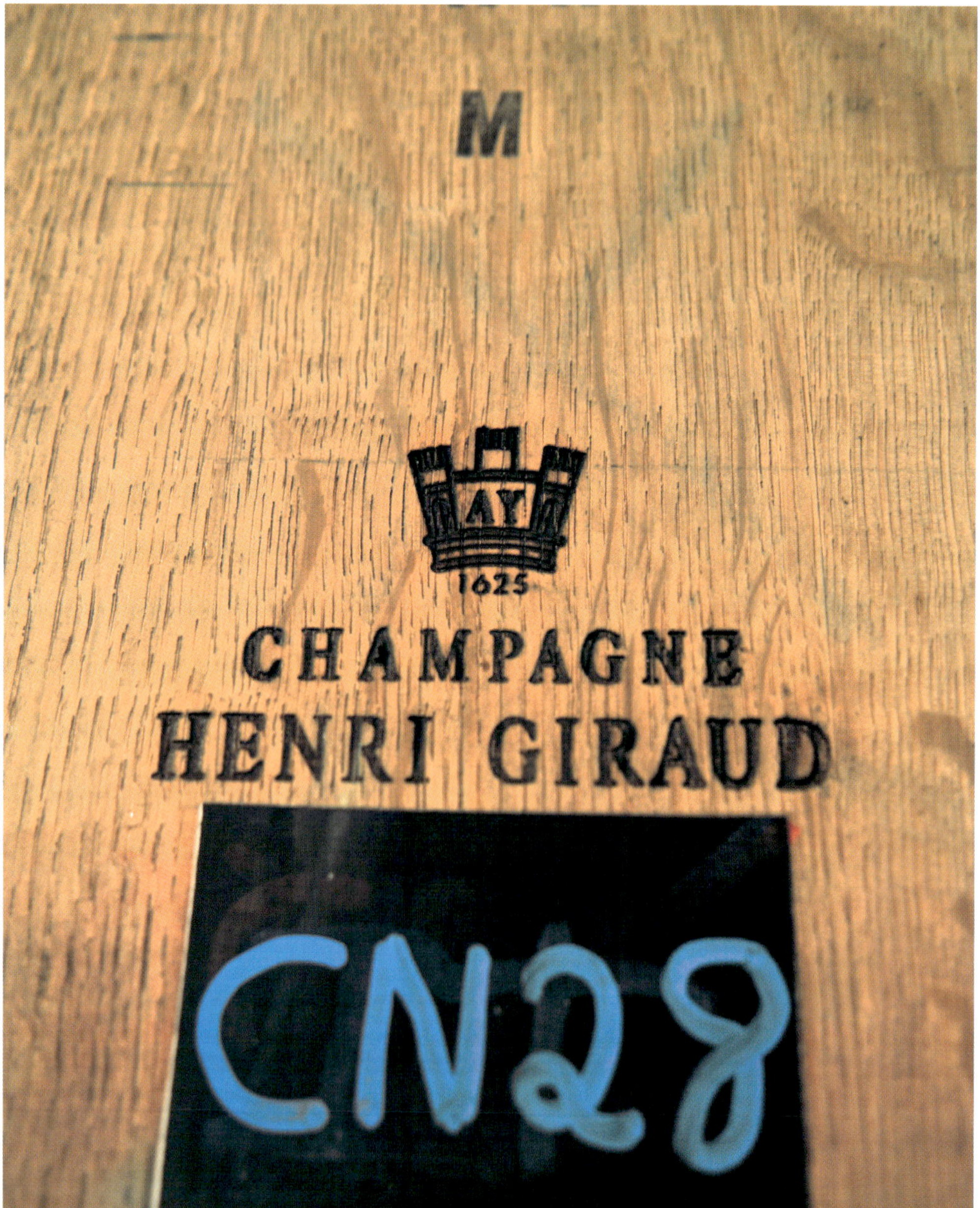
M
AY
1625
CHAMPAGNE
HENRI GIRAUD
CN28

VALLÉE DE LA MARNE | AŸ

当然そのオークはまだ新しい。しかしいくつもの酸化法や還元法を比較し研究を重ねた結果、適当な期間（8〜10年）壜で熟成させると、その樽材はハウスのヴィンテージ・シャンパンと自然に同化していくことが明らかとなった。この成功の大半は、クロードが毎年シャトー・ラトゥールとともに行ってきた、そしてこれからも続けられる予定の、オーク研究のたまものである。

アンリ・ジロー・アイ・グラン・クリュ・フュ・ド・シェーヌ・キュヴェは、おそらくアイの中で最も精妙なシャンパンであろう。ここでその完璧で多様性に富んだ14命名畑の30区画の葡萄畑に少し足を踏み入れてみたい。2つの例がその素晴らしさを良く物語るであろう。アイの最も恵まれた町のすぐ近くにある南向きのレ・ヴァルノンは、75年前にレオン・ジローが彼の最上の葡萄樹を植えた場所である。彼は良い場所を選んだ。ここで育つピノ・ノワールは、しっかりとした骨格を有し、威勢の良さを失うことなくワインに静かな力をもたらすからである。それとは対照的に、東向きの斜面を持つ西側の畑ヴォーレニエ（ラ・コートレットともいう）は、早朝の太陽を捕獲し、そのワインは繊細なミネラル、ミントや野生のアニスの味がする。シャンパンで一般に最も確実な成功への道は、いくつかの畑をブレンドすることであり、単一畑のレベルでも同じことが言える。

不可避的にフュ・ド・シェーヌはシャンパンの中でも最も高価な部類に入るが、ありがたいことに、ある金額を思いつき、それをさらに倍にして売り出す販売部門を設けている強大な有名ハウスの単一葡萄畑シャンパンの、夢のような値段ほど高くはない。さらにうれしいことに、クロードは新しいシャンパンを生み出した。エスプリ・ド・ジローは、そのロゼも合わせて、グラン・クリュの葡萄の素晴らしさの片鱗を、その数分の1の価格で感じ取ることができる佳品である。ジロー・シャンパンはすべてピノ・ノワール70％、シャルドネ30％のブレンドであるが、エスプリ・ロゼではシャルドネが減らされ、その代わりにオーク樽発酵のアイ・ルージュが8％加えられている。

左：クロード・ジローが大胆にマルヌ渓谷に復活させた認証されたアルゴンヌ・オークの樽。

極上ワイン

（2009年1月アイにて試飲）

Henri Giraud Esprit de Giraud NV★
アンリ・ジロー・エスプリ・ド・ジロー NV★
温度管理された醸造で、ステンレス・タンクで澱の上に12カ月間寝かされる。美しい金色。魅惑的な核果（洋ナシ、モモ）の香り、バニラやホワイト・ペッパーも感じられる。新鮮で生き生きとした味覚が洗練されたワインづくりを証明。コクとミネラル感が絶妙なバランスで調和している。

Henri Giraud Esprit de Giraud Rosé NV
アンリ・ジロー・エスプリ・ド・ジロー・ロゼNV
醸造、熟成は上のブリュットと同じ。バラ・フランボワーズの色にオレンジの光も見える。非常に緻密な泡。スパイシーさをベースに、つぶしたイチゴやビスケットの香りが立ち昇り、次いでバラやシャクヤクの香りの背後に微かにアイ・ルージュのオークが感じられる。新鮮、フル、まろやかでみずみずしい。

Henri Giraud Cuvée Fût de Chêne 1998★
アンリ・ジロー・キュヴェ・フュ・ド・シェーヌ1998★
美しい光沢のある金色。果物の砂糖漬け、特にアンズの非常に鮮烈な香り、焙煎したアーモンド、すべてが荘厳な精妙さの中に統一されている。口に含むと偉大な力が感じられ、膨らみがあり、フルで、非常に長い。マチエールは優美でなめらか、芳醇で壮大。'96よりもさらに秀逸。

Henri Giraud Cuvée Fût de Chêne 1996
アンリ・ジロー・キュヴェ・フュ・ド・シェーヌ1996
最優秀1996に数えられる。深い金色、明るい琥珀色はワインの力強さとオークとの協調の証明。熟成したバニラの香りに、酸化したランシオに似た微香もある。口に含むとまだ依然として量塊感があり、芳醇な果実味と高い酸が厳かに円を描く。例外的なワイン。

Henri Giraud Cuvée Fût de Chêne 1995
アンリ・ジロー・キュヴェ・フュ・ド・シェーヌ1995
鮮明な金色。美しく熟成した香り、本物のコルベイユ・ド・フリュイ（果物籠）、黄桃、砂糖漬けレモンの香り。口に含むときわめて精妙で、果物から始まり数々の芳醇なフレーバーが連続して現れる。非常に均整がとれ、オークは完全に統合されている。

Henri Giraud Cuvée Fût de Chêne 1993
アンリ・ジロー・キュヴェ・フュ・ド・シェーヌ1993
金色の聖衣。果物籠、ピノ・ノワール由来の成熟したキノコの香り、口当たりは豊かで蜂蜜のよう。樽材は完全に統合されており、酸はしっかりしている。あまり良くない年に生まれた実質的なブラン・ド・ノワールの最高例。

Champagne Henri Giraud
71 Boulevard Charles de Gaulle, 51160 Aÿ
Tel: +33 3 26 55 18 55
www.champagne-giraud.com

VALLÉE DE LA MARNE ｜ AŸ

Deutz　ドゥーツ

シャンパンの最上のハウスの中には、19世紀初頭から半ばにかけてラインラントからやってきたドイツ人移民によって設立されたものがいくつかある。アーヘンのウィリアム・ドゥーツとピエール・ゲルテルマンもそのような野心に満ちた移民者の仲間で、1838年にアイ村で事業を始めた。ドゥーツは最初ボランジェで修業し、ワインづくりを習得した。ゲルテルマンは経理を担当した（適切にも）。

そのハウスはグランド・メゾンのなかでも最も慎ましやかな存在で、華やかな表舞台には出ず、ひたすら最上の葡萄畑からの最良の葡萄を使って、真に古典的なシャンパンを造り続けることに専念してきた。控えめな態度を固持する姿勢は、1911年のシャンパン騒乱のときにドゥーツの魂の奥深くに刻まれたものなのかもしれない。その時ハウスは絶望的になった葡萄生産者たちによって略奪されたのだった。しかし、だからと言ってハウスは経営的活力に欠けていたわけではない。1980年代の好景気の最中、アンドレ・ラリエ・ドゥーツはローヌのドラスやカリフォルニアとニュージーランドのスパークリング・ワイン企業を買収した。

しかし第1次湾岸戦争（1990～91年）の余波とその後のシャンパン市場の崩落の中、会社は膨張しすぎたようだった。恒例のフランス人大株主との争論に巻き込まれた後、ラリエはついに1993年、会社の株式の63％をルイ・ロデレールに売却した。それ以来会社はロデレールが所有している。所有権が変わったにもかかわらず、アイのルエ・ジャンソンの敷地は、まだドゥーツ家の私邸のような雰囲気のままで、特に世紀末的なサロンとダイニング・ルームは往時のままである。またアンドレの息子のジャン・マルク・ラリエは、現在会社の輸出部門の責任者を務め、その魅力的で、知的で、気取らない性格は、ハウスの親善大使として最適である。

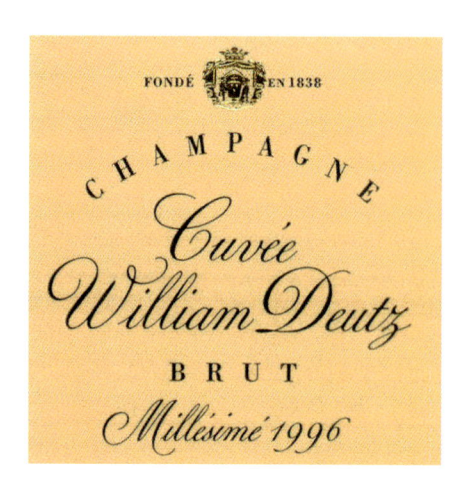

1995年に醸造所に最新設備が導入され、また美しい現代的ワイナリーが新設されることによって、出荷量は年間200万本までになった。ドゥーツを伝説的な存在にしたシャンパン造りにかけるひたむきな態度は、今も受け継がれ、健在である。"難しかった"2007ヴィンテージのヴァン・クレールをテイスティングすると、命名畑、ラ・コートのアイのワインは素晴らしく感動的で、フレーバーのアタックは強く、本物の深さがあり、低く抑えた収量の真価が如実に表現されている。また入門者レベルのブリュット・クラッシック――90年代初期の低迷していた時代の強すぎる酸の味を覚えている――は、好調さを取り戻した。2008年1月の試飲の時もそうだったが、キュヴェの年と葡萄の出身地を知れば、驚くに足りない。ベースワインは優秀な2004ヴィンテージ、ピノ・ノワールはアイ、マレイユ、ビスイユ、シャルドネはル・メニル、アヴィズ、そして極上のピノ・ムニエはキュブリ渓谷、まさにノン・ヴィンテージ・ブレンドのための最高のレシピ。

ヴィンテージ入りのアムール・ド・ドゥーツは抜群の存在感とワインらしい旨みを持つブラン・ド・ブランであるが、軽めに仕上げた醸造法と偉大な葡萄の組み合わせ――主にル・メニル、それにアヴィズ――による優美さとしなやかさも兼ね備えている。ブリュット2002も、ブレンドを支配しているピノ・ノワールの豊かな表現力が記憶に残る1本である。2002は第2次世界大戦以降で、この最も高貴な黒葡萄のための最高のヴィンテージの1つといえるであろう。

しかしそれはもっと良くなっている。プレステージ・

右：CEOで会長のファブリス・ロセ（椅子に腰かけている）と、創業者ドゥーツ家のジャン・マルク・ラリエ。

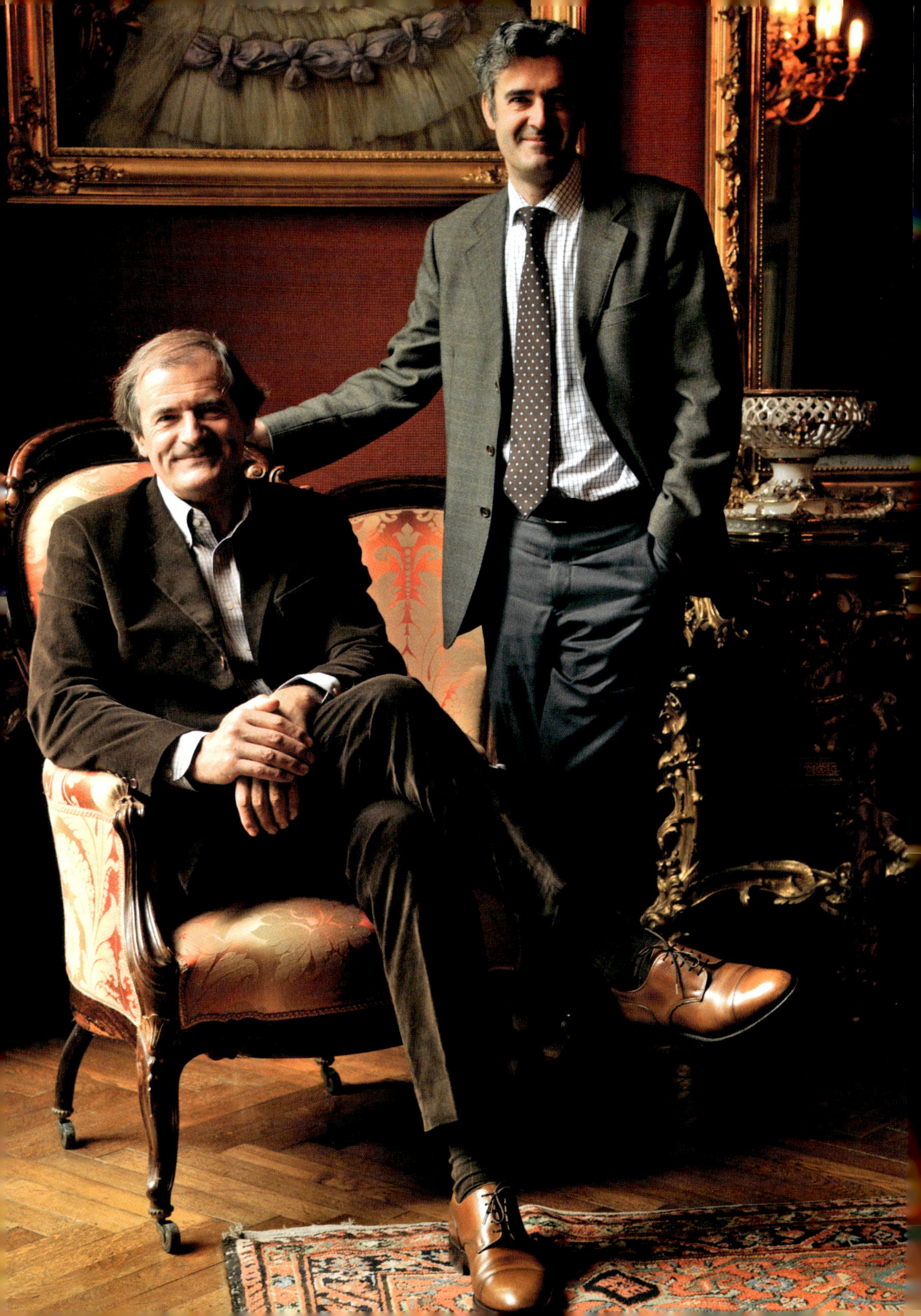

DEUTZ

キュヴェ・ウィリアム・ドゥーツは私の見方では、市場で最も贅沢な3つのキュヴェの1つに数えられる——それはシャンパンというよりは極上のワインというべきもので、今日よく見られる大柄で武骨なフレーバーの中にあって、その偉大さはもはや説明するまでもないほどである。静謐な花やハーブのアロマ、愛撫するような質感、長く幾重にもなったフレーバー、そのワインはどのような重要な場面でも究極のアペリティフとなり得、またテーブルにあっては極めて自然で、焼いたヒラメやコンテ・チーズの一切れだけでなく、寿司、刺身にもよく合う。下に記すように、1998ヴィンテージはこの10年で最高のキュヴェ・ウィリアムであり、この偉大なシャンパンの精妙なスタイルに完璧に符合した1998ヴィンテージの最も美しい表現であることを示すだろう。

極上ワイン

(2008年1月アイにて試飲)

Deutz Classic Brut NV
ドゥーツ・クラッシック・ブリュットNV
明るい黄色に緑の反射光がある。柑橘類と果樹園の果実のアロマの新鮮で素直な表現。美しい生き生きとしたアタックと、元気の良い、しかし優しい泡の間の絶妙なバランス。愉快で肉感的な丸みのある口当たり。最高のパフォーマンス。

Deutz Amour de Deutz 1999
ドゥーツ・アムール・ド・ドゥーツ1999
60%ル・メニル、35%アヴィズ、5%ヴィレール・マルメリィ。若々しい淡黄色に緑色の閃光。古典的で骨格のしっかりした極上のシャルドネのアロマ。豊かなミネラル、柑橘類と黄色い果実のフレーバーの中心核が感じられる。少量のヴィレール・マルメリィがシャンパンに上質の酸を添える。'99の大半のシャンパンを凌駕する秀品。2009〜18年が飲み頃。

Deutz Cuvée William Deutz 1998★
ドゥーツ・キュヴェ・ウィリアム・ドゥーツ1998★
エレガントに熟成した金色に緑色の輝き。芳醇で官能的な超越的アロマはまさにアイそのもの。最初美しい新鮮さが鼻腔をとらえ、次に風とともに豊かな肉感的なフレーバーが戻ってくる。まだ若いが潜在的な偉大な複雑さが感じられる。

Champagne Deutz
16 Rue Jeanson, BP9, 51160 Aÿ
Tel: +33 3 26 56 94 00
www.champagne-deutz.com

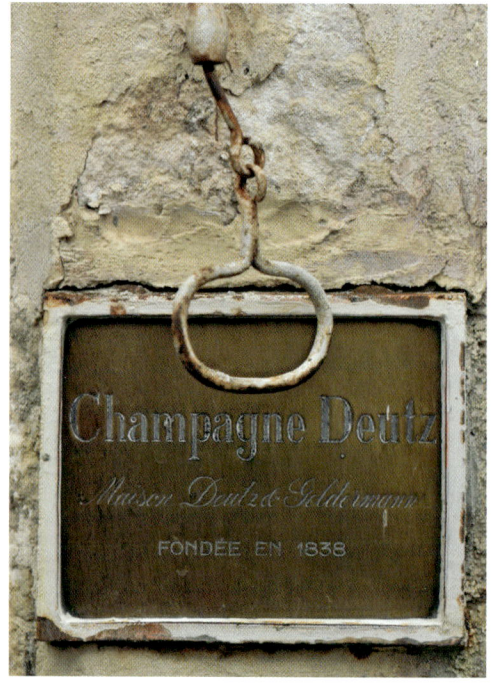

上：天上の味覚のワインを象徴する彫像と表舞台に立つことを避けたハウスの控えめな看板。

VALLÉE DE LA MARNE | AŸ

Gosset ゴッセ

1584年に創業されたゴッセは、シャンパーニュ地方で最も古いワイン・ハウスとしてよく知られている。ワインという言葉を強調しなければならない。というのは、この一筋縄ではいかない一家の創造物は、常に泡の向こうにワインらしいフレーバーを漂わせ、それはアルバート・ゴッセの子孫が17世紀後半に初めて泡を習得した時も、所有権がフラパン・コニャックのコアントロー家に変わった今も変わらない。

実際コアントローは、ゴッセの歴史的生誕の地、アイにふさわしい伝統的なスタイルを踏襲すると宣言している。現在のシェフ・ド・カーヴであるジャン・ピエール・マレーナの下でこの遺産が失われる心配はほとんどない。なぜなら彼はこの町に生まれ、その後も仕事でも家庭でもこの町を離れたことがないからである。ゴッセでの25年間の活動を通してジャン・ピエールは、他に類を見ないこのハウスのワインらしいスタイルを守ってきた。しかし、勝利を確実にしたいと願う好奇心旺盛で進取の気性に富む醸造家の誰もがそうであるように、彼もまた新しいキュヴェをハウスに導入することにためらいはなく、ハウスをさらに個性的に、これまで以上の高みへと押し上げようとしている。

1990年代半ば、ゴッセのブリュット・レゼルヴがフィネスよりもフレーバーで得点を獲得したのを見て、多少それを軽蔑するように書いた人もいたようだった。しかし状況はあまり変化していないにもかかわらず、ブリュット・レゼルヴの後継者であるキュヴェ・エクセレンスは、格段の進歩を遂げた。それは繊細さ、純粋性、奥深さを結合させながらも、手頃な価格帯に留まっている。ブレンドされた30のクリュの場所がその質の高さを説明している。高い比率のアヴィズ、メニル、オジェ、シュイィの優れたシャルドネ、トレパイユ、ヴィレール・マルメリィの高い酸を持つ溌剌としたシャルドネ、そして秀逸なアイ、アンボネイ、ヴェルズネ、マレイユのピノ・ノワールが美しいボディと堅牢な骨格をワインに与える。またサポート役のムニエは、ピエリー、シャティオン・シュル・マルヌ、リウイユ村からのもので、ワインに質感と口中に充満する果実味をもたらす。

ゴッセ・グラン・レゼルヴは常にハウスの代表作で、現在もそうである。それは3つのヴィンテージをブレンドした長熟の複数ヴィンテージ・シャンパンで、心地良い香水のような花の香りと、焙煎したアーモンドやコーヒーの熟成したフレーバーを融合させ、偉大なピノとシャルドネから生まれたことを高らかに宣言している。それは料理によく合うシャンパンで、ロブスターや蟹だけでなく、カモや七面鳥にもよく合う。

過去においては、ゴッセ・グラン・ミレジムは、じゃ香のような独特のスタイルで、好き嫌いがはっきりしていて、他人がどう思おうと関係ないといった態度のワインであった。しかし秀逸な1999を試飲した時、私は喜ばしい驚きに捉えられた。それは気まぐれで難しいヴィンテージの例外的な成功例であった。厳密な古典的スタイルで造られたそのワインは、澱の上に8年間寝かされていたにもかかわらず、新鮮で生命力に溢れ、多くの'99が捕えることができなかったフレーバーの核を持っている。それは長く存続するように造られており(マロラクティック発酵はなし)、すでにキャラメルやスパイスの混ざった精妙さの塊の感があり、まだ十分に展開しきっていない。

疑いもなくジャン・ピエールの傑作であり、1994年以降のコアントロー家の熱心な支援を受けて造られた最初のプレステージ・シャンパンが、ゴッセ・セレブリスである。エクストラ・ブリュットのセレブリス・ブラン・ド・ブラン(4つのヴィンテージのブレンド)やヴィンテージ1998は、コレクターズ・ワインで、繊細さと力強さの魔法のような融合は、美しさを際立たせるための化粧である標準的なドサージュさえ必要としないほどである。2003セレブリス・ロゼ・エクストラ・ブリュット★は至高のワインである。それは非常に困難な年に生まれた荘厳な成功例で、驚くべき繊細アロマを有し、極上のヴォルネイを彷彿とさせる。官能の中に引き込みながらも細部にこだわり、赤果実のフレーバーが長く余韻を響かせる、まさにグラン・ヴァンである。

極上ワイン

(2008年12月アイにて試飲)
Gosset Excellence Brut NV
ゴッセ・エクセレンス・ブリュットNV

151

42％C、45％PN、13％PM。ドサージュは12g/ℓ。星のような輝きの淡黄色。きめ細かな渦を巻く泡が、舌の上でさえ踊る。アロマは新鮮さと熟成感の比類なきバランスを示し、スイカズラとジャスミンに先導されて洋ナシ、マンゴの果実らしい香気が現れる。生き生きとした刺激的な感覚が口の中を満たし、すぐにモモ、ネクタリンのピノの壮大なフレーバーが構築される。凝縮感とワインらしいコクがあり、余韻はきめ細かく長い。ノン・ヴィンテージの基準。

Gosset Grand Millésime 1999 Brut
ゴッセ・グラン・ミレジム1999ブリュット

56％C、44％PN。マロラクティック発酵はなし。美しい黄水晶のような淡黄色。緑の閃光。澱の上の7年間によるエレガントで精妙な香りが立ち昇り、果樹園の果実（アンズ、モモ）がリラック、蜂蜜によってさらに強調され、ピンクのグレープフルーツのピリッとした刺激もある。口当たりはまさに '99そのもので、ベルベットのような艶やかさとピノのフレーバーの湧出が融合。しかしさらに価値を高めているのは、シャルドネの鋭利なミネラルで、シナモン、バニラがさらなる複雑さを付け加えている。秀逸。飲み頃は2015年まで。

Gosset Celebris 1998 Extra Brut
ゴッセ・セレブリス1998エクストラ・ブリュット

64％C、36％PN。ドサージュは3.5g/ℓ。10年の歳月が柔らかな風格ある色にし、明るく透明な美しい金色に緑色が横切り、琥珀色の輝きも見える。微細な泡がクリームのようで、勲章の綬が常にかけられているよう。鮮烈な香りが湧きたち、最初サンザシ、生垣の繊細だがしっかりした香気、次に果物籠──洋ナシ、モモ、マルメロ、干しアンズ──のうっとりする香り、そして最後にトースト。口に含むと偉大なシャルドネとピノが交互に現れ、一瞬驚愕に捉えられる。レモン、柑橘類、次にモカ、甘草。精妙極まりない。後味はきれが良く、至高の純粋さが胸を打つ。

Gosset Celebris Rosé 2003 Extra Brut
ゴッセ・セレブリス・ロゼ2003エクストラ・ブリュット

68％C、32％PN、アンボネイとブージーのグラン・クリュの赤ワインが7％。ドサージュは5g/ℓ。2003年8月の強烈な暑さを跳ね返した傑作ワイン。醸造家の魔法の手がすべての要素を手なずけている。色は鮮明で本当に美しい──淡いピンク、サーモンやマスの色調。洗練され、光沢があり、水晶のように透明。しかし泡は生き生きとレースのように立ち昇る。香りは刺激的で、森に咲くスミレ、ハーブの詰め合わせ、ブルゴーニュを彷彿とさせる。味覚もまったく同様で、極上のワインがたまたま泡を着ただけのよう。赤ベリー、バラの美しいポプリ、フランボアーズ蒸溜酒の微香さ漂う。後味は驚くほど新鮮で、ピンク・シャンパンには低いドサージュが良いことがわかる。甘草の熟成感とウイキョウのきれの良いスパイスが完全に調和している。

右：シェフ・ド・カーブ、ジャン・ピエール・マレーナはハウスの歴史を誇りに感じながら、常に現代の極上ワインを造り続けている。

Champagne Gosset
69 Rue Jules Blondeau, BP7, 51160 Aÿ
Tel: +33 3 26 56 99 56
www.champagne-gosset.com

シェフ・ド・カーヴであるジャン・ピエール・マレーナはアイで生まれ、その後も仕事でも家庭でもこの町を離れたことがない。ゴッセでの25年間の活動を通してジャン・ピエールは、他に類を見ないこのハウスのワインらしいスタイルを守ってきた。

VALLÉE DE LA MARNE | AŸ

Ayala アヤラ

その威厳のある建物にこのシャンパン・ハウスの偉大な過去が象徴されている。現在のシャトー・ド・アイは1913年に再建されたもので、元の建物はその2年前の葡萄生産者の暴動によって破壊された。ハウスは1860年にコロンビアの外交官エドモンド・ド・アヤラによって設立され、彼の花嫁となったベルト・ガブリエル・ダルブレヒトがアイとマレイユの素晴らしい葡萄畑を持参金代わりに持ってきた。その畑が会社の発展の基礎となり、ハウスは傑出したグランド・マルクとなった。その栄光は1920～30年代に最高潮に達した。故イギリス王大妃エリザベス・バウズ・ライアンによれば、そのシャンパンはジョージ6世の大のお気に入りであった。確かにそれは非常に辛口で、地味だが洗練されたスタイルのシャンパンだった。少し恥ずかしがり屋で、イギリス国民をこよなく愛し、ドイツ空軍による空襲の間もロンドンに留まったそのイギリス国王に良く似合っていた。

鈍感で想像力に欠けた経営と、1991年のシャンパン危機によって、アヤラ・ブランドは20世紀末には衰亡の危機を迎えていた。2000年、所有者であったデュセリエ家は手放すことを決め、ハウスを、すでにボルドー、シャンパーニュ、ローヌに立派なワイン・ポートフォリオを持つジャン・ジャック・フレー・グループに売却した。フレーは前ペリエ・ジュエの醸造責任者であったティエリー・ブーダンを送り込み、彼は全力を傾けてアヤラの名声を復活させた。2005年、アヤラは今度はボランジェ・グループに買収されたが、その経営者たちはアヤラの潜在的力をはっきりと認識していた。こうしてアヤラは生まれ変わり、現在繁栄を謳歌している。

近年アヤラのシャンパンが外見も内実も目覚ましく進化しているのは、ボランジェの名誉会長であり農学者でもあるギスラン・ド・モンゴルフィエの辣腕によるものである。モンゴルフィエは彼の右腕で、エネルギッシュな実業家であるエルヴェ・オーギュスタンをアヤラの社長の座に据えた。トレードマークの蝶ネクタイをはずしたことがないオーギュスタンは、これより前1990年代には、ド・カステランヌの再建を果たした。彼の蝶ネクタイを見るたびに、私はそのハウスの宝物であった蝶のコレクションを思い出す。

もう少し詳しく見ていくと、2人はアヤラのノン・ヴィンテージを吟味し、これこそがアヤラの礎石となるべきものだと確信した。2人は評判の高いアヤラのドライ・スタイルの真価を発揮させるために、全く砂糖を使わないシャンパンを造ることにした。こうして新しい戦略的キュヴェであるブリュット・ゼロが誕生した。このワインの成功の主な要因は、ブレンドに使われている優秀な葡萄である。平均でエシェル・デ・クリュの93％という高品質の、しかも少なくとも着手の段階では、2002のような日照に恵まれた完熟した葡萄だけを使用している。ブリュット・ゼロは現在ロンドンのレストランのグラス・シャンパン市場で圧倒的人気を博している——少し行き過ぎの感もある、というのは熟成させたストックが2008年末で底をついてしまい、ベースワインをまだ若いヴィンテージに変えざるを得なくなっているが、それはエクストラ・ブリュット・シャンパンとして出すには少し早すぎるからである。

アヤラはさらなる質の向上を目指して、キュヴェ・ロゼ・ナチュールという名のノン・シュガーに近いロゼを造っている。それはプルミエ・クリュのシャルドネを高い比率で使い、グラン・クリュのピノ・ノワールがそれを支えるという構成である。そしてすべてのワインが秀逸であった2002ヴィンテージのものである。そのアッサンブラージュは完熟した果実味のみずみずしさに溢れ、最低限のドサージュでまろやかなピンク・シャンパンとなっており、寿司、サーモン、子羊のアジア風に非常によく合う。

アヤラ・ヴィンテージ・シャンパンは現在順調に航行しており、難しいヴィンテージも素晴らしいヴィンテージ同様に印象的で、価格以上の品質を維持している。キュヴェ・ペルル・ブリュット・ナチュール・ブランはヴィンテージ入りで、ブレンドの5分の4をシャルドネが占め、残りのピノ・ノワールと同様に、すべてがグラン・クリュとプルミエ・クリュの葡萄である。そのワインはドサージュは一切行っていないが、巧みにワイン中に2g/ℓの糖が残され、それが酸の鋭さを和らげている。その2002は豪華であるが、その偉大な年の繊細なエレガンスも備えている。2001はやや細身であるが、純粋な

上：トレードマークの蝶ネクタイが誇らしげなエルヴェ・オーギュスタン。背景はアヤラの象徴、シャトー・ド・アイ。

果実味に溢れ、酸が生き生きとしている。

極上ワイン

(2008年10月エペルネにて試飲)

Ayala Brut Nature Zéro Dosage ［V］
アヤラ・ブリュット・ナチュール・ゼロ・ドサージュ［V］

48％PN、34％C、18％PM、すべてが偉大な葡萄畑より。アイ、マレイユ・シュル・アイ、ブージー、リリー（PN）；クラマン、メニュイ、キュイ（C）；サン・マルタン・ダブロワ、ヴァントゥイユ（PM）。淡い金色に緑色の光。最初酸が鼻を刺激し、口に含むと深みと芳醇さの潜在力を感じるが、いまのところまだ若い。酸が口をすぼめるほどで、あと6〜9カ月たつと料理と良く合うようになる。ベースは2004か2005？

Ayala Cuvée Rose Nature
アヤラ・キュヴェ・ロゼ・ナチュール

53％C(キュイ、ヴェルチュ)、39％PN (マレイユ・シュル・アイ、ヴェルジ、リリー)、8％赤ワイン(マレイユのピノの古樹)。ブリュット・ナチュールの残糖が小気味よい。優美なサーモン・ピンクで極小の泡。偉大なヴィンテージ(2002)のピノ・ノワールが強烈なアロマを先導し、古樹の赤ワインのみずみずしい果実香が溢れる。高い比率のシャルドネが完璧なまでの新鮮さ、繊細さと、落ち着いたフレーバーをもたらす。長く非常にきめの細かい余韻。

Ayala Cuvée Perle d'Ayala 2002
アヤラ・キュヴェ・ペルル・ダヤラ2002

80％C、20％PN（すべてグランまたはプルミエ・クリュ）。ドサージュは6.5g/ℓ。黄水晶に金色と琥珀色の光。愛らしいシャルドネが白い花、レモンのアロマを牽引し、白桃の香りも連れてくる。雄大な口当たりに再度ピーチが現れ、豊かなバニラもある。通気が巧みに行われ、多彩な顔を見せるが、これは天然コルク（王冠ではない）で熟成させた成果。秀逸。

(2008年8月試飲)

Ayala Cuvée Perle d'Ayala 2001
アヤラ・キュヴェ・ペルル・ダヤラ2001

溌剌としたレモン－金色。立ち昇る香りは最初細く感じられるが、果実の味覚は申し分なく、葡萄の選別の確かさを証明している。酸の骨格もしっかりしており、熟成とともに徐々に優美になっていくと思われる（飲み頃は2009〜11年）。非常に困難なヴィンテージの奇跡。

Ayala 1999
アヤラ1999

中庸の深さのパステルカラーのイエローで、非常に元気が良い。微かなリンゴの香りに白い花も混ざる。口当たりは非常にまろやかで、上品。果実香が際立ち、複雑さよりも明快さを感じさせるが、愉快な気分に浸れる。'99の傑作。

Champagne Ayala
2 Boulevard de Nord, BP36, 51160 Aÿ
Tel: +33 3 26 55 15 44
www.champagne-ayala.fr

155

VALLÉE DE LA MARNE | AŸ

Roger Brun　ロジェ・ブルン

　フランス革命以前から葡萄栽培を行ってきたブルン家は、アイ村では良く知られた一家で、彼らが17世紀のピノ・ノワールだけを使ったシャンパンの揺籃の地であるこの村をこよなく愛していることを知らぬものはない。1690年頃ドン・ペリニヨンがシャンパンに泡を発見するずっと前から、アイ村はピノの果皮で明るい赤色の発泡しないワインで有名であった。チューダー王朝のヘンリー8世はアイの赤ワイン以外はほとんど口にしなかったと言われている。また1850年代にポール・ロジェが、エペルネで最初のハウスに、わざわざアイのスパークリング・キュヴェを取り寄せていた。彼もまたアイ村の生まれである。

　ロジェ・ブルンの曹祖父は樽職人で、自身も赤ワインを作っていたが、1900年代初めのフィロキセラ危機の時期に、モエ・エ・シャンドンでシャンパン造りを学んだ。ロジェの息子のフィリップが現在全面的に経営とワインづくりを指揮しており、彼はさらにアイの中心地の教

ブルン家はフランス革命以前からの葡萄栽培家で、最初の17世紀スパークリング・シャンパンの揺籃の地であるアイ村で知らぬ者はない。

会のすぐそばにある瀟洒なB&Bホテル、ル・ロジ・デ・プレジュールも経営している。ブルン家は現在自家栽培の葡萄――上質で早熟のアイの命名畑、ラ・ペルの区画を含む――から、6種のキュヴェを造っている。入門者レベルのブリュット・レゼルヴはエペルネ近辺の15の村からブルンの圧搾室に送られてきたもので、パーティのアペリティフ用シャンパンとして最適である。ムニエが大半を占めている（50%ステンレス槽醸造、マロラクティック発酵の後、6カ月熟成）。伝統的なドサージュ（11g/ℓ）で、果実香主導の親しみやすいシャンパンであるが、上質のシャルドネと少量のピノ・ノワールが味に深みを出している。ブリュット・グランド・レゼルヴはピノ・ノワール好みの上級者タイプで、その偉大な黒葡萄が60%、ピノ・ムニエが10%、残りがシャルドネである。手短に言うと、このワインは買い入れた葡萄によ

る傑作で、すべてが6つのプルミエ・クリュからのものである。飲みやすいだけでなく、長熟する力もあり、価値ある1本である。

　さていよいよロジェ・ブルンの実力が発揮される本格シャンパンに移りたい。ブリュット・ロゼはまさに秀逸である。マレイユ・シュル・アイ村の命名畑キュメーヌと、ミュティニ村のグランボーからのピノ100%で、深いサーモン・ピンクのルビーに近い色をしているが、その色は、通常のロゼのように赤ワインを加えて作りだされた色ではなく、より難しいセニエ方式（リューニディ）で作られたものである。セニエとは"血を抜き取る"という意味で、ピノの果皮をその色素がワインをちょうど良い、狙ったとおりの色に染めるまで1〜2日置いておく方法である。2007年1月のある日、1日中テイスティングを行って心地よい疲れとともに最後の訪問先であるフィリップ家に着いたとき、彼は早めの夜の締めくくりをするために、2005ロゼのボトルを開けてくれた。素晴らしい！の一言。秋の光を反射して、今にも爆発しそうな力強い色調を見せ、味はまさに本物のブルゴーニュ――干し肉、寿司、トム・ド・サヴォアのような熟成チーズに最高。

　さらに格上に行くと、レゼルヴ・グラン・クリュはアイの葡萄だけから造られ、5分の4がピノ・ノワール、残りがシャルドネで、50%を同じブレンドのリザーブ・ワインが占めている。手の込んだ料理――若い猟鳥やロースト・チキン、ホロホロ鳥、そしてここでもパイヤール・ド・ヴォー（薄切りの仔牛肉）――に良く合うワインである。

　最後に、オーク樽で発酵させる2つの真に偉大なワインを紹介しよう。キュヴェ・デ・サースはピノ70%、シャルドネ30%の古典的なアイ・ブレンドで、強さとフィネスが共存し、レモンのアロマが歳月とともにやがてバターやトーストに変わっていく。ブルン山脈の最高峰がキュヴェ・デ・サースの単一葡萄畑版のキュヴェ・デ・サース・アイ・ラ・ペルである。オーク樽で発酵させたピノ・ノワール100%のキュヴェで、力強く筋肉質で、網焼きロブスター、さらにはコリアンダー風味の子羊広東風のような料理に良く合う。

右：「文は人なり」というが、フィリップ・ブルンはアイを拠点に力強い筋肉質のワインを造っている。

極上ワイン

(2008年1月試飲)

Roger Brun Réserve Grand Cru NV [V]
ロジェ・ブルン・レゼルヴ・グラン・クリュ NV [V]
すべてアイの葡萄。特有のアンズ、リンゴのアロマ。力強く豊満で、シャルドネが高揚感をもたらしている。料理に良く合うシャンパン。

Roger Brun Brut Rosé Premier Cru NV
ロジェ・ブルン・ブリュット・ロゼ・プルミエ・クリュ NV
非常に暑かった2005の収穫からのものであるが、ヴィンテージではない。恐ろしいほど鮮烈な色だが、同時に優美でもある。ピノ・ノワール特有の香りが立ち上り、赤果実も感じられる。フランボワーズ、アンズ、黄桃の豪華で官能的な香りが口中を満たし、それらをワインのコクがしっかりと縁取っている。まさに秀逸。

Roger Brun Cuvée des Sires Aÿ-La Pelle 2002
ロジェ・ブルン・キュヴェ・デ・サース・アイ・ラ・ペル2002★
最高の畑からの100%ピノ・ノワールの、真に力強いブラン・ド・ノワール。深く艶のある金色。深い香りと果実のアロマが、テロワールの豊饒さを告げる。ワインらしい旨みが凝縮された筋肉質のワインで、豪華なシーフードやあらゆる種類の肉類が並ぶとびきり豪勢な晩餐にとっておきたい1本。ダンスホールなんかで軽く飲む酒ではない。まさに至高。

Champagne Roger Brun
1 Impasse St Vincent, 51210 Aÿ
Tel: +33 3 26 55 45 50
www.champagne-roger-brun.com

157

VALLÉE DE LA MARNE | AŸ

Gatinois ガティノワ

ピエール・シュヴァルはアイ村の小さな卓越した自家栽培醸造家である。その風貌はどちらかといえば公務員風であるが、それは彼が醸造家としては特異な経歴の持ち主だからであろう。アルデンヌ近郊に生まれたピエールは、パリで学業を修め、その気になれば簡単に政治家や政府高官になれたが、若い頃シャンパーニュ地方を旅し、1696年からアイ村で葡萄栽培を続けていたガティノワ家の令嬢と恋に落ち、結婚するに至った。

ガティノワはその秀逸な発泡しないアイ・ルージュでよく知られている。それはピノ・ノワールの赤ワインで、2002年のような素晴らしい年には、最高のブルゴーニュに一歩もひけを取らないほどの質を持っている。一家の6.9haのグラン・クリュから生まれるシャンパンは、類まれな強さと長寿を誇るが、それは丘の中腹に植えられた90%を占めるピノ・ノワールの古樹と、斜面の下のチョーク質の土壌に植えられた10%のシャルドネがもたらすものである。

ガティノワ家所有の6.9haのグラン・クリュから生まれるシャンパンは類まれな強さと長寿を誇るが、それは古樹の葡萄が高い比率を占めているからである。

完成されたシャンパンは、最も良い意味で、古風である。深い色としっかりした骨格からわかるように、そのワインは何年間も最上の状態で生き続けることができる。入門者レベルのグラン・クリュ・トラディション・ブリュットは公式にはブランであるが、かすかにピンク色をしており、鮮明だがまろやかな果実味が印象的である。それは一家の所有する29の命名畑を巧みにブレンドし、リリース前に3年以上澱の上で寝かせて造りだされたものである。ここには手頃な値段で買えるワインがたくさん揃っている。ガティノワ・レゼルヴはやや古い2つのヴィンテージのブレンドで、壜熟により生み出されたワインらしいコクの際立つワインである。ヴィンテージも素晴らしく感動的で、立派なセラーをお持ちなら、退職の祝いや特別な結婚記念日のために寝かせておきたい1本である。1994年に試飲した1988ヴィンテージは、泡の向こうに鉄のような強さを感じたが、それにもかかわらず、きめ細かな繊細な味わいがあった。2002が1988よりも熟成された、より豊潤な美しいワインになるのは間違いない。

極上ワイン
(2007年1月アイにて試飲)

Gatinois Grand Cru Brut NV
ガティノワ・グラン・クリュ・ブリュットNV
テロワールをしっかり感じ取ることができる入門者レベルのシャンパンがあるとしたら、まさにこの1本であろう。すべてアイの葡萄で、ピノ・ノワールが優勢を占め、色は抑制された黄色で、かすかにピンク色の光が見える。明確な味だがまろやかで、暖炉の前で愉しみたい完璧な冬シャンパンである。とはいえ、いつでも特別な日に味わいたい。

Gatinois Brut Vintage 2002
ガティノワ・ブリュット・ヴィンテージ2002
90%PN、10%C。光沢のある金色。官能的で完璧な質感を持ったグラン・クリュのピノ・ノワールがこの偉大なシャンパンを牽引している。芳醇な口当たりが古樹に特有の力強さを飼い慣らし、それと調和している。また2002らしく、愛らしい新鮮さがシャルドネによってもたらされている。ずば抜けて秀逸なワインだが、2015年まで待った方が良い。

右：ピエール・シュヴァルは醸造家というよりは公務員に見える。しかし彼の造るシャンパンは極上で、長く寝かせておく価値のあるものである。

Champagne Gatinois
7 Rue Marcel Mailly,
51160 Aÿ
Tel: +33 3 26 55 14 26

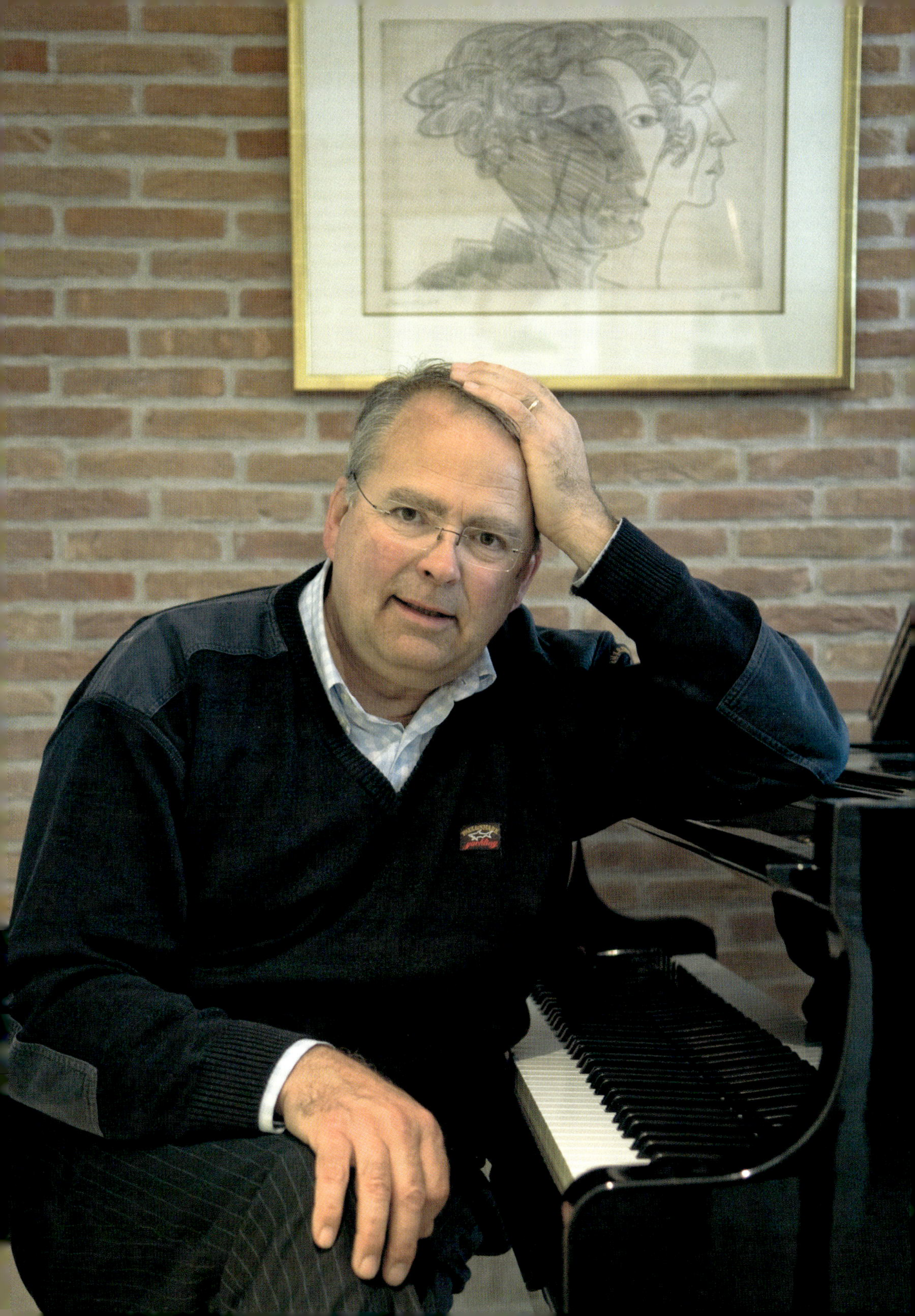

VALLÉE DE LA MARNE | AŸ

Gosset-Brabant　ゴッセ・ブラバン

ゴッセ家は16世紀からアイ村で葡萄を栽培することを生業としてきた伝統ある名家である。ガブリエル・ゴッセが自分自身のシャンパンを最初に造ったのは1930年代のことで、彼は自分の名字の後に妻アンドレ・ブラバンの名字を続けて、ラベルを作った。現在その孫のミッシェルとクリスチャンが一家の評判の高い葡萄畑を管理し、醸造を行っている。畑は合わせて9.6haで、そのうち5.6haがアイ村の最上の丘に広がる命名畑のアスニエ、フロイデ・テール、クロワ・クールセル、ロワゼリューで、3.5haがマレイユ、ディジー、アヴネイにまたがって広がるプルミエ・クリュである。それに1.24haのグラン・クリュ・シュイィ（シャルドネ）がブレンドに跳躍力を加えている。この畑名を見ただけで、誰もがそのシャンパンがいかに優れたものであるかが想像できるだろうが、そのシャンパンは想像をはるかに超越する。ミッシェルとクリスチャンの気風は、彼らの土地と同様に、特別な、他と一線を画すシャンパンを造ることである。彼らのワイナリーはボランジェの優雅なメゾンの向かい側にあり、この偉大なハウスとこの小さなメゾンは、明らかにお互いを尊敬し、影響し合っている。

ゴッセ家は葡萄畑に対して、知識、観察、計算された保護に基づく手入れを行う。アロマの凝縮を最大限確保するために、栽培は自然肥料、短い剪定、不必要な芽の除去によって制御される。醸造に関しては、ブレンドの選択の可能性を広げるために、葡萄は区画ごとに別々に醸造される。その他、伝統的な垂直圧搾、ステンレス槽による発酵（オークは一切使わない）、すべてのワインのマロラクティック発酵、自然ろ過、デゴルジュマンの後の3カ月の熟成など、すべてにゴッセ・ブランらしいこだわりが感じられる。

6種類のキュヴェがシャンパンの範疇に合わせてうまく配置され、いずれも焦点を明確に定めて入念にこしらえられている。兄弟はまた1500本ほどアイ・ルージュを造っているが、それもアイ村の最高水準である。トラディション・ブリュットは常に用意しておきたいシャンパンで、ロンドンではミシュラン・ガイドに選ばれた店のいくつかでグラス・ワインとして採用されている。グランド・レゼルヴはそれよりも長く熟成させたもので、アイとシュイィの葡萄だけを使っている。フル・ボディの旨みのあるロゼは料理によく合うシャンパンである。ガブリエル・グラン・クリュ2002は珠玉のシャンパンで、力強さとフィネスがこれまで以上にお互いを高めあい、例外的な1999さえも凌駕している。

私にはゴッセ・ブラバンはアイ村の旗頭的な生産者で、ボランジェ、アンリ・ジロー、そして兄弟と同姓のゴッセ（両家は遠い親戚にあたる）がすぐ上にいるだけだと思われる。彼らのワインはまさに秀逸で、何の躊躇もなく推薦できる。

極上ワイン

(2009年1月アイにて試飲)

Gosset-Brabant Réserve Grand Cru NV
ゴッセ・ブラバン・レゼルヴ・グラン・クリュ NV
80%のアイのピノ・ノワール、20%のシュイィのシャルドネ、2003と2002を50/50でブレンド。緑色を帯びた麦藁色。蜂蜜とバニラが真っ先に立ち昇り支配的だが、驚くほど新鮮な口当たり。上質のミネラルの緊張感が感じられる力強いワイン。古典的シャンパンの秀品。

Gosset-Brabant Noirs d'Aÿ Grand Cru Cuvée NV★
ゴッセ・ブラバン・ノワール・ダイ・グラン・クリュ・キュヴェ NV★
2004ヴィンテージ主体。名づけられた葡萄畑（アスニエ、フロイデ・テーレ、クロワ・クールセエール）のピノ・ノワールだけを使用。ドサージュは低く4g/ℓ。黒葡萄シャンパンが造り上げた大聖堂。巨大な構造、超絶的力、しかし非常にきめ細かで、繊細さも兼ね備えている。頂点に達するまであと10年はかかる。

Gosset-Brabant Gabriel Grand Cru 2002
ゴッセ・ブラバン・ガブリエル・グラン・クリュ 2002
一家の最上のアイ村命名畑のピノ・ノワール主体で、15%がシュイィの命名畑ソランジャンからのシャルドネ。ドサージュは5g/ℓ。ブロンズのような麦藁色。しっかりしたボディと存在感を持つ真に偉大なシャンパンで、本物の精妙さとエレガンスさがある。欠けているところのないシャンパン。

Champagne Gosset-Brabant
23 Boulevard de Lattre de Tassigny, 51160 Aÿ
Tel: +33 3 26 55 17 42
gosset-brabant@wandoo.fr

VALLÉE DE LA MARNE | AŸ

Henri Goutorbe アンリ・グートルブ

アイ村で最も有名な一家の1つに数えられるグートルブ家は、本当に葡萄のことを良く知っている。それもそのはずで、彼らは葡萄栽培を始める前は葡萄苗の販売を行っていた。その苗木屋は第1次世界大戦の終結後にエミール・グートルブによって創業されたが、彼はその後ペリエ・ジュエ社の栽培責任者となった。しばらくしてエミールは軌道に乗った苗木商に専念することにして、徐々に葡萄の樹を購入し始めた。彼の息子のアンリ（2009年2月に他界）が第2次世界大戦後その2つの事業を結合させたが、1940年代の末までは、彼と妻のジレーヌは主に苗木商の方で生計を立てていた。そうしながらも彼らはかなりの量のワインを貯蔵し、彼ら自身のシャンパンを造る時期が近づいてきた。しかし2人はかなり高齢になっていた。1970年にその息子のレネ・グートルブが学校を卒業するとすぐに両親の仕事を手伝い、一家のワインづくりの仕事に全エネルギーと、持ち前の鋭敏な感性を注ぐようになった。レネは徐々に自家畑を拡大し、そこに遺伝子的特質をもとに選別した各区画に最も適した苗を植えた。彼はステンレス槽を導入するのは早かったが、シャンパンの醸造とその熟成に関しては完璧なまでに古典的手法を堅持した。彼はどのような大きさの壜——直常壜以外のハーフからメトセラまで——であれ、泡は一般に行われているようなトランスバサージュ方式によってではなく、販売されるときの壜の中で形成されるべきだと考える、今では数少ない生産者の1人である。またグートルブのシャンパンはすべて3年以上澱の上に寝かせた後リリースされる。

現在グートルブの葡萄畑は21.85haまで拡大している。一家はアイ村に10haもの畑を所有し、その隣のマレイユ・シュル・アイにも最上の区画を、そしてミュティニとビスイユにはプルミエ・クリュを持っており、これらが一家のシャンパンの芳醇さを支えている。グートルブのシャンパンは、質感的にアイ村のピノ・ノワールによって支配されており、シルクというよりはベルベットの感触である。一家のスタイルは見事なまでに古風で、雄大で、フルである。すべてのワインがマロラクティック発酵を行い、ドサージュは現代的手法で濃縮果醪で行い、砂糖は使用しない。グートルブの大きな優位性は、古いヴィンテージものが揃っているということである。一家と食事をともにしながらのテイスティングは、ワインも、そして温かいもてなしも本当に夢のようだった。

極上ワイン

(2009年1月アイにて試飲)

Henri Goutorbe Brut Prestige NV
アンリ・グートルブ・ブリュット・プレステージュ NV
2003を主体にリザーブ・ワインを加える。マレイユ、オーヴィレール、ミュティニのプルミエ・クリュのピノ・ノワールを主体に、25％を主にビスイユからのシャルドネが占める。2003の豊かな果実味とグートルブの伝統的なスタイルが結合し、シャンパンは酸っぱいものと決めている飲み手を感服させるワインとなった。柔らかく飲みやすいが、少なくとも2010年までは美味しく飲める。

Henri Goutorbe Special Club Brut 2002
アンリ・グートルブ・スペシャル・クラブ・ブリュット2002
このクラブ・キュヴェはすべてアイ村の葡萄から造られる。グラン・クリュ・ピノ・ノワールの信じられないほど濃厚な質感が口中を満たし、2002ヴィンテージを物語っている。ブルーベリーの豊潤さ（これはテリー・シースの比喩をまねた）とベルベットのような華麗さ、そして落ち着いたミネラル。長くきめの細かい後味。極上。

Henri Goutorbe Special Club Brut 2000
アンリ・グートルブ・スペシャル・クラブ・ブリュット2000
このヴィンテージのクラブは長熟に値する骨格を持っていると多くの鑑定家が気づいている。たぶんそうだろうが、しかし2009年前半でかなり早まっている。果実味が前面に現れ、魅惑的なまろやかさがある。いま頂点にある。

Henri Goutorbe Special Club Brut 1998
アンリ・グートルブ・スペシャル・クラブ・ブリュット1998
不思議にも高い評価を受けていない1998ヴィンテージが生んだ魅力的な極上シャンパン。壮大な果実味とコクが、美しくエレガントな酸と融和。まだまだ昇り続けている。2010～2015年が飲み頃。

Henri Goutorbe Special Club Brut 1996
アンリ・グートルブ・スペシャル・クラブ・ブリュット1996
ある学者が訳知り顔に長く熟成できないだろうと言った偉大なヴィンテージの芳醇さとワインらしい旨みの美しい証明。

Henri Goutorbe Special Club Brut 1993
アンリ・グートルブ・スペシャル・クラブ・ブリュット1993
アイのピノ・ノワールが、この一般に貧弱なヴィンテージでもどれほどの実力を発揮するかを如実に示した1本。

Champagne Henri Goutorbe
9 bis Rue Jeanson, 51160 Aÿ
Tel: +33 3 26 55 21 70
www.champagne-henri-goutorbe.com

VALLÉE DE LA MARNE | TOURS-SUR-MARNE

Laurent-Perrier　ローラン・ペリエ

　現在80歳代後半を迎えているシャンパン界の巨人、ベルナール・ド・ノナンクールは、事業を後継者に引き継ぐまで戦後のシャンパン業界を牽引してきた最後のモヒカン族である。天性の指導者であった彼は、戦時中はフランス・レジスタンスの一員として戦い、戦後1948年に、傾きかけていた家業を母のマリー・ルイーズ（旧姓ランソン）から受け継いだ。フランス・アルプス地区の地下細胞の隊長であった経験から、彼は慎重に同志を選んだ。それから60年、ローラン・ペリエは小さな家業から、シャンパーニュ地方で4番目の規模を誇る偉大なハウスへと成長した。ド・ノナンクール家は今でも株の過半数を所有している。ベルナールの松明（たいまつ）は現在2人の娘アレクサンドラとステファニーの手で掲げられ、彼女たちは会社の中を活発に動き回っている。姉妹を強力に援助しているのが、販売のスペシャリストである最高経営責任者のイヴ・デュモンと、醸造家のミッシェル・フーコである。フーコはローラン・ペリエ生え抜きの醸造家で、2004年に師匠のアラン・テリエからシェフ・ド・カーヴを継承した。

　これらのシャンパンの独特のスタイルはすべて、シャンパンはかくあるべきという独創的な考えを貫くド・ノナンクールの勇気によるものだ。

　ローラン・ペリエ・シャンパンの独特のスタイルはすべて、シャンパンはかくあるべきという独創的な考えを貫くド・ノナンクールの勇気と、その考え方をシャンパンに具現化するアラン・テリエの匠の技によって築かれたものである。常識的な考え方を振り払って、会社は1957年に、複数ヴィンテージによるプレステージ・キュヴェ・グラン・シエクルを立ち上げた。ド・ノナンクールは、ブレンドこそが最高のシャンパンを生み出す道であると信じており、この場合3つの偉大なヴィンテージのアッサンブラージュで理想的なシャンパンが生み出された。それ以来グラン・シエクルは至高のシャンパンの1つとして君臨している。しかし興味深いことに、多くの感受性豊かな人間がそうであるように、ド・ノナンクール・チームは教条主義者ではない。彼らは時々1985や1990といった偉大な年には、単一ヴィンテージ版のグラン・シエクル・エクセプショネレマン・ミレジムをリリースする。この時使われる葡萄はすべて最高の畑からのもので、シャルドネはル・メニル、アヴィズ、ピノ・ノワールはアンボネイ、ブージィ、マイィである。

　ローラン・ペリエのさらに過激な挑戦が、1981年に初めてリリースされたウルトラ・ブリュット（ゼロ・ドサージュ）である。それは葡萄が非常によく熟した年だけに造られるシャンパンで、一切砂糖を加えていないが少しも収斂性がなく、夏の夜に新鮮な冷涼さを感じさせる。しかし率直にいえばウルトラ・ブリュットはそれほど過激でもなく、ハウスが1890年代にイギリスで販売していた砂糖なしシャンパンに戻ったと言った方が良いかもしれない。ローラン・ペリエはまた、セニエ方式——白ワインに赤ワインを加えるのではなく、直接ピノ・ノワールの果皮から色素を抽出する——によるロゼ・シャンパンの旗手である。ローラン・ペリエ・ロゼ・ノン・ヴィンテージは国際的に高く評価されており、多くの熟成された単一ヴィンテージ・キュヴェよりも高い価格を享受している。これは妙なことだが、これも巧みな市場戦略の成果である。

　入門者レベルのL-Pブリュット・ノン・ヴィンテージは、自然な辛口、純粋な果実香、上質のミネラルをコンセプトに、アラン・テリエがシェフ・ド・カーヴになった1974年に初めて造られたものだが、オークを使用したシャンパンに対する愛着はここでは捨て去られている。L-Pブリュットはステンレス槽で発酵させ、シャルドネの比率が高く（55％）、通常ノン・ヴィンテージである。それはかなり難しい技術を要するが、フーコによって立派に受け継がれている。きれの良さと優美な果実らしさが漂うそのシャンパンを飲むといつも、シャブリに泡があったらこんな風だろうなと思う。同じくオークを遠ざけて造られたローラン・ペリエのヴィンテージは、ハウスのスタイルをより精妙に凝縮させて造られたシャンパンで、ピノ・ノワールを多めに使うことによってボディーとヴォリューム感を出している。アレクサンドラ・

上：トゥール・シュル・マルヌのローラン・ペリエ本社に輝くサインと、畑の石の標識。

ド・ノナンクールの結婚式のために初めて造られたキュヴェ・アレクサンドラ・ヴィンテージ・ロゼは、まさに類希のワインで、80％のピノノワールと20％のシャルドネが完璧に融和し表現されている。それはセニエ法で造られたロゼの最高峰といえるだろう。

極上ワイン

(2007年6月トゥール・シュル・マルヌにて試飲)

Laurent-Perrier Ultra Brut NV
ローラン・ペリエ・ウルトラ・ブリュットNV
シャルドネ55％、ピノ・ノワール45％で、天然の糖分が高く、酸の低い超完熟の年だけに造られる。葡萄はエシェル・デ・クリュの平均97％の15の特別な区画からのもの。星の輝き、あるいは水晶のような黄色で、泡の筋が立ち上る。最初元気の良いレモンの香りが広がり、次いでスイカズラ、海岸の鮮烈な潮のミネラルの香り。長く驚くほど力強い口当たり。絶対的な辛口。牡蠣や、寿司によく合うワイン。

Laurent-Perrier Brut 1999
ローラン・ペリエ・ブリュット1999
ヴィンテージ・キュヴェで、比率は逆転し、ピノ・ノワール55％、シャルドネ45％。鮮やかな、しかし落ち着いたレモン‐金色。白い花の鮮烈な香り、柑橘系と核果が次々と立ち昇り、口に含むとL-Pの象徴である芳醇さ、繊細さ、しなやかさが、優しくクリーミーな泡に包まれて現れる。微妙に抑制されたイースト香が複雑さをさらに加え、すでに飲み頃であることを告げている。この気まぐれで騒々しかったヴィンテージにしては軽いタッチの称賛すべき秀品。

Laurent-Perrier Grand Siècle La Cuvée NV
ローラン・ペリエ・グラン・シエクル・ラ・キュヴェNV
3つの優れたヴィンテージのアッサンブラージュで、グラン・クリュのシャルドネとピノ・ノワールがほぼ50/50の比率。シャルドネは主にアヴィズとメニルのもの。最近のリリースは、1997を主体に、1996と1995が少量。私の2007年6月のテイスティング・ノートによれば、光沢のある麦藁の金色に緑色の反射光。最初シャルドネが支配し、百合、ブリオッシュ、焙ったアーモンドのアロマ。優美な柑橘系の香りが主構造で、それをピノ・ノワールの静かな力が支えている。精妙感と存在感が感じられる稀有なシャンパン。

Laurent-Perrier Cuvée Alexandra Rosé NV
ローラン・ペリエ・キュヴェ・アレクサンドラ・ロゼNV
80％PN、20％C、すべてグラン・クリュで、特にブージィ、ルーヴォワ、アンボネイ、マイィ。美しいサーモン・ピンクで、微小の泡によるロザリオ。野性のフランボワーズ、チェリーの元気の良いしなやかな香りが、砂糖漬けレモンによってさらに複雑にされている。口当たりはまろやかで、コクがあり、長く複雑な後味が続く。偉大なワインで、少量しか造られなかった。

Champagne Laurent-Perrier
Domaine Laurent-Perrier, 51150 Tours-sur-Marne
Tel: +33 3 26 58 91 22
www.laurent-perrier.com

VALLÉE DE LA MARNE | CUMIÈRES

René Geoffroy　ルネ・ジョフロワ

キュミエール村の葡萄畑はマルヌ川を望む高台にあり、エペルネに向かって南東に開けている。そのためマルヌ渓谷の中で最も日当たりのよい恵まれた場所に位置している。その村は雄大で活力あふれるピノ主導のシャンパンで有名であり、またシャンパーニュ地方でも指折りの発泡しない赤ワインの産地でもある。ジョフロワ家はこの村の卓越した栽培家であり、また常に改良を重ねる勤勉な醸造家である。一家の起源は、さらに丘を登ったオーヴィレール村でピエール・ペリニヨンがワインを造っていた17世紀にまで遡る。

ジョフロワ家はキュミエールの他にも、オーヴィレール、そして谷を西側に下ったところにあるダムリィ、フリューリィ・ラ・リヴィエールにも畑を所有している。これらは主に黒葡萄の産地なので、一家の畑も80％強がピノ・ノワールとムニエで、残りがシャルドネである。当主であるジャン・バティスタ・ジョフロワは、有機農法に近い、環境に優しい栽培法を実践しているが、認証されるために要求される硬直した方法はとっていない。ジャン・バティスタと父のルネは、収穫時の厳密な摘果を最も重要視しており、完熟した果実だけを摘むために8人の労働者を雇用している。これはブルゴーニュではよく見られることだが、ここ――シャンパーニュ地方のワイン文化はまだ高収量に焦点を合わせている――ではまれである。

ワインの多くは活気をもたらすためにオーク樽で発酵させられ、日当たりのよい畑の葡萄の熟成感にバランスの取れた正確性と緊張感を与えるため、マロラクティック発酵は行わない。ジャン・バティスタは現在アイ村に新築の家とセラーを持っており、1つ屋根の下にワイナリーとセラーがあって、以前セラーが分散していた頃に比べるとずいぶん作業がしやすくなっている。

極上ワイン

（2009年3月試飲）
ルネ・ジョフロワ・ブリュット・キュヴェ・エクスプレッションNV
入門者レベルのシャンパンで、2005と2004を50/50でアッサンブラージュ。より複雑なスタイルへと進化中で、ムニエがピノ・ノワールを高く押し上げている。緻密な金色で、縁にピンク-灰色がかった珊瑚が見える。以前の安直で果実味満載のスタイルから、より緻密で優美なスタイルへと変貌しつつある。しっかりと醸造されたオークの思慮深さを感じさせる秀品。

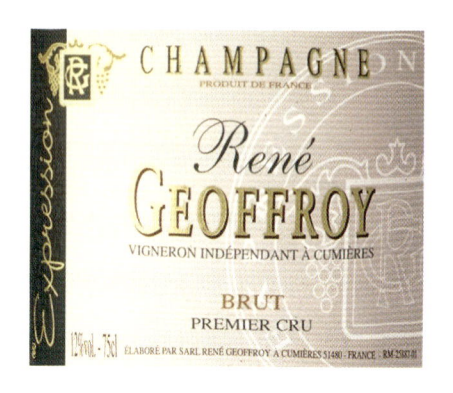

René Geoffroy Cuvée Volupté
ルネ・ジョフロワ・キュヴェ・ヴォリュプテ
レ・シェーヌ、ラ・モンターニュ、そして目も眩むような急斜面のツールン・ミディの3つの命名畑のシャルドネ100％。ミネラル、緊張感、そして記録的収量（といわれている）の2004ヴィンテージで、この年はピノ類よりもシャルドネが良かった。フレーバーの正確性にグランド渓谷・ド・ラ・マルヌ特有の芳醇な果実香が見事に調和。

René Geoffroy 2000 Non-Dosé
ルネ・ジョフロワ2000ノン・ドゼ
シャルドネ70％、ピノ・ノワール3分の1弱によって造られたきわめて稀有なヴィンテージ・シャンパン。マロラクティック発酵なし、ドサージュなし、ろ過なしの製法と、キュミエール村の超完熟果実が組み合わさり、鑑定家を二分するシャンパンが生まれた。かなり経験を積んだ飲み手にしかわからないかもしれないが、私好みの1本である。

右：ジャン・バティスタ・ジョフロワの先祖は数世代前からキュミエール村の日当たりのよい斜面で葡萄を栽培してきた。

Champagne René Geoffroy
150 Rue du Bois-des-Jots,
51480 Cumières
Tel: +33 3 26 55 32 31
www.champagne-geoffroy.com

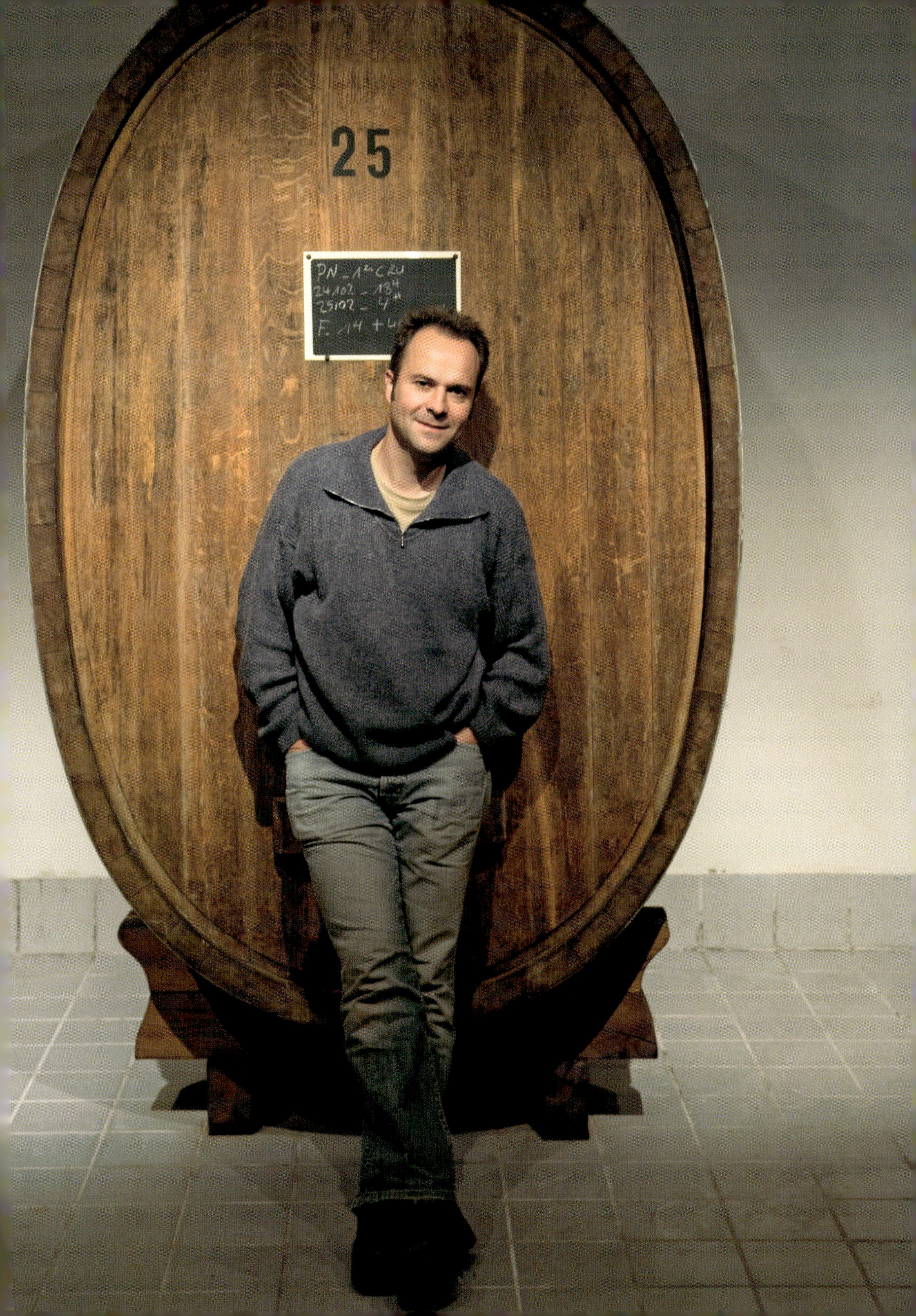
25
PN_1er CRU

VALLÉE DE LA MARNE | DIZY

Jacquesson　ジャクソン

メミー・ジャクソンが1798年にシャロン・シュル・マルヌにシャンパン・ハウスを開いたのは、とてもタイミングが良かった。というのもその頃ナポレオンが偉大な指揮官として華々しい凱旋を繰り返していたからである。東欧への数度の遠征では、ジャクソンのシャンパンを買い入れておくためにシャロン村に立ち寄るのが彼のお気に入りのコースだった、と伝えられている——そのシャンパンはアウステルリッツの戦いの前、ただでさえ澄み渡った彼の頭脳をさらに明晰にし勝利に貢献したかもしれない。皇帝の肩入れのおかげで、ハウスは急速に躍進し、シャンパンで最も重要なブランドの仲間入りを果たした。メミーの息子であり才能豊かな創意に満ちた人物であったアドルフ・ジャクソンが会社を継ぐと、ジャクソンは数多くの新技術を開発し、まだ揺籃期にあった19世紀のシャンパン造りを大きく変容させた。ヨハン・ヨーゼフ・クリュッグにブレンドの技を伝授したのもアドルフであり、シャロンの化学者であったジャン・バティスタ・フランセーズに助言をして"糖分濃度の測定法"を定式化させ、壜の破裂率を25から4％に激減させることに成功した。またアドルフはコルク栓を押さえる針金止めを開発したが、それはいまでも世界中のすべてのスパークリング・ワインに用いられている。

　シャンパン界の巨人でありながらも、ジャクソンはディジーの珠玉であり続け、辛口ノン・ヴィンテージ・キュヴェのブレンドという主流となっているやり方からは一歩離れたところにいる。ジャン・エルヴェ・シケとその弟で共同経営者のローランは、その理由を、「1990年代の後半に、一定の味を維持していくだけの伝統的なブリュット・ノン・ヴィンテージの手法には限界があり、それはワインを改革していくわれわれの可能性を塞いでしまうことに気づいたんだ」と説明する。この制約から自由になるため、シケ兄弟は2000年の収穫分から、安定した味よりも秀逸さに重点を置く方向に切り替え、ブレンドに主たるヴィンテージを反映させる方向へと舵を切った。それ以降、追及すべき目標は、主たるヴィンテージの特徴を反映させた独特の個性を持ったワイ

右：ジャン・エルヴェ（左）とローランのシケ兄弟。彼らは品質と独創性でハウスの評価を維持し続けている。

シャンパン界の巨人でありながらも、ジャクソンはディジーの珠玉であり続け、辛口ノン・ヴィンテージ・キュヴェのブレンドという主流となっているやり方からは一歩離れたところにいる。

ンへと変わった。それはまた各ワインに明確なアイデンティティを付与することでもあった。

　こうして最初に出されたのがキュヴェ728であったが、その数字はハウスが創立されてから728番目にブレンドされたキュヴェであることを示している。728は2000ヴィンテージの葡萄の、快活でよく熟した果実味に満ちたワインで、前向きで堅固な性格ですぐさま多くの友人を獲得した。続く729は、不安定な2001ヴィンテージを基にしており、より難航したブレンドであったが、リリース直後から最上のブレンドと評された——精密な抽出で洗練されており、厳密な摘果と、一部を大きなオーク樽で発酵させたことが奏功した。キュヴェ730は、今のところ間違いなく最高である。ベースは戦後最上のヴィンテージの1つに挙げられる2002で、1996と比肩しうるが、個性はまったく違っている。美しいほど良好な夏の暑さの後、収穫前にちょうど良い新鮮さをもたらす降雨があった。2002の切り札は見事に熟したピノ・ノワールで、それはキュヴェの3分の1しか構成していないにもかかわらず、深さとワインらしいコクのあるフレーバーをもたらしている。ブレンドの如才なさはシャルドネの質の良さを物語っており、それがワインにしなやかな反発力ときれの良さをもたらしている。

　ジャクソンのヴィンテージ・シャンパンは、これもまた独創的で、単一クリュまたは単一畑シャンパンという個性的なシャンパンを意図したものだ。最もよく知られているのが、グラン・クリュ・アヴィズで、ラ・フォッス、ネメリィ、シャン・ガンの3つの命名畑からの葡萄を使用している。個人的には、アヴィズ '96は疑いもなくシャルドネの究極の表現だと思う。3つの命名畑の巧妙なブレンドにより生まれたもので、その村のさらに高い位置にある斜面の、1つまたは2つの区画の繊細なワインを加えているのではないかと疑いたくなるほどの繊細さを有している。その偉大なワインは、存在感としなやかなミネラル、そしてフィネスを完璧なまでに調和させており、2002ヴィンテージではシャン・ガンの単一葡萄畑ワインを造ったシケの決断について私に疑問を抱かせる1本である。シャン・ガンという小さな葡萄畑は、アヴィズの低い位置にあり、チョーク質と同じくらい粘土が堆積した深い土壌を持ち、素晴らしく凝縮

された、ライトヘビー級のシャンパンを生み出す。それは誰もが持っているエレガントなアヴィズというイメージからはかけ離れているかもしれない。現在では少し流行遅れになっているかも知れないが、いくつかの畑をブレンドした方が、単一畑から造るシャンパンよりも完全なシャンパンに近づくという考え方は、この場合当てはまる。しかし何事につけ一般化は危険だ。このハウスの他の単一葡萄畑シャンパンに関しては、私はそのような留保はつけない。

　ヴォーゼル・テルヌはジャクソンの所有する最高の葡萄畑の中で最も小さい(0.3ha)もので、アイ村の南向きの斜面の中腹に位置している。それはほぼ間違いなくアイ村で最も完璧なピノ・ノワールを生み出す畑である。土壌は石灰質が主で、カンパニアン・チョーク質の岩盤の上を厚い沖積層が覆っており、水捌けがとても良い。地質学者でなくても、この畑が偉大な黒葡萄にとって特権的な畑であることは一目瞭然だ。1996年、葡萄は3基の600ℓの大樽(ドゥミ・ミュイ)で発酵させられ、早い時期のテイスティングで、すでに卓越したピノの壮大な骨格が確認できた。ローラン・シケはそのうちの1基を使って、ジャクソン・グラン・ヴァン1996を造った。残りの2基は、単一葡萄畑シャンパンのヴォーゼル・テルヌに用いられた。2004年のテイスティング・ノートに私はこう記している。「光沢のある金色…完熟した赤果実とジンジャー・ブレッドのアロマ…まさに1996そのもの、豊かで溌剌としており、ワインらしいコクがある…酸は収斂味があり、壮大な純粋さの後味」。

　ディジーからさらに西に行くと、ジャクソンの葡萄畑の中でも最も人を驚かすことの多いコルヌ・ボートレがある。ここで育つシャルドネはそれほど例外的ではない。葡萄は村の上方かなり高い位置にあり、森に近く南西の方向を向いている。土壌も純粋なチョーク質というわけではなく、どちらかといえば重いバーストーンの小石と粘土の混ざったものである。ところが、このような一見平凡な畑から、驚くほど活力のあるシャンパンが生み出される。後味に繊細な塩味(何故かは私に聞かないで)があり、それがこのシャンパンを上質なものに引き上げている。コルヌ・ボートレはまた酒質が一定であることが特長で、早熟であり、2000ヴィンテージ

はかなり良い仕上がりで、偉大な2002からはさらに良いものができている。

テール・ルージュはその豊かな土壌からこの名がついたが、オーヴィレールとの境界に向かって登るように広がっている畑である。ジャクソンの単一葡萄畑シャンパンのなかでも新しく、そのピノ・ノワールの果皮からかなり難しいセニエ法によってロゼ・シャンパンが造られている。それはテーブル用ワインで、ほとんどどんな料理にも合う——マグロのすし、シャルキュトリー、テリーヌ、オファル（豚の内臓料理、特に腎臓のソテー）、さらにはかなり強い匂いのするマロワール・チーズにも。

極上ワイン

（2008年4月ディジーにて試飲）

Jacquesson Avize Champ Gain 2004
ジャクソン・アヴィズ・シャン・ガン2004

レモン・ゴールド。きびきびしたミネラルが鼻腔にも口中にもはじけ飛ぶ。しかし旋律が単調で、3つの畑のブレンドである1996に見られる複雑さに欠ける。とはいえ大変美味しいシャンパンに変わりなく、肥満気味の2002よりもアヴィズの本道を行っている。

Jacquesson Dizy Corne Bautray 2004
ジャクソン・ディジー・コルヌ・ボートレ2004

神々しいグリーン・ゴールド。極細なレースのような泡。青リンゴの鮮烈な香り。まろやかでフル、しかしきめの細かいミネラルの緊張感がある。2002よりも爆発力が少なく優美さに勝り、より洗練され抑制されたスタイルへ方向を変えつつある。

上：ジャクソンのオークの大樽。フルで芳醇で、丸みのあるハウス独特のスタイルを造り出す。

Jacquesson Dizy Terres Rouges Rosé de Saignée 2003★
ジャクソン・ディジー・テール・ルージュ・ロゼ・ド・セニエ 2003★

収穫時の暑さを反映したのか、強烈なルビー色。イチゴの魅惑的で外向的な香り。口に含むと温もりがあり、アルコールが感じられるかもしれないが、優れた酸が全体を統一している。料理によく合う。

Jacquesson Avize Champ Gain 2002
ジャクソン・アヴィズ・シャン・ガン2002

明るい透明な金色。貴腐ワインのような完熟した香り。フレーバーは凝縮され、過充電されているようで、完全に円熟、やや華美な感もある。好きな人も多いだろうが、その大きさに戸惑う人もいるだろう。ブラインド・テイスティングで高得点を挙げる見栄えの良さがあるが、長く熟成するかどうかは疑問。

Jacquesson Dizy Corne Bautray 2002 [V]
ジャクソン・ディジー・コルヌ・ボートレ2002[V]

100%シャルドネ。麦藁の金色。果樹園の果実のアロマが濃厚で、ピノ・ノワールと間違えるほど。まさにテロワールは語る。最初と中盤に上品な果実香が噴出し、美しい塩味が締めくくる。

Jacquesson Aÿ Vauzelle Terme 2002★
ジャクソン・アイ・ヴォーゼル・テルヌ2002★

ピノ由来のピンク色がグラスの縁に映る。桃、洋ナシ、マルメロの昔ながらのアイ独特の香り。革の微香もある。美しい質感で、シルクやサテンのよう。偉大なピノの年にふさわしく、果実、木、ワインらしいコクが完璧に統合されている。本当に芳醇で、1996よりも雄大、時がたてばそれを上回るかもしれない。ほぼ完璧。

Champagne Jacquesson
68 Rue du Colonel Fabien, 51530 Dizy
Tel: +33 3 26 55 68 11
www.champagnejacquesson.com

VALLÉE DE LA MARNE | DIZY

Gaston Chiquet ガストン・シケ

匠の技を持つ物静かな頭領であるニコラス・シケは、シャンパンづくりの"進化した伝統"を体現するハンサムな旗頭である。彼は一家の歴史に誇りを持っている。第1次世界大戦の終わった1919年、ニコラスの祖父ガストンと大叔父フェルナンドは、商人から栽培家に転身し、自らその葡萄をシャンパンに変え、それを自らの商標で売り出す自家栽培醸造家の先駆けとなった。

それから90年、ニコラスとその実兄が所有する葡萄畑は、レコルタン・マニピュランにしてはかなり広い23haに上り、どれもプルミエとグラン・クリュで、ディジー、オーヴィレール、アイ、マレイユに広がっている。最近またランス北西の、果実味に富む雄大なムニエで名高いアードレ渓谷に1haの畑を購入した。興味深いことに、ムニエとシャルドネが同じ割合でシケの畑の80％を占めている。しかしそれらはいずれも特権的な場所にあるため、出来上がったシャンパンは飲み手に卓越したテロワールの感覚――それが生まれた地球の特別な部分の感覚――をもたらす。それは多くの畑のワインをブレンドするビッグ・ハウスのアンチ・テーゼである。たとえば、シケのシャルドネ100％のキュヴェは、独創的にも、アイ村のシャルドネだけを使用している。これはある意味、この偉大な白葡萄のもう1つの快楽主義的表現である。さらに言うと、そのワインがテイスターに語りかけてくるものは、伝説的な村（ピノ・ノワールで有名な）の偉大なテロワールについての話である。

ニコラスの才能はここに留まらない。彼のシャンパンは当然華麗であるが、同時に正確さと新鮮さ、ハーモニーを備え、本当に飲みたいと思わせる、それももう1本開けたいと思わせるシャンパンになっている。シャンパンとドイツ・ワインの専門家で、詩的な言葉を操るテリー・シースに言わせると、ニコラスのシャンパンは「鋭いノミで削ったような美しい彫像となっており、（中略）シャンパンの静かなる英雄」――つくり手をさらに上回る――である。そしてここには、無類の豊かな土地が表現され、当然オークはまったく使われ

右：才能豊かな醸造家であるニコラス・シケは、純粋さとテロワール志向の一家のワインづくりの長い伝統を黙々と守り続けている。

そのシャンパンは飲み手に卓越したテロワールの感覚——それが生まれた地球の特別な部分の感覚——をもたらす。それは多くの畑のワインをブレンドするビッグ・ハウスのアンチ・テーゼである。

ていない。ニコラスにとって最も大切なことは、オークの仮面を付けることなく果実とテロワールの純粋さでグラスを満たすことである。しかし一方で彼は、最近流行の過剰に還元された、退屈で、独りよがりの"クリーンな"ワインに走ることがないように自らを戒めている。それはこのドメーヌのような珠玉のシャンパンのつくり手にとっては必ずしも平坦な道ではない。

幸いなことに、この若者は優先順位を正しく決めている。ニコラスは高価な樽を購入するために多くの金を使うのではなく、シャンパンづくりのカギを握る設備に重点的に投資している——PAI（p.36参照）。それによって第1次圧搾の中心部から最高に純粋な果汁だけが搾汁される。それはシャンパンづくりにおける最も進んだ最新設備であり、常に先頭を行くというシケの伝統に新しい1ページを加えるものである。とはいえ、一家の最大の財産は地下深くに広がる壮大なセラーである。それが、シケが1930年代にディジーのアヴェニュー・デュ・ジェネラル・ルクレールの土地を購入した最大の理由であった。そのセラーでシャンパンは美しく熟成する——半分以上がムニエでできており、一般にあまり長く熟成できないと考えられているブリュット・トラディションでさえ、ここでは美しく熟成する。

畑では、葡萄は持続可能な栽培法に基づき入念に手入れされる。ニコラスは全体的質を高めるために数カ所の畑のワインをブレンドすることを好むが、彼がディジーの南向きの斜面の中腹のル・オー・ド・スシャンヌなど、ほぼ完全と言っていいほどの有名畑をいくつか持っていることは言うまでもない。要約すると、ここはあらゆる点でマルヌ渓谷で最もよく統率されているドメーヌである。

極上ワイン

（2008年7月ディジーにて試飲）

Gaston Chiquet Brut Tradition NV ［V］
ガストン・シケ・ブリュット・トラディションNV ［V］

45%PM、35%C、20%PN。2005と2004を60/40でブレンド。ドサージュは8g/ℓ。淡黄色。健康的な若い果実の香り——凝縮されすぎず、'05特有の辛口になりがちな抽出が、'04特有のエレガントな酸ときれの良いミネラルによって和らげられている。さらに複雑さを得る予感があり、支配的なムニエがすでにワインに丸みを持

たせている。自然な希釈されていないフレーバー。熟成させる価値がある。

Gaston Chiquet Blanc de Blancs d'Aÿ
ガストン・シケ・ブラン・ド・ブラン・ダイ

この名高いアイ・ブランは、実際はすべて2004——愛すべきシャルドネ・イヤー——の葡萄によるものだが、ラベルにはそう記されていない。いくつかの畑のブレンドで、中には西向きで明け方は露がたまり、日没後も温かい畑も含まれている。エレガントな、緑色が垣間見えるウェールズ・ゴールドで、泡は優しく柔らかい。しかし質感は豊麗でシルクのよう。高揚感あふれる酸が2010年以降グラン・ヴァンになることを保証している。

Gaston Chiquet Cuvée de Réserve Club
ガストン・シケ・キュヴェ・ド・レゼルヴ・クラブ

古典的なシャンパン・ブレンドで、シャルドネ、ピノ・ノワール、ム

VALLÉE DE LA MARNE | DIZY

ニエが3分の1ずつで、1998と2000ヴィンテージで構成されている。柔らかく泡が湧きでる黄金色で、良性の酸化の香り。エアレーションによってスパイシーな果実、力強く豊かなフレーバーが立ち昇り、上品で洗練されている。あと10年ほど進化し続け精妙さを増していくだろう。

Gaston Chiquet Brut Vintage 2000
ガストン・シケ・ブリュット・ヴィンテージ2000
60%PN、40%C。ドサージュは6g/ℓ。2008年2月にデゴルジュマン。ぞくぞくするような黄色で、緑色の光。完全に私好みのシャンパンで、私が探しているものすべてがここにある。緊張感、迫力、エレガントさ、フィネス。偉大なピノ・ノワールならではの桃のようなワイン。ニコラスは1999よりも2000の方が、出しゃばらず豊かな個性が感じられて好きだという。まったく同感で、さらに愉快になる。

上：ガストン・シケはディジーに良く手入れされた葡萄畑をいくつか所有している。この畑からは中世の教会が望める。

Gaston Chiquet Brut Tradition Rosé
ガストン・シケ・ブリュット・トラディション・ロゼ
同じく3つのシャンパン葡萄の古典的ブレンドで、ディジーとアイのルージュが15%加えられている。2002（偉大なるピノの年で、豊かで芳醇）と2004（きびきびしたミネラルの秀逸なシャルドネの年）の理想的な組み合わせ。星の輝き、優雅なイングリッシュ・ローズ。小さな赤果実の愛らしいピノの香り。果実味が豊かに感じられるが、依然として緊張感があり、新鮮だ。まさに技のさえを感じる。

Champagne Gaston Chiquet
912 Avenue du Général Leclerc, 51530 Dizy
Tel: +33 3 26 55 22 02
www.gastonchiquet.com

VALLÉE DE LA MARNE | MAREUIL-SUR-AŸ

Billecart-Salmon　ビルカール・サルモン

シャンパンの6大家族経営ハウスの1つであるビルカール・サルモンは、おそらく最もガリア的であろう——群衆に紛れず、潔癖であり、自らの強さを知り、それを堅持する。一家がマレイユ・シュル・アイに来たのは17世紀のことで、現在も村で最も美しい庭のある瀟洒な邸宅に住んでいる。ルイ13世に仕えた議会参事官であった彼らの先祖のピエール・ビルカールが、21世紀の今も繁栄しているこの落ち着いたヴィー・デュ・シャトーを見たならば、おそらくにっこりと微笑んだことであろう。ピエールの紋章であった全速力で走るグレイハウンドの意匠は、長い間ラベルを飾っていた。それは卓越したビルカール・サルモンのスタイルと血統を見事に象徴していた——エレガント、しなやかな四肢、俊敏、そしてシャンパンのレースでもたびたび先頭を駆け抜ける。

　もちろんワインの世界では何事も静止していない。現在一家を率いてフランソワとアントワーヌのロラン・ビルカール兄弟は、ただ過去を懐かしんでいるわけではない。彼らは先代のジャン同様、一家が受け継いできた遺産と伝統的なワインの価値に誇りを持ちながら、同時に最先端の技術を導入することに強い関心を持ち続け、時代の変化を鋭敏に察知している。フランソワがかつて私に言ったことがある。「常に新しい血液と考えを輸血しなければ、伝統はただ朽ちていくだけだ。」すでに導入されてから50年以上も経つが、ビルカールが果醪の処理工程に導入した醸造技術ほど過激なものはなかった。ドゥエーでビール醸造業を営んでいた兄弟の母方の祖父の知恵を借り、兄弟はためらうことなくシャンパン史上初めて清澄化工程(デブルバージュ)を導入した。それは果醪を5℃前後まで冷却し、澱の大部分を分離させるもので、その後温度は11〜15℃まで上げられ、それからゆっくりと3週間ほどかけて発酵させられる。こうすることによって、できたてのワインが酸化するのを完全に防ぐことができる。そのワインが非常に長寿で、しかも秀逸なまま生き続けることは、1999年にリチャード・ユーリンがストックホルムで開催した有名なブラインド・テイ

右：果醪を冷温で清澄化するためのステンレス・タンクの横に立つアントワーヌ・ロラン・ビルカール

174

すでに導入されてから50年以上も経つが、ビルカールが果醪の処理工程に導入した醸造技術ほど過激なものはない。それはドゥエでビール醸造業を営んでいた兄弟の母方の祖父の知恵を借りたものだ。

スティングで、衝撃的なまでに証明された。その時、どちらもオーク樽で発酵させたキュヴェ・ニコラス・フランソワ・ビルカール1959と1961は、他のすべてのシャンパンをテーブルの下に吹き飛ばしてしまった。

この誇り高きシャンパン・メゾンにアキレス腱があるとしたら、それは1926年まで遡る古傷であろう。その年シャルル・ロラン・ビルカールは、第1次世界大戦の終結以来達成してきたシャンパンの売り上げ増大を維持するため、抵当に入れていた一家の畑を売却しなければならなくなった。しかしフランソワが1990年代初めに会社を受け継いだとき、彼は最上の畑を持つ秀でた栽培家との間に構築されていた驚異的なネットワークに頼ることができた。そしてそのネットワークは、「セラーに搬入する果醪の品質を今すぐ上げてくれ」という彼の要請を快く受け入れてくれた。とはいえフランソワは、力のバランスがますます葡萄栽培家の方に有利に傾いていることを知っていた。なぜなら多くの栽培家が、彼らの最上の葡萄を自分自身のシャンパンのために使うようになっていたからである。そこで会社は決然と自社葡萄畑を増やすことにした。マレイユ・シュル・アイの周囲に30haを、次いで上質のピノ・ムニエで名高いダムリィの畑を9ha購入した。ビルカールはクリュッグ、ポール・ロジェ、ロデレール同様に、バランスの良いブリュット・ノン・ヴィンテージに愉悦をもたらす要素としてピノ・ムニエに高い価値を置いている。

世紀の変わり目以降深まっている混乱の中で、ビルカールが高い品質を維持できているのは、シャンパーニュ屈指の偉大なシェフ・ド・カーヴであるフランソワ・ドミの卓越した技術によるところが大である。しかしすべてにおいて最善を尽くすというビルカールの姿勢は、企業買収や所有者の交替が日常茶飯事となった厳しい21世紀のシャンパン界にあって、多くの財政的困難を招いている。2004年、一家は財政的基盤をより堅固にすることが必要であると認識し、会社の株の45％を、ランスに本社があるコンパニー・フィナンシエーレ・フレイに売却した。フレイは効率を優先する財政的な火消し役として評判が高い――当時ある高名なアイの栽培家は、これを評して次のように言った。「建物の内部が腐っているぐらいでは誰もフレイを訪ねない。訪ねるのは屋根が落ちかかっている時さ。」これはシャンパーニュ人特有のブラック・ユーモアかもしれない。しかし実際は、最後に笑ったのはビルカールだった。彼らは交換条件としてフレイが所有している80haのグラン・クリュの葡萄を使うことができるようになり、また会社の株の過半数を維持し、ワインづくりに関しては完全な支配権を握り続けることができたからである。いまのところ事態は順調に推移しているように見える。

現在生産高は170万ボトル（1990年代半ばの3倍以上）に届こうとしており、葡萄は40以上の畑からきている――ピノ・ノワールは大半がモンターニュ・ド・ランスからであるが、明るい果実味が特徴のオーヴのメレ・シュル・アルスも少し使っている。一方シャルドネはコート・デ・ブランからで、グラン・クリュが高い比率を占める。またピノ・ムニエはダムリィのような日当たりの良いマルヌ川右岸の一等地のほかに、川向うのルーヴリニーの盆地からのものも使っている。

現在シャンパーニュ地方で盛んに言われていることが、"区画別の醸造"ということである。ビルカールでは、各区画の個性を最大限引き出すために、ワインは品種別にというよりはむしろできるだけ細かく区画別に発酵させられている。それらは銀色に輝くステンレス槽で整然と並べられ、鍵となるブレンドの過程でフレーバーの可能性を最大限発揮できるように保管されている。そして1999年のストックホルムでのビルカール'59と'61の衝撃的な勝利以降、グラン・クリュの葡萄に限って、ヴィンテージ・キュヴェのために部分的にオーク樽による発酵が再開されている。最も古風で厳格なオーク学派の堅塁であるアルフレッド・グラシアンの下で修業し、オーク使いとそれに適したクリュについてのスペシャリストとなったデニス・ブリーが、1995年からこのプロジェクト

上：ビルカールでは徐々にオーク樽が再導入されている。それらはヴィンテージ・キュヴェやクロ・サン・ティエールのために使われる。

の監督を務めている。最初50樽から始めたその生産は、現在250樽に達しており、専用の建物で保管されている。オークのフレーバーが出過ぎないように細心の注意が払われ、樽の焼は軽度から中度で、まだヴィンテージ・キュヴェの3分の1が樽で発酵されているだけである。

オーク樽だけを使って発酵させている唯一のキュヴェが、クロ・サン・ティレールである。それはハウスに近い、周囲を壁で囲まれた1haの畑から採れるピノ・ノワールだけから造られる。これまでそのクロは、ビルカールの名高いロゼを締めくくる7％の貴重な赤ワインのためだけに使われていたが、今度は単独で、おそらく最も偉大な単一葡萄畑ブラン・ド・ノワールのための畑となった。その葡萄畑は一見したところそれほど特別には見えない。方向は真東を向き、村の反対側の南向きの優秀なクロ・デ・ゴワセほど恵まれているわけではない。またサン・ティレールの表土は深く、チョーク質も多くなく、凝灰岩に似た石灰岩からできている。しかし私の本能は教条主義的なワイン学を放り出し、そのワインに驚愕した。それは威厳に満ち、抑制された力に溢れ、古樹ならではの果実風味とコクを持ち、そのうえ才気に満ちたワインづくりのおかげでけっして重くなく、まさにビルカールの真髄であった。

極上ワイン

（2008年4月マレイユ・シュル・アイにて試飲）

Billecart-Salmon Clos Saint-Hilaire 1995
ビルカール・サルモン・クロ・サン・ティレール1995
溌剌とした黄金色。鼻腔でも口中でも非常にゆっくりと開いていく。大型で古風なピノ・ノワール・シャンパンで、すべての段階でピノ・ノワールの存在が微かに感じられるように造られている。いまのところ非常に辛口なので、ノン・ドゼが本当に良かったのか私にはわからない。しかし最初の挑戦にしては上出来。2020年までは熟成し続ける。

Billecart-Salmon Clos Saint-Hilaire 1996★
ビルカール・サルモン・クロ・サン・ティレール1996★
すべての試飲で、1995に比べ格段の前進を示していることを感じる。崇高なラッパスイセンの色で、レースのような泡立ち、'95よりも円熟した香りが広がり、黄色い核果実——桃、アンズ——、次にイチジク。口当たりは豪華だがしなやかで、偉大な力と骨格が清澄化によってコントロールされ、'95を抜き去った。完璧なドサージュ（3g/ℓ）。いま市場にある中で最高のブラン・ド・ノワールではないだろうか？　秀逸。

Billecart-Salmon Blanc de Blancs 1998
ビルカール・サルモン・ブランド・ブラン1998
ローラーコースターのような年——記録的な暑さだった8月、9月初旬の雨。最上のシャルドネだけを厳選し（主にグラン・クリュ・オジェ）、樽材の木の香りが前に出ることなくオークが全体の骨格を支えている。光沢のある緑・金色で、トーストのようなクリーミーな愛らしさが鼻腔にも口中にも溢れる。完璧なバランスの長い後味が続く。

Champagne Billecart-Salmon
30 Rue Carnot, BP8, 51160 Mareuil-sur-Aÿ
Tel: +33 3 26 52 64 88
www.champagne-billecart.fr

VALLÉE DE LA MARNE | MAREUIL-SUR-AŸ

Philipponnat フィリポナ

"アイには名前があり、マレイユには葡萄がある"というのは古くからのマルヌの格言であるが、意味するところは、マレイユのワインはその隣の有名な村のワインと肩を並べるか、時にはそれを超えるほどに素晴らしいということである。これは特にこの村の、周囲を壁で囲まれた偉大なる葡萄畑、フィリポナのクロ・デ・ゴワセにあてはまる。主にチョーク質でできたグリュッゲの丘に位置するその5.5haの畑は、マルヌ川に向かって30～45°の急勾配で落ち込んでおり、川に近いことで霜と夜間の冷え込みの心配があまりない。グリュッゲの丘の頂には聖母マリア像があり、フィリポナの急峻な畑で働く葡萄畑労働者に優しく微笑みかけている。その像は彼らの祖父たちが、願いが聞き入れられたことを感謝して建立したもので、その御加護か、マレイユは1944年8月11日のアメリカ空軍の一斉爆撃から難を逃れることができた。アイは不幸にもその空爆で、村の3分の1が破壊された。

古いフランス語の単語であるゴワセは、"厳しい労働"を意味する。クロで働く労働者たちは、3月初旬の斜面の上での作業を考えると思わず体が震えるという。氷雨が骨まで凍てつかせ、足元はぬかるみ、泥の中に倒れ込むこともしばしばだ。もちろんこれは最悪の時の話である。視点を変えると、そこはシャンパーニュにしてはめずらしい広さの壁に囲まれた夢のような葡萄畑で、川の浸食作用によって造られた急斜面は、コート・デ・ブラン、グランド渓谷・ド・ラ・マルヌ、そしてモンターニュ・ド・ランスが出会う戦略的な要所となっている。

こうして形成された丘の斜面は、マレイユ村から始まり、道路に沿って800m東に延び、ビスイユへと至る。心土は深く、地下100m以上の厚さがあり、その大半が純粋なベレムナイト・チョーク質である。またもう1つ重要な点は、表土が浅く痩せていることで、それは葡萄樹の根が容易に岩盤に到達できるということ、それゆえワインに比類なきミネラル――それは最高のテロワールから生まれたワインの証しである――が与えられ

右：マレイユ・シュル・アイの自宅でくつろぐシャルル・フィリポナ。名誉ある家業に復帰し、うれしそう。

クロ・デ・ゴワセはシャンパーニュにしてはめずらしい広さの壁に囲まれた夢のような葡萄畑で、そこでコート・デ・ブラン、グランド渓谷・ド・ラ・マルヌ、そしてモンターニュ・ド・ランスが出会う。

るということを意味している。

　さらに良いことに、このクロは真南を向いており、土壌も葡萄樹も太陽光線を垂直に受け、温もりを最大限に捕らえ、光合成をフル稼働させることができる。そのうえ、グリュッゲの丘がこの地方特有の西風から守ってくれる。その結果、葡萄の成熟期間中、このクロの平均気温はシャンパーニュ地方の平均気温を1.5℃も上回り、それは450km南のブルゴーニュと同じである。セラーの最大の目標は、このテロワールの恩恵を十分に享受したピノ・ノワールの力強さと豊潤さを完璧に表現することであり、そのピノのパンチ力をシャルドネがもたらす鋭い緊張感でバランス良くすることである。そのためこのクロの栽培面積は、偉大な白葡萄が2ha、優勢なピノ・ノワールが3haとなっている。

　全体の葡萄畑は14の区画、命名畑に区分され、それぞれ示唆に富む名前が付けられている。たとえば、ラ・デュア（困難）、グラン（またはプティ）・セントレ（この地方の言葉で、コートを掛けるハンガーを意味する）など。最も暖かく、急峻な場所はピノ・ノワールに与えられ、クロの上端や下端にはシャルドネが植えられている。葡萄の平均樹齢は30歳にもなり、収量は見事に調整され、糖分濃度は第1次発酵の後11%ABVに達し、シャンパンに仕上げられた段階では12.5%ABVにもなる。14区画は2区画ずつまとめて栽培され、その結果7つのベースワインが造られる。

　醸造法は非常にシャンパーニュ的でかなり保守的であり、それが少し影を落としているのではないかとさえ感じられる。発酵はステンレス槽で行われ、新鮮さを際立たせるためにマロラクティック発酵は行われず、すべてのキュヴェの第1次発酵にオーク樽を使うのではなく、熟成の時だけ、しかも全体の20%だけをオーク樽で熟成させるように厳しく制限している。すべてのキュヴェにオーク樽を使うやり方は常にクリュッグが行っている方法で、それによって出来立てのワインに酸化に対する免疫力を付けさせ、よりしっかりした骨格を与え、秀逸さを長く保たせることを目的としている。クリュッグが示したやり方に他の大手ハウス——ビルカール・サルモン、ジャクソン、アンリ・ジローなど——も追随し、単一葡萄畑シャンパンで行っている。クロ・デ・ゴワセのベースワインにおけるピノ・ノワールの比率を75あるいは80%まで引き上げ、それによってより複雑さを出し、この恵まれたテロワールの魅力を存分に発揮させた方が良いのではないかという意見もある。柔軟な考え方に切り替え、現代的なワインづくりの方法を少しずつ慎重に取り入れていけば、バランスを失うことなく、さらに上質になるのではないだろうか。

　とはいえ、こうしたことはクロ・デ・ゴワセの持つ記録の偉大さを少しも減ずるものではない。ここでは1956年以来ほぼ毎年のようにヴィンテージ・シャンパンが造られ、この地球の特別な断片がいかに優れた力量を持っているかを物語っている。暖かい年、ピノ・ノワールの力強さと豊潤さが全面に開花し、素晴らしく印象的なワインが生み出される。蜂蜜のような1976、官能的でモカのような1989、芳醇な1990。その1990は今でも潤沢な酸を有し、高齢をものともしない新鮮さがある。1985のゴワセは、収量が少なく、非常に凝縮されたピノ・ノワールを生み出したが、それについては思い出がある。1996年のある日のパリの会食で、中心的存在であったのがこのシャンパンであった。その堂々としたシャンパンは、ヤマシギのロースト、熟成されたトム・ド・サヴォア・チーズなどに完全にマリ調和していた。実際、熟成12年目の完熟期に入ったクロ・デ・ゴワセの後味は、チェリー、ミラベル（小さい黄色のプラム）、さらにはキルシュなどの核果の結晶化されたような独特の風味があり、ジンジャー、大茴香などのスパイスを利かせた広東風アヒルのロースト・プラム・ソースととても相性が良かった。良く熟成された芳醇なシャンパンは、スパイスや甘みの強い料理には、赤ワイン——たとえば良く出来たブルゴーニュと比べてさえ——よりも合うようだ。

　マリー・ブリザードの支配下に入ったみじめな時代の後、うれしい知らせが届いた。1999年、新しい所有者となったボワゼル・シャノワーヌが、当時モエの副社長であったシャルル・フィリポナに、戻ってきて再び家業を引き継いでくれないかと依頼したのだった。その年のクロ・デ・ゴワセは、飲みやすいがやや旨みのないヴィンテージの中で、他のほとんどのシャンパンを抜け出して精彩を放っている——良い前兆だ。

上：最初の単一葡萄畑シャンパンはこの急峻なフィリポナのクロ・デ・ゴワセから生まれた。

極上ワイン

（2008年4月マレイユ・シュル・アイにて試飲）

Philipponnat Cuvée "1522" 2000
フィリポナ・キュヴェ "1522" 2000

極上のブレンド・キュヴェ。60%PN、40%C、すべてがグラン・クリュ。円熟の金色。精妙な沃素香。ピノ主導の芳醇でまろやかな口当たり、ブラック・チョコレートが一瞬通り過ぎるが、きれの良いミネラルの後味。ロブスターやホタテ貝に合う。ドサージュは低く4g/ℓ。

Philipponnat Clos des Goisses 1999
フィリポナ・クロ・デ・ゴワセ1999

65%PN、35%C。優美な黄金色。白ワインよりも赤ワインに似た実質と力強さを持つシャンパンであるが、シャルドネのアロマの金細工のような繊細さもある。また、信じられないかもしれないが、古い家具の匂いもする。ほど良い重量感、バランス、長さ、愛撫するような口当たり。大半の '99を凌駕する。飲み頃は2009〜15。

Philipponnat Clos des Goisses 1991
フィリポナ・クロ・デ・ゴワセ1991

大砲のような1989，1990の後、1991は再びより古典的で、抑制されたスタイルへと回帰しフィネスと精妙さが強調された。スモークや革の開放的な香りの後、ブラック・チェリー、アカシア蜂蜜の甘い香り。膨らみ過ぎない上質な後味。シャンパン通のためのシャンパン、秀逸。今飲み頃。

Champagne Philipponnat
13 Rue du Pont, BP2, 51160 Mareuil-sur-Aÿ
Tel: +33 3 26 56 93 00
www.philipponnat.com

VALLÉE DE LA MARNE | CHÂLONS-EN-CHAMPAGNE

Joseph Perrier ジョセフ・ペリエ

ジョセフ・ペリエはシャンパンの秘宝である。それはマルヌの行政的中心地シャロン・アン・シャンパーニュに本部を置く唯一の歴史あるグランド・マルクである。ハウスは1825年に設立され、1880年代後半に現社長のジャン・クロード・フルモーヌの曹祖父ポール・ピトワが買収した。

ジャン・クロードは今では数少なくなった名門家族経営を維持している最後の1人で、現当主である(彼の場合、従兄弟で敏腕の起業家であるアラン・ティエノに財政支援を受けている)。思慮深く快活な人間であるジャン・クロードは、ランスの上流階級の血統を受け継ぎ、彼の父クロード・フォアマンは、ロベール・ド・ヴォギュエが1945年以降モエを再建する時、その右腕となった人である。ジャンはまたある意味で反逆者のような自由の精神の持ち主で、少し違ったやり方をして、怪獣の尻尾を引っ張ることを好む。そして出来上がった作品はどれも秀逸である。ジョセフ・ペリエのシャンパンはテロワールの特徴を明確に表現しながらも、ブレンドの技も見事に生かされている。もう1つこのハウスに特徴的なことは、その非常に広いセラーの全体が、天窓のある美しいチョーク質石灰岩で造られた建物の1階部分にあるということである。その建物はこんもりとした森に覆われた丘のずっと下の裾にあり、ワインの熟成にとって最適な湿度を享受している。

ハウスが追及しているのは熟成感と芳醇さであり、キュミエール、ダムリィ、オーヴィレールの日照の良い21haのピノ・ノワールの畑を基盤としている。しかし芳醇さがしつこくならないように、キュミエール生まれのシャルドネが適度な割合で巧妙に加えられるが、それとは別に、ヴィトリー・ル・フランソワの近くの、シャンパーニュ地方でも最も興味深い小区画から生まれるシャルドネも加えられる。そこのシャルドネはチョーク質の深い岩盤の上に育ち、ワインに緊張感と明確な焦点を付与し、コート・デ・ブランの優秀な代替品(しかもはるかに廉価)となっている。ヴィトリー・シャルドネはまたセザンヌ地区の田舎っぽい葡萄よりもより純粋できめが細かい。ヴィンテージ・ブリュットはこのハウス

右：ジョセフ・ペリエの現社長ジャン・クロード・フルモーヌの曹祖父が1880年代後半にこのハウスを買収した。

の礎石である。それは本当に作柄の良い年だけに造られ、逆さにした壜の中で長い歳月熟成させられる。今から15年ほど前、最初に1985を試飲した時の味覚を今も鮮明に思い出すことができる。最近古いヴィンテージを垂直テイスティングしたが(以下を参照)、

ジャン・クロード・フルモーヌは今では数少なくなった名門家族経営を維持している最後の1人である。しかし彼はまたある意味反逆者のような自由な精神の持ち主で、少し違ったやり方をして、怪獣の尻尾を引っ張ることを好む。

1985は今なおその凝縮された年の力強さを無傷のまま維持していた。しかしジョセフ・ペリエの本物のスターは、何といってもプレステージ・キュヴェ・ジョセフィーヌである。それは60%を占める完熟したシャルドネの素晴らしい表現で、ワインらしいフレーバーが満開である。これを造ったハウスの才能あるセラーマスター、クロード・ドフレインに敬服。

極上ワイン

(2008年7月シャロン・アン・シャンパーニュにて試飲。1990～1964までの古いヴィンテージは、今回のテイスティングのために手でデゴルジュマンされた。)

Joseph Perrier Brut Cuvée Royale Brut NV [V]
ジョセフ・ペリエ・ブリュット・キュヴェ・ロワイヤル・ブリュットNV [V]
35％C、35％PN、30％PM。明るい淡黄色。洋ナシをはじめ果樹園の果実の豊饒な熟した香りが立ち昇り、スパイスがピリッとくる。鋭敏なシャルドネが現れ、次に前キュヴェよりも増やしたドサージュ(7g/ℓ)によって一段と強調されたよく熟したピノ・ノワールとムニエのきめ細かい果実味が広がる。美しく長い後味。秀逸。

Joseph Perrier Blanc de Blancs Brut NV
ジョセフ・ペリエ・ブラン・ド・ブラン・ブリュットNV
コート・デ・ブランのグラン・クリュ、シュイィ、ル・メニル・シュル・オジェ、ベルジェル・レ・ヴェルチュ、マルヌ渓谷のキュミエール、そして全体の中で最も特異なヴィトリー・ル・フランソワ、これらのシャルドネの巧みなブレンド。生き生きとした淡い黄金色。パンチの利いたミネラルやレモンが鼻腔を襲い、レモンの中果皮(まさにヴィトリー)のような独特の舌にくるフレーバーが口中に広がり、豊かな丸み、太陽の暖かさを感じさせる。これはおそらくキュミエールのもたらすものであろう。長くとどまる心地良い後味。卓越したブレンドの技を感じる。

Joseph Perrier Brut Rosé NV
ジョセフ・ペリエ・ブリュット・ロゼNV
エレガントな色合いで、サーモンというよりは淡いバラ色。小さな赤いピノ果実の可愛らしい香り。まだとても新鮮だが、あと6カ月もすればワインの自然な個性と骨格が全面的に現れるだろう。しばらく置いていた方が良い。これは低いドサージュのたまものである。

Joseph Perrier Cuvée Royale Vintage 1999
ジョセフ・ペリエ・キュヴェ・ロワイヤル・ヴィンテージ1999
極上の酔わせるような果物の香り、次いでムニエ主導のパン屋の店先の香り。それは口中でも感じられ、上品な果実の表現もある。それほど複雑なワインではなく、ヴィンテージの指標以外の何物でもないが、この年の多くのヴィンテージ・ワインの上を行っている。

Joseph Perrier Josephine 2002★
ジョセフ・ペリエ・ジョセフィーヌ2002★
60％C、40％PN。まだ覆いの下に隠れている。大きな可能性を秘めたワインで、素晴らしいヴィンテージが生んだこの最高傑作を評する言葉が見つからない。淡黄金色。すべてのレベル——果実味、質感、ワインらしいコク——で見事に調和し、バランスが取れている。完璧で自然な熟成香。ドサージュの必要なし。壜熟でさらに熟成し、真の偉大なワインになること間違いなし。

Joseph Perrier Josephine 1998
ジョセフ・ペリエ・ジョセフィーヌ1998
緊張感、ミネラル、そして豊熟感、これらを見事に調和させた古典的で秀逸なワイン。フレーバーの核がしっかりし、美しく精妙。気高く高貴。これ以上望めない。

Joseph Perrier Josephine 1990
ジョセフ・ペリエ・ジョセフィーヌ1990
評価の高いヴィンテージのものにしては熟成が不十分に感じる。グラン・ヴァンに必要な生命力、躍動感に欠ける、少なくとも現段階では。

Joseph Perrier Josephine 1989
ジョセフ・ペリエ・ジョセフィーヌ1989
若い時も、中年にさしかかった時も常に偉大なワインであったが、人生の第3期に入ってさらに一段高みに上った。美しく進化した、焙煎、トーストのシャルドネのフレーバーを、静かで力強いピノ・ノワールが支えている。果実味はまだみずみずしく、生き生きとしている。

Joseph Perrier Josephine 1989
ジョセフ・ペリエ・キュヴェ・ロワイヤル1985
非常に収量の少なかったピノの年——初冬の霜害——の当初の凝縮感と力強さが今も健在である。20年以上も経っているのに、美しくバランスの取れた進化を継続しており、蜂蜜のように優しく、均整が取れている。美味しい。

Joseph Perrier Cuvée Royale 1975
ジョセフ・ペリエ・キュヴェ・ロワイヤル1975
琥珀のような金色。非常に進化した香りが広がる。急速に酸化が進んでいる。メントールやミントの背後に、素晴らしいヴィンテージのかつてのエレガントさと美しさが垣間見えるが、現在絶頂の時期を過ぎ、おとろえ始めている。

Joseph Perrier Cuvée Royale 1971
ジョセフ・ペリエ・キュヴェ・ロワイヤル1971
忘れた人もいるかもしれないが、70年代の最初の偉大なヴィンテージで、それ以降もこれを超えたヴィンテージはそう多くない。現在も美しい姿はそのままで、優美で気品がある。ウェールズ風の金色で、嫌味がない。泡の愛撫。筋肉の衰えは見えず、おそるべき骨格は頑強で、コクとフィネスも健在である。まさに"Drink me."と言っているよう。試飲の時吐き出したくなかった。神秘的なシャンパン。

Joseph Perrier Cuvée Royale 1964
ジョセフ・ペリエ・キュヴェ・ロワイヤル1964
もう1つの戦後の偉大なヴィンテージ——最盛期には。威厳と風格がまだ感じられるが、果実味は乾きつつある。このまま静かに寝せておきたい。

Champagne Joseph Perrier
69 Avenue de Paris, BP31,
51016 Châlons-en-Champagne
Tel: +33 3 26 68 29 51
www.josephperrier.com

VALLÉE DE LA MARNE | MARDEUIL

Beaumont des Crayères　ボーモン・デ・クレイエール

葡萄に対する需要が供給を上回り、インフレ圧力が増大する中で、このこぢんまりとした協同組合ほど価格からは想像できない非常に質の高いシャンパンを提供し、尊敬されているところはあまりない。1955年にマルドゥイユで結成されたボーモンは、現在いずれも優れた葡萄畑を所有する238人の組合員で構成され、畑の総面積は86haに上る。その大半が、キュミエールとオーヴィレールのプルミエ・クリュの斜面にある。またマルドゥイユ村自体の畑からも、非常に質の良いムニエと、明るく果実味に富んだピノ・ノワールが生み出されている。エペルネに近いこれらの丘の斜面は、土壌はまだチョーク質が優勢であるが、ここから先パリに向かって西に進むと、徐々に重くなっていく。

協同組合とは思えない質の高いワインを生み出している鍵は、ボーモンの組合員の所有している畑の1軒当たり平均面積がたったの0.5haしかないということである。その狭い畑は入念に手入れされ、葡萄の成熟のためにできることはすべて行われている。2007年に去るまでの20年間、稀有の才能を与えられたシェフ・ド・カーヴであるジャン・ポール・ベルテュスは、ここで情熱を込め細心の注意を払ってワインを醸造し続け、そのキュヴェのフィネスと芳醇さで絶賛を浴びた。

ここで私は1つ告白しなければならないが、実はかつて私は12カ月間ボーモンの広報相談役を務めたことがある。現在契約は切れているが、1人の独立した観察者として見るとき、本心から、現組合長で醸造長のオリビエ・ピアッツァへの引き継ぎは大成功だったと言える。彼もまた情熱的なワイン人間であり、農業技術者である。彼は持続可能な葡萄栽培とワイン醸造の最も自然な方法を追及している。彼はまた無類の美食家で、彼自身ボーモン・シャンパンとその料理との相性の良さに惚れ込んでいる。

入門者レベルのグランド・レゼルヴ・ブリュット★［V］は主にコート・ド・エペルネ・ムニエの優良株から造られ（50％）、注意深く選別されたシャルドネと少量のピノ・ノワールが加えられ、最初は輝くような果実味が、次いで驚くようなフィネスが感じられ、魅惑的なシャンパンとなっている。これは万能のシャンパンで、昼でも夜でも好きな時間に愉しむことができ、そのためかヨーロッパの優良レストランのグラス・シャンパンとして人気がある。ロゼはムニエを多く含み、キャンディーや果実味が溢れる大衆受けするワインである。良く造られているが、私を夢中にするスタイルではない。しかしこれは好みの問題で、質の問題ではない。反対に私好みなのは、最も価格の低いボーモンのヴィンテージ・シャンパン、フルール・ド・プレステージュで、多くのグランド・メゾンのノン・ヴィンテージ・キュヴェの価格を下回る。しかしその質ははるかに高く、優美さで群を抜くワインとなっている。1996と1998はまさに飛び抜けている。ノスタルジーはコクのある料理に良く合うシャンパンで、ムニエは入らず、セパージュはシャルドネ（65％）とピノ・ノワール（35％）である。プレステージ・ニュイ・ドールはさらにシャルドネが多くなっているが、まだ熟成まで時間がかかる。コート・デ・ブラン由来の独特のミネラル感がなく、ボーモンの特長である親しみやすさと解放的な豊かさに少し欠けている感がある。とはいえマルドゥイユはもちろん黒葡萄の村である。ヴィンテージ・ブラン・ド・ノワールやブラン・ド・ブランなどの新しく登場したワインは、高い質と潜在能力を持ち、数年後にははっきりとその実力を誇示するようになるだろう。

極上ワイン

(2008年7月マルデュイユにて試飲)

Beaumont des Crayères Nostalgie 2000
ボーモン・デ・クレイエール・ノスタルジー 2000
円熟の黄色で、緑色の光も見える。まろやかな柔らかい香りが立ち昇り、雄大で膨らみのある果実味が口いっぱいに広がる。収斂性はない。酸はやや低めだが、ワインらしいコクが良く抽出され、後味は美しく長く続く。魅惑的なスパイスの余韻。非常に美味しい2000、飲み頃。

Beaumont des Crayères Nostalgie 1999
ボーモン・デ・クレイエール・ノスタルジー 1999
2000よりも淡く古典的な色。ひきしまった新鮮な香り。口の中に長く留めておきたい味わいだが、奇妙にも鼻ではそれが感じられない。全般的に軽く平板。私が間違っているかもしれないが、今のところ良く出来たノスタルジー特有の内的充実とワインらしい旨みが欠け

185

ているようだ。'99らしいと言える。再度試飲したい。

Beaumont des Crayères Nostalgie 1998
ボーモン・デ・クレイエール・ノスタルジー 1998

2008年7月と8月の2回テイスティングをした。1回目は、溌剌とした金色で、かなり進んだ酸化の香り。泡はか細く消えやすかった。オリヴィエは圧搾の仕方に問題があると考えている。しかしその背後にあるワインは、砂糖漬けの果物の官能的な味覚、コクがあった。2回目はワールド・オブ・ファイン・ワインの会場で、私はこう記している。「全般に上出来。光沢のある緑‐金色。熟成感とミネラルのバランスが良い。厳粛さも感じられる。口にも鼻にも美味しく感じられ、きめの細かい長い後味が続く。」

Beaumont des Crayères Nostalgie 1996
ボーモン・デ・クレイエール・ノスタルジー 1996

アロマはまだきびきびとしており、部分的にしか開いておらず、'96らしい。豊潤な酸が鼻を突く。この年の特徴だが、現在フレーバーは変化の途上にあり、キノコや猟鳥獣の香りがする。アロマとフレーバーのバランスは良くなるのだろうか？ 今のところ '98の方が良いようだ。

Beaumont des Crayères Nostalgie 1988
ボーモン・デ・クレイエール・ノスタルジー 1988

トーストの心地よい完熟の香り。シャルドネがブレンドを牽引している。素晴らしい旨みが口いっぱいに広がり、精妙の極み。偉大な年から生まれた偉大なワイン。飲み頃。

Beaumont des Crayères Fleur de Prestige 1998
ボーモン・デ・クレイエール・フルール・ド・プレステージュ 1998

まさに賞賛すべき1本。まだきわめて新鮮で、非常に純粋で優美なアロマが自己分解の複雑な香りを伴って現れる。フルで、完熟した複雑な味覚。'98の美しい秀品。

(2007年4月試飲)

Beaumont des Crayères Fleur de Prestige 1996
ボーモン・デ・クレイエール・フルール・ド・プレステージュ 1996

極上の '96で、生き生きとした新鮮さと豊かな成熟感がうまくバランスをとっている。金色の中に明るいシャルドネの閃光がある。泡はレースのように細やかで、春の花のアロマにサンザシとスイカズラも混じる。温度が上がるにつれて、洋ナシ、モモ、ヘーゼルナッツのブーケが現れ、後味はシャンパンらしい大きなレモンの新鮮さ。ボーモンのエース。

Champagne Beaumont des Crayères
64 Rue de la Liberté, BP1030, 51318 Epernay
Tel: +33 3 26 55 29 40
www.champagne-beaumont.com

右：歴史を感じさせるコカール・プレスの前の組合長のオリビエ・ピアッツァ（左）と醸造家のピエール・ランバート。

このこぢんまりとした協同組合ほど価格からは想像できない非常に質の高いシャンパンを提供し、尊敬されているところはあまりない。グラン・レゼルヴ・ブリュットは万能のシャンパンで、昼でも夜でも好きな時間に愉しむことができる。

VALLÉE DE LA MARNE | VILLERS-SOUS-CHÂTILLON

Collard-Picard コラール・ピカール

マルヌ渓谷、リウイユ村のコラール家にとって、オークは常に彼らの古典的なピノ・ムニエ・シャンパンのための自然な器である。現在80歳を越え引退した家長となっているレネ・コラールは、フランスの外ではあまり知られていないが、シャンパーニュ地方の伝説的人物である。彼は数十年間変わることなく伝統的なシャンパン醸造法を守り続けてきた。そのきわめて長寿なムニエ・シャンパンは、オーク樽でのゆっくり行われる第1次発酵によって優しく空気に触れさせ、後の酸化に備える抗体を作っていく。マロラクティック発酵は行わず、壜詰めが行われた後、まさにこのメゾンの強みであるが、チョーク質の丘の中腹、なんと地下30mにも達しようかという深いセラーに寝かされる。

レネ一家がワインの長熟にどれほど真剣に取り組んでいるかは、現在もセラーに貯蔵されている膨大な数の古いヴィンテージの壜が物語っている。2007年には、1990が1万2000本、1976年でも8000本あり、1975〜1969もかなりの数に上る。われわれはレネの孫のオリヴィエとともに'75（私好みのヴィンテージ）をテイスティングした。青銅がかった金色で、緑色の光もある。白い花、カラメルで煮たリンゴ（タルトタタン？）、シナモンの多彩で華やかな香り。自然で芳醇な味わい、ピノの古樹特有のチョコレートも感じられる。最後まで新鮮さが続き完璧なバランス。それと同じくらい良かったのが'85ロゼで、サーモンの切り身の色、良く熟成されたピノ果実と、キノコ、森の下草のほとんどブルゴーニュというべき第三の上質なフレーバー。

'69は少しマデラ酒の感じがした――もう一度飲むためのうまい口実！

オリヴィエと妻のキャロライン（彼女はル・メニルにシャルドネのグラン・クリュを所有している）は現在、ヴィレール・スウ・シャティヨンのリウイユ村の斜面に10haのエステート――コラール・ピカール――を持っている。その村には彼の両親も別にコラール・シャルデルという名のエステートを持っている。コラール・ピカールには超現代的なデザインのワイナリーが建ち、最新鋭の圧搾機が2枚のステンレス有孔板の間に葡萄を挟んで搾っている。これにより圧搾時間が短縮された――素晴らしい進歩。最近導入された700ℓのオークの大樽が、新品にもかかわらず祖父伝来の方法に従ったワイン醸造のかなめ的役割を担っている。実際新オークの木の香りはここではさほど問題にならない。なぜならさらに大きなオーク樽と部分的にはステンレス槽も使われ、またキュヴェ・セレクト・ブリュットのような新鮮で美しい自然な果実味が持ち味の若いブレンドを作るための大樽も使われているからである。3つのヴィンテージのブレンドであるキュヴェ・プレステージュは、3つのシャンパン品種すべてを使い、オーク樽で発酵させている。生き生きとした芳醇な香り、エレガントな酸、木とワインがきれいに溶け合っている。プレステージュのヴィンテージもあり、2000と2002は澱の上に長く寝かせていたため、長く複雑な味と香りを示している。コラール・ピカールは目の離せない生産者である。

極上ワイン
(2008年10月試飲)

Collard-Picard Cuvée Prestige NV
コラール・ピカール・キュヴェ・プレステージュ NV
2003、2002、2001の3つのヴィンテージのブレンドで、ピノ・ノワール、ムニエ、シャルドネを黒対白50/50でアッサンブラージュした古典的なシャンパン。果実の香りが広がり、フルで豊満。しかしある程度のフィネスも保持している。

Collard-Picard Rosé Brut NV
コラール・ピカール・ロゼ・ブリュット NV
2002と2001のアッサンブラージュで、ピノ・ノワールとムニエからセニエ方式で造られている。凝縮された深い色で、赤に近い。シャルキトリーや、腎臓のソテーのような臓物料理、広東風アヒル料理などに非常によく合う。

右：オリヴィエ・コラールとその父ダニエル。それぞれ独立したエステートを持ち、レネ家のワインを継承している。

Champagne Collard-Picard
61 Rue du Château, 51700 Villers-sous-Châtillon
Tel: +33 3 26 52 36 93
www.champagnecollardpicard.fr

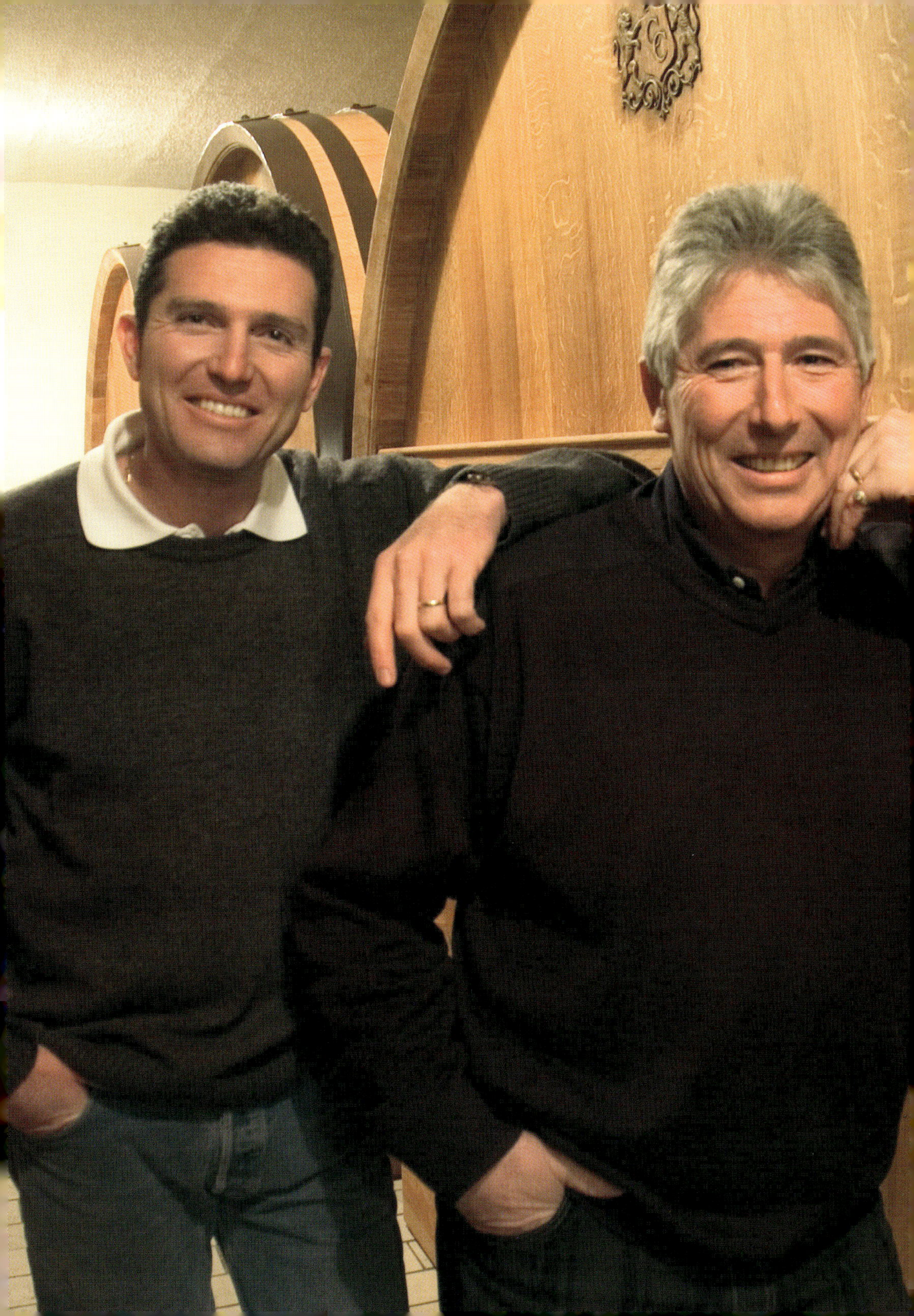

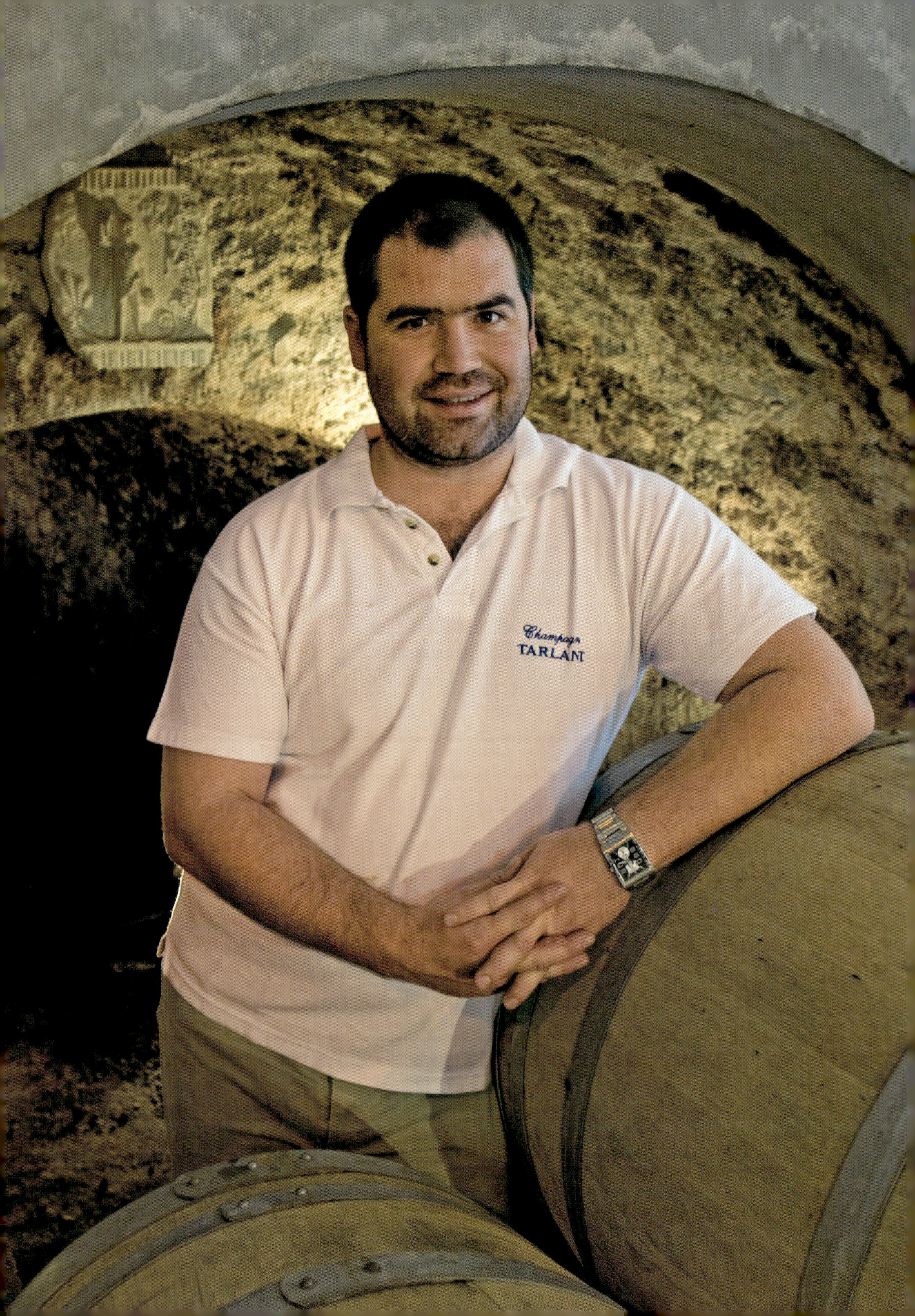

VALLÉE DE LA MARNE | OEUILLY

Tarlant タルラン

ピエール・タルランがマルヌの葡萄畑を手入れしていたのはドン・ペリニヨンと同じ頃（1695年頃）で、一家が自分たちでシャンパンを造り最初に壜詰めして売り出したのが1929年であった。現在ジャン・マリー・タルランと息子のブノワは、マルヌ渓谷の中心に13haの葡萄畑を所有している。4つの異なったクリュにある48区画は、主にウイィ、ブールソール、サン・アニャン、セル・レ・コンデなどアルヌ川の南岸の村々にある。この辺りの土壌は砂、小石、石灰石、チョーク質の混ざったもので、組成も斜面の上と下ではかなり異なっている。葡萄畑の方向は南向きというよりはおおむね北向きなので、川に近接していることが葡萄の生育に適した微気候を作りだしているということがわかる。セラーでの入念な良く考えられた仕事がなければ、このようなテロワールの葡萄から最大限の力を引き出すのは難しい。

一家はいくつかの単一葡萄畑シャンパンを造っているが、その中でもすぐに最上と分かるものが、クリュッグに似たキュヴェ・ルイである。それは彼らの最も古い葡萄畑の樹齢60年の古樹から造られる。

幸いジャン・マリーは完璧なプロフェッショナルで、CIVC技術部門の責任者を務め、フランス葡萄ワイン技術研究所の元会長であった。彼は各区画の個性を発揮させるために、一貫して各区画の葡萄を別々に醸造している。彼はこれを達成するためには、主にオーク樽を用いた発酵が何より大切だと考えている。オーク樽はいわばタルランのカノン砲のようなもので、その小宇宙の中でワインと木のある種の共生関係が生まれている。

そのワインは非常にしっかりした骨格を有しており、アロマとフレーバーの正確さで際立っている。しかしタルラン一家はただ気候に順応しているわけではない。ワインの個性を確立するため、いくつかのキュヴェをステンレス槽で発酵させ、その活力を持続させている。見習うべきその裏ラベルには、壜詰めとデゴルジュマンの日付が記されている。

一家はその哲学に従って、いくつかの単一葡萄畑シャンパンも造っている。その中でもすぐに最上と分かるものが、クリュッグに似た風味を持つキュヴェ・ルイである。それは彼らの畑のなかでも最も古く、チョーク質が最も優勢なレ・クレイヨンの樹齢60年の古樹の葡萄から造られ、いつも3つのヴィンテージのブレンドである。タルランのヴィンテージ・ワインも秀逸で、特に1996が良い。またロゼも素晴らしく、ブリュットとエクストラ・ブリュットの2種類がある。

極上ワイン

(2008年3月試飲)

Tarlant Cuvée Louis Extra Brut NV
タルラン・キュヴェ・ルイ・エクストラ・ブリュットNV
50%C、50%PN。ドサージュは3g/ℓ。1998主体に1997と1996も少量。すべてオーク樽（過去4回使用）で発酵。マロラクティック発酵なし。澱の攪拌を定期的に行う。オーク樽で7カ月熟成。黄金色で、水晶のような細かな泡の紐。力強く膨らみのある香りが立ち昇り、オークが適度な影響を与え、乾燥アンズ、バニラ、トーストの香り。壮大な口当たりで、しっかりと構成されているが、まろやかで豊満。愛らしい蜂蜜も感じられる。豪華な料理が並ぶお祝いの席に最適の1本。

Tarlant Brut Prestige 1996
タルラン・ブリュット・プレスティージュ 1996
3分の2がシャルドネで3分の1がピノ・ノワール。ここでもマロラクティック発酵なし。酸が優勢なこの年にしては勇気ある決断。しかしそれがうまく作用した。バター・トーストやブリオッシュの気持ち良いシャルドネ主導の香り、口に含むと黒果実の芳醇な熟成感、甘草の気配もあり、非常に長い後味が続く。

Tarlant Rosé Zéro Dosage NV
タルラン・ロゼ・ゼロ・ドサージュ NV
2003と2002のブレンド。シャルドネ主体で、ピノ・ノワールの赤ワインが15%加えられている。両年の完熟した葡萄が見事に表現されており、ピノが小さな赤果実のフレーバーで自己主張し、シャルドネのみずみずしく豊かで新鮮な味わいを補完している。戸外での食事にぴったりで、仔牛の丸焼きがあれば最高。

左：父ジャン・マリー・タルランと同じくその息子のブノワ・タルランも、自然に対する尊敬を最大限表現できるようセラーの技術を磨いている。

Champagne Tarlant
51480 Oeuilly/Epernay
Tel: +33 3 26 58 30 60
www.tarlant.com

VALLÉE DE LA MARNE | DAMERY

Louis Casters　ルイ・カステール

ジャン・ルイ・カステールとその息子ジョアンは、ダムリィの葡萄栽培家の4代目、5代目で、一家は1880年にすでに自身のシャンパンを造り販売していた。現在ネゴシアンとなり、マルヌ渓谷のダムリィ、ヴォーシエンヌ、リウイユ、ビンソン、シャティヨンの7.5hの自家畑の他に、40haの畑から、特にコート・デ・ブランから葡萄を購入している。ハウスの主な市場はEU全域の高級レストランと、70%前後を占める海外市場である。

私はカステールのシャンパンの良さをいつも身近に感じている。というのは特に彼らの美味しいロゼが、エペルネのレ・ベルソー・ホテルのビストロ・ル・7でマグナムからのグラスで供されているからである。時にはストレスのたまることのある旅から帰ったとき、このワインほど心を静め、美味しい食事の前の喉の渇きを潤してくれるものはない。

すべての良心的な生産者がそうであるように、カステールのやり方は、葡萄畑でもワイナリーでも、進化する伝統と呼ぶべきものである。彼らは彼らの祖父母がしてきたように、葡萄樹と土をこよなく愛し尊敬している。

すべての良心的な生産者がそうであるように、カステールのやり方は、葡萄畑でもワイナリーでも、進化する伝統と呼ぶべきものである。彼らは彼らの祖父母がしてきたように、葡萄樹と土をこよなく愛し尊敬しており、持続可能な栽培方法で収量を調整し、化学肥料と殺虫剤は使用しない。セラーでは、葡萄畑での入念な仕事を強調できるものであるならば、最新の技術も進んで導入する。

シャンパンの種類はそう多くはないが、どれも興味深く、いくつか秀逸な掘り出し物もある。キュヴェ・スペリューリュはムニエ100%で、アペリティフにもコースのお供にも良く、マルヌ渓谷のこの地域を代表する1本である。ブリュット・セレクションは100%ピノ・ノワールで、グランデ・レゼルヴは100%シャルドネである。キュヴェ・ウージェーヌはグラン・クリュ・シャルドネを主体に造られている。しかしこのセラー最高のシャンパンといえば、やはりキュヴェ・JLである。この8年以上熟成させたエクストラ・ブリュットは精妙さの極みであり、まさに本物の味わいである。カステールはこの他にも、伝統的なマール・ド・シャンパンや、シャンパンに使う葡萄とアルコールで造る地元のアペリティフ、ラタフィアも製造している。

極上ワイン

(2008年10月エペルネにて試飲)

Louis Casters Brut Sélection NV ［V］
ルイ・カステール・ブリュット・セレクションNV ［V］
ピノ・ノワール100%ということから予想される通り、鮮烈な黄桃色でフル・ボディであるが、感動的なフィネスを持つ非常に精巧に造られたシャンパンでもある。白肉、特に鶏や牛乳で育てた仔牛によく合う。値段の割に非常に価値の高い1本。

Louis Casters Rosé Brut NV
ルイ・カステール・ロゼ・ブリュットNV
ピノ・ノワール、ピノ・ムニエ、シャルドネをほぼ3分の1ずつの興味深いアッサンブラージュ。光沢のある美しいサーモン・ピンクで、泡は微細で持続性がある。クリームのような口当たりで、特にシャルドネがワインにフィネスと独特の躍動感をもたらしている。一方シャンパンとして醸造された2種のピノと、付け加えられた少量の赤ワイン由来の大らかな果樹園の果実のフレーバーもある。

Louis Casters Cuvée JL Extra Brut
ルイ・カステール・キュヴェ・JL・エクストラ・ブリュット
セラーのトップ・ワインで、65%C、20%PN、15%PMの1999、1998、1997の3ヴィンテージのブレンド。若々しい輝きがあり、黄色の中に緑色の反射もある。力強くスパイシーで長い味わいの快楽主義的なスタイルで、熱帯の果物や木の実が前面に飛び出している。

Champagne Louis Casters
26 Rue Pasteur,
51480 Damery
Tel: +33 3 26 58 43 02
www.champagne-casters.com

VALLÉE DE LA MARNE | CHÂTEAU-THIERRY

Pannier パニエ

パニエ&Coは、パリから80kmに位置する西エーヌ地方の中心地シャトー・ティエリーの生産者たちによって作られたコヴァマ・シャンパン協同組合のブランド名である。合わせて624haの畑は主にヴァレ・ド・ラ・マルヌにあり、ムニエが中心であるが、モンターニュ・ド・ランスやコート・デ・ブランにもある。

ワインは、協同組合が1974年にシャトー・ティエリーに移ってきたときに購入した中世のアーチ型貯蔵所や墳墓で熟成されている。醸造はすべてにわたって堅実で、最新の設備も導入されている。そのヴィンテージは秀逸で、特にプレステージ・キュヴェであるエジェリ・ド・パニエは時に記憶に残る秀品となる。入門者レベルのブリュット・トラディションは主にムニエから造られる（50%以上）本当に頼りになるシャンパンである。淡いが力のある色をし、泡は微細で持続性があり、果実味が鮮明でワインらしいフレーバーもある。最近出されたブラン・ド・ノワールも鮮烈で素晴らしく、ランスのシャトー・レ・クレイエールのレストラン、ディディエ・エレナのワインリストに挙げられているのもうなづける。

極上ワイン

(2006年7月シャトー・ティエリーにて試飲)

Pannier Blanc de Noirs NV
パニエ・ブラン・ド・ノワールNV
ピノ・ノワール主体のアッサンブラージュであるが、上質のムニエも少し加えられている。鮮明な黄色で、縁の周りにピンク色も見える。桃、チェリー、アンズの果樹園の果実の豊かな芳香が立ち昇り、口当たりはまろやかでしっかりしているが、嫌みはない。料理によく合う。

Egérie de Pannier Rosé de Saignée NV
エジェリ・ド・パニエ・ロゼ・ド・セニエNV
80%PN（色を出すために最初は果皮も加えている）で、フィネスを出すためにシャルドネが20%加えられている。オレンジの皮、コンポート、カラメルなどの珍しいフレーバーのある独特のピンク・シャンパン。

Egérie de Pannier Extra Brut 1999
エジェリ・ド・パニエ・エクストラ・ブリュット1999
50%PN（少量のムニエ）と50%C。1999の秀品。フィネス、しなやかさ、そして模範的なバランス。素晴らしく長い後味。ヴァン・ファン。

Champagne Pannier
23 Rue Roger Catillon,
BP300, 02400 Château-Thierry
Tel: +33 3 23 69 51 30
www.champagnepannier.com

6　最上のつくり手と彼らのシャンパン

エペルネとコート・デ・ブラン

エペルネは、その地理的位置と経済的重要性から、実質的なシャンパンの首都である。2万4000人が住むこの小さな活気にあふれた町は、コート・デ・ブランの北端とマルヌ渓谷の中心部を結びつける位置にあり、あたかもブドウ畑の心臓としての役割を果たしている。市街部の面積はランスの10分の1ほどしかないが、シャンパンの生産量はそれに匹敵する。町には37のシャンパン企業があり、住民のほとんどすべてが何らかの形でシャンパンの生産に関係している。その全体を牽引しているのが、年間3000万本を生産するシャンパン界の巨人、モエ・エ・シャンドンである。モエは、世界のどこかで6秒間に1度開栓されていると言われている。その膨大な生産量にもかかわらず、モエのシャンパンはどれも秀逸で、日々進化している。それを支えているのが、優秀な技術的管理と、2人の偉大なワイン生産者、ドン・ペリニョン製作担当のリシャール・ジョフロワと、モエのブリュット・インペリアルの品質を劇的に向上させた若き天才シェフ・ド・カーヴ、ブノワ・ゴエズである。

レピュブリック広場近くにあるモエの黄色い巨大な建物は、小さな県都にしては広すぎるシャンパン大通りを見下ろしている。大通りは一部遊歩道となっており、夏には多くの観光客が往来する。モエの本部の向かい側には19世紀に建てられた2つの白い建物があるが、それは以前モエ一家が住居にしていたところである。その中庭の奥にある少し低くなった庭園と印象的な形をした温室は、フランス人細密画家ジャン・バティスト・イザベイヨが設計したものである。さらに大通りを北に向かうと壮大なシャトー・ペリエが見えてくるが、そこには現在市の図書館と美術館が入居している。さらに進むと、シャンパン大通り44番地にポール・ロジェのシャトーがあるが、そこはかつてウィンストン・チャーチルが"世界で最も飲みごたえのある住所"と評したことで有名である。チャーチルは実に確かな味覚を持っていた。なぜならポール・ロジェは今でも、最も安定した質の美味しいノン・ヴィンテージと、エペルネで一番秀逸なヴィンテージ・シャンパンを造り続けているからである。通りを上りつめた右側に、メルシエの醸造所があるが、そのシャンパンは主にフランス国内で販売されている。その地下セラーは16kmの長さの回廊となっており、専用のミニ電車が毎日1回走っている。

好奇心旺盛な愛好家のために

再び町の中心部に戻ると、そこにはシャンパン業界を統率するCIVC (Comité Intérprofessione du Vin-de Champagneの略)の本部があり、ハウスと栽培家の両方の利害をソロモンのように裁いている。しかしCIVCはシャンパン業界全体の広告塔としても実に目覚ましい活躍をしている。もっとよく知りたいシャンパン愛好家のために言うと、町の西側マレシャル・フォッシュ通りのはずれに、珠玉のような家族経営のシャンパン企業が点在している。最近の私の最も大きな発見は、レジェ・ベルタン通りのヴァンサン・テチュラである。そこは非常に納得のいく価格で、優れたシャンパンを提供しており、その良さを私は身をもって、つまり口で確かめた。彼はドメーヌの周囲の丘、コート・ド・エペルネに、名は知られていないが非常に優れた畑を18haほど持っている――その畑のムニエに、シャルドネとピノ・ノワールを適度にブレンドすれば、素晴らしく上品な、表現力に富んだシャンパンとなる。ヴァンサンと、その近くのシャヴォー村のティエリー・ラエルトの畑は、どちらもキュヴリー渓谷の上部に位置し、魅力的な過渡的テロワールの上に位置している。ここではファレーズ(ファレーズは崖の意味)・ド・シャンパーニュのチョーク質はシルト、砂岩、重すぎない粘土に席を譲っている。ティエリーはその土壌からのワインを別個に壜詰めして、ドメーヌがどれほど多彩なシャンパンを生み出すことができるかを示している。

エペルネには私のお気に入りのレストランが2つある。レ・ベルソー・ホテルのビストロ・ル・7は、信じられないくらい安い値段で、とびきり上等のビヤホール料理を提供している。その同じ巨大なキッチンでは、ホテルのメイン・レストランのために、オーナーシェフであるパトリック・ミシュロンが采配を振るっている。そのレストランはミシュランの1つ星であるが、絶対2つ星

右：列の上にまた列が連なる、シャンパンで最も偉大なシャルドネの産地コート・デ・ブラン。

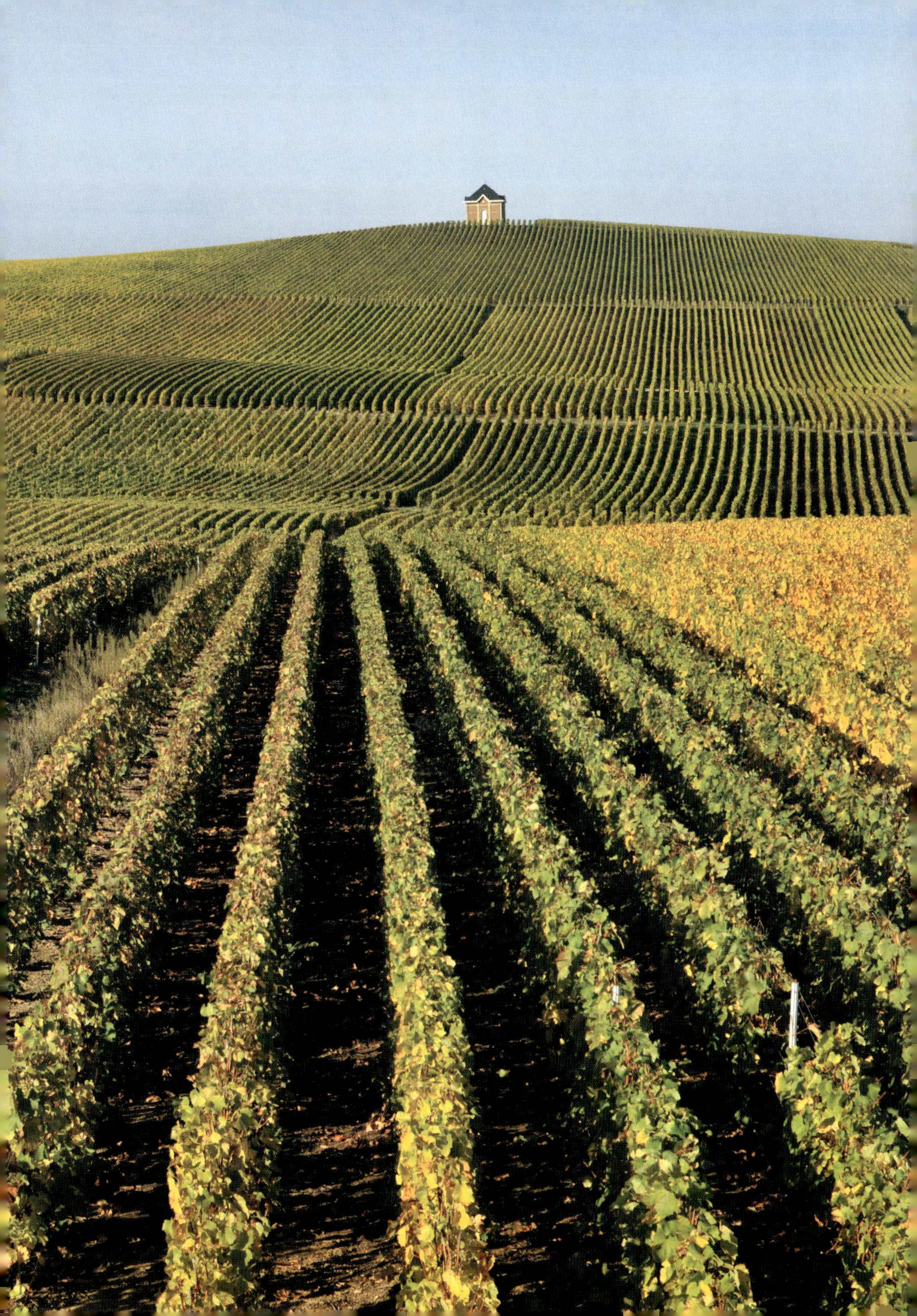

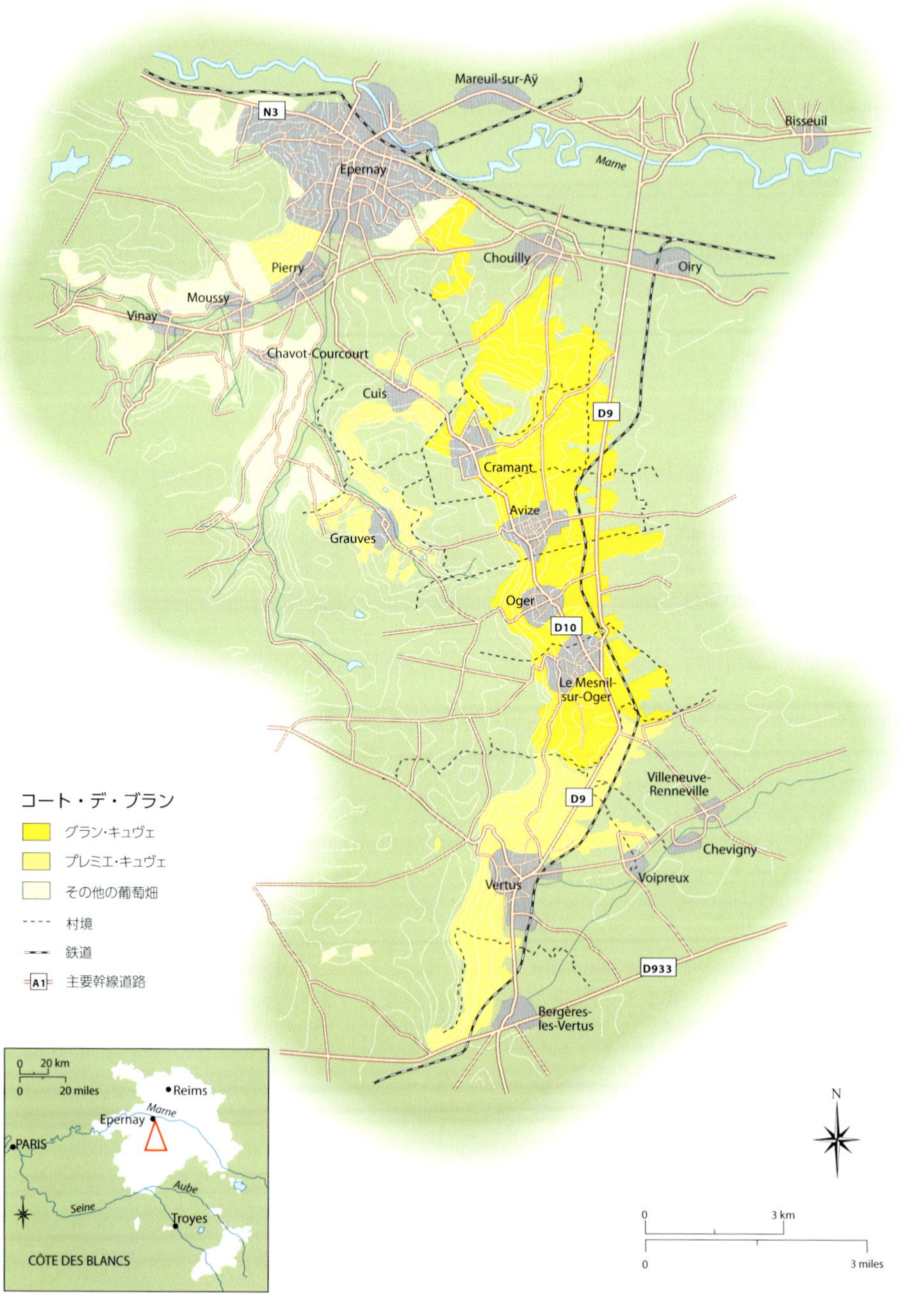
Mareuil-sur-Aÿ
N3
Bisseuil
Marne
Epernay
Chouilly
Oiry
Pierry
Moussy
Vinay
Chavot-Courcourt
Cuis
D9
Cramant
Avize
Grauves
Oger
D10
Le Mesnil-sur-Oger
Villeneuve-Renneville
D9
Chevigny
Vertus
Voipreux
D933
Bergères-les-Vertus
コート・デ・ブラン
グラン・キュヴェ
プレミエ・キュヴェ
その他の葡萄畑
村境
鉄道
A1
主要幹線道路
0
20 km
0
20 miles
Reims
Marne
Epernay
PARIS
Aube
Seine
Troyes
CÔTE DES BLANCS
N
0
3 km
0
3 miles

にすべきだ。

コート・デ・ブラン

　コート・デ・ブランは名前が示す通り、白葡萄の地区である。それは標高180m前後の細長い菱形の丘で、エペルネーシャロン間のN3道路の南側にまっすぐに南下する県道9号線に沿って20kmの長さで伸び、モン・エームの麓の村ベルジェル・レ・ヴェルテュに至る。その村はワーテルローの戦いで、ロシア皇帝ニコライ2世が連合軍を閲兵したことで有名である。かなり大きなピノ・ノワールの畑を持つヴェルテュを除き、コートは圧倒的にシャルドネが支配しているが、それはシャンパーニュのどの地域も及ばないほどの複雑さの極みに達しており、特別な存在である。その斜面はモンターニュ・ド・ランスの北東の斜面よりもはるかに勾配がきつく劇的であり、第三期の表土は全般に薄い。ル・メニルを例にあげると、表土は実際に非常に浅く、葡萄樹は直接白亜紀チョーク質に根を張っている。そのためこのグラン・クリュから生まれるワインは、若いうちは口内を焦がすほどに酸味が強いが、素晴らしい成分を与えられているため、偉大なヴィンテージは20年、時には30年も長く生きるワインとなる。

キュイ

　コートへはエペルネ市内を迂回する道路の西側から延びる裏道を通って行くのが良い。シャヴォーを抜けて険しい坂道を上っていくと、最初の村、キュイ村に着く。そこは秀逸なシャルドネ・シャンパンを最も安定的に送り出しているピエール・ジモネの本拠である。一家が葡萄栽培を始めたのは1750年のことで、その時からワイン醸造を行っていたが、自家シャンパンの生産を始めたのは、大恐慌後ピエール・ジモネが妻と子供たちにもっと良い生活を送らせてやりたいと決心した1930年代からである。その息子のミシェルが1955年に跡を継ぐと、家業は大きく発展した。悲しいことに彼は2008年に他界してしまった。現在ミシェルの2人の息子、オリヴィエとディディエが人も羨むその25haの自家畑を継承し、さらなる高みを目指している。現在流行の単一葡萄畑シャンパンは彼らとは無縁である。なぜなら兄弟の強みは、彼らが所有している葡萄畑の広がり、大きさ、多様性だからである。コートでも北部のグラン・クリュ、シュイィとクラマンの最高の区画に生える古樹、お膝元のキュイの元気いっぱいの収斂性。彼らはこの例外的に恵まれた素材をブレンドすることによって、全体としてより秀逸でより精妙なワインを造ることができると信じている。グランド・メゾンも自家栽培醸造家も考えることは同じである。

クラマン

　丘の頂上の村クラマンへと上っていくにつれて、勾配はますますきつくなる。ここはコートで最も早くグラン・クリュに格付けされた村の1つである。円形劇場のように広がる葡萄畑を見下ろす高台に立ち、東、南東、さらには真南を向く斜面を眺めれば、ここがシャルドネの成長にとってどれほど素晴らしい土地であるかが一目瞭然である。その偉大な白葡萄は、心土の豊かなミネラルによって生き生きとした躍動感を与えられ、それとバランスを取るかのように、この冷涼な地には例外的といえる暖かい日照を一身に受けて伸びやかに育っている。歴史的にみると、シャルドネはこの地ではどちらかといえば新参者で、コートで優勢になったのはようやく18世紀になってからである。そしてその結果、この地区の土地の価格は800%にも跳ね上がった。クラマンの命名畑はそれぞれ個性を持っている。この地の偉大な葡萄栽培家——たとえばジャク・ディエボル、オリヴィエ・ジモネ、ベルトラン・リルベール——に訊けば、次のような答えが返ってくるであろう。西側の斜面の中腹、ピモンはフィネスが特長であり、ラ・クロワは酸と凝縮力、ビュット・ド・サランに隣接する南東向きのさらに険しい斜面グロ・モンとボウゾンは、力強さと奥行き、さらにはディエボルとジモネが幸運にも手に入れることができた50～100年の古樹を持っている。

シュイィ

　エペルネの東側の大きな村シュイィは、以前はプル

次頁：コートで最初にグラン・クリュに格付けされた村クラマンを望む。

197

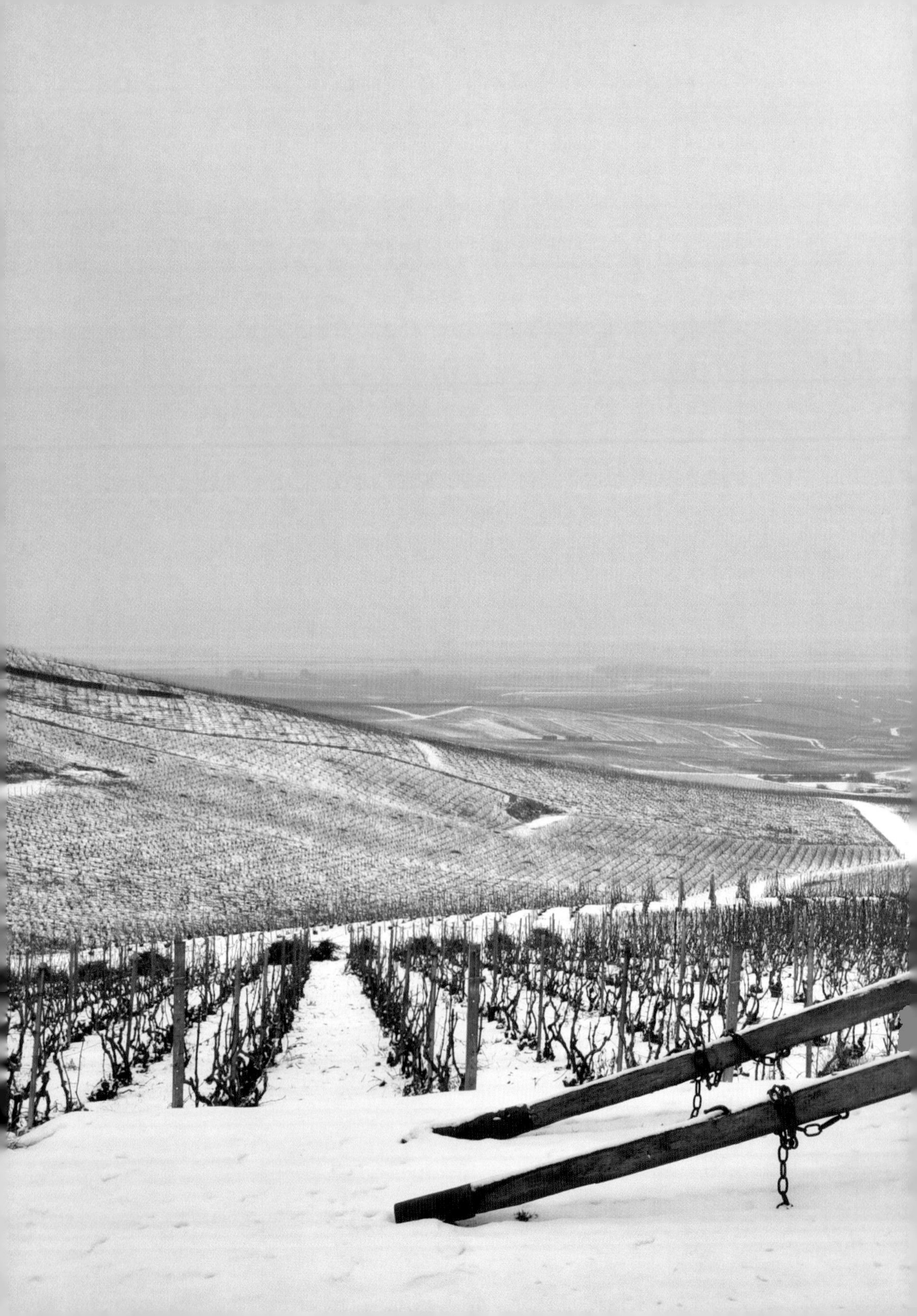

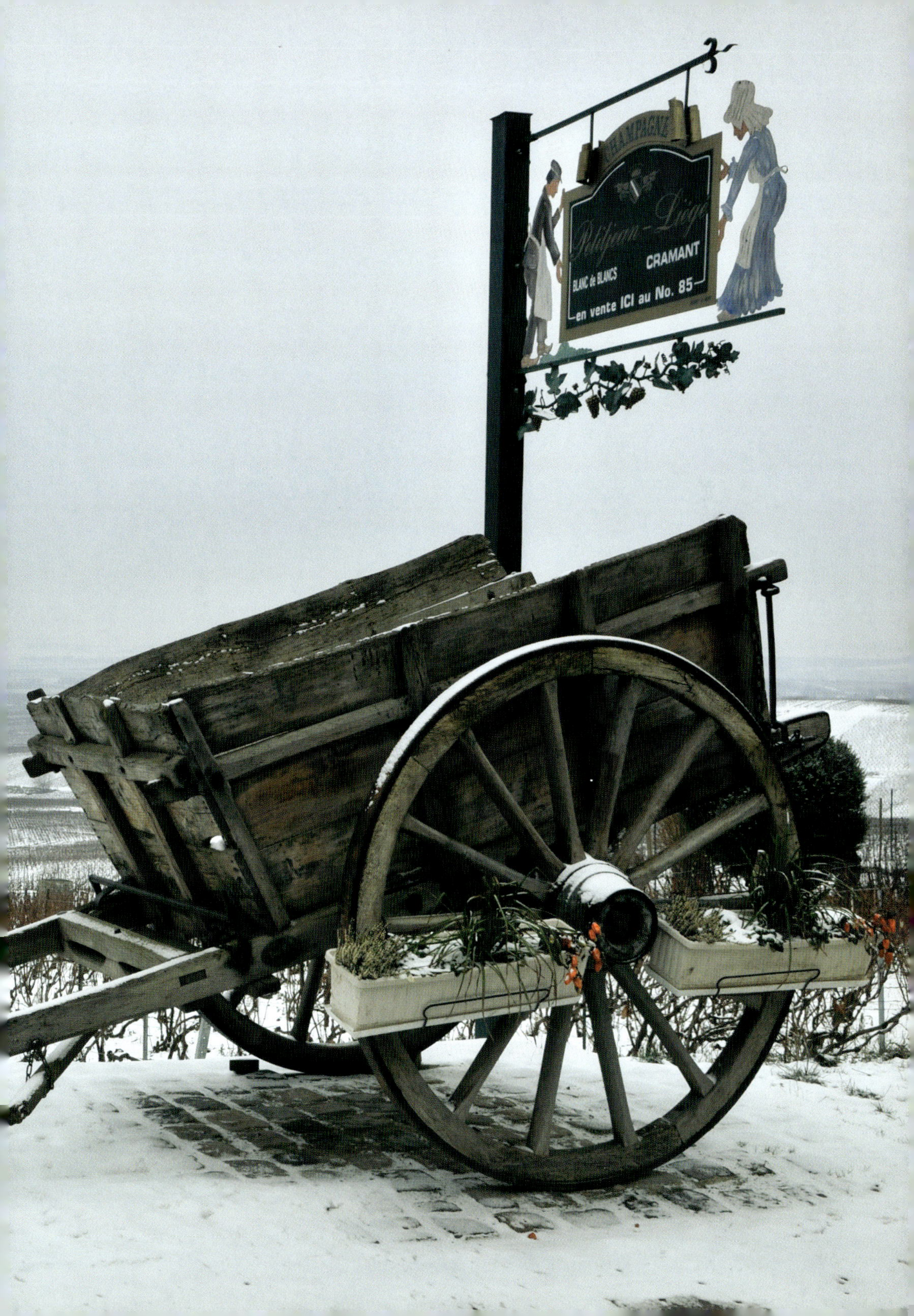
CHAMPAGNE
CRAMANT
BLANC de BLANCS
en vente ICI au No. 85

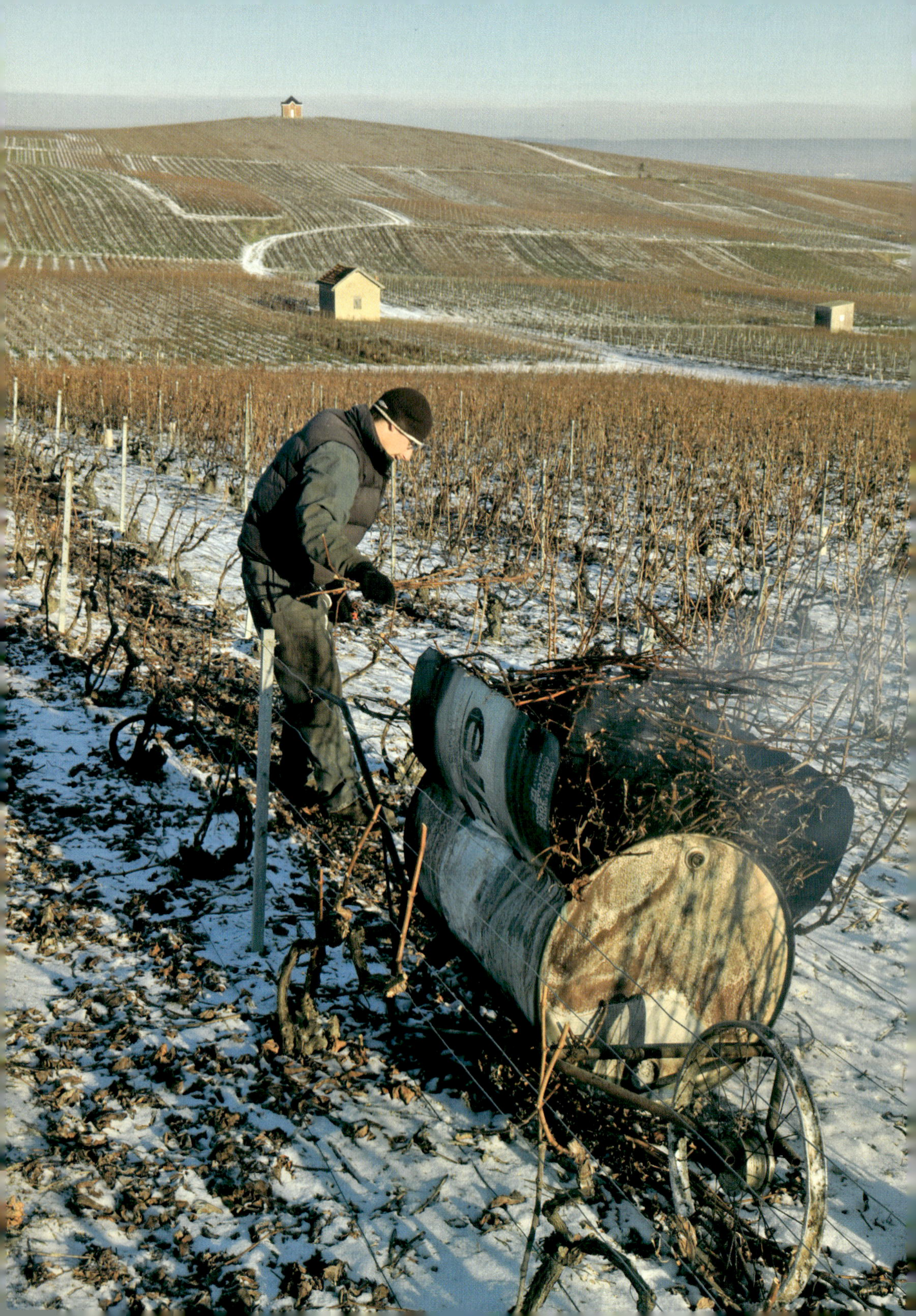

ミエ・クリュであったが、現在はグラン・クリュに昇格している。個人的には私はシュイィ・シャンパンのまろやかさと前向きな力強さ、そしてしなやかなミネラルが好きだ。それは完璧なワインで、料理、特に魚料理によく合う。1970年代からシュイィの指導的栽培家として名を馳せてきたR&L・ルグラはリーズナブルな値段の質の高いワインを造り、フランスの偉大なレストランのハウス・シャンパンとなっている。その質の高さはブルゴーニュのジャック・ラムロワーズの折り紙つきだ。

アヴィズ

クラマンからシュイィとは反対側の道路を下っていくと、アヴィズが見えてくる。さらに南のル・メニル同様、そこは議論の余地なく最も完全で、熟成に値するワインを生み出すグラン・クリュである。アヴィズといえば鉛筆のエレガントさで有名であるが、それだけではない。ここは多様な心土を有する大きな村で、力強いワインを生み出す区画も多く持っている。地層の複雑さは何本も走る小川によって造られたもので、それがこの地でコートの東側斜面を浸食し、断崖を造りだしている。ランスやエペルネの大手ハウスもここに多くの畑を所有しているが、コートの栽培家を代表しているのは何といってもアヴィズのスーパー協同組合、ユニオン・シャンパーニュである。この村にはまた、半ダースほどの卓越したドメーヌがある。

大手ハウスが持っているようなリザーヴ・ワインの大きなストックがないため、アヴィズの小・中規模の自家栽培醸造家は、シェリー酒を造るときに用いるソレラ・システムを使った"半永続的"リザーヴを開発した。毎年春に新しいキュヴェが集められ、それとリザーヴ・ワインをブレンドしたものの半分が壜詰めされる。残りの半分は次の年のベース・ワインとして残される。こうして毎年毎年、そのブレンドは新鮮さを与えられると同時に複雑さを増していく。その中でも最もよく知られたキュヴェ、アンセルム・セロスのシュブスタンスは、12ヴィンテージの"ソレラ"である。アンセルムはよくこの方法のパイオニアとして紹介されるが、より正確に言

左：コート・デ・ブランの斜面の上での冬の剪定。最も冷たく最も重要な作業だ。

うならば、彼はその方式の"最上の擁護者"である。というのも村のずっと下の方のクロード・コルボンがすでに1970年代初めにこの方法を採用していたからである。そのときアンセルムはまだ小学生であった。

これらの生産者は、アヴィズの葡萄畑の土壌、微気候、区画の向きの微妙な違いに対して非常に鋭敏な意識を持っている。そしてアグラパールなどの生産者は、その違いを浮き立たせるために、それらを別々に壜詰めすることさえやっている。たとえば、ミネラル香の強いワインは命名畑レ・シャンプ・バトンから、そしてより新鮮だが芳醇なワインはレ・ロバールといった具合に。因みにそこではルイ・ロデレールがビオディナミに近い方法で葡萄を栽培しており、そのワインは同社のみずみずしいプレステージ・キュヴェ、クリスタルのリザーヴ・ワインとなっている。村の下側、アヴィズで最も大きい命名畑レ・マラドリエーレ・デュ・ノルドは粘土質が多く、力強い長寿のワインを生み出す。偉大なワイン村のどこもがそうであるように、スタイルの多様性が贅沢な悩みである。村の一番高い所に戻り、そこから5分ほど丘に向かって西へ車を走らせると、小さな村グローヴが見えてくるが、ここは訪問する価値のある村である。そこには2人の指導的な自家栽培醸造家がいる。ピエール・ドミはおおらかなバター風味のグランド・レゼルヴ（シャルドネ／ムニエを50/50）が賞賛を集め、ドリアン・ヴァランタンは極上の熟成香のあるピノ主導のキュヴェを生み出しており、通常は2つのヴィンテージのブレンドを7年間熟成させてリリースする。それはアロマが香り立つ、蜂蜜のような口当たりの、魅惑的ななめらかさを持つシャンパンで、キノコ入りリゾットに最適。

オジェ

さらに南に向かうと、可愛い花がいつもいっぱい咲いている、コートのなかでもとびきり美しく、そしてとびきり美味しいワインが生まれる村、オジェに着く。オジェのシャンパンは柔らかな香りとまろやかさが特徴であるが、それは村の背後に広がる陽光に包まれた円形劇場のような葡萄畑に育つシャルドネが美しい成熟を遂げるからである。ここには自家栽培醸造家はあま

りいない。なぜならヴァン・クレールはほとんどグランド・メゾンに捧げられるからである。しかし2つのドメーヌについては言及しないわけにはいかない。アヴィズ道路の村の薬局の反対側に、小さな6haのドメーヌ、ジャン・ミランがあるが、そこからはきめの細かい、しっかりした骨格のブラン・ド・ブランが生み出されている。当主であるアンリ・ポール・ミランはポール・ロジェのために非常に伝統的な方法で葡萄を圧搾しているが、自分自身もシャンパンを造り、それはロバート・パーカーに激賞されている。特に家のすぐ裏の畑からできる単一葡萄畑シャンパン、ラ・テール・ド・ノエルは秀逸である。同様に卓越したシャンパンが、彼の最上の丘の斜面の畑、ボーデュレ、バルベット、ザイリュウ、シェネから造る完成されたシャンパン、キュヴェ・サンフォリンである。村の教会の傍のザ・クロ・カザルがもう1つの偉大なシャンパンの所在地で、溌剌とした輝きの1996とみずみずしい1999は、これらの移り気なヴィンテージの傑作である。

ル・メニル・シュル・オジェ

さらに南下すると、クリュッグのクロ・デュ・メニルで世界に冠たる品質と栄光を誇示した最も名高いシャルドネ・グラン・クリュの村、ル・メニル・シュル・オジェに着く。1970年代に植え替えた葡萄樹がいま成熟の時を迎えつつあり、特に1996と1998は素晴らしい。ル・メニルは総面積が420haにもなる、大きく、多様性のある村で、そのうち320haが自家栽培家によって、残りの100haがグランド・メゾンによって所有されている。80を超えるレコルタン・マニピュランがしのぎを削り、また ル・メニルという名の優れた協同組合もある。約320人からなる組合員が最高の畑に最高の葡萄樹を所有している。どこだろうか？

控除法で見ていきたい。モン・ブランというぴったりの名前を持つ森の近くの最も標高の高い位置にある畑は、20世紀の終わりまで壮大なシャンパンを造っていた偉大な自家栽培醸造家アラン・ロベールの言によれば、グラン・クリュに入れるべきではなかった。2つの谷に挟まれた日当たりのよい村の上方には、確かに優れた葡萄畑があるが、それはクリュッグのクロ・デュ・メニルも含めて畑自体が例外的というほど秀逸なわけではない。クリュッグのシャンパンの素晴らしさは、すべてワインづくりの卓抜さと、彼らの成熟した葡萄樹によるものである。クリュッグが言うには、クロの高い塀が熱を保持し、葡萄の完熟を早めるということである。そう言えるかもしれないが、私がいつも感じていることは、クロ・デュ・メニルの葡萄樹が十分成熟するまでにかかる時間は、村のどこよりも長い——15年以上——ということである。ル・メニルの最上の畑を図解的に明示したのは、1985年、シャルル・デルエイが初めてではなかったかと思う。彼は偉大なシャンパーニュ人で、当時ヴーヴ・クリコの子会社であったカナール・デュシェーヌの社長をしていた。その会社は今も最上の葡萄畑をいくつか所有している。デルエイは、テロワールの配置をよく見ると、村落がこの村の葡萄畑地区の最北端に位置していることがわかると指摘する。さらに彼は続けて、そこから南、ヴェルテュに向かって、一連の命名畑、ムーラン・ア・ヴァン、ミュゼット、シャンプ・アルエット、アイユラン、ルージュモン（おそらくレ・シャティヨンのことを言ってるのだろう）——が続くが、その辺りは最も日当たりが良い場所で、葡萄はバランスのとれた熟成を達成し、同時に突き刺すような酸とミネラルも含んでいるという。まさに的を射ている。ル・メニルがその壮大さを完全に発揮するためには、暑い年の最上の畑が必要である。

村はまた、それにふさわしく何人かの革新的な人物を輩出してきた。最初に挙げなければならないのが、故クロード・カザルスであろう。彼は1969年に、マレイユ・シュル・アイの友人のジャック・ドゥクワンと共同でジャイロパレットを発明した。現在アラン・ロベールは引退間近であるが、フランソワとロドルフ・ペテルスが取りきっているピエール・ペテルスが、クリュッグと並んで、メニルの指導的なハウスである。もう1人の卓越した生産者がJ・L・ヴェルニョンのクリストフ・コンスタンである。彼はこの由緒あるドメーヌを再活性化し、その最上の畑が持つ可能性を開花させた。最近、村のレストラン、ル・メニルで昼食をとっていると、有名な地元の自家栽培醸造家であるフィリップ・ゴネを紹介されたが、彼は秀逸なブリュットを私に出してく

上：アヴィズの浮き彫りによる記念碑。この指導的なグラン・クリュの村にとっていかにシャルドネが大切であるかが伝わってくる。

れた。それは第1級品で、研究しがいのあるシャンパンだった。

ヴェルテュ

　またさらに南下すると、コートで最も新しく、最も大きな村、ヴェルテュに着く。450ha程の畑はすべてプルミエ・クリュである。村の北側でメニルに近い畑、特にシャルドネと相性の良い石灰質のモン・フェレと、南側のベルジェールに隣接し、ピノ・ノワールが優勢なより肥えた土壌の地区の間には地理学的な線を引くことができる。ヴェルテュの2つのドメーヌ、ラルマンディエ・ベルニエとヴーヴ・フルニは、モン・フェレの命名畑レ・バリエールのシャルドネを使い、ミネラルの豊かなシャルドネ・シャンパンを造っている。ヴェルテュには最も重要なハウスであるデュヴァル・ルロワの本部があり、200haの畑を所有している。敏腕で名高いキャロル・デュヴァルはその畑で主にシャルドネを育てているが、会社の急激な発展に伴い買い付けが必要となっている葡萄に関しても、彼女は彼女自身の葡萄と同じ厳密さを要求している。デュヴァル・ルロワは、葡萄畑にしっかりと両足を置き、葡萄栽培の価値を共有している力強い商人の稀有な例である。キャロルは葡萄を供給してくれる栽培家に、毎年欠かさずクリスマス・カードを贈っている。ヴェルテュにはまた優れた協同組合パウル・ゲオルクがあり、組合員の葡萄畑は合わせて117haに上る。ゲオルクの伝統は極上のブリュットであり、それは中位のグランド・メゾンの入門者用キュヴェよりもはるかに美味しく、長生きする（4〜6年）。優れた自家栽培醸造家を挙げると、ヤニック・ドヤールは非常に精妙なコレクション・ド・ラン・1・ウイユ・ド・ペルドリ（2002は傑作）を造っており、ミッシェル・マイヤールは2008年まで、うまく命名したものだが、MM・ド・シャンパン・レア1982を販売していた。そのシャンパンは黄金の革色で、コーヒー、トーストのアロマがあり、果実味も保たれている——フォアグラによく合い、特にソーテルヌが甘すぎると感じるならば、お薦めである。

コート・ド・セザンヌ

　ベルジェールを過ぎると、コート・デ・ブランはマレ・ド・サンゴンの手前で終わりを告げ、そこから先はコート・ド・セザンヌに入る。セザンヌは5500人が住むフランスの典型的な陽気な田舎町である。葡萄畑が連なる斜面はコート・ド・ブランと同じく南東を向いているが、土壌は重く、ワインは大柄で田舎じみてくる。しかしオーヴとマルヌの境に近いベトンの町の南側にある協同組合、ル・ブリュン・ド・ヌヴィーユは手頃な値段で秀逸なシャンパンを売りだしている。その協同組合は1963年に設立され、現在組合数50名、畑の総面積150haで主にシャルドネを栽培している。彼らの厳選されたシャルドネから生まれるシャンパンは、多くのそれよりも高価なものと匹敵しうる品質と価値を有している。またフルーティーで活気があり、骨格もしっかりしている秀逸なロゼもある。さらにキュヴェ・レディ・ド・N・クロヴィスはピノ・ノワール主体に造られているにもかかわらず、軽いタッチで若々しくチャーミングで、レモンの快活さがあり、アペリティフに最高である。

Moët & Chandon　モエ・エ・シャンドン

モエの歴史は勇気の歴史である。あらゆるリスクに敢然と立ち向かい、静かな確信とともに時期を逃さず一気に解決を図る。一家は元々オランダ出身で、最初に歴史に記されるのは1446年、ジャンとニコラスの兄弟がランスに侵入した外国軍を潰走させ、フランス国王から騎士に叙せられた時である。それから約300年後の1743年、彼らの子孫で、マルヌでワインの製造と卸商を営んでいたクロード・モエが、エペルネにシャンパン会社を設立した。一家の遺伝子を強く受け継ぐクロードは、シャンパンは18世紀フランスの華やかな都市で広く受け入れられるに違いないと確信した。しかしそのブランド名がフランス全土に広まったのは、彼の孫、ジャン・レミ・モエがナポレオンと親交を結んだ時からであった。モエは1805年から彼の死の1841年まで、ヨーロッパで最も名高いワイン生産者となり、シャンパン・ハウスの首位の座を守り続けた——そして今も。

モエは1805年から1841年まで、ヨーロッパで最も名高いワイン生産者となり、シャンパン・ハウスの首位の座を守り続けた——そして今も。

他のシャンパン出身の商人と同じく、ジャン・レミは天性の商売人であり、抜群のセンスを持つ営業マンであった。利用価値があると考えている間は、彼はナポレオンとの親交を楽しみ、エペルネに皇帝のための離宮を建設した。2棟の白亜の宮殿と庭、それに優美なオレンジ栽培温室——まだ現存し、利用されている——からなるその離宮は、ナポレオンの東欧遠征の行き来に彼の宮廷となった。ジャン・レミは、ワーテルローの戦いでのナポレオンの敗北をモエの勝利に転化したことで、伝説の人となった。彼は略奪を行っているロシアのコサック兵たちに、シャンパンを好きなだけ持ち帰らせた。彼らがその味を忘れられず、次には顧客となって舞い戻ることを彼は確信していたのである。

それほど劇的ではないが同じくらい重要なことが、彼が本物のワイン製造者であり、技術革新に積極的に取り組んだということである。彼は発酵と熟成を化学的に研究し、ワインとブレンドの品質を高めるために新技術を繰り返し試験した。完璧主義者であると同時に瞬時にリスクを成功に変える計略家でもあるという一家の伝統は、19世紀半ばまで会社に多大な富をもたらした。そしてその頃会社は、ジャン・レミの娘と結婚したピエール・ガブリエル・シャンドンの名字を加えて、モエ・エ・シャンドンと社名を変えた。一家はシャンパーニュ地方で一番の土地所有者となり、顧客名簿は長くなる一方であったが、その中にはリチャルト・ワーグナーの名前もあった。ワーグナーは1861年パリでの歌劇タンホイザーの初演が失敗に終わったとき、モエのボトルで自らを慰めたということである。1900年には、モエは好調な海外市場の16%を占有するまでになっていたが、その後運命に陰りが見え始め、衰退へと向かった。その窮状を救ったのが、1930年代末にモエの社長を務めたコント・ロベール・ジャン・ド・ヴォギュエである。

ド・ヴォギュエは本当はワインよりもウィスキーの方が好みであったが、先を読む目と大胆さを兼ね備えた、真のノブレス・オブリージュ（貴族の義務）を体現した貴族であった。彼は凄惨な大恐慌の最中、飢えた葡萄栽培家のためにそれまでの6倍の価格で葡萄を買うという信じられない提案をした。さらに1935年、彼は最初のプレステージュ・キュヴェであるドン・ペリニョンをイギリスとアメリカで打ち上げた。そのシャンパンは、しばしの間——少なくとも1〜2時間——ファシスト独裁の憂鬱を遠ざける花の蜜であった。コント・ロベール・ジャンは彼の忠実なる右腕であるクロード・フォアマンとともに、ドイツ軍の強制収容所での苛酷な抑留生活を生き残り、戦後、世界中に新しい市場を開拓していった。1962年、モエはパリ株式市場に上場した最初のシャンパン企業となった。それに続く40年、ハウスは猛烈な勢いで巨大化し、ルイナール・シャンパンとクリスチャン・ディオールの買収後は、ルイ・ヴィトン・モエ・ヘネシー複合企業体となり、ヴーヴ・クリコも傘下に収めている。その後ランソン、ポメリーを買収し、結局は売却したが、その美しい葡萄畑は手放さなかった。会社はヨーロッパ、南北アメリカ、オセアニ

上：ブリュット・インペリアルの基準を引き上げ、2003ヴィンテージの大胆な成功を導いたシェフ・ド・カーヴ、ブノワ・ゴエズ。

アに多くのスパークリング・ワインのベンチャー企業を立ち上げたが、なかでもオーストラリア、ヴィクトリア州のグリーン・ポイントは超優良企業となり、5大陸に販路を拡大している。

　このエペルネの巨人自体としては、年間生産高は3000万本に上り、6秒に1回世界のどこかでモエのシャンパンが開栓されていると言われている。これほど巨大化したにもかかわらず、モエのシャンパンは変わることなく高い品質を維持している。その高い基準は最も堅固な基盤の上に築かれている。第1に、頑強な経済的筋力のおかげで、1万5000haに上る自身の葡萄畑はいうまでもなく、それを補完する葡萄も最高品質のものを選ぶことができるということ、第2に、リスクに敢然と立ち向かうというモエの伝統を受け継ぎ、そのワインづくりは常に革新的で、母なる自然がもたらす試練を乗り越えるたびに強くなるということである——2003年がそれを如実に示した。それはまさに"地球温暖化"を象徴する年であった。その年、観測史上最高の高い気温を記録した7月と8月の後、この181年間で最も早い収穫の時期を迎えた。ワインは果実味が異常なほど強く、コクも最高であったが、酸が低かった。"気候変動"と呼ぶ方を好む人にとっても、まさに2003年はそのような年であり、21世紀の気候の変わり目を印す年であった。冬霜は1957年以来の厳しさであったが、3月のうららかな天気が危険なほど早い出芽を促し、4月11、12日の壊滅的な春の遅霜によって葡萄樹は恐ろしい打撃を受けた。4月と5月に合わせて8回の霜が襲った後、今度は一転して夏のサハラ砂漠のような暑熱が続いた。

　モエのシェフ・ド・カーヴであるブノワ・ゴエズと彼のチームは、時期を逸せず大胆な決断をした。彼らは酸が燃え尽きてしまっている葡萄の果汁を守っても、

MOËT & CHANDON

またそれを"矯正"しても無駄だと考え、葡萄樹を落ち着かせるため、8月の最終週までそのままにしておき、数回の恵みの雨を待つことにした。葡萄の収穫が済み、果汁を味見したとき、彼らは勝利の雄叫びを上げて栽培法の教科書を宙に放り投げた。そのワインは果実の栄光と光合成的成熟を謳歌する見事なワインとなった。ブレンドは3種のシャンパン品種の中で暑さのストレスに強いムニエを中心にしたが、それは黄金の、溢れんばかりの果実味をもたらした。チームは次に厳選したピノ・ノワールを加えたが、それはそのグラン・ノワールが生み出す多くのフレーバーを加味した。そしてもちろんシャルドネが、ブルゴーニュの白のような、バターの濃厚さ、トーストのコク、上質な野菜の特徴を付け加えた。

2003モエ・グラン・ヴィンテージは、例外的な気象条件で特徴づけられるその特別な夏——レ・ソレイユ——に造られた稀有な官能的ワインの1つである。それよりもさらに素晴らしいモエ・ブリュット・インペリアル・ノン・ヴィンテージは、その時の太陽の味を具現化しているようだ。

極上ワイン

(2008年10月試飲)

Moët & Chandon Grand Vintage 2003
モエ・エ・シャンドン・グラン・ヴィンテージ2003
43%PM、29%PN、28%C。ドサージュは低めの5g/ℓ。最初のうれしい驚きはその色である。過剰に熟した色ではない深い金色で、エレガントであり、クリームのようなブロンド。ブレンドで僅少差で最低の比率となったシャルドネが、バニラ、アーモンド、ハシバミのアロマを湧き立たせる。ピノ・ノワール由来のアンズ、黄桃などのみずみずしい夏の果実が口中を支配し、支配的なムニエが豊潤さをもたらしている。それはまたスパイシーさとジンジャー・ブレッド、コーヒーショップの香りを運んでくる。力強いが複雑さのあるシャンパン。すべて苛酷な気象条件に立ち向かった成果。飲み頃は2009〜10年の早飲み用。

Moët & Chandon Grand Vintage Rosé 2003★ [V]
モエ・エ・シャンドン・グラン・ヴィンテージ・ロゼ2003★[V]
48%PN（そのうち19%は赤ワインにした醸造）、30%PM、22%C。ドサージュは5g/ℓ。醸造家の意図は、嫌みのない、フィネスと新鮮さ、きれの良さのある本物のロゼを造ることであったが、見事な成功を収めた。ルビー色というよりはブラッド・オレンジ色で、照りつける夏の太陽の暑さと豊かさを象徴しているようだ。ブラッド・オレンジとグレープフルーツを混ぜ合わせたようなアロマは、芳醇であるがしなやかで、バラの愛らしい花弁の香りもする。口に含むと、アカスグリなどの生垣の木の実がエキゾチックなモカのような香りと出会う。それらの偉大な香りにもかかわらず、後味は驚くほどさっぱりとし、しなやかで、アニスを強く思い出させる。アヒルのアジア風料理に良く合う偉大なワイン。

Moët & Chandon Grand Collection Vintage 1995
モエ・エ・シャンドン・グラン・コレクション・ヴィンテージ1995
40%C、50%PN、10%PM。ドサージュは低め。2007年11月にデゴルジュマン。このヴィンテージは特に私好み。春は遅く、開花も遅れたが、盛夏は非常に暑く、雨がほとんど降らなかった。しかし9月に冷え込み、そのせいかシャルドネは力強く完熟し、ピノ・ノワールは線が明確になった。美しく熟成する真に古典的なヴィンテージであるが、ワインはいつも優しく、どの段階で飲んでも満足できる。洋ナシ、柑橘系のアロマの後、アンズなどの果樹園の果実が現れる。奇跡的なほど芳醇な味わいで、生き生きとした新鮮さもある。モエのヴィンテージの最高峰の1つで、ある意味1996よりもバランスが取れ、秀逸。

Moët & Chandon Grand Collection Vintage 1990
モエ・エ・シャンドン・グラン・コレクション・ヴィンテージ1990
1995と構成もドサージュも同じ。デゴルジュマンは2003年8月。1990年4月の冷たい遅霜に7000haの葡萄樹がやられた。しかし夏の日照時間は観測史上最大であった。ちょうど良い時期に降った雨が果粒を膨らませた。秀逸な、あるいは偉大なヴィンテージで、力強さとエレガントさが共存している。しかし贅沢な、多少熟れすぎたフレーバーが感じられ、本当のことを言うと私は1995の生き生きとした感じの方が好み。

右：モエ・エ・シャンドンは葡萄の大半を購入しなければならないが、ここアイ村のように自社畑も所有している。

Champagne Moët & Chandon
20 Avenue de Champagne, 51200 Epernay
Tel: +33 3 26 51 20 20
www.moet.com

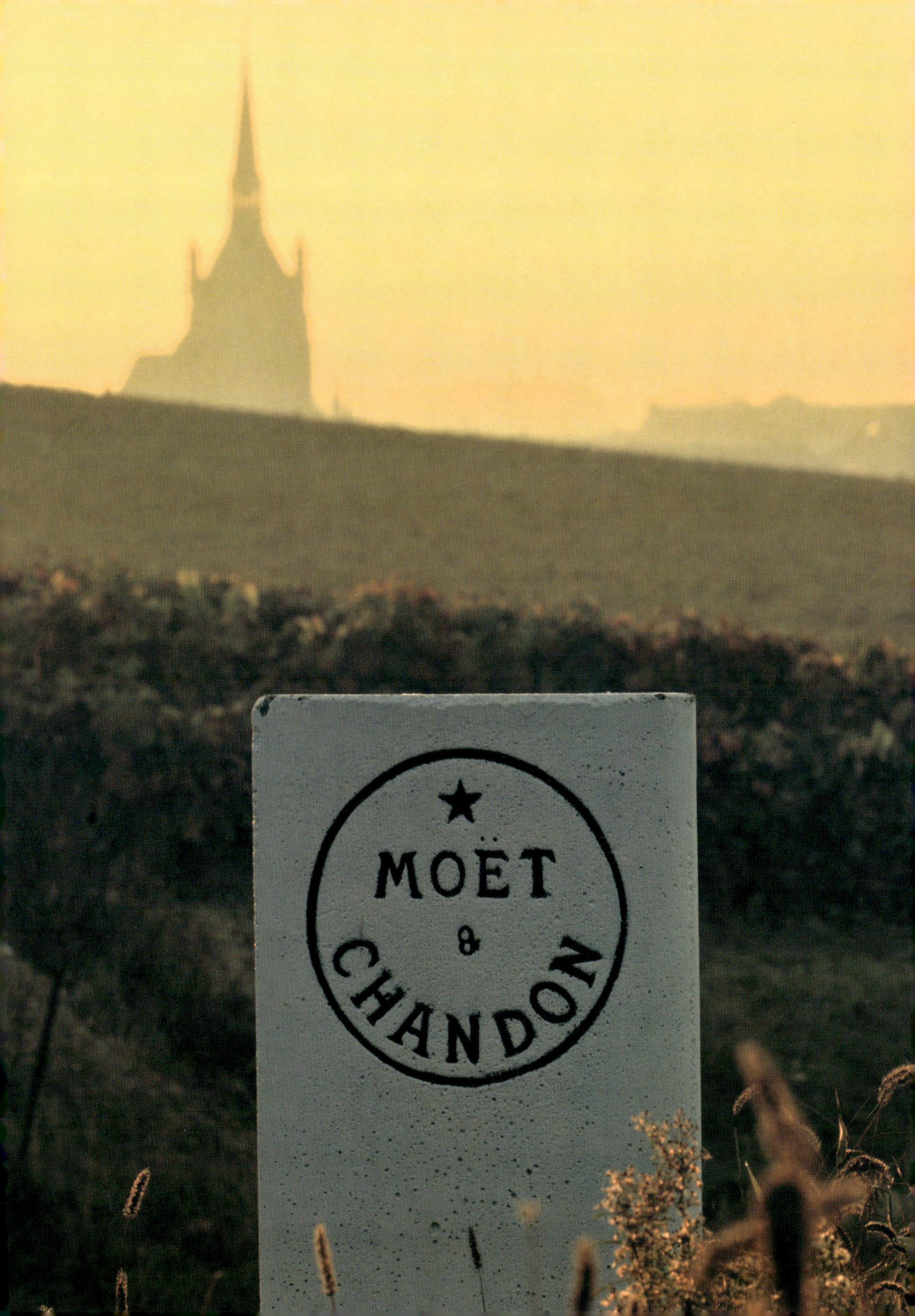
MOËT
&
CHANDON

EPERNAY AND THE CÔTE DES BLANCS

Dom Pérignon　ドン・ペリニヨン

17世紀後半にオーヴィレール修道院の醸造責任者であったドン・ペリニヨンは、多少詩的な意味も含め、シャンパンの父と呼ばれている(p.12参照)。そしてシャンパンのドン・ペリニヨンもまた、確かにプレステージュ・シャンパン・キュヴェの父である。それを開発したのは、もう1人のシャンパーニュ人、ロベール・ジャン・ド・ヴォギュエであった。ド・ヴォギュエはモエの役員たちに、大恐慌に屈することなく、長く日の目を見ていない偉大なブランド名ドン・ペリニヨン——それはすでに1930年にメルシエから購入していた——を復活させるべきだと訴えた。彼はそのブランド名は輸出市場向け高級シャンパンの名前として最適だと確信していた。

実際、モエ・エ・シャンドンはかなり前からオーヴィレールの修道院と葡萄畑を手に入れていたのだから、それはまさに市場戦略としては的を射ていた。大不況から立ち直る兆しが見え始める一方、ファシスト独裁が跋扈しつつあった1935年、時宜を得てそのシャンパンの第1便がロンドンに、次いで翌年ニューヨークに到着した。それは大反響を呼び起こし、あっという間にシャンパン市場を席巻した。ヨーロッパを真っ黒な雲が覆うなか、そのシャンパンは、人々に一時の癒しと慰めをもたらす神の雫であった。

2008年1月に最新のヴィンテージをテイスティングするため、旧友のリシャール・ジョフロワを訪ねてオーヴィレールに戻ったのは、私にとって最上の喜びであった。ドン・ペリニヨンの中心的なシェフ・ド・カーヴであるリシャールは、実は正真正銘の医者であったが、再びワイン業界に根を下ろすことを決意した。彼の父はマルヌ渓谷の偉大な協同組合、ユニオン・シャンパーニュの会長であった。

ワインのスタイルに話を移すと、ドン・ペリニヨンは、ステンレス槽による醸造という基本に忠実な方法をとっている。その結果、そのシャンパンは精密で、最初は還元的なフレーバーが支配しているが、10年後には、

右：オーヴィレールにある試飲に最適な広々とした解放的なテイスティング・ルームで微笑むドン・ペリニヨンの霊観的なシェフ・ド・カーヴ、リシャール・ジョフロワ。

ドン・ペリニヨンは、多少詩的な意味も含め、シャンパンの父と呼ばれている。そしてシャンパン・ドン・ペリニヨンもまた、確かにプレステージ・シャンパン・キュヴェの父である。

あるいは15年かかる場合もあるが、本当の顔を見せる。若い時にワインを無理やりどれかの範疇に入れ込むことは非常に危険である。しかしドン・ペリニヨン・スタイルの本質は、花のようなアロマと、クリームのような質感で、けっして重くない——すべてにフィネスが優先する。

　ドン・ペリニヨン・エノテーク・シリーズは、ドン・ペリニヨンの、遅いデゴルジュマン、遅いリリースの"見本"のようなものだ。リシャールはワインは3つの時代を通過するという。リリースされた当初(8～10歳のドン・ペリニヨン・トゥ・クールとして)はまだ蕾のよう。最初のエノテークとして出される頃(18～20歳)になると、新成人として個性を開花しはじめ、第2エノテークに入ると(35～40歳)、しわが刻まれて成熟の時を迎え、真の個性を確立する。リシャールは、ドン・ペリニヨンの酸化のない製造法が長寿を約束するという。1969年は、これらすべてが見事に充実し、酸とともに過ごしてきた数十年間を踏み台に跳躍し、不滅の輝きを放っている。1975は、壮大であったが困難を極めた年で、現在衰退の時期を迎えつつある。逆説的だが、オークで熟成させれば早い段階での空気との接触により免疫力がつき、もっと強靭になったのではないかと私は思う。しかしそれはドン・ペリニヨンのやり方ではない。

極上ワイン

(2008年1月、オーヴィレール修道院にて試飲)

Dom Pérignon 2000　ドン・ペリニヨン2000
生き生きとした力強い黄色で、金や緑色の閃光もある。ピノ・ノワールとシャルドネの膨張的な熟した香りが交互に現れ、すでに熟成している。丸くしなやかな口当たり、元気が良くきめの細かいミネラル。まだ少しぎごちないところもあるが、個性は全面的に開花している。DPにしては若いうちから十分楽しめる。まだ成熟の過程での還元性の底には至っていない。

Dom Pérignon 1999　ドン・ペリニヨン1999
光沢のある黄金色。エレガントでないというわけではない。柔らかな柑橘系、核果の香りが広がり、口当たりは贅沢な熟成感。刺々しさはまったく感じられないが、古典的なDPの存在感と複雑さに欠けるきらいがある。良く目立つスタンドプレー的なワイン。

Dom Pérignon 1998★　ドン・ペリニヨン1998★
光沢のある均質な金色。美しいクリームのような柑橘系と赤果実のアロマ。熟成香とミネラルが魔法のように調和し、このヴィンテージの最高のシャンパンとなっている。味わいも香りも確認させるようで、美しい果実の表現、クリーミーだが噛みごたえがあり、きめの細かい厳格な線も保持している。本物は美しく年をとる。人気の高い1996ほど評判になっていないが、極上で、掘り出し物かもしれない。

Dom Pérignon 1996　ドン・ペリニヨン1996
本物の落ち着いた凝縮感がここにある。他の1996に比べてはるかにバランスが取れていると報告ができてうれしい。まさによく調和され統合されている。大物の、ワインらしい風格を備えた、そのいみでDPらしくないシャンパン。確かに秀逸であるが、個人的には1998の優美な落ち着きのある佇まいの方が好きだ。

Dom Pérignon Rosé 1996　ドン・ペリニヨン・ロゼ1996
こう報告できてうれしいが、リシャールは真のDPスタイルを貫き、他の'96ロゼのように押しつけがましい酸化的なスタイルに踏み込まなかった。控えめで恥ずかしがり屋だが、大きく熟成する可能性を秘めている。優美な珊瑚色、力はみなぎっているが抑制されているピノが香りに現れ、赤果実のフレーバーが口中に溢れ、これもピノそのもの。熟れた優美なタンニンと光合成的熟成が完璧に調和し、美しいきれの良い後味が訪れる(シャルドネが存在感を発揮した)。

Dom Pérignon Rosé 1990　ドン・ペリニヨン・ロゼ1990
躍動的な珊瑚のピンク色に灰色の翳りも。落ち着いた感銘深い色。最初香りは還元的だが、空気に触れるとプルーン、バター、ブリオッシュの甘やかなアロマが広がる。艶麗な香気が口中を満たし、1996同様赤果実が鮮明に現れる。しかし18歳になる直前に特有の2次的フレーバー由来のワインらしい複雑さもある。傑作。

Dom Pérignon 1969　ドン・ペリニヨン1969
とうとう40歳になる稀に見るヴィンテージを賞味する時がきた。均質な金色、明らかに円熟の境地を示す香り、しかしこのヴィンテージ特有の酸の存在感は揺るぎない。堅固で、頑健な口当たりがクリームのなめらかさで和らげられている。典型的なDPヴィンテージというわけではないが、まれにみる高齢の元気いっぱいのワイン。

右：オーヴィレール修道院のドン・ペリニヨン修道士の像。ワインの完璧な比率に納得のいった顔。

Champagne Dom Pérignon
20 Avenue de Champagne, 51200 Epernay
Tel: +33 3 26 51 20 20
www.moet.com

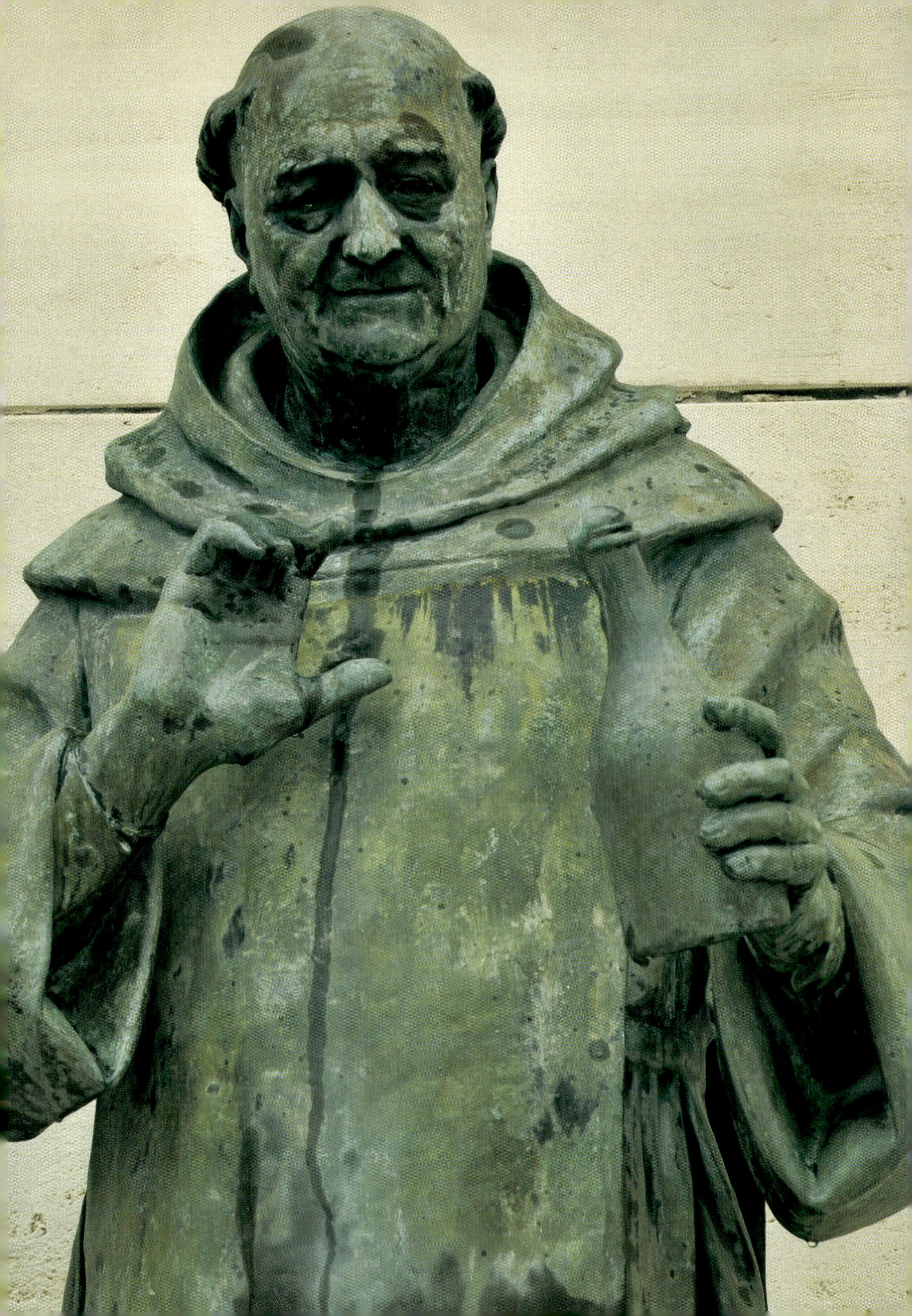

Perrier-Jouët　ペリエ・ジュエ

1811年、ピエール・ニコラ・マリー・ペリエはエペルネでハウスを創業し、妻アデール・ジュエの姓を加えて社名とした。1815年にはそのシャンパンはイギリスに上陸し、アメリカへは1837年に初めて届けられた。ペリエの息子のシャルルは、商才にたけているだけでなく、策略に富む政治家でもあり、エペルネの市長も務めた。シャンパン大通りにシャトー・ペリエを建てたのが彼である。早くも1848年、ペリエ・ジュエのロンドンの代理人であったバーンズがシャルル宛てに、「イギリスの洗練された顧客を満足させるために、ドサージュなしの超辛口のシャンパンは造れないか」と手紙を送った。シャルルはバーンズの要請に対し、「何をくだらないことを言っているのか」と一蹴した。バーンズは30年以上も時代に先行していたようだ。しかし1874年、ライバルであったルイーズ・ポメリーがエクストラ・ブリュットで大成功をおさめると、それに追随して1880年代初めにシャルルが出した本物の辛口は、イギリス市場に大いに受け入れられた。1897年に亡くなるまでの間、彼はペリエ・ジュエをイギリス本土の首位の座に押し上げ、そのシャンパンはヴィクトリア女王やサラ・ベルナール——そのシャンパンをバスタブに注いで入浴したという評判の大女優——の大のお気に入りであった。

ペリエ・ジュエの卓越した評判には、コート・デ・ブランのアヴィズ、クラマンを中心とする素晴らしい葡萄畑というしっかりした裏付けがある。

シャルル・ペリエには子どもがなく、会社は同じくエペルネの傑出した市長であったルイ・ブダンによって引き受けられた。彼は威厳に満ちた静かな人物で、第2次世界大戦のドイツ軍による占領の最中も、市民の安全と生活の防塁となった。ルイ・ブダンとその息子のミシェルは、20世紀を通じて続いた同社のヴィンテージ・シャンパンの高い評判を築きあげた立役者であった。その秀逸さには、主にコート・デ・ブランのアヴィズやクラマンに育つ素晴らしい葡萄樹というしっかりした裏付けがあった。

1959年、ペリエの株の過半数がマム（後にシーグラム・グループに入る）に支配されることになったが、ミシェルは彼の最後の大仕事を成し遂げるまで会社にいてほしいと頼まれた。それは、1970年にアメリカの偉大なジャズ・ミュージシャン、デューク・エリントンの70回目の誕生日をパリのナイトクラブで祝うためのキュヴェ・ベル・エポックを立ち上げるということであった。花で飾られたそのボトルは、ガラス・デザイナー、ルネ・ラリックの世紀末的な香りのデザインをあしらったものであった。それはすぐに大好評を博し、1987年までペリエをアメリカ第3のシャンパン・ブランドの地位に留める原動力となった。ベル・エポックの最初のヴィンテージは卓越した1964であったが、それはグラン・クリュ・ピノ・ノワールとシャルドネの古典的なアッサンブラージュで、それに少量のピノ・ムニエが添えられている。個人的見解だが、良く凝縮され、豊かで、しかも優美でしなやかな1985ベル・エポックは、私がこれまで試飲したシャンパンのなかでも指折りの名品で、今でも記憶の中にありとあらゆるフレーバーの断片が隅々までくっきりと残っている。

その時代の最高峰であった'85ベル・エポックは比類なき名品であったが、1990年代の後半から21世紀初めにかけて、ハウスは苦しい時代を経験した。というのも企業乗っ取りのターゲットにされたからである。シーグラムがワインに対する興味を失うと、ハウスはベンチャー企業であるテキサス・グループへ、次にアライド・ドメック、そして最後に現オーナーであるペルノ・リカールへと所有者を転々と変えた。公平に言って、最後の所有者はまあまあ安心できるだろう。しかし率直に言うと、最近のベル・エポック・ヴィンテージは、確かに秀品ではあるが、市場で5本の指に入る最高の部類のプレステージ・キュヴェとは言い難い。P-Jヴィンテージは依然としてエレガントで上質であるが、過去の芳醇さ、ワインらしいコク、複雑さに欠けているように思える。通常のシャンパンの資産剥奪的な買収劇とは異なり、P-Jはその貴重な葡萄畑を維持することが

右：いまでも一番お気に入りのベル・エポックのヴィンテージを出した1995年以来シェフ・ド・カーヴを務める、穏やかだが才能に満ちたエルヴェ・デシャン。

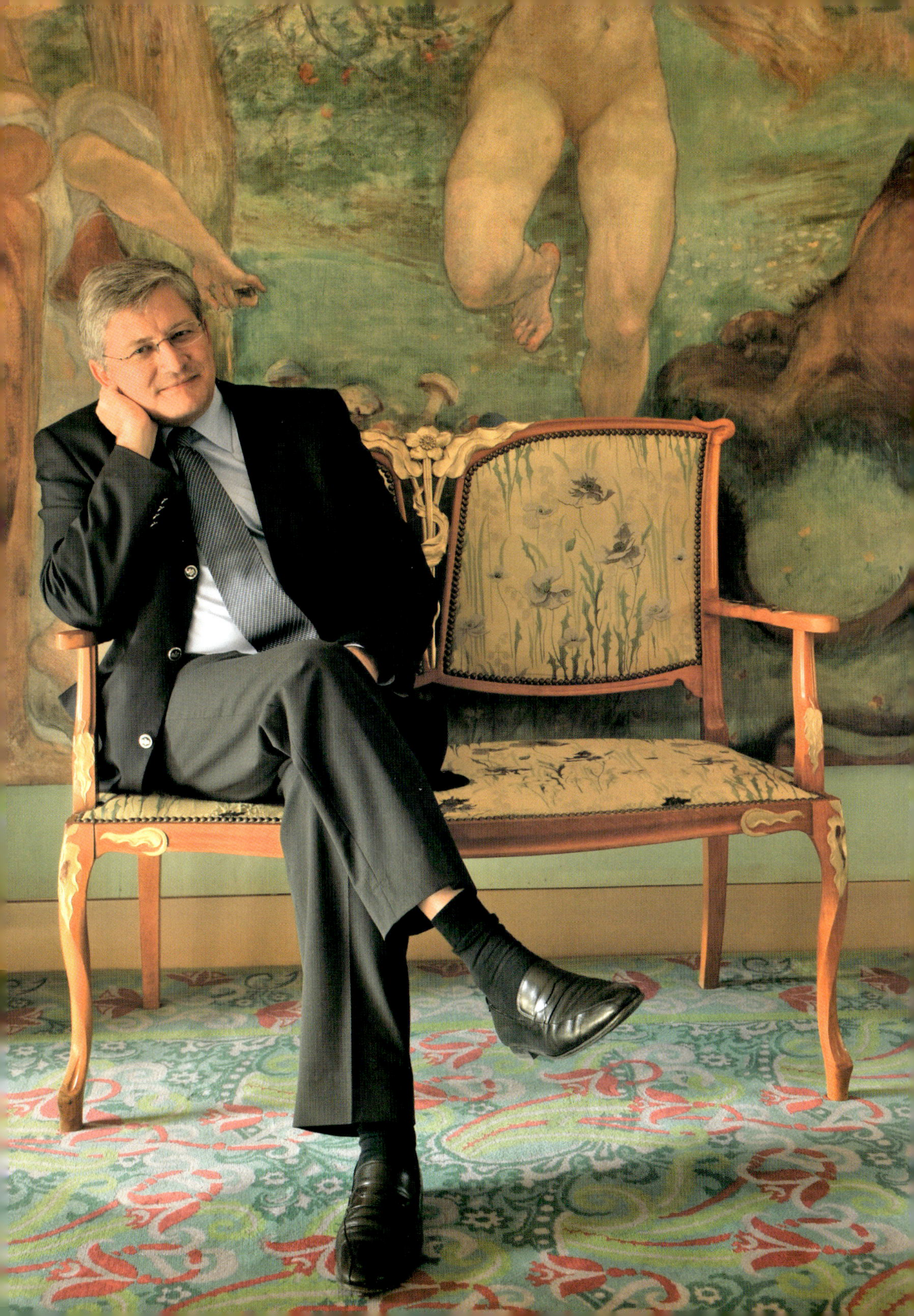

できた。とはいえ、最近リリースされたベル・エポックの確定的な評価は、それが13歳前後になるまで待たなければならないだろう。

一方、いま最盛期にあるワインと、新しくリリースされた劇的な効果を狙ったワインはどうだろうか？ 1995はベル・エポックの最高のパフォーマンスが表現された。というのもその年は特にシャルドネが秀逸で、シャルドネはペリエ・ジュエの得意とするところだからである。この年の白葡萄は、クラマン、アヴィズのグラン・クリュの最高の葡萄畑から来たもので、そのシャルドネがブレンドを主導し（50％）、マイィ、ヴェルジー、アイの偉大なピノ・ノワール（45％）が重要な働きをし、モンターニュ・ド・ランス・スタイルを形成した。これにディジーの秀逸なムニエも加わった。そのシャンパンは2008年に頂点に達したが、何よりも新鮮さと純粋さが際立っており、金色の中に微かに緑色の輝きがあり、白桃のアロマが湧きたち、トースト香もある。空気に触れると、その繊細で希薄なスタイルは、バターのようなパン屋の店先のフレーバー、特にブリオッシュの芳香によって複雑にされる。少量のムニエが豊饒さを付け加え、ピノ・ノワールの落ち着いた芳醇さと調和する。これはシェフ・ド・カーヴであるエルヴェ・デシャンのデビュー・ヴィンテージであり、いまなお彼の一番のお気に入りである。

新しいベル・エポックの豪華版である2000ヴィンテージが2008年にリリースされた。それはブロン・ルロワとブロン・デュ・ミディの2つの命名畑から生まれた純粋なクラマン・シャンパンで、ペリエ・ジュエの究極のシャルドネの表現を目指したものである。トロフィー・ワインの収集家のために少量しか造られなかったそのシャンパンは、12本入り1ケース7万ドルという法外な値がついた。パトリック・リカールが稀少価値を狙ったシャンパンとしてこの特別なボトルを造ったことは明らかだ。しかしひとこと言わせてもらえば、このスーパー・ベル・エポック・シャルドネが長期にわたって消費者から受け入れられるかどうかは、ひとえに市場——生産者ではなく——にかかっており、それがロマネ・コンティやペトリュスのように偉大なワインにしか与えられない高い価格に値するかどうかは、それがその高い品質をいくつものヴィンテージにわたって維持できるかどうかにかかっている。誰も阻止することができなかったらしく、P-Jの販売戦略家たちは、スーパー・ベル・エポックの見込み客を挑発するかのごとく、夢想家的な販売促進計画——シャンパンを"カスタマイズ"する——を打ち出している。それによると、顧客が自分でドサージュを決めることができるらしい。やれやれ。さらに驚かされることは、P-Jが2000ヴィンテージを、このシャンパンづくりの完全主義者の概念を伝えるための大使に任命したことだ。それは酸は低く、いかなる基準においても良品ではあるが偉大ではなく、リリース直後から飲みやすいが、熟成するかどうかは疑問だ。

さらに放縦さが目に付いたのが、2009年3月にエペルネのメゾン・ベル・エポックで行われた驚くべき歴史的テイスティングである。それは2002から創業の1825までの、ハウスの最高のヴィンテージ20をずらりと並べたものであった。進行役を務めたのはセレナ・サトクリフMWで、ヨーロッパとアジアから来た12人のワイン・ライターが1964年までの4つのベル・エポックのヴィンテージ、それからP-Jのグラン・ブリュットの14ヴィンテージ（大半がマグナムから）をテイスティングした。ともあれ、私が一番美味しいと感じたのは、やはり伝説的な1985ベル・エポック——15年前に試飲した時と変わらぬ偉大な芳醇さがあった——であった。1982はもう1つの伝説である。1964、1959、1955、1952、1928といったそれよりも古い黄金ヴィンテージもまた崇高であった。1874はその時代の真の"偉大さ"を示し、1825は現存するシャンパンの中で最古のものだろう。

ありとあらゆるペリエ・ジュエのキュヴェの中で、最高に価値あるキュヴェは、グラン・ブリュット・ノン・ヴィンテージであろう。2007年に、多くの生産者が手こずった2003ヴィンテージをベースにしたものを試飲したが、それは驚きであった。花の香り、スパイスが開き、前向きで、申し分のないバランス。2005をベースにしたグラン・ブリュットも初めて試飲したが、これもまた秀逸であった。

CHAMPAGNE PERRIER-JOUËT Depuis 1811

上：シャンパン大通りの本社正面にある真鍮製の表札。ハウスの優美さを象徴している。

極上ワイン

(2008年10月と2009年3月にエペルネにて試飲)

Perrier-Jouët Grand Brut NV
ペリエ・ジュエ・グラン・ブリュットNV

20%C、40%PN、40%PM。ドサージュは10g/ℓ。このNVのためのベースワインは2005年にリリース。淡い黄金色が輝いている。リンゴの上質で新鮮なアロマが広がり、グレープフルーツの微香、ブリオッシュの豊かな香りもある。ピノの骨格がはっきりと感じられ、ジンジャー・ブレッドの味覚もあり、最上の畑 (ディジー、ヴァントゥイユ) から得られたムニエの果実味が口いっぱいに広がる。長く美しい後味。

Perrier-Jouët Grand Brut 1998
ペリエ・ジュエ・グラン・ブリュット1998

50%PN、30%C、20%PM。ドサージュは8g/ℓ。麦藁/淡い金色、緑色の光。蜂蜜、桃、ミラベルプラムの混じった贅沢なアロマ。アジア的な心地よさ。しかし口当たりはボリューム感やコクではなく、抑制された優美さを感じる。1998のしなやかなスタイルを感じさせる秀品。

Perrier-Jouët Belle Epoque Cuvée Spéciale 2000
ペリエ・ジュエ・ベル・エポック・キュヴェ・スペシアル2000

上記のクラマンの2つの命名畑起源の100%グラン・クリュ・シャルドネ。ドサージュは7g/ℓ。非常に純粋な、宝石のような緑金色。微細な泡の美しい紐飾りがいつまでも続き、均等に広がる。クラマンならではの美しく躍動的な爽やかな柑橘系の香りに、熟れた柑橘系も感じられ、バニラの微香もある。しっかりした口当たり、フレーバーはまろやかで、魅惑的、2000ヴィンテージに共通するが、とても飲みやすい。いま飲む分には美味しく、秀逸とさえいえるシャンパンであるが、コク、複雑さ、稀有な長寿という面では疑問が残る。

Perrier-Jouët Belle Epoque 1999
ペリエ・ジュエ・ベル・エポック1999

50%C (クラマン、アヴィズ)、45%PN (マイィ、ヴェルジー、アイ)、5%PM (ディジー)。ドサージュは8g/ℓ。非常に優しい緑金色。黄桃、パパイヤ、アーモンド・ペーストの官能的なアロマ。口当たりはきめ細やかでしっかりしており、安らぎを与え、長く続く。しかし大半のベル・エポック同様に、真価を発揮するまではまだ時間が必要 (早くとも2012または2013年まで)。多くの '99よりもフレーバーのコアがしっかりしている。

Perrier-Jouët Belle Epoque 1985★
ペリエ・ジュエ・ベル・エポック1985★

生命力に満ちた躍動的な緑金色。爽やかな柑橘系の後、トースト、コーヒー、ケーキ屋の香りがし、どちらも優美で凝縮されている。まだ生き生きとした酸が口いっぱいに広がるコクと見事に調和している。クリーミーさと力強さが完全にバランスをとっている。

Perrier-Jouët Belle Epoque 1982
ペリエ・ジュエ・ベル・エポック1982

1985よりもやや深いが、透明な金色。この年のシャルドネの高貴さがワイン全体を支配し (49%)、落ち着いた雰囲気が醸し出されている。しなやかなミネラルで縁取られたヘーゼルナッツ、アーモンドの古典的なアロマが広がる。1985ほど凝縮されていないが、フレーバーの純粋さは感動的。

Champagne Perrier-Jouët
28 Avenue de Champagne, 51201 Epernay
Tel: +33 3 26 53 38 00
www.perrier-jouet.com

Pol Roger　ポール・ロジェ

シャンパンを喜びの酒とするならば、賢明な愛好家は迷わずその極上の"泡"を求めて、ポール・ロジェを一番に指名するであろう。そして小農民のフレーバーをこよなく愛するわれわれテロワール狂信者でさえ、エペルネの貴族ポールの前には喜んで跪く。なぜなら、そのシャンパンはとてつもなく素晴らしく、またきわめて適正な価格だからである。"クォリティー"こそ、ヨーロッパ激動の時代1849年にポール・ロジェによって創業されたこのハウスの、常に変わらぬ合言葉である。ポールは19世紀末まで続いたシャンパン景気の絶頂期に巨額な財を築いたが、一家はその後もノブレス・オブリージュ（貴族の義務）を自覚し、社会に貢献することを忘れなかった。ポールの息子のモーリス・ポール・ロジェは、第1次世界大戦の間エペルネの市長を務め、カイゼルの占領軍の史上最悪の横暴から町の人々を守った。彼は処刑するぞという繰り返される脅しにも軽蔑の笑みで応えたという。

　第1次世界大戦後ポール・ロジェ・ブランドを、特にイギリスで一躍有名にしたのは、モーリスであった。彼は狩猟と釣りが大好きで、イギリスを第二の故郷のように感じていた。1935年にはモーリスはそのブランド名をイギリス諸島の首位の座に押し上げた。そしてなんと驚くべきことに、彼のシャンパンはすべてヴィンテージ・キュヴェであった。モーリスは壮健なピノ・ノワール大好き人間で、豊かで芳醇なシャンパンを目指していたが、それはウィンストン・チャーチルの好みとぴったり合い、チャーチルは1911ヴィンテージを買った最初の人となった。ハウスに対するチャーチルの愛情は、モーリスの義理の娘オデットとの強い友情でさらに強められた。2人の出会いは1944年のパリのイギリス大使館での夕食会であったが、チャーチルの思い出はその後もポールのキュヴェ、サー・ウィンストン・チャーチルの中に刻まれている。それはシャンパン屈指のプレステージュ・キュヴェで、ピノ・ノワール主導の1985、1996、1998★、そして最近の素晴らしい2002など、偉大な黒葡萄の年にしか造られない逸品である。ストレート・ヴィンテージ・ポール・ロ

右：クリスチャン・ド・ビリー（左）とパトリス・ノワイエ。後ろの壁には、ポール・ロジェの誰もが知っている有名なパトロンの写真や肖像画が数多く並べられている。

シャンパンを喜びの酒とするならば、明敏な愛好家は迷わずその極上の
"泡"を求めて、ポール・ロジェを一番に指名するであろう。

POL ROGER

ジェは特に長寿のシャンパンで、1982、1988、1996のような本当に例外的な年には、3大ヴィンテージの1つに挙げることができるものである。

しかし私を含め多くの愛好家にとっては、一番のお気に入りのポール・ロジェ・シャンパンは、最近その方がもっと上品に聞こえるというアドバイス——逆ではなかっただろうか?——を受けてブラン・ド・シャルドネから名前を変えたブラン・ド・ブランであろう。それは最も価格の低いポールのヴィンテージ・キュヴェで、早いうちからとても美味しく、そのうえ良いヴィンテージのものは、以下の垂直テイスティングが示すように20年もの長きにわたって熟成する。しかし皮肉なことに、モーリスは晩年シャルドネに対してほとんど愛情を示さず、それを"ラ・フロット(水)"と呼んだ。1950年代にシャルドネの畑を買い集めたのは、彼の孫で、みんなから愛されたクリスチャン・ド・ビリーであった。彼は現在半分リタイアしているが、幸いなことに引き続き監視の目を光らせている。エペルネ近郊の、ピエリのキュヴリー渓谷やコート・デ・ブランのキュイやシュイは、香り高くミネラル香の強い、すぐに熟成するシャンパンを生み出し、忍耐力のない多くの愛好家に親しまれている。もうずいぶん前からセラーにはオーク樽は見えず、一新されたキュヴェリエにはステンレスの美しい輝き以外には何もない。それを設計し指揮したのは、現在ド・ビリーとポール・ロジェ一家のために敏腕を奮っているブルゴーニュ出身の社長パトリス・ノワイエである。そして醸造長は、クリュッグで20年以上経験を積んできた申し分ない経歴の持ち主であるドミニク・プティである。彼の最初のポール・ヴィンテージは1999であったが、そのデビューは鮮烈であった。また彼の最新作の、2007年にリリースされたブリュット・ナチュール・エクストラ・キュヴェ・ド・リザーヴは、究極のノン・ドサージュ・シャンパンである。

極上ワイン

(2008年7月エペルネにて試飲)

Pol Roger Brut Nature Extra Brut de Réserve NV
ポール・ロジェ・ブリュット・ナチュール・エクストラ・キュヴェ・ド・リザーヴNV
新しいポールの離陸。1グラムの砂糖も使っていない本物のノン・ドゼ超辛口シャンパンで、このカテゴリーでも非常にまれ。秀逸な"ホワイト・フォイル"ブリュットとはまったく異なるブレンドで、リザーヴ・ワインは少なく(約10%)、ベースワインはより若く、より熟した果実(33%PN、33%PM、34%C)から造られる。豊かな果実香が開花し、口に含むと純粋で素晴らしく清澄、しかしまろやかな味と香り。後味は長い。卓越した醸造の技。

Pol Roger Blanc de Blancs 1999
ポール・ロジェ・ブラン・ド・ブラン1999
エレガントな淡黄色で、熟れた色。今日の最初の香りはまだ抑え気味だが、いつもはもっと溢れんばかり。味覚はまだ十分ききっていないが、すでに光沢のある官能的なシャンパンになっている。他の1999を凌駕しているが、1998、1995、1988のような偉大なシャルドネ・イヤーに見られる複雑さと美しさに欠ける。

Pol Roger Blanc de Chardonnay 1998★ [V]
ポール・ロジェ・ブラン・ド・シャルドネ1998★[V]
黄緑色のなかに生き生きとした金色の輝き。超微細なレースのような泡立ち。素晴らしいスモークの下に、美しいレモンや蜂蜜のアロマが隠されている。豊かな躍動感溢れる味わいで、新鮮なミネラルの若々しさもあり、美しいピリッとした後味。秀逸。

Pol Roger Blanc de Chardonnay 1995
ポール・ロジェ・ブラン・ド・シャルドネ1995
1996の陰に隠れたヴィンテージであるが、ポールのシャルドネにとっては'96よりも良い年であった。美しく調和したワインで、泡、酸、果実(マンゴを含む)、フィネス、すべてが卓越した全体像のなかで次々に現れる。

Pol Roger Blanc de Chardonnay 1990
ポール・ロジェ・ブラン・ド・シャルドネ1990
まだ大変若いが、強さと生命力の記念碑的シャンパン。めずらしいカリンの濃厚な香り、スモーク、バターの愛らしい香りはまだ発達中。

Pol Roger Blanc de Chardonnay 1988
ポール・ロジェ・ブラン・ド・シャルドネ1988
常に私の1番のお気に入りのヴィンテージ、そして今も。飛行機の上で飲むのに最適なシャンパンで、そのために必要なものをすべて備えている。完全に進化したアロマとフレーバー。円熟し、エレガントで、ベルベットのような口当たり。しかしエネルギッシュな緊張感もあり、本物だけに備わる威厳もある。

Pol Roger Blanc de Chardonnay 1986
ポール・ロジェ・ブラン・ド・シャルドネ1986
このヴィンテージの平均的な質を明らかに超越している。すべてがまだそこにあり、衰退の陰りもない。筋肉質だが、蜂蜜のように芳醇。

Champagne Pol Roger
1 Rue Henri le Large, BP199, 51206 Epernay
Tel: +33 3 26 59 58 00
www.polroger.com

Alfred Gratien　アルフレッド・グラシアン

ソミュールのグラシアン・エ・メイヤーの創業者アルフレッド・グラシアンは、事業の多角化を図るため、1867年にエペルネのモーリス・セルヴォー通りにシャンパン・ハウスを開いた。それは今も創業時と変わらぬ姿でそこにあり、何の変哲もないセラーのようにしか見えない。しかし騙されてはいけない。そこは140年以上にもわたって、古きことは善きかなという確信のもと、比類なき卓越したシャンパンを世に送り出してきた源泉だからである。

2004年、ロワールのグラシアン家の企業とシャンパンは、ゼクトの最大手であったヘンケルによって買収された。大きな変化が予想されたが、このドイツの大企業の役員たちは、賢明にもエペルネの珠玉には手を触れてはならないことを悟り、若い醸造長ニコラ・ジャガーに、引き続き彼の父、祖父がやってきたようにグラシアンのためにワインを造り続けてくれるよう頼んだ。ヘンケルが新しく導入したことといえば、貯蔵と新しく出来たワインのブレンドのための醸造室の建設と、早

主なアルフレッド・グラシアン・シャンパンは、従来通り厳密な古典的方法――オーク樽による発酵、長寿のためマロラクティック発酵はしない――に則って造られている。

飲み用シャンパンの新ラベルの立ち上げであった。

グラシアン愛好家は安心してよい。主要なアルフレッド・グラシアン・シャンパンは従来通り厳密に古典的な方法――オーク樽による発酵、長寿のためマロラクティック発酵はしない――に則って造られているからである。入門者レベルのグラシアン・ブリュットNVは1906年以来イギリス・ワイン協会のハウス・シャンパンである。それは雄大な、自己分解のビスケットの風味のある充実感のあるシャンパンで、ずいぶん前からピノ・ムニエを高い比率で含むものとなっている。ジャガーの父は正確な数字は明かさなかったが、ムニエの比率はかつては70%を超えていたようだ。それは少しも悪いことではない。なぜなら使われているのは、リウイユやジャガー家の故郷であるシャティヨンなど、マ

上：アルフレッド・グラシアン・エペルネ・ワイナリーの枝編み細工の籠。古きことは善きかなという社是を象徴している。

ルヌ渓谷の日当たりのよい斜面に育つ極上のピノ・ムニエだからである。最近では、エレガントさと新鮮さを求める消費者の嗜好に合わせてシャルドネが高い比率を占め、タイユは少なめにしか使われなくなった。この調整は毎日飲むシャンパンとして親しまれるためになされた。

グラシアンの切り札はヴィンテージ・ワインである。グラシアン・ヴィンテージ・キュヴェの葡萄の半分以上は偉大な村――ル・メニルはミネラルを、クラマンは躍動感と花の香りを、そしてシュイィはきれの良いフレーバーの純粋さをもたらす――からのものである。グラシアンのマロラクティック発酵なしのスタイルは、飲む人に辛抱を要求し、栓を開けるまでに10年以上待たなければならないこともしばしばである。いま成熟に近づきつつある1998は、古典的な存在感と線の正確さの模範であり、その1年前の最高のシャンパンであった繊細な1997さえも凌駕している。プレステージ・キュヴェ・パラダイスはヴィンテージのラベルは張られてい

219

ないが、常に単一年のワインから造られるシャンパンである。2002は豪華なワインで、これもシャルドネ主導である。このトップ・ブランドでのムニエの比率はすでに9％に減らされており、今後も少しずつ減らされていくであろう。

極上ワイン

(2008年1月エペルネにて試飲)

Alfred Gratien Brut NV
アルフレッド・グラシアン・ブリュットNV
42%C、13%PN、45%PM。他のすべてのワイン同様に、228ℓオーク樽で発酵。麦藁のような金色。美しい柑橘系の香り。一般的なドサージュ12g/ℓで、豊満でまろやかな飲み口。ブレンドにタイユの量を減らしているため、いつもより洗練されている。

Alfred Gratien Brut Rosé NV
アルフレッド・グラシアン・ブリュット・ロゼ・NV
上のブリュットと同じセパージュのロゼ・アッサンブラージュ。ブージー・ロゼを9％加えている。愛らしいサーモン・ピンクで、優美な泡の紐飾り。非常に新鮮で鋭いアロマ。フルでコクのある飲み口だが重さのかけらもない。

Alfred Gratien Cuvée Paradis
アルフレッド・グラシアン・キュヴェ・パラダイス
純粋な2002。70%C、21%PN、9%PM。溶かしバターのような美しい黄色がしっかり熟成していることを告げている。しかし泡は非常に躍動的で、機敏なアロマが鼻腔を襲う。飲み口は卓越した成熟感があり、きめの細かい芳醇さが口中を満たす。高い比率のシャルドネ、特にグラン・クリュ・アヴィズのそれが、このワインを本格派にしている。試飲の時すでに美しいが、10年以上を経ると栄光ある円熟期に入り、さらなる高みへと昇っていくはずだ。

Alfred Gratien 1998
アルフレッド・グラシアン1998
60%C、20%PN、20%PM。輝かしい金色。シャルドネ主導の、焼き立てのパン、ブリオッシュの古典的な香り。コクと複雑さのある非常に元気の良い口当たり。きめが細かく、線の正確な後味。秀逸。飲み頃は2009～20年。

右：祖父、父に次いで3代にわたってシェフ・ド・カーヴとして仕えているニコラ・ジャガーは、古典的な方法を忠実に守っている。

Champagne Alfred Gratien
30 Rue Maurice Cerveaux, BP3, 51201 Epernay
Tel: +33 3 26 54 38 20
www.alfredgratien.com

EPERNAY AND THE CÔTE DES BLANCS

EPERNAY AND THE CÔTE DES BLANCS

Boizel ボワゼル

資本の論理が横行し、絶えずストレスと緊張にさらされている現代シャンパン業界にあって、ボワゼルは今でも創業者——オーギュスト・ボワゼルとその妻ジュリー——の家訓と規準を忠実に守り続けている、家族経営の見本のような会社である。ともに葡萄栽培家の家に育った2人は、1834年に商売の道に飛び込むことを決心し、エペルネのサン・レミ通りにメゾンを開いた。5代目の当主であるエヴリン・ロケス・ボワゼルは、勇猛さで名高いシャンパーニュの女性らしく、フランス女性の魅力と女らしさを、実務的な能力と決断力に融合させている——エヴリンの場合は、オランダ人の母親エリカから受け継いでいるようだ。ボワゼルにはオランダ的な商売の流儀が色濃く刻印されている。このハウスを見過ごせないものにしているのは、エヴリンと彼の夫クリストフ・ロケス

キュヴェは5種類と限られているが、どれも秀逸で、質と価値で匹敵するものはシャンパーニュ地方でもそう多くはない——そしてすべてが静かに淡々と行われており、ぶれることがない。

のチームワークの良さである。クリストフは高名な地質学者の息子で、知的で几帳面な人物であり、葡萄の買い付けと醸造の監督を行っている。2人が造りだすキュヴェは5種類と限られているが、どれも秀逸で、質と価値で匹敵するのはシャンパーニュ地方でもそう多くはない——そしてすべてが静かに淡々と行われており、ぶれることがない。

ワインがますます国際的になっていき、100点満点の高得点を競う喧騒に包まれているとき、自分たちのシャンパンづくりの姿勢を静かに語るエヴリンの言葉は一服の清涼剤の感がある。「土壌と気候のおかげで、私たちの葡萄が非常に上質で繊細なアロマを醸し出すことができるのを幸せに感じています。私たちは、ただこのアロマが歪まないように、完全に自分自身を表現できるようにしているだけなのです。」この目的のため、クリストフは1年中葡萄畑を見回り、3つのシャンパン葡萄が最高に自己を表現でき、フィネスを発揮できるようにクリュと丘を選んでいる。ボワゼルの力強い友人であるブルーノ・パイヤールとフィリップ・バイヨの取り計らいで、BCCグループから資本注入が行われた結果、ボワゼルのエンジンにさらなる馬力がついた。その結果、葡萄の供給不足のなか、新しい供給元と契約を結ぶことができるようになり、また既存の協力栽培家との長い間の特別な関係をさらに強化することができた。

ボワゼル・ブリュット・レゼルヴはハウスの旗頭的存在で、うまくブレンドされたノン・ヴィンテージ・シャンパンはかくあるべきという内実をすべてそなえている。黒葡萄2種が3分の2をやや上回り、白葡萄が3分の1を少し下回るという古典的なアッサンブラージュで、上質のアロマがあり、バランスに優れている。フレーバーも申し分なく、価格はリーズナブルである。さまざまな口実を見つけて飲みたいときに飲むために冷蔵庫に置いておきたい1本である。

ブリュット・シャルドネは秀逸なブラン・ド・ブランで、まさに掘り出し物である。葡萄はすべてコート・デ・ブランの別格な畑からのもので、新鮮さ、ミネラル、大らかさの基準で選ばれた。強調すべきは、このワインは普通よりも長く熟成し、4〜5年熟成させた2つの年のブレンドであるということである——ノン・ヴィンテージではめずらしい。

ブリュット・ウルティムは新感覚の超辛口シャンパンであるが、きわめて注意深く醸造されている。葡萄が最高に成熟した日照の良い年だけに造られ、上質のシャルドネを高い比率で含んでいるが、全体を牽引しているのは芳醇なピノ・ノワールであり、それらを少量のピノ・ムニエが口を満たす果実味で補完している。もちろんワインの"角を取る"ためのドサージュはなしで、ワインの純粋さと繊細なバランスが重視されている。完全なる調和を醸し出すために、セラーで長くゆっくりと寝かされた後でリリースされた。寿司や刺身に合わせるのに理想的なシャンパンで、特にホタテ貝やマグロの薄切りに相性が良い。ヴィンテージものもま

EPERNAY AND THE CÔTE DES BLANCS

た同様に高い基準である。いつも通り、2人は自分たちの好みに合う年だけにこのキュヴェを造る。2人は1999——一般的に1998よりも複雑さに劣る年だと私は思う——を選んだが、ボワゼルの手にかかると大らかでミネラルのフィネスが薫るシャンパンとなっている。

セラーで最も偉大なシャンパンが、ジョワイヨ・ド・フランス・プレステージである。究極のボワゼル・スタイルを目指して1961年にルネ・ボワゼルによって初めて造られたもので、グラン・クリュとプルミエ・クリュからだけのシャルドネとピノ・ノワールを使用し、少量をオーク樽で熟成させている。ジョワイヨ、なかでもブランは、非常に長く熟成することができ、奇跡的な1995は2009年に最高の状態を迎えている。それと対照的にジョワイヨ・ロゼ2000は、前向きで果実味豊かな年のピノ・ノワール由来の果樹園の果実のアロマをぎっしりと詰め込んでおり、それにボワゼルならではの偉大なシャルドネ由来の正確さで緊張感が与えられた秀品である。脱帽！

極上ワイン

(2008年11月エペルネにて試飲)
Boizel Brut de Chardonnay NV★ [V]
ボワゼル・ブリュット・ド・シャルドネNV★ [V]
葡萄はシュイィ、クラマン、ル・メニル、ヴェルテュのものだけを使い、2003と2004をブレンド。ドサージュは8g/ℓ。きらめきのあるレモン-金色で、新鮮さと成熟が共存していることを告げている。愛らしいクリームのような泡立ち。白い花のアロマ、ミネラル、落ち着いた熟成香。本物だけに備わる質と奥深さがあり、噴出しつつあるが抑制されていて、酵母の自己分解の複雑さが感じられ、後味は感動的なほど長い。非の打ちどころがない。

Boizel Vintage 1999
ボワゼル・ヴィンテージ1999
マルヌ渓谷のグラン・クリュ、プルミエ・クリュのピノ・ノワール、シャルドネ、ムニエを50/40/10でブレンド。ドサージュは9g/ℓ。健やかな淡黄金色。黄桃、洋ナシの魔法の香りに、スイカズラの微香もある。よく熟した堂々としたピノ・ノワールの豊かで温かい口当たりを、ちょうど良いバランス、きれの良いミネラルのシャルドネが手綱を握っている。'98や'95のような複雑さはないが、官能的なシャンパン。お見事としか言いようがない。

Boizel Joyau de France 1995
ボワゼル・ジョワイヨ・ド・フランス1995
55％PN（マイィ、ヴェルジー、マレイユ・シュル・アイ）、45％C（シュイィ、クラマン、アヴィズ、オジェ、ル・メニル）。ドサージュは8g/ℓ。まばゆいばかりの黄金色の聖衣、オークと触れたことで新たな次元が加わった。熟成したグラン・ヴァンならではの、白い花、アーモンドの元気の良いシャルドネのアロマが支配している。時間が経ち空気と触れることによって怠け者のピノ・ノワールがゆっくりと起き上がり、口の中で主張を始める。黄桃、ウィリアム・ペア、それにオークとシャルドネ由来のバニラ、トーストが加わる。純粋さとフレーバーの長さが際立つ後味。完全無欠に近い。

Boizel Joyau de France Rosé 2000★
ボワゼル・ジョワイヨ・ド・フランス・ロゼ2000★
65％PN、そのうち8％が赤ワインとして醸造。35％C、すべてが偉大な畑から。落ち着いたピンク色に赤銅の輝き。カシス、オレンジの皮、マルメロの贅沢な香り——すべて選ばれたピノの喚起するもの。しなやかでシルクのよう、しかしとてもきれが良く、新鮮な口当たり。非常にバランスが良く、長い後味。

上：1834年からボワゼルの壁を飾り、誇り高きワインの歴史を見つめながらエペルネの町を彩ってきた文字。

Champagne Boizel
46 Avenue de Champagne, 51200 Epernay
Tel: +33 3 26 55 21 51
www.champagne-boizel.fr

Charles Ellner シャルル・エルナー

2008年10月、エペルネのレストラン「ゆりかご」で月例の葡萄栽培家の集会に参加していたとき、エルナー家の1人がその1983を勧めてくれた。それは本当に美味しく、私はこの小さなハウスのことをもっと良く知りたいと思った。エペルネとセザンヌ周辺に56haの畑を持ち、ネゴシアンであると同時に自家栽培醸造家でもあるシャルル・エルナーは、フレーバーの長さではグランド・メゾンも顔色を失うほどの秀逸なシャンパンを生み出す、目が離せないハウスである。

ハウスの創業者は1900年頃までモエでルミュエールをしながら畑を買い集め、その息子のピエールが両大戦間に家業を発展させた。会社は依然として一家の単独経営で、現在は4代目のジャック・エルナーが社長兼醸造長である。毎年130万本生産し、75%がEU全域と北米に輸出されている。アメリカではふさわしくも、『ワイン・スペクテイター』誌で賞を獲得している。ブリュット・インテグラルは上質のノン・ドゼ・シャンパンで、セデュクションはまさに名前のとおり誘惑的である。エルナー・シャンパンの落ち着いた豊かさは、オークで寝かせたリザーヴ・ワインに負うところが大である。

極上ワイン

(2008年10月と2009年1月エペルネにて試飲)

Charles Ellner Brut Intégral NV
シャルル・エルナー・ブリュット・インテグラルNV
35%C、65%PN。2002と2003のブレンド。淡黄色で豊かな泡。比率が少ないにもかかわらずシャルドネがブーケを支配しているようだ。ノン・ドゼにしてはフレーバーは豊かで長く続き、葡萄の成熟の良さ、ハウスのスタイルの美しさを物語る。後味は印象深く長い。ノン・ドゼ・キュヴェのお手本。

Charles Ellner Cuvée de Réserve NV
シャルル・エルナー・キュヴェ・ド・レゼルヴNV
60%C、40%PN。2002と2003のミックス。ドサージュは10g/ℓ。熟れているが優美な黄色。ドサージュは一般的だが良く統合され、新鮮さが際立ち、複雑さもある。バランスが良く長い。敬服。

Charles Ellner Cuvée Prestige 1999
シャルル・エルナー・キュヴェ・プレステージ1999
60%C、40%PN。ドサージュは6g/ℓ。この気ままな年の秀逸な基準。熟れたきらびやかな金色。バター、バニラのシャルドネ主導の美しいアロマ。果実味がぎっしり詰まっているが核はしっかりしており、新鮮で長い。

Charles Ellner Séduction 1999
シャルル・エルナー・セデュクション1999
55%C、45%PN。プレステージと同じ控えめなドサージュだが、より進化しており、本当に豊かでしかも洗練されている。まさに名前の通り誘惑的。

Charles Ellner Brut 1983
シャルル・エルナー・ブリュット1983
先に記した葡萄栽培家の集いのスター的なワインであった。55%C、45%PNの古典的ブレンド。熟成された渋い金色だが、まだ生き生きとした輝きがある。蜂蜜のアロマがねっとりしているが、くどくはなく、口に含むと非常に躍動的で、豊満であるが完璧にバランスが取れている。完全。25年にして頂点に達した稀なワイン。

Champagne Charles Ellner
1-6 Rue Côte Legris, 51200 Epernay
Tel: +33 3 26 55 60 25
www.champagne-ellner.com

V Testulat　V・テチュラ

コート・デ・ブランの近く、マルヌ渓谷の中心部に位置するエペルネは、シャンパーニュ地方のワイン取引の首都で、ネゴシアンの数ではランスやアイよりもまさる。そのためグランド・メゾンの居並ぶシャンパン大通りの裏奥を探索するのもまた楽しいものである。マレシャル・フォッシュ大通りから中に入る静かな路地には、英語圏出身のジャーナリストやワイン輸入業者はあまり立ち寄らないが、素晴らしい小さなハウスがいくつか並んでいる。

V・テチュラもそのような宝石の1つで、その瀟洒なハウスは1862年にテチュラ家によって建てられた。それは精神的にも実体的にも、ネゴシアンというよりドメーヌで、グラン・クリュ・シュイィや、町の南側のコート・ド・エペルネの最上の斜面に17haほどの特選畑を所有している。一家の息子のヴィンセント・テチュラは教育を受けたワイン醸造学者で、妻のアグネスとともにハウスを新たな高みへと引き上げるため日々努力している。そのシャンパンは非常にリーズナブルな価格だし、レジエ・ベルタン通りの奥まった場所にあるその落ち着いた醸造所は、苦労してでも見つけだす価値がある。その堅固な19世紀風の建物とキュヴェリエは、何の飾りもなく、本質だけを表現している。数基並ぶステンレスの発酵槽は扱いやすい大きさで、個々の区画ごとに発酵が行われていることを示唆している。またセラーは、地下深く乾燥したところにあり、熟成に最適である。醸造過程にオークはまったく使われていない──今のところは。

アグネス・テチュラは、レ・リセの近くのセル・シュル・ウルスのオウボア村の出身で、レ・リセ同様に明るいピノ・ノワールで有名である。そこに住む彼女の従兄弟の育てるピノは、北のテチュラへと運ばれ、彼らのワインに豊かさを添えている。それが最も良く表現されているのが、特筆すべきブラン・ド・ノワールであるカルト・ドールである。それは力強くしかも優美なシャンパンで、セラーの売店で10ユーロで購入できる。ブラン・ド・ブランも秀逸で、シュイィの最上のシャルドネから造られ、活発で、軽いが、フレーバーの持続性は本物である。テチュラの2歳になる娘の名前をとったキュヴェ・ロゼ・シャルロットは、豊かで繊細な果実味が特徴の、最上の畑のワインから造られる逸品である。色の均質性を出すために赤ワインが加えられ、すべて黒葡萄からできているが、けっして重くなることはない。

ハウスの最高級シャンパンは、ヴィンテージ入りのキュヴェ・ポール・ヴィンセントで、彼らの下の息子の名前をとって命名された。一家の最上の畑から採れるシャンパン品種3種の古典的ブレンドである。最も新しいヴィンテージは1999で、それはこの不安定な年のシャンパンのなかでかなり実質感のあるものに仕上がっている。テチュラはまた黒葡萄果汁を使ったベルベットのような触感のラタフィアや、ブランディーも造っている。品質と価格、これがテチュラの最重要項目である。

極上ワイン

(2008年10月エペルネにて試飲)

Testulat Carte d'Or Brut NV★ [V]
テチュラ・カルト・ドール・ブリュットNV★[V]
50%PN、50%PM。ドサージュは10g/ℓ。感動的なほどに力強いがしなやかさのあるブラン・ド・ノワール。ムニエの果実味とピノの力強さが見事に調和し、筋肉質だきれいが良い。白肉や軽いピノ・ノワール・ソースで煮込んだ猟鳥獣肉に相性が良い。またボーフォール・チーズやトム・ド・サヴォワにも合う。超お買い得。

Testulat Blanc de Blancs Brut NV
テチュラ・ブラン・ド・ブラン・ブリュットNV
100%C。ドサージュは8g/ℓ。淡い金色に緑色の輝きの古典的色合い。緑の果実の爽やかさ、ミネラルとレモンの新鮮さが融合。フレーバーは驚くほど深く、シルクのような質感。シュイィとコート・ド・エペルネの平均樹齢25歳から生まれたシャンパン。

Testulat Rosé Cuvée Charlotte NV
テチュラ・ロゼ・キュヴェ・シャルロットNV
50%PN、50%PM。ドサージュは10g/ℓ。光沢のあるルビー色で強さもあるが繊細さもある。誘惑的なイチゴの香りが鼻腔にも口にも広がる。美味しい──特に収斂味のある酸がボンボンのような甘さに堕ちるのを防いでいる。バーベキューによく合うシャンパン。

Testulat Cuvée Paul-Vincent 1999
テチュラ・キュヴェ・ポール・ヴィンセント1999
ピノ・ノワール、ムニエ、シャルドネをほぼ均等に用いた古典的ブレンド。理想的なバランスで、凝縮感、コク、フィネスが見事に融合。ヴィンテージ・シャンパンに求められるすべてがあり、この果実味が怒涛のように押し寄せ、抑制された美しさを圧倒する年に生まれたものとは思えない。

Champagne V Testulat
23 Rue Léger-Bertin, 51201 Epernay
Tel: +33 3 26 54 10 75
www.champagne-testulat.com

CÔTE DES BLANCS | AVIZE

Agrapart & Fils アグラパール・エ・フィス

　コート・デ・ブランの自家栽培醸造家のなかで、この10haのドメーヌほどメディアに取り上げられ、またそれに値するものはない。その理由は、ここが精細を極めたシャンパンづくりの最高のお手本であり、その葡萄がどこよりも美しく几帳面にしつらえられた葡萄畑から生まれるものだからである。ワインづくりも同様で、1つひとつの小さなキュヴェ同様、ブレンドして生まれるシャンパンも新鮮で焦点のしっかり合ったものでなければならないという明確な意識の下、オーク樽がワインに及ぼす有益な酸化作用が綿密に計算されている。醸造家のパスカル・アグラパールは言う。「私は、土壌に対する姿勢はブルゴーニュ的だが、ワインづくりにおいてはきわめてシャンパーニュ的だ。」この精緻なラインから生み出されるシャンパンには、だらしなさや過抽出のかけらも見当たらない。

　19世紀末にパスカルの曽祖父のアルチュール・アグラパールによって開かれたドメーヌは、現在オジェ、クラマン、オワリィ、アヴィズなどのグラン・クリュ・シャルドネ畑に合わせて60区画ほどを所有している。さらにベルジェル・レ・ヴェルチ、アヴネイ・ヴァル・ドール、マルドゥイユにもある。葡萄樹の平均樹齢は理想的な35歳であるが、なかには60歳にも達する区画もある。土壌は葡萄樹の微生物学的生育を最大限助長するように入念に手入れされており、その結果その根は直接岩盤に到達し、そこから存分にミネラルを吸収している。それによって、テロワールの神秘的な風味がワインに注入される。アグラパール家全員の頭と心には、すべての畑の特徴——土壌の特性（一言でいえば、チョーク質でも粘土でも、とにかく強い）、畑の向きなど——がしっかりと刻まれている。ここではビオディナミに関する説教じみた話は聞かれないが、葡萄樹に対するホメオパシー療法、有機肥料の使用などそれに近い生育法が取られている。葡萄畑ではパリサージュ（枝の誘因、固定）が手仕事で入念に行われているが、これは風や太陽の作用を促進するためである——それらの自然要素は、灰色カビ病やうどんこ

右：トップ・キュヴェに使うドゥミ・ミュイを背景に微笑む感受性豊かな卓越した醸造家、パスカル・アグラパール。

コート・デ・ブランの自家栽培醸造家のなかで、この10haのドメーヌほどメディアに取り上げられ、またそれに値するものはない。その理由は、ここが精細を極めたシャンパンづくりの最高のお手本だからだ。

病、べと病などの疫病の発生を防ぎ、人為的な治療の必要性を少なくする。収穫ももちろん手作業で、厳密に選んで摘み、最高に成熟させるために収穫をぎりぎりまで延ばす。

ワインづくりも精緻を極め、ワインの構造と重さに合わせて綿密に醸造法を微調整している。グラン・ヴァンは大きい方のオーク樽（ドゥミ・ミュイ）を使うが、目的は木の香りを加えることではなく、管理された酸化を行うためである（酸化はワインの敵ではない――実はその反対である――それは生まれたてのワインに免疫力を付け強くする働きがある）。より芳醇なワインを造るためには、温度調節されたステンレス槽を使う。最終的にシャンパンの安定性と複雑さを増すため、マロラクティックは行っている。一般にドサージュは低く控えめで、蔗糖を使い、リリース前3カ月に行われ、壜詰めとデゴルジュマンの日付は裏ラベルに明記されている。

ここでの目的はこれらの別格的な畑――卓越したミネラルとフィネスを持つアヴィズとクラマン――を純粋に表現することである。

入門者レベルのブラン・ド・ブランは一家の所有している全村の葡萄のブレンドで、その名もレ・セット（7つの）・クリュという。このブレンドに使われる葡萄はすべて若く、そのため果実味に主眼が置かれ、普通のドサージュで強調される。ヴィンテージ・ワインのエクストラ・ブリュット・ブラン・ド・ブラン・ミネラルはアヴィズ（レ・シャンボタン）とクラマン（レ・ビオネ）の最高の区画の葡萄を使い、醸造はドゥミ・ミュイとステンレス槽の両方を使う。これらの特権的葡萄畑の個性を最大限発揮させることが目的である。偉大な2002ヴィンテージには、アヴィズとクラマンの卓越したミネラルとフィネスが素晴らしい精妙さのなかに渾然一体となって表現されている。対照的に2002キュヴェ・ヴニュは、アヴィズ村の精髄ともいうべき24haの命名畑ラ・フォッセの100％から造られる。その畑では機械は一切使われず、人と美しい雌白馬のヴニュが一緒になって畑を耕す。醸造はすべて樽で行われ、葡萄樹の年齢とヴィンテージの豊かさのおかげで、砂糖を加える必要はまったくない。同じく2002のラヴィゾアーズは一家の最高級ブランドで、今回は粘土とチョーク質の土壌が特徴の命名畑、レ・ロバールとラ・ヴォア・ド・エペルネの葡萄を用いている。これはアグラパール軍団のなかでも最も長く熟成し、その凝縮感からアヴィズの最高傑作と言われている。宣伝のための予算など原価に含まれていないため、どれもシャンパーニュ地方で一番の、価格以上の価値を持つワインとなっている。

極上ワイン

(2009年1月アヴィズにて試飲)

Agrapart Minéral Extra Brut 2002
アグラパール・ミネラル・エクストラ・ブリュット2002
ドサージュは4～5g/ℓ。わくわくするようなミネラルに、官能的な黄色い果実の誘惑的な香りとフレーバー、それに豊かなヴィンテージ特有の甘草の微香が融合。しかしテロワール固有の鋭敏さが全体を牽引し、新鮮さと緊張感を保持している。

Agrapart Vénus Non-Dosé 2002★
アグラパール・ヴニュ・ノン・ドゼ2002★
粘土よりもチョーク質が優勢なラ・フォッセの土壌からのもの。眩しい金色に緑色の光。コーヒーのような焙煎香や焼き立てのパンの気持ち良い香り。豊かな飲み口、口腔が愛撫されるような感覚があり、砂糖の出番はない。

Agrapart L'Avizeoise 2002
アグラパール・ラヴィゾアーズ2002
アヴィズのトップ命名畑に育つ樹齢50歳の葡萄を使用。ドサージュは3g/ℓ。全面的に樽で発酵させ、2003年に壜詰めし、長寿のためコルク栓で熟成。最初ミネラル香が感じられるが、口に含むと雄大で芳醇、マンゴ、パパイヤ（熟れすぎない）の熱帯の果実の大きなフレーバーがあり、トーストやバターも感じられる。中華風生姜風味ロブスターなどの豪勢な料理によく合う偉大なシャンパン。

Champagne Agrapart & Fils
57 Avenue Jean-Jaurès, 51190 Avize
Tel: +33 3 26 57 51 38
www.champagne-agrapart.com

CÔTE DES BLANCS | AVIZE

Claude & Agnès Corbon クロード&アニエス・コルボン

コルボン家の歴史は、生き残り、源泉、再生という、まさにシャンパンの造り手にふさわしい物語である。完璧な英語を話すアニエス・コルボンは、ユニリーバとマーズ・コーポレーションのマーケティングの仕事を辞め、そろそろ引退したがっていた父クロードのために、瀟洒なアヴィズのドメーヌを継ぐ決心をして戻ってきた。

クロードの2世代前から一家は葡萄栽培を家業とし、ネゴシアンに葡萄を販売してきた。しかしアニエスの祖父は、1945年からの厳しい時代、一家を養っていくために石炭商に転業した。その息子のクロードは再び一家の小さな葡萄畑の手入れをし始めたが、1968年の騒乱でフランスが革命のような激変の淵に立たされているのを感じ、一家の生活を堅固にするためにシャンパンの製造を始めることを決意した。一家は今6ha——グラン・クリュのアヴィズに2ha、そしてマルヌ渓谷のヴァンディエレ、ヴェルヌイユ、ヴァンセル、そして醸造家のアニエスの兄が地元の協同組合で組合長を務めているトレルー・シュル・マルヌに合わせて4ha——の畑を所有している。

後景に退いてはいるが、クロードの存在と影響力は明らかである。普段は赤ら顔の愛想の良い陽気な醸造家という感じだが、仕事をしている時の眼光はいまだに鋭い。私が特にアヴィズのテロワールに関心を持っていると聞いた彼は、最近のシャンパンを持ってこさせるといったありきたりのやり方ではなく、1971年から毎年造っている（必ずしもすべてリリースされたわけではない）純粋なアヴィズ・ヴィンテージを試飲してはどうかと勧めてくれた。それだけでも十分であったが、彼の次の言葉に私は胸を撃たれた。「もちろん、良いヴィンテージ——1988、1982、1971——だけを試飲することもできるが、"最悪な年"を2つ、そして良い年を1つ試飲してみてはどうだろう、選択は君に任せる。」コルボン・アヴィズ・ヴィンテージは、すべて清澄化もろ過も行われない。またマロラクティック発酵も行わな

下：花や果実が飛び出すアヴィズのイメージを美しく描き出した壁画。コルボンもその代表的な自家栽培醸造家。

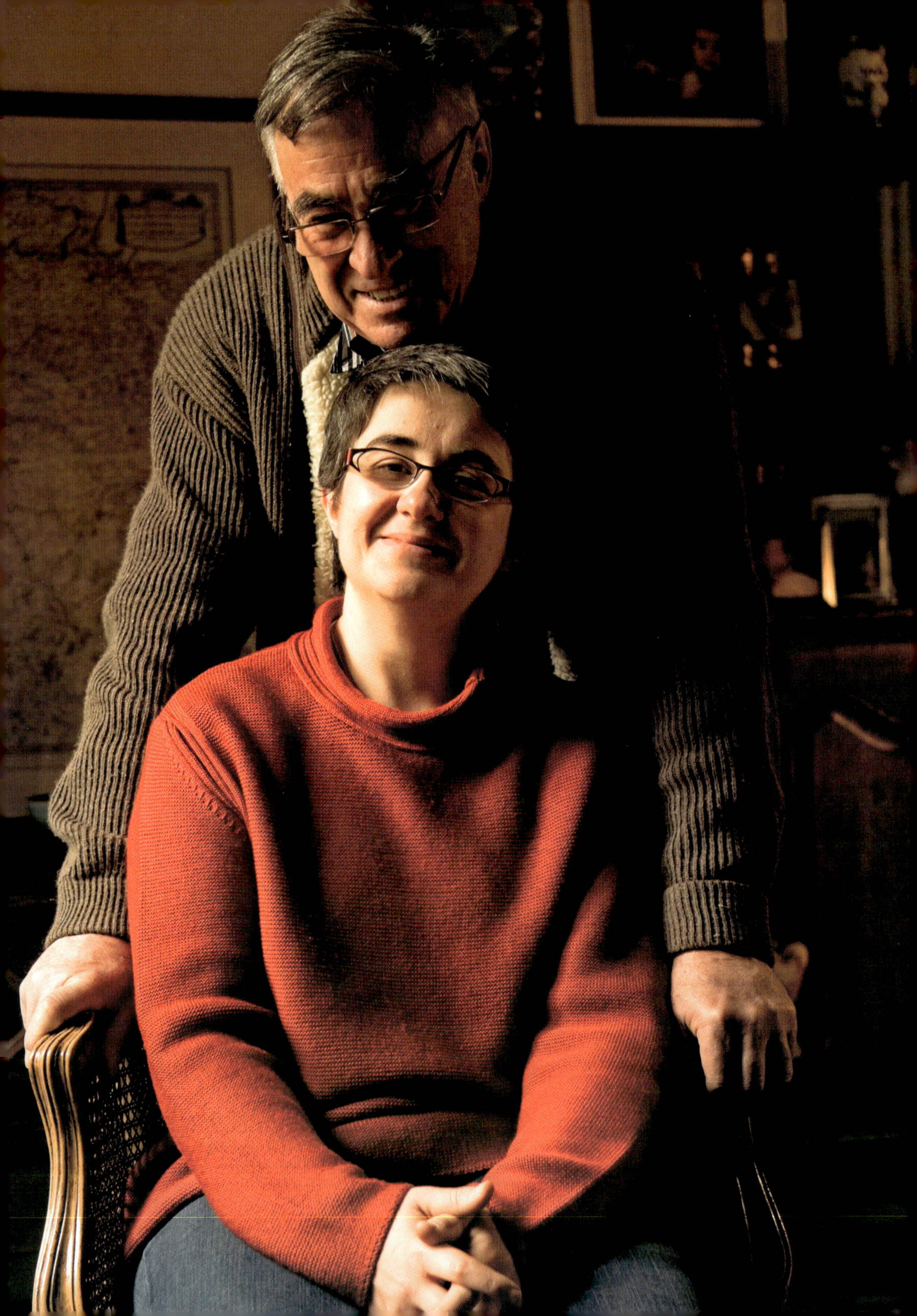

い。そしてすべてオーク樽で発酵させる。私はこの小さなドメーヌの歴史を辿るべく、素晴らしかった2000、天候不順の1994、20世紀後半で最も酷い作柄であった"最悪"の1984を選んだ。

テイスティングの後、この3つのアヴィズ・ヴィンテージに対する私の先入観は修正を迫られた。驚くことではなかったが、2000は確かに個性が花開き、豊かな果実味があった。1994は'94特有の過成熟があり、ボトリチスの気配もあったが、心地良い蜂蜜が感じられた。1984は固く、やや雄大さに欠けるきらいがあったが、まだ生き生きとしており、活発で、このぞっとする年生まれの他のシャンパンほどには酸化は進行していなかった。これはろ過なし、清澄化なしが、醸造家の魔法の手と組み合わされるならば、神が見放したような恐ろしい年でも、素晴らしい畑から生まれたワインがいかにその豊かさ、強さを保持できるかを実感として教えてくれた貴重な体験となった。アニエスが横で言った。「マーズのチョコバーを売るのとは全然違うわ。」

コルボンはいまでもかなりの量の葡萄をネゴシアンに売っている。しかし自身のシャンパンも1万5000本ほど製造し販売している。シャンパンは主にイタリア——シャンパンの味にうるさい消費者の多い——に向けて出荷されている。キュヴェ・プレステージは、ほど良い複雑さの、良く熟成したノン・ヴィンテージ・ワインで、50%シャルドネ、残りがピノ・ノワールとムニエが半々という構成である。これは小規模な"ソレラ"システムで造られているが、それはジャック・セロスやエドモン・バルノーなどの優良シャンパン・メーカーも用いている方法である。このキュヴェ・ペルペチュエル(永続的キュヴェ)は、ブレンドの半分の量が壜詰めされ、その後に最新のキュヴェが注ぎ足され、歳月を経るにつれてますます複雑なブレンドが生まれるという方法である。

一家の最高級品がブリュット・ドートルフォアで、こちらもソレラ・システムで造られるが、より古く、95%がシャルドネ、5%がピノ・ノワールである。それはコルク栓を紐で固定するフィスラージュという独特の方法がとられ、それが法律で定められていたルイ15世の頃のスパークリング・シャンパンを思い起こさせる。

極上ワイン

(2008年7月アヴィズにて試飲)

Corbon Cuvée Prestige NV
コルボン・キュヴェ・プレステージ NV
オークの大きなフードルとホーロー槽の混合で12カ月熟成させ、次に壜で澱の上に6年間寝かされる。生き生きとした緑-金色で、泡は優しく渦巻いている。このワインの特徴は何といってもアロマの豊かさで、鼻腔にも口にも広がり、優美な洗練された印象を与える。グラン・クリュ・アヴィズが全体を牽引しているが、マルヌ渓谷のピノ・ノワールが芳醇な果樹園の果実の贅沢さを添え、ムニエが口を満たすヴォリューム感をもたらしている。秀逸。

Corbon Grand Cru Avize 2000
コルボン・グラン・クリュ・アヴィズ2000
きらめく金色が躍動的。大きく豊かなワインで、この年の豊饒な実りをよく表現しているが、テロワールが、新鮮さ、きれの良さ、ミネラルで焦点を合わせている。それによってこのシャンパンはますます複雑になり、優に10年以上も熟成できるものとなっている。あらゆる基準で傑出したシャンパン。

Corbon Grand Cru Avize 1994
コルボン・グラン・クリュ・アヴィズ1994
依然として生命力に満ちた均質な黄金色、ブロンズよりも明るい。まぎれもなく蜂蜜の香りがあり、マデラ酒のよう。隠しきれない過成熟の香り、ボトリチスの気配も感じられる。もう飲むべきであるが、尊敬すべきシャンパン。

Corbon Grand Cru Avize 1984
コルボン・グラン・クリュ・アヴィズ1984
深いブロンズ色。まだ小さな泡がある。寛大さと果実味に欠けた固いワインであるが、難しいヴィンテージであったにもかかわらず、まだ生き生きとしている。

Brut d'Autrefois
ブリュット・ドートルフォア
1996年に壜詰めされ、少なくとも11年は澱の上に寝かされているが、その前にオーク樽で熟成されている。ミネラルが素晴らしく、古樹ならではの、しなやかでなめらかな質感もある。アヴィズが喜々としてピノ・ノワールと接触しており、落ち着いた豊かな香り、抑制された力強さを生み出している。絶品。

Champagne Corbon
541 Avenue Jean Jaurès, 51190 Avize
Tel: +33 3 26 57 55 43
www.champagne-corbon.com

左:伝統的な方法と革新的な方法を組み合わせて卓越したワインを造りだすクロードとアニエスのコルドン家の父娘。

CÔTE DES BLANCS | AVIZE

Franck Bonville　フランク・ボンヴィル

現在3代目のオリヴィエ・ボンヴィルが継承しているこのコート・デ・ブランの重厚な佇まいのドメーヌは、アヴィズの葡萄栽培家であった祖父のフランクが、1946年に創立したものである。その後オリヴィエの父ジルが葡萄畑を次々と買い集め、いまではアヴィズ、オジェ、クラマンに合わせて20ha以上の、誰もがうらやむほどの広さの畑を所有し、そのすべてがグラン・クリュである。

偉大な葡萄を潤沢に使って仕事ができるボンヴィルを、業界の人間が同じアヴィズの生産者であるアンセルム・セロスと対比させて評するのは至極当然のことであるが、ここパストゥール通りでは、すべてがもっと控えめで静かである。一家は、どんな場面にも適し、誰もが買うことの

> ボンヴィルはアヴィズ、オジェ、クラマンに合わせて20ha以上の、誰もがうらやむほどの広さの畑を所有し、そのすべてがグラン・クリュである。

できる、精妙なスタイルの美しいシャンパンを造ることに専心している。彼らの偉大なシャルドネの卓越した表現は、有名な隣人であるアンセルムよりもかなり抑えた価格になっている。

温厚で思慮深いオリヴィエは醸造学を修めているが、彼はそこで学んだ最新の技術を、偉大なシャンパンはかくあるべきという一家伝来の考えのなかに注入しようとは考えていない。受け継いだ葡萄畑の素晴らしさを生かすため、彼のオーク使いは、慎重で抑制されたものである。実際オークを使用しているキュヴェはただ1つ、単一葡萄畑シャンパン、レ・ベル・ヴォワイエだけである。そのオジェの畑には、樹齢100年の葡萄樹が植わっており、そこからは非常に凝縮された果汁が生み出される。その複雑さを、特に口に含んだ時の複雑さを最大限引き出し表現するためには、オーク樽による通気効果が必要だとオリヴィエは考える。

その他のキュヴェはすべてステンレス槽で発酵され、葡萄の天性の豊かさが正確性と緊張感に裏打ちされ、いかにもシャンパーニュ地方らしいものとなっている——ブルゴーニュとの比較をまったく無益なものにする！ ボンヴィルのシャンパンは、その葡萄畑の広がりと多様性を反映して、複雑さという点で他の多くの単一テロワール自家栽培醸造家と一線を画している。ドサージュは平均的な10g/ℓであるが、私としてはあと1gか2gほど減らしても良いのでは考えるが、それは個人的嗜好の問題である。

極上ワイン

(2007年6月、2008年8月試飲)

Franck Bonville Grand Cru Brut Blanc de Blancs NV [V]
フランク・ボンヴィル・グラン・クリュ・ブリュット・ブラン・ド・ブランNV[V]

一家の葡萄畑をすべて、それも数年間分をブレンドしたもの。ボンヴィルのなかで最も人気のある飲みやすいシャンパン。花のようなアロマと純粋な果実味が強調されているが、口に含むと繊細さのなかに比類なき葡萄の質と起源が感じられ、その後精妙な豊かさが広がる。抑えた価格からは想像できない偉大なシャンパン。

Franck Bonville Grand Cru Brut 2002
フランク・ボンヴィル・グラン・クリュ・ブリュット2002

完熟の証しである甘草に支配された非常に力強い香り、東洋的なウイキョウも感じられる。口当たりは元気で長く、驚くほどの新鮮さもあり、それがまだ非常にエレガントな蜂蜜のねっとり感を支えている。醸造の技のさえを感じさせる。2002を見事に表現している偉大なヴィンテージ・シャンパン。

Franck Bonville Les Belles Voyes NV
フランク・ボンヴィル・レ・ベル・ヴォワイエNV

オジェの東向きの斜面の中腹を占める自家畑の樹齢100歳の古樹から生まれたワイン。オークのカスクで2年間かけて発酵させる。鮮烈な力強い黄色。アロマは十分熟成し、レモンやライムではなく黄桃などの黄色い果実。口に含むとまだ非常に硬く、筋肉質。最高の質を示すようになるまでには、この先2〜3年はかかるだろう。オリヴィエのワインを同じくオジェ出身のワイン、クロ・カザルスと比べると非常に興味深い。こちらは彼の妻デルフィーヌの造るもの。

右：グラン・クリュの葡萄だけを使い、天性の豊かさと落ち着いた優美さを兼ね備えたシャルドネ・シャンパンを造るオリヴィエ・ボンヴィル。

Champagne Franck Bonville
9 Rue Pasteur,
51190 Avize
Tel: +33 3 26 57 52 30
www.champagne-franck-bonville.com

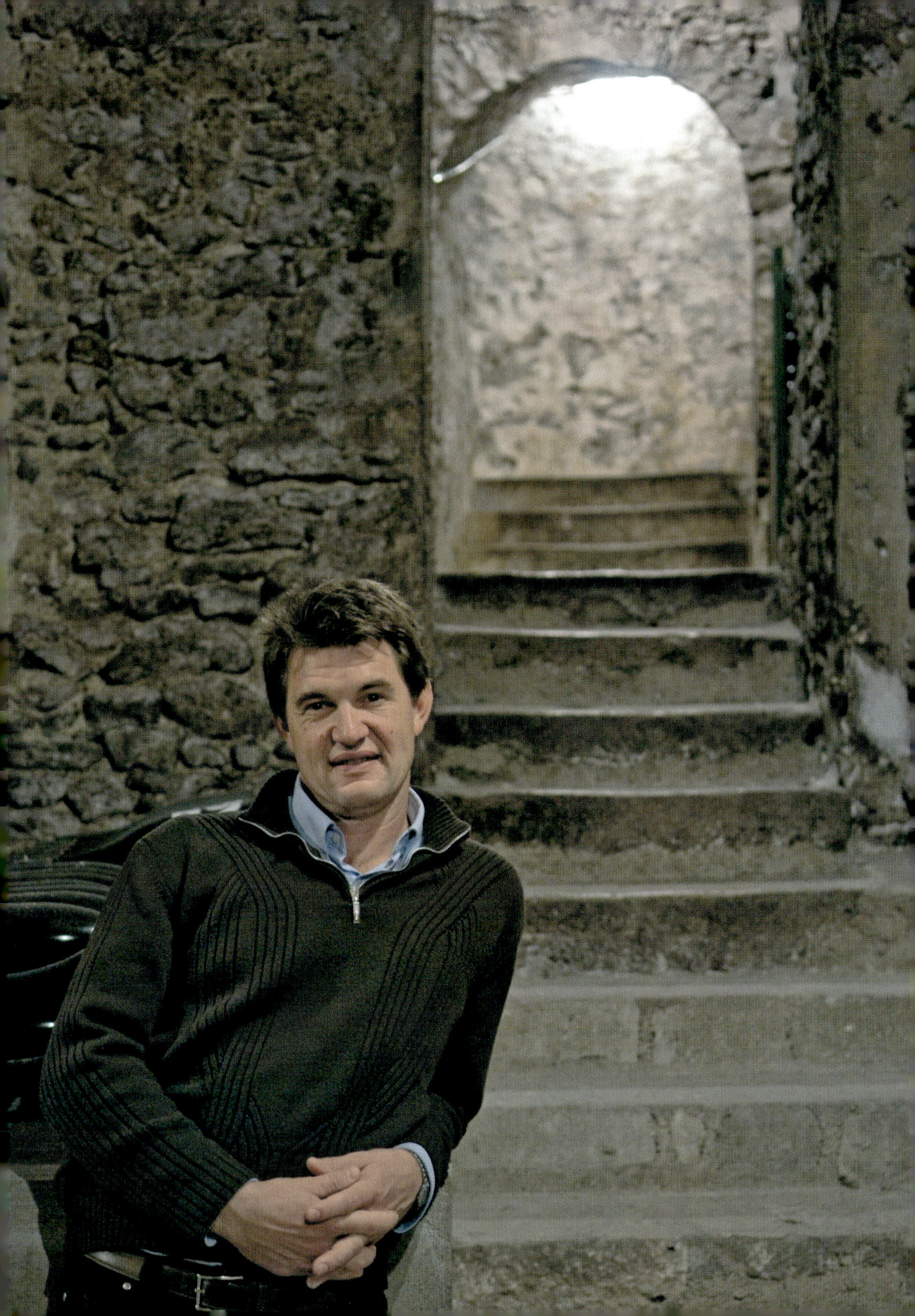

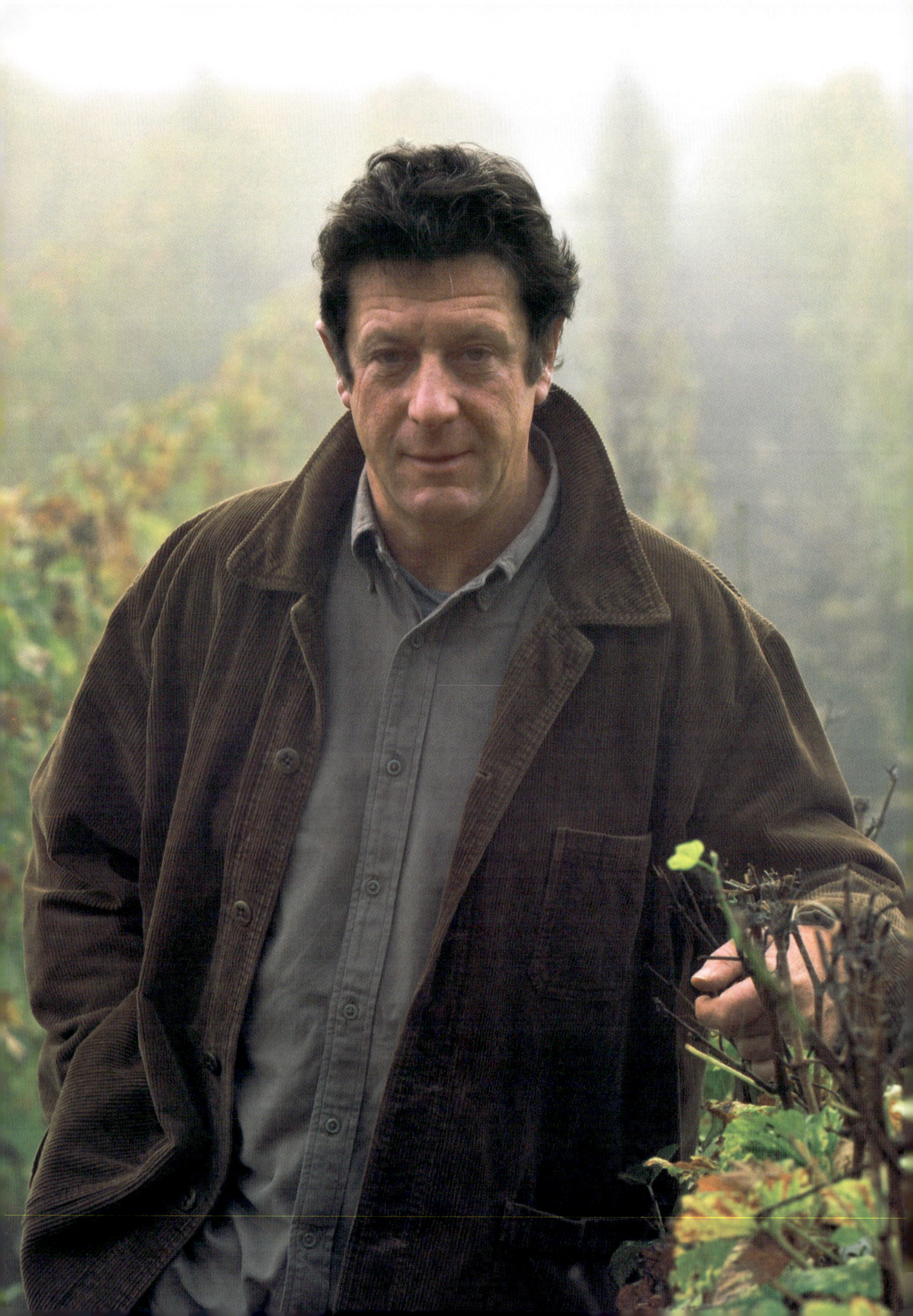

CÔTE DES BLANCS | AVIZE

Jacques Selosse　ジャック・セロス

すでに50代半ばに達したアンセルム・セロスは、明確なビジョンを持ったレコルタン・マニピュランであり、シャンパンをその根源、彼自身の言葉を使えば、"地球の真髄"に戻すことを提唱し、若い醸造家に多大な影響を与えている。1980年代、ボーヌの農業専門学校を卒業したばかりの若さで、シャンパンを生産地から遠い国の上流社会の紋章のような商品と見なす企業化されたシャンパン業界に反旗を翻し、ブルゴーニュの伝統的な手作り白ワインの造り方を導入し、大きな波紋を広げた。セロスの造りだすシャンパンは、非常に個性的で、多くが極めて質の高いものであるが、彼はシャンパンよりも彼の思想によって重要視されてきた。すなわち、シャンパン業界で中小自家栽培醸造家の利益を代表し、葡萄樹を尊敬と知識と愛情を持って育て、シャンパン造りを祖父の時代の職人的な方法に戻すことを提唱するリーダーとして。

アンセルムは自家栽培醸造家として、アヴィズに4ha近くの畑と、さらにオジェとクラマンにそれぞれ1haずつ所有している。コート・デ・ブランの極上ワインを造る材料としては最高のものである。また最近彼は、アイ、アンボネイ、マレイユ——レ・グラン・ノワール——の畑をそれぞれ1haずつ購入したが、それは卓越したピノ・ノワール100%の「コントラスト」のための理想的な葡萄を供給する。ワインはすべてオーク樽（ピエス）で発酵させるが、そのいくつかはブルゴーニュのトップ・ワイナリーからのものである。葡萄の収量を最適にするために葡萄樹は厳しく剪定される。また毎週、樽の中の澱は手櫂によって攪拌される。豪快なブルゴーニュ様式で造られた彼のワインが、雄大で、酸化しているように感じられるのはそのためで、彼は確かにシャンパンの味覚のスペクトルを拡大した。ワインは最長で8年間寝かされ、時々酸化しているような過熟成が感じられるキュヴェ——たとえば最近出されたヴァージョン・オリジナル——もある。それは熟れすぎたリンゴのような香りがすることもある。しかし彼のシャンパンはすべて最高にわくわくさせられるもので、現在再びアメリカでも入手できるようになった——涙が出るような値段だが、コレクターにとっては価値のあるものである。

極上ワイン

(2008年6月アヴィズにて試飲)

Jacques Selosse Initiale Grand Cru
ジャック・セロス・イニシャル・グラン・クリュ

シャルドネ100%。ある意味で、アンセルムのシャンパンを最も標準的にわかりやすく理解できる1本。2003、2002、2001の芸術的なアッサンブラージュで、各ヴィンテージが独自の質を表現しながら互いに補完し合っている。クリームのような微細な泡の舞踏。ハシバミの香り、渾然一体となった味わい。すべてがバランスよく、オークが見事に統合されている。グラスのなかの愉悦。

Jacques Selosse Contraste Grand Cru★
ジャック・セロス・コントラスト・グラン・クリュ★

この至高のワインの源となっているアイ、アンボネイ、マレイユ——レ・グラン・ノワールの偉大なピノ・ノワールの艶やかな金色。骨格は壮大であるが、豊かさと緻密さが感動的なほどにバランスを取り、焦点が明確に定まり、細部まで鮮明に定義されている。限りなく複雑な後味で、コート・ド・ニュイの偉大なブルゴーニュに似ている。白ワインだということは分かっているが、赤ワインの力強さが感じられる。

Jacques Selosse Substance Grand Cru
ジャック・セロス・シュブスタンス・グラン・クリュ

料理、特に魚料理に的を絞ったシャンパン。アヴィズ100%の12ヴィンテージの永久的なキュヴェから生まれた。ただただ感銘。すべての面で素晴らしい実質。深いブロンズでほぼ琥珀色。卓越したアロマの凝縮感、古いアモンティリヤード・シェリーのランシオも感じられる。震動するような地中海のフレーバーが、アヴィズのテロワール固有のチョーク質とミネラルによって統御されている。独特の荘厳さ。アンセルムも推奨するように、フルートではなくデカンターからワイン・グラスで賞味したい。

> シュブスタンスは、料理、特に魚料理に的を絞ったシャンパンである。独特の荘厳さ。フルートではなくデカンターからワイン・グラスで賞味したい。

左：丁寧にしつらえた葡萄畑に立つ、自家栽培醸造家の先導者であり卓越した生産者であるアンセルム・セロス。

Champagne Jacques Selosse
32 Rue Ernst-Vallé,
51190 Avize
Tel: +33 3 26 57 53 56
a.selosse@wanadoo.fr

CÔTE DES BLANCS | AVIZE

De Sousa ド・スーザ

ポールトガル出身の一家がシャンパーニュ地方にやってきたのは両大戦の間で、3代目のエリック・ド・スーザが、現在アヴィズの3傑の1つに数えられるドメーヌに戻ってきたのは、1986年のことであった。それから20年、彼は葡萄畑を増やしながら、シャンパーニュ地方の葡萄栽培と醸造の最高水準を示す模範的な実践家として、高い品質を維持し続けてきた。

エリックは現在グラン・クリュを9ha所有し、そのうち2.5haが、誰もがうらやましがる、アヴィズ、クラマン、オジェの古樹の畑である。彼はそこで最初にビオディナミを実践し、現在残りの畑にも徐々に広げている。アンセルム・セロス同様に、エリックは発酵にオーク樽を使うが、彼のシャンパンは酸化の度合いが少なく、時にはアンセルムのものよりも良くオークと統合されているよう

> エリックは葡萄畑を増やしながら、シャンパーニュ地方の葡萄栽培と醸造の最高水準を示す模範的な実践家として、高い品質を維持し続けてきた。

に思える。ド・スーザのワインはすべてマロラクティック発酵を通過し、その自己分解のフレーバーはさらにポワネタージュ――壜を手首を使って揺らし澱を攪拌させる手間のかかる古いやり方を含む――によって強められる。その方法は以前はアヴィズで一般的に行われたものであったが、現在はあまり好まれていない。

グラン・ブランのスペシャリストであるエリックのシャンパンは、古典的なシャルドネのフレーバーに加えて、ベタンヌやドゥソーヴなどの有名な鑑定家がコートの偉大なワインを評する時に用いる比喩を使うと、グリーン・オリーブに似た魅惑的な風味がある。アヴィズの樹齢50年を数える古樹から生まれる極上の葡萄は、彼のプレステージ・シャンパンであるキュヴェ・デ・コダリーに生まれ変わる。まさによく名付けたものであるが、コダリー（尾）とは、フレーバーが口の中に残存する長さを表す言葉である！オーク樽でシャプタリザシヨンなしに発酵された後、生まれたてのワインはリザーブ・ワインの"ソレ

ラ"――何人もの偉大な醸造家が採用している方法――に付けくわえられる（ここでは1986年からのもの）。そのためこのシャンパンはノン・ヴィンテージとなる。しかし例外的な年にはヴィンテージ版も造られるが、今世紀は2000、2002、そして最高にうれしい驚きであったが2003と連続して始まった。

極上ワイン

(2008年7月アヴィズにて試飲)

De Sousa Grand Cru Cuvée des Caudalies NV
ド・スーザ・グラン・クリュ・キュヴェ・デ・コダリー NV
この多層ヴィンテージ・"ソレラ"・ワインは、新鮮さ、ミネラル、力強さの理想的なバランスがいかに達成されるかを示したお手本である。口当たりはこよなく魅惑的で、泡は情熱的であるが優しく愛撫し、オークとの統合は見事で、ドサージュは完璧である。長く続く多彩なフレーバー。名前が示す通り生き続けるだろう。ブラボー！

De Sousa Grand Cru Cuvée des Caudalies 2003
ド・スーザ・グラン・クリュ・キュヴェ・デ・コダリー 2003
あの夏の暑さを考えると、これが非常に知的に構成されたヴィンテージであることがわかる。すべて豊潤なシャルドネ果粒の美しさに的を絞り、自然な糖の豊かさが感じられる――酸は低いかもしれないが、熟成の可能性はアルコールと抽出にも依存しており、それを考えると、懐疑的な人が考える以上にこのワインは長く――2012～2015年まで――生き続けそうである。努力の偉大な成果。

De Sousa Grand Cru Cuvée des Caudalies 2002
ド・スーザ・グラン・クリュ・キュヴェ・デ・コダリー 2002
古典的な美しさへと進化しつつある。芳醇、ミネラル、新鮮さが一体となったこのヴィンテージ特有の豪華な味わいに、アヴィズならではの優雅な鉛筆も感じられる。口の中でも同じ香りが充満し、オークとワインらしいコクは継ぎ目なく統合され、後味はきわめて長い。飲み頃は2010～2025年。

De Sousa Grand Cru Cuvée des Caudalies 2000
ド・スーザ・グラン・クリュ・キュヴェ・デ・コダリー 2000
2002よりも軽めの快活なスタイルの2000は、いま頂点に達している(2009～11年)。フィネスが全体を支配し、木の影響は巧みに抑制され、みずみずしい果実の純粋さとエレガントな酸が強調されている。しなやかで、きめ細かく、希薄。

右：グラン・クリュの凝縮されたシャルドネを醸す、アヴィズの3人のリーダー的醸造家のうちの1人、エリック・ド・スーザ。

Champagne De Sousa
12 Place Léon-Bourgeois, 51190 Avize
Tel: +33 3 26 57 53 29
www.champagnedesousa.com

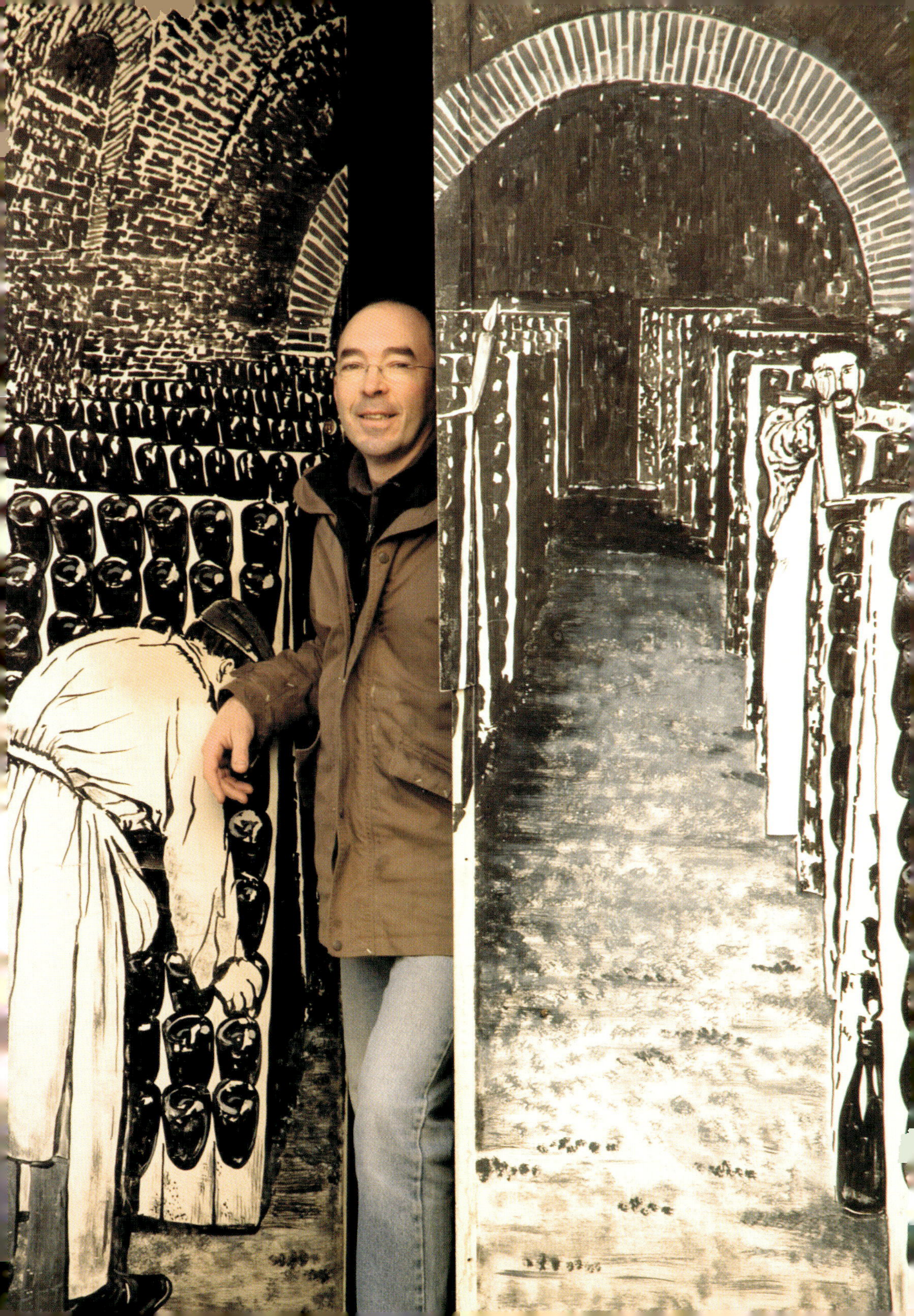

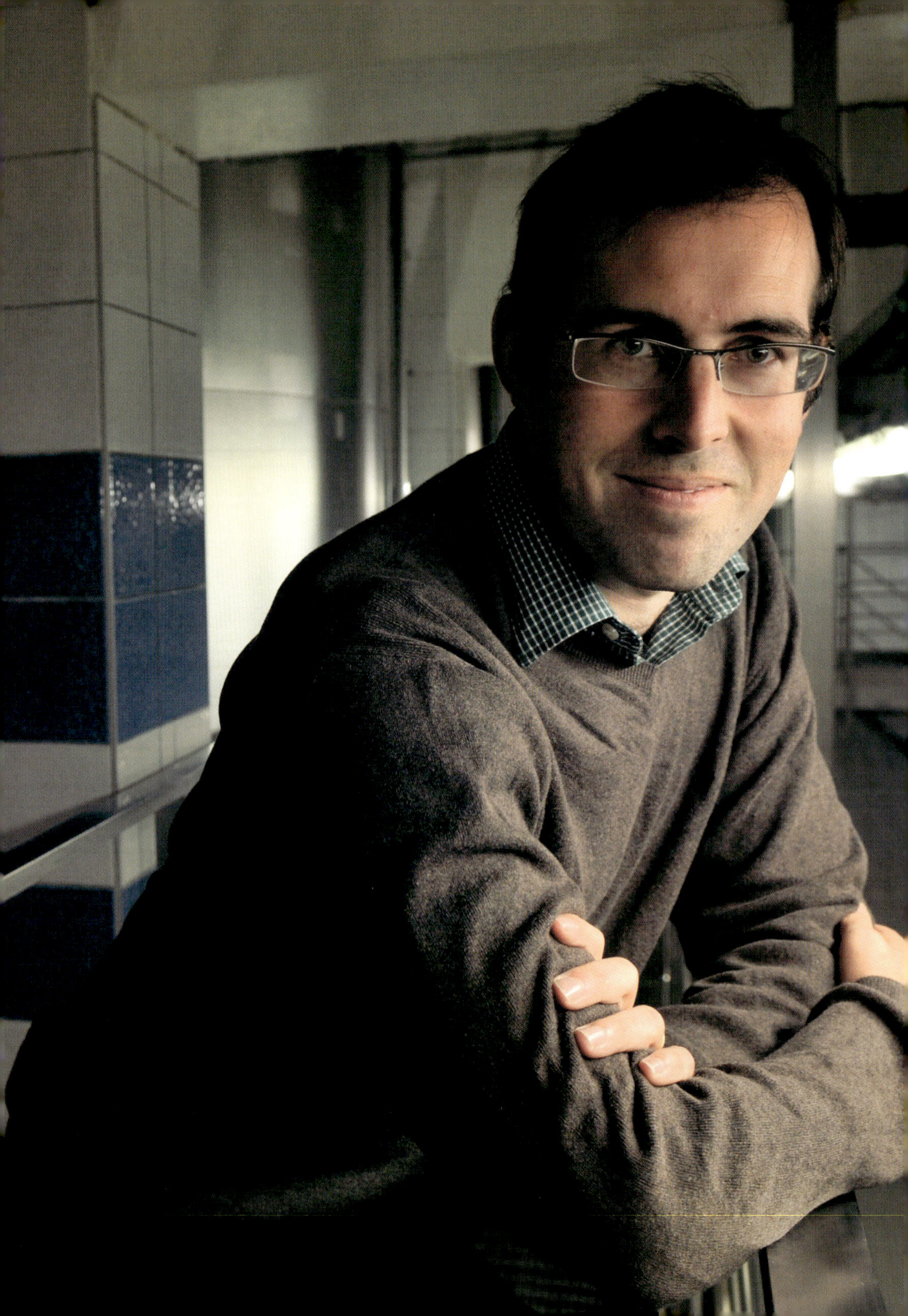

CÔTE DES BLANCS | AVIZE

Union Champagne (De Saint Gall) ユニオン・シャンパーニュ (ド・サン・ガル)

ユニオン・シャンパーニュは、その位置、大きさ、それが造るワインの質の高さによって、シャンパーニュ地方でも傑出した協同組合となっている。偉大なシャルドネ地帯の中心であるアヴィズを本拠地とし、11の小さな協同組合を傘下に有し、組合員の畑の総面積は1200haに達する。しかもそのすべてが、プルミエもしくはグラン・クリュである。それらの畑——年間生産高1200万本に上るシャンパンの基盤——は主にコート・デ・ブランにあるが、モンターニュ・ド・ランスの北部の偉大なピノ地域、特にアンボネイも含まれている。

アヴィズにあるユニオンの醸造工場では、まばゆいばかりに輝く銀色の背の高いステンレス発酵槽が立ち並び、その傍にはひときわ目立つ1基の巨大なブレンド槽が偉容を誇っている。ここではすべてが巨大である。また最新鋭の技術が導入されており、暖かい年にはシャルドネの酸を保持することができるように、簡単にマロラクティック発酵を遮断することができる。とはいえ、ここは血の通わないワイン工場ではない。会長のセルジュ・ルフェーブルと彼の醸造チームは、ワインづくりに限りない情熱を注ぎ、シャンパンの質を高める可能性のある新しい傾向、技術に対しては、貪欲に好奇心を燃やしている。ところで、ルフェーブル自身、とても美しいシャルドネを生み出すグラン・クリュの村オジェに畑を所有しており、彼を含めてオジェの組合員たちは、その美しいシャルドネにオークの仮面を付けるのは犯罪的なことではないかと考えていた。しかしユニオンの副醸造長をしている若い醸造家のセドリック・ジャコパンは、しっかりした骨格を有するシャンパンならば、限られた量のオークを使うことによって、それを親しみやすく、より長熟が可能なものにすることができ、また樽板を通したおだやかな通気効果によってより複雑なワインができると、ルフェーブルを説得した。その結果2011年から、50基の大型のドゥミ・ミュイが彼らのワインづくりに参加することになった。

シャンパン業界のなかで、ユニオンは主に2つの面で大きな役割を果たしている。主な役割は、素地のワイン(ヴァン・クレール)を生産し、グランド・メゾンに供給することである。そのワインはすべて素晴らしい畑由来のものであるため、たとえばテタンジェのコント・ド・シャンパーニュやローラン・ペリエのグラン・シエクル、そしてモエのドン・ペリニヨンのようなプレスティージュ・キュヴェの原料として大きな需要がある。しかし1984年からユニオンはそれ自身のシャンパン・ブランド——ド・サン・ガルを立ち上げた。その生産量は静かに増大し、現在は220万本まで増え、EU全域、さらに最近では北米でも大きな成功を収めている。シャンパンの種類はそう多くなく、ピノとシャルドネのブレンドが1つ、2種のロゼ、そして残りがすべてシャルドネ100%で、その最高峰がキュヴェ・オルパルである。こちらは偉大な白葡萄をノン・ヴィンテージとヴィンテージの2つの形で表現している。グランド・メゾンのように巨額の宣伝広告費を計上する必要がないので、これらのシャンパンはコスト・パフォーマンスの高いものとなっている。

極上ワイン

(2009年1月アヴィズにて試飲)

De Saint Gall Extra Brut NV
ド・サン・ガレ・エクストラ・ブリュットNV
アヴィズ、オジェ、ル・メニルのグラン・クリュ・シャルドネ100%。ベースワインは2004。ドサージュは4-5g/ℓ。黄金色。テロワールが非常によく表現されている。美味しい辛口で、厳しさはない。非常に新鮮できれが良く、ボリューム感もあり、後味は長い。

De Saint Gall Blanc de Blancs Brut NV [V]
ド・サン・ガレ・ブラン・ド・ブラン・ブリュットNV [V]
ベースワインは2005。ドサージュは10g/ℓ。若々しく、白い花の香りがする。鋭敏な感じだが、テロワールの生き生きとした香りとある種のまろやかさがバランスをとっている。

De Saint Gall Blanc de Blancs 2002
ド・サン・ガレ・ブラン・ド・ブラン2002
主にグラン・クリュからの葡萄を使い、マロラクティック発酵は部分的に遮断。レモン・ゴールド。まろやかさ、ボリューム感、奥行きの深さ、フィネスが美しく融合し、素晴らしく精妙な味わいになっている。

Cuvée Orpale Blanc de Blancs Grand Cru 2002
キュヴェ・オルパル・ブラン・ド・ブラン・グラン・クリュ2002
まだ幼児の段階で熟成されていないが、豊かさよりもフィネスが感じられる。

Union Champagne (De Saint Gall)
7 Rue Pasteur, 51190 Avize
Tel: +33 3 26 57 94 22
www.de-saint-gall.com

左:年間1200万本の製造工程を監督しているユニオン・シャンパーニュの若き醸造家セドリック・ジャコパン。

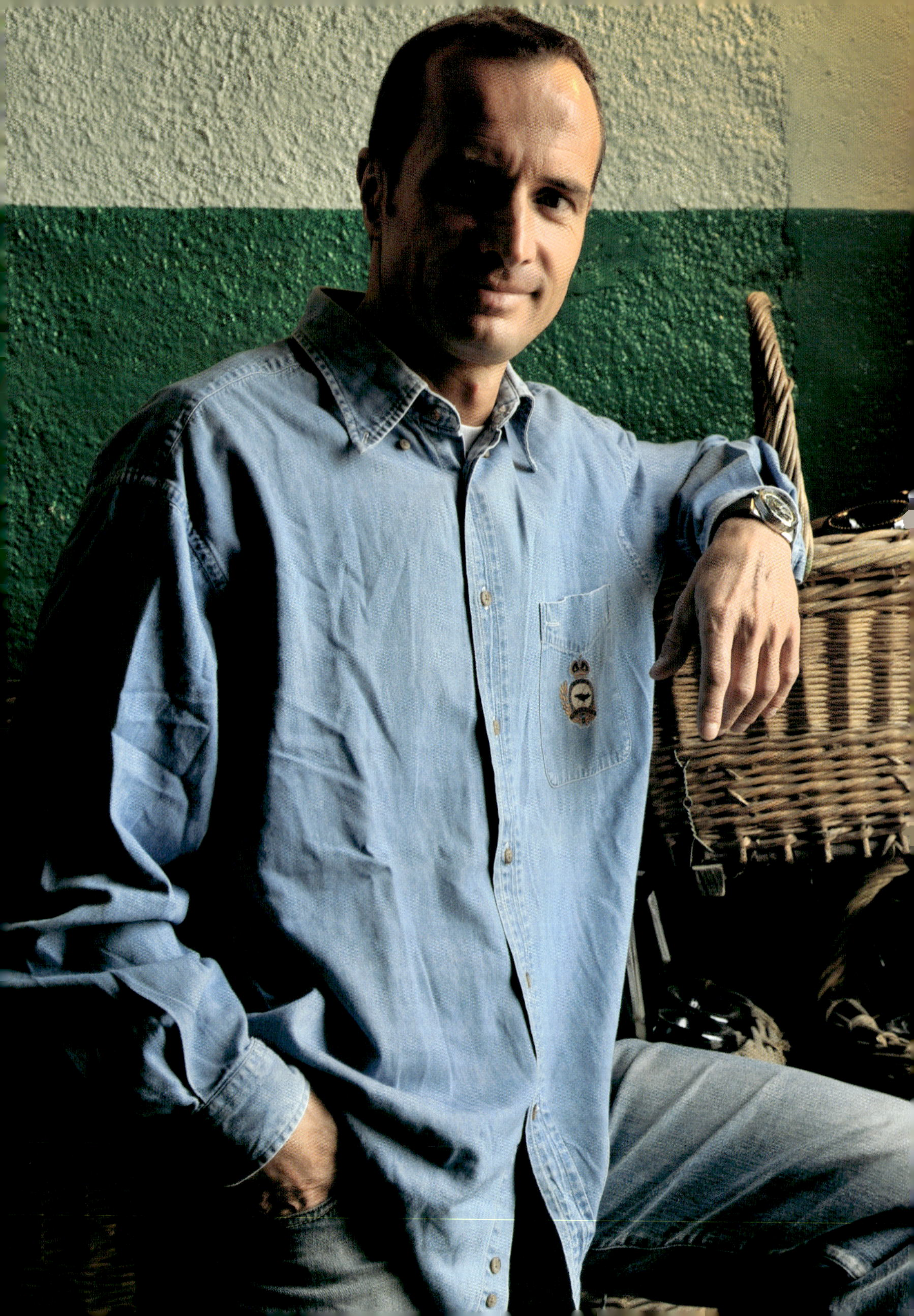

CÔTE DES BLANCS | AVIZE

Varnier-Fannière ヴァルニエ・ファニエール

すらっとした体型の好青年であるデニス・ヴァルニエは、アヴィズのノン・オーク派の指導者的存在で、その精緻な技法で生み出されるシャンパンは、有名な隣人たち、アンセルム・セロスやエリック・ド・スーザの、オークの影響を受けたより酸化的なシャンパンと好対照をなしている。

1950年に祖父のジャン・ファニエールによって創立されたヴァルニエのドメーヌは、現在4haの畑を持ち、すべてグラン・クリュの40区画ほどで構成されている。なかでも最も大きな区画がクラマンとオジェにあり、前者は躍動的な鋭敏さの、後者は精妙なまろやかさのワインを生み出すことで有名である。アヴィズ自体には、村の薬局近くにある、クロ・デュ・グラン・ペール（偉大なる祖父の畑）という魅惑的な名前の畑を持っているが、そこには樹齢70歳にもなる古樹が植わっている。

"大きいこと"が世界のワインの主流となっている今日、これらの優美でしなやかな創造物の美しい身のこなしを賞味できるのは、この上ない喜びである。

デニスはアヴィズの農業専門学校で醸造学の学位を取得し、高度に専門的な知識を有している。彼は伝統の最上のものを継承しながら、日々ワインの質を向上させようと努力している。葡萄は伝統的な木製のコカール・プレス機で圧搾され、発酵はステンレス槽もしくはエポキシ樹脂でコーティングされた槽で行う。

彼の目指しているものは、非常に軽いタッチで造られた緻密なシャンパンで、コート・デ・ブランの特権的な土壌と恵まれた日照から生まれる複雑な風味と個性を表現することである。"大きいこと"が世界のワインの主流となっている今日、これらの優美でしなやかな創造物の美しい身のこなしを賞味できるのは、この上ない喜びである。それらは探す価値のあるシャンパンである。

極上ワイン

(2009年1月アヴィズにて試飲)

Varnier-Fannière Brut Zéro Grand Cru NV
ヴァルニエ・ファニエール・ブリュット・ゼロ・グラン・クリュNV
明るく透明な黄色に緑色の輝き。2006と2007のブレンド。このワインの主旋律は、シャルドネの偉大な辛口のフレーバーの純粋さである。若さが躍動し、力強く、クラマン特有の火打石の香りと美しいミネラルが踊る。

Varnier-Fannière Brut Rosé Grand Cru NV
ヴァルニエ・ファニエール・ブリュット・ロゼ・グラン・クリュNV
これも2006と2007のブレンドで、グラン・クリュのシャルドネだけを使い、8％赤ワインが加えられている。このシャンパンは、白ワイン生産者が造ってみせたロゼということもできる。精緻なパステル・ピンク。レモン、グレープフルーツの非常に洗練された、焦点の定まった明確な香り。口の中では精密に研磨された質感、踊るような酸が感じられる。仄かにミネラルの香る美しい果実味が線刻画のようで、最初刺激的だがゆっくりと寒冷地のチェリーが現れる。秀逸。

Varnier-Fannière Clos du Grand Père NV
ヴァルニエ・ファニエール・クロ・デュ・グラン・ペールNV
2003と2004のブレンド。ドサージュは3g/ℓと低いエクストラ・ブリュット。重みと複雑さのあるシャンパンで、その質はアヴィズの小さな粘土質の畑とそこに植わっている葡萄樹の年齢に由来するもの。東洋の果実、特にライチの香りがあり、それがバニラのアロマと融合している。重厚で複雑な口当たりを秀逸な酸が和らげ、後味は非常に長く優美で、驚愕させられる。最高の魚料理、たとえば質の高さとその割に低い価格でランスで最も高い評価を受けているレストラン、ル・フォッシュの特別メニュー、スズキの丸ごと土窯焼などに最適のシャンパンである。

Varnier-Fannière Grand Vintage 2003
ヴァルニエ・ファニエール・グラン・ヴィンテージ2003
明るく熟れた麦藁色。微細なクリームの泡立ち。クロ・デュ・グラン・ペールよりも情熱的。熱波に襲われたヴィンテージにきわめて知性的に造られ、完熟し黄金色に実ったシャルドネの収穫を祝うシャンパン。

左：3つのグラン・クリュから、古典的で、焦点の明確に定まった、精緻なシャンパンを生み出すデニス・ヴァルニエ。

Champagne Varnier-Fannière
23 Rempart du Midi,
51190 Avize
Tel: +33 3 26 57 53 36
www.varnier-fanniere.com

CÔTE DES BLANCS | CRAMANT

Diebolt-Vallois　ディエボル・ヴァロワ

ジャック・ディエボルは一見誰からも好かれる叔父さんのように見える。実際彼は、温厚な、恰幅の良い葡萄栽培家であり、アンティーク家具の収集家でもある。しかし彼の穏やかな外見の内側には、素晴らしく洗練されたシャンパンを生み出す燦然と輝く才能が秘められている。一家は10haの畑を所有しているが、それはクラマンの最上の質を表現するのに最適な広さである。ワインの大半が、テロワールの力強さ、元気の良さを表現するためにステンレス槽もしくはホーロー槽で発酵される。ディエボル・スタイルが生み出す優雅さは、世界中の有名レストランから高い評価を受けている。プレステージ・ブリュットはパリのジョルジュ・サンク・グラス・シャンパンとなっており、また私は彼のヴィンテージを、フィラデルフィアのル・ベック・ファンで飲んだことがある。

> ディエボル・スタイルは世界中の有名レストランから高い評価を受けている。そのプレステージ・ブリュットは、パリのジョルジュ・サンクのグラス・シャンパンになっている。

しかしジャックはそこに留まらず、持ち前の軽やかなタッチとクラマンの葡萄の質の高さをさらに鮮明に表現するため、新しい野心的な試みを行った。それが独特のスタイルのフルール・ド・パッションである。リチャード・ユリーンの言葉を借りれば、それは"（クラマン）クリュに新たな次元を加えた"。フルールは205ℓのシャンパーニュ・サイズと228ℓのブルゴーニュ・サイズの2種類の古いオーク樽で発酵させられ、マロラクティック発酵は行わない。清澄化もろ過も行わず、葡萄の成熟が良い年には補糖も行わない。最後に、ジャックの最上の命名畑がアッサンブラージュされる。それらは別個に発酵させられるが、クラマン村の北部のゆるやかに傾斜した斜面にあるピモンは精妙さを、ブート・ド・サランと境界を接する南向きの険しいコトーにあるグロ・モンとブゾンは力強さと奥深さをもたらす。私は2007年に1回だけフルール・ド・パッション1996を試飲したことがあるが、その香りと味はいまも鮮明に記憶に残っている。

極上ワイン

(2007年3月クラマンにて試飲)

Diebolt-Vallois Fleur de Passion 1996
ディエボル・ヴァロワ・フルール・ド・パッション1996

ジャックの軽やかなタッチは、この偉大なヴィンテージの最高のシャンパンで遺憾なく発揮された。1996はオーク樽で発酵させたワインのアッサンブラージュであるが、それにはクラマンの最高の命名畑、ブゾン、グロ・モン、ブート・ドールも含まれている。オークは見事に融合され、熟成の10年間が経ってもその新鮮さはまったく衰えていない。鮮烈な麦藁色は'96の豊かな葡萄の成熟を物語り、泡はきめ細かく長く持続する。柑橘系の果物の香りが結晶化したチョーク質の香りと溶け合っている。きれの良い刺激的な飲み口で、それを桃、ネクタリンなどの果樹園の果実の芳醇なフレーバーが強調する。複雑で落ち着きのある力強さ、それでいて希薄、まさに最高傑作。

右：世界の有名レストランで提供されている精妙なクラマン・シャンパンの生みの親ジャック・ディエボル。

Champagne Diebolt-Vallois
84 Rue Neuve,
51530 Cramant
Tel: +33 3 26 57 54 92
www.diebolt-vallois.com

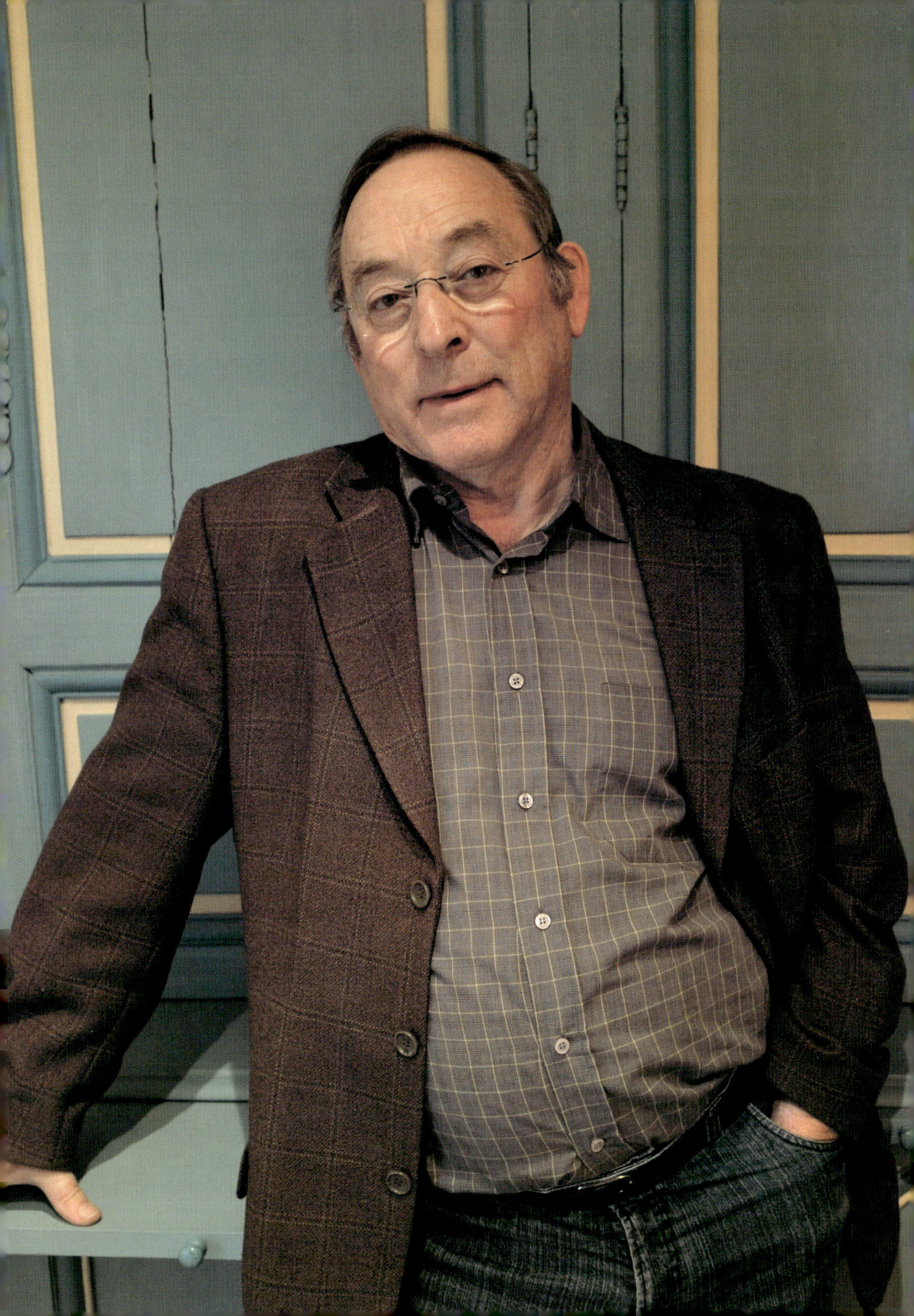

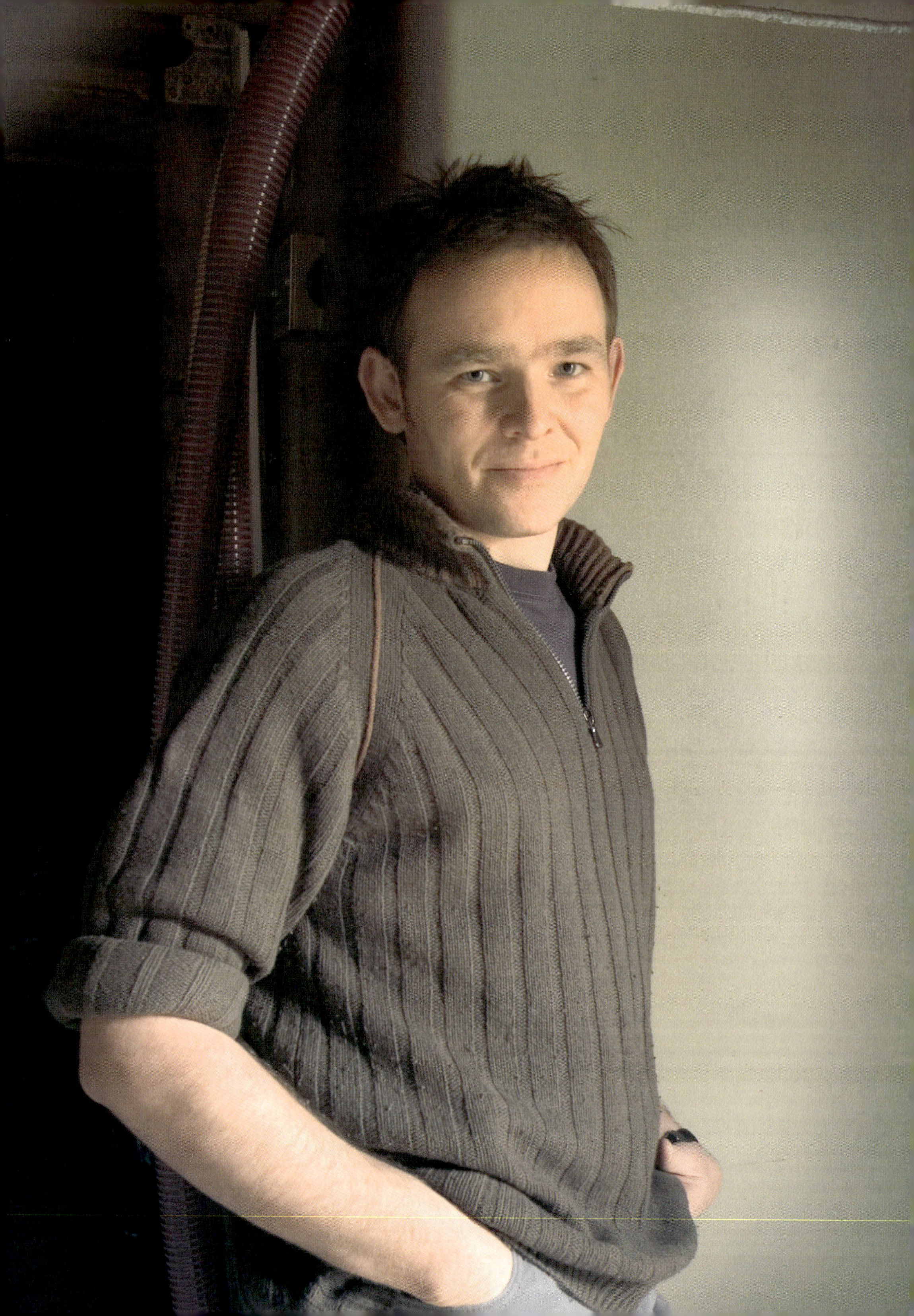

CÔTE DES BLANCS | CRAMANT

Lilbert Fils リルベール・フィス

丘の頂の村クラマンの躍動感、しなやかさを表現させて、リルベール家の右に出る者はいない。一家は18世紀半ばからこの村に住み続けている。その畑は3.5haとそれほど広くはなく、ワインの種類もあまり多くない。しかしその畑はどれも大変恵まれた場所にあり、特に平均樹齢40歳のクラマンでも最高の命名畑の区画を所有している。リルベール家の決して妥協することのない完全主義者の手によって造られるそのワインは、若い時はダイヤモンドの硬さと純粋さを保持しているが、十分な歳月を与えられると、偉大なシャルドネの、燦然と輝く結晶のような姿を現出させ、最初ミネラルの豊かさで電気が走るような感覚をもたらすが、熟成が進むにつれてワインらしい芳醇なコクを醸し出す。

丘の頂の村クラマンの躍動感、しなやかさを表現させて、リルベール家の右に出る者はいない。一家は18世紀半ばからこの村に住み続けている。

フィネス、優雅さ、エレガンスが彼らのワインのモットーであるが、その質の高さは入門者レベルのノン・ヴィンテージ・ブリュットで正確に表現されている。それは2～3の、普通は連続する年と、一家の3つのグラン・クリュ、シュイィ、オワリィ、クラマンの複合ブレンドである。典型的なブラン・ド・ブランで、澱の上で3年以上熟成させたもので、花のようなアロマが広がり、口に含むときめの細かい筋肉質な感じがし、やがて爽やかな刺激を残しつつ、黄桃、洋ナシ、柑橘系果実のフレーバーへと精妙に広がり、心地良い新鮮なアーモンドの後味が長く持続する。

リルベールのブリュット・ペルルは、この村一番の個性的なシャンパンであったクレマン・ド・クラマンを改名したものである。クレマンとは"クリーミー"なシャンパン、つまり通常よりは圧力が低く泡立ちが弱いシャンパンを意味していた。しかしその用語はEUの指示で、フランスのシャンパーニュ地方以外の場所で製造されるスパークリング・ワイン、たとえばクレマン・ド・ブルゴーニュのための用語とされ、シャンパーニュ地方では用いることができなくなった。新しい外観で登場したリルベール・ブリュット・ペルルは、ドゥミ・ムースと呼ばれる半発泡スタイル・シャンパンの最高に洗練された最も美しい表現である。それは厳しく選別された古樹の葡萄（最古のものは1930年に植樹された）を使用し、4～5年セラーで熟成させたものである。料理に合わせるシャンパンとしては理想的なもので、特にスズキを窯で丸ごと焼いたような豪快な料理に最高である――ワインの恵まれたテロワールが純粋に伝わってくる。

最高級のヴィンテージ・ブリュットは、クラマンの最上の命名畑の葡萄から造られるもので、2002は過去四半世紀で最上の、完全にバランスのとれた年の1つであった。その美しさにオークは必要としない。

極上ワイン

(2008年10月エペルネにて試飲)

Lilbert Cramant Grand Cru Brut Perle NV
リルベール・クラマン・グラン・クリュ・ブリュット・ペルルNV
淡く非常に純粋な色が、ワインの爽やかさ、躍動感を予感させるが、そのすべてが香りによって確信に変わる。尖鋭なミネラル、明確な焦点が深いチョーク質のテロワールを正確に表現する。飲み口は優しく、泡が舌をさすことはなく、絹のようなコクが中盤を支配し、緊張感を失うことなく後味へと続く。ドゥミ・ムース・クラマンの最高水準。

Lilbert Cramant Vintage 1982 Brut
リルベール・クラマン・ヴィンテージ1982・ブリュット
クラマンの最高の畑がどれほど人を感銘させることができるかを如実に示す1本。あの結晶化した、ダイヤモンドの硬さの基準点を示す、このシャンパンはすでに四半世紀を過ぎているにもかかわらず、まだ2020年あるいはそれ以上に向かって熟成を続けている。

左：クラマン、シュイィ、オワリィのグラン・クリュ・シャルドネだけを使って秀逸なシャンパンへと結晶化させるベルトラン・リルベール。

Champagne Lilbert Fils
223 Rue du Moutier,
51530 Cramant
Tel: +33 3 26 57 50 16
www.champagne-lilbert.com

CÔTE DES BLANCS | OGER

Claude Cazals（Clos Cazals） クロード・カザルス（クロ・カザルス）

　クロ・カザルスは、正式にクロという呼称をつけることを許されているシャンパーニュ地方で9つしかない、本当に壁で囲まれている葡萄畑の1つである。それはグラン・クリュの村オジェの中心に位置し、3.5haの広さである。壁の内側にはカザルス家の邸宅もあり、それは以前、国際連盟の創設者の1人レオン・ブルジョワが別荘として使っていたところである。そのクロと隣村のル・メニルの有名な邸館クロード・カザルスを所有しているのが、とても美しい貴婦人であるデルフィーヌ・カザルスである。彼女の父クロードは、ジャイロパレットを発明特許を取ったことで有名である。その機械は、それまで熟練した職人が手技で1カ月まるまるかかっていたルミアージュ（動壜）の作業を、自動的に数日で行うものである。

　クロ・カザルスの最初のヴィンテージの1995年以来、デルフィーヌは、1947年に植樹した古い葡萄樹から、わずかに3000本のシャンパンを製造している。このひどく自制した生産量はおそらく賢明であろう。と

デルフィーヌ・カザルスと彼女の醸造家チームは、最も可愛らしく、魅惑的なシャルドネ・シャンパンを造っており、それは彼女の魅力的な人柄を映しだしている。

いうのはこの畑は完璧な立地にあるわけではなく、円形劇場のように広がる壮大な葡萄畑の斜面の底の平らな場所に位置しているからである。その斜面の畑からは、オジェでも最も骨格のしっかりしたワインが造りだされる。デルフィーヌと彼女の醸造家チームは、最も可愛らしく、魅惑的なシャルドネ・シャンパンを造っており、それは彼女の魅力的な人柄を映しだしている。しかし残念なことにそのシャンパンは、前に進みたがる早熟なタイプで、かなり短い期間——通常は10～12年以内——に飲まれる必要がある。たとえば1998は、2008年の夏に試飲した時には、純粋さとトースト香を美しく表現していたが、この本を書いている時（2009年1月）には、すでに最初の過成熟の酸化の兆しが感じられた。デルフィーヌはこの性質について率直に認

めているが、それ自体彼女の飾らない自然体の生き方を証明している。しかし頑健で壮大な1996、まだ若々しい1997、そして最近リリースされた、膨らみのある果実味が特徴の1999に関しては、その心配はない。これらのクロ・カザルスを、同じくオジェの単一葡萄畑シャンパンであるレ・ベル・ヴォワイエと飲み比べてみるのも一興だろう。というのは、こちらはフランク・ボンヴィルの当主で、デルフィーヌの夫であるオリヴィエ・ボンヴィルの手になるものだから。

　デルフィーヌのクロード・カザルス・シャンパンは、レコルタン・マニピュランのお手本のようなシャンパンで、9.3haのル・メニルの最上の畑から造られる。また彼女のキュヴェ・ヴィーヴは、ドサージュが3g/ℓの繊細な辛口のシャンパンであるが、造り方に明確に女性らしさが感じられる楽しいシャンパンである。それは彼女の代理人であり、伝統的な味覚の持ち主である鑑定家のロイ・リチャーズの大のお気に入りである。ストレート・ヴィンテージも変わらぬ純粋さと優しい果実味のシャンパンであるが、私の感じでは、ドサージュをもう少し低めにすれば、洗練されたキュヴェ・ヴィーヴに近い自然な魅力が出せるのではないかと思う。

極上ワイン

（2009年1月ル・メニルにて試飲）

Claude Cazals Grand Cru Cuvée Vive Extra Brut NV
クロード・カザルス・グラン・クリュ・キュヴェ・ヴィーヴ・エクストラ・ブリュットNV

カザルスのワインのすべてに共通するが、シャルドネ100％。明るい光沢のある金色。美しい繊細なミネラル香。通常よりは丸みがあり、かなり熟成が進んでいるが、これはベースワインとなっている2001年の脆弱さを考えると驚くことではない。しかしそれ以降のヴィンテージは立ち直り、昔の硬さと堅固な骨格を取り戻したようだ。とはいえ、このような条件のなか、非常によく出来たワインだ。

Claude Cazals Grand Cru Vintage 2001
クロード・カザルス・グラン・クリュ・ヴィンテージ2001

完熟の黄金色。熟れた果実の香りが立ち昇り、口にも充満する。しかし畑の秀逸さを反映してミネラルのバランスは絶妙である。ドサージュは12g/ℓであるが、これはやや高めに感じられる。もう少し低

右：デルフィーヌ・カザルスの明るい気質は、彼女の家の周りの葡萄畑クロ・カザルスから造るワインに見事に表現されている。

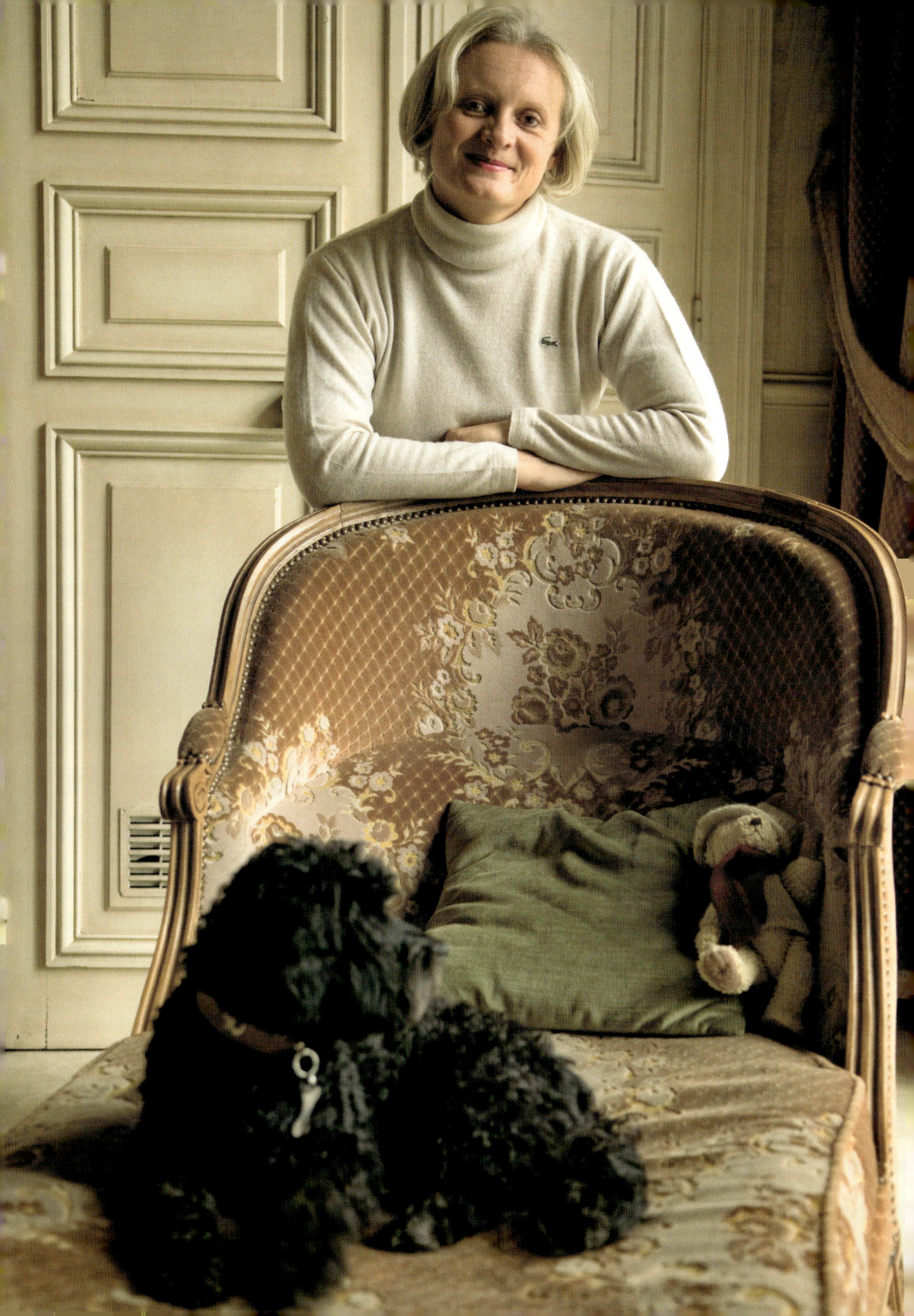

CLAUDE CAZALS (CLOS CAZALS)

めだったら、ワインの調和は何も失われることはなかっただろう。

Claude Cazals Grand Cru Brut Nature 1999
クロード・カザルス・グラン・クリュ・ブリュット・ナチュール 1999
このヴィンテージ・ブリュットのドサージュは一般的な11g/ℓ。このブリュット・ナチュール・キュヴェはある意味実験的なシャンパンで、しかも見事に成功した。きわめて繊細で、粗野な感じは微塵もない。

Clos Cazals 1999　クロ・カザルス1999
深く優美なウェールズ風ゴールド。熟れているが、ミネラル主導の香り、口に含むと美しいシルクのような、しっかりとした質感が膨らみのある豊かな果実味を支えている。これは数少ない1999の秀品の証である。それはクロ・カザルスにとって最高に成功したヴィンテージで、その前の1998に見られた進みすぎた酸化の兆しはまったく感じられない。これは私の推察だが、このシャンパンの健康的な美しさは、その畑のシャルドネを1999年9月の雨の前に摘んだ結果であり、平均よりも高い自然なアルコール濃度の高さによるものではないだろうか。

Clos Cazals 1996　クロ・カザルス1996
このシャンパンは、いまでもクロのシャンパンの最高水準を示している。オジェ特有の美しく完熟した果実と、1996ならではの力強い酸が結合し、ベルベットの手袋をはめた鉄の手が生み出された。力強さと気高さ、そしてフィネスが同じ割合で融合した壮麗なワイン。

深く優美なウェールズ風ゴールド。熟れているが、ミネラル主導の香り。口に含むと美しいシルクのような、しっかりとした質感が膨らみのある豊かな果実味を支えている。1999はクロ・カザルスにとって最高に成功したヴィンテージであった。

右：クロ・カザルスの故郷、グラン・クリュの村オジェ。クロード・カザルスの土地は隣村のル・メニルにまで広がっている。

Champagne Claude Cazals
28 Rue du Grand Mont,
51190 Le Mesnil-sur-Oger
Tel: +33 3 26 57 52 26
www.champagne-claude-cazals.net

CÔTE DES BLANCS | OGER

CÔTE DES BLANCS | OGER

Jean Milan　ジャン・ミラン

アヴィズ道路沿いの、村の薬局の向かい側にある6haのドメーヌは、隣村の有名なル・メニルと並び称されるシャルドネ・グラン・クリュの村オジェの中でも、最も焦点の明確な、優美なワインを生み出すことでよく知られている。一家は1860年から葡萄栽培を始め、ネゴシアンに卸していた。アンリ・ミランとその息子のジャンは、クリュッグやヴーヴ・クリコなどの大手ハウスのためにその葡萄を搾汁していたが、その過程でそこの醸造長からシャンパン造りについて多くを学んだ。最終的にミランは独立し、生来の機転の良さも合わさって、彼ら自身のシャンパンを製造し販売するようになった。いまではミランは、シャンパン専門家の間で基準点と見なされているといっても過言ではない。実際その古くから使われているプレス機は、いまでもエペルネのハウスの頂点に立つポール・ロジェのために働いている。ポール・ロジェはその古いプレス機にひとかたならぬ愛着を感じているようだ。

　ミラン家の当主アンリ・ポールは、恥ずかしがり屋で無愛想な風貌の下に、鋭敏な職人が隠れており、その腕からは信じられないほど精妙なワインが生み出される。彼の美しい娘キャロリーヌは、父親の明晰な実務的能力を受け継ぎ、現在販売と市場調査を任されている。その美しい容姿の下には優れた判断力と行動力を持つ女性実業家がいる。ミランは現在公式にはNM（ネゴシアン・マニピュラン）に登録されているが、この場合はただ単に他の栽培家から葡萄を買うことができるということを意味しており、彼らは少しずつ生産量を増やしている。彼らは葡萄を購入する栽培家を厳しく限定しており、その大半は同じオジェ村である。

　彼らのシャンパンの純粋さは目を瞠るものがあり、その純粋さは、古典的な、どちらかといえばかなり保守的な方法によって実現されている。木製の大樽フードルが並んでいるが、その傍には興味深い現代的設備もある。その小さな機械は、シャンパンを凍らせることなくデゴルジュマンできるもので、熟練した職人だけが可能な手作業（デゴルジュマン・ア・ラ・ヴォレー）を機械化したものである。ミラン一家は、この凍結させない技術によって、

右：一家の4代目と5代目である、当主のアンリ・ポール・ミランと息子のジャン・シャルル。

このドメーヌは、隣村の有名なル・メニルと並び称されるシャルドネ・グラン・クリュの村オジェの中でも、最も焦点の明確な、優美なワインを生み出すことでよく知られている。

Milan *Jules*	1841 - 1907
Milan *Henry*	1883 - 1972
Milan *Jean*	1920 - 1989
Milan *Henry-Pol*	1949 -
Milan *Caroline*	1971 -
Milan *Jean-Charles*	1983 -

CH 1864

シャルドネだけから造るシャンパンの純粋さを守ることができると確信しているが、それは正しい。

　一家の厳選されたシャンパンは、低いドサージュのブリュット・スペシャルから始まる。それはかなり若いシャンパンで、硬くきめが細かい。次のブリュット・ミレネールは2つの古いヴィンテージのより熟成されたブレンドである。そして非常に感動的なブリュット・レゼルヴへと至る。ヴィンテージ・キュヴェの中では、彼らの最も古い葡萄畑から造られるテール・ド・ノエルは、非常に個性的で、ミネラルが強く打ちだされたシャンパンである。またより凝縮された、まぎれもない極上のサンフォリンは、一家のオジェの最上の命名畑4つのブレンドである。最近生まれたばかりのプレステージ・キュヴェ、グランド・レゼルヴ"1864"は、澱の上で8年間熟成させたもので、部分的にオーク樽で熟成させ、マロラクティック発酵は行っていない。最後に、タンドレスは豊かで小気味良い甘さのシャンパンで、スパイスの効いたアジア風料理やシンプルなフルーツ・フランによく合う。以上、どのシャンパンも燦然と輝いている。

極上ワイン

(2008年7月オジェにて試飲)

Jean Milan Brut Millénaire NV [V]
ジャン・ミラン・ブリュット・ミレネールNV [V]
2003と2004のブレンドで、ブリュット・スペシャルNVよりも1年長く熟成。クリーミーで素晴らしく熟成した官能的なシャンパン。積極的で濃厚なフレーバーが2003年の劇的な夏を思い出させる。しかしチョーク質のテロワールと2004の生き生きとした酸がすべてを見事に新鮮なものに仕上げている。ドサージュは8g/ℓ。

Jean Milan Brut Réserve NV
ジャン・ミラン・ブリュット・レゼルヴNV
2002と2003の成熟したブレンドで、醸造はブルゴーニュの大樽で主に古いものを使用。精妙に酸素を通したアロマとフレーバーのなかにオークが仄かに感じられる。口に含むとクリーミーさとエキゾチックな風味で魅了し、後味は美しいミネラル。まだ新鮮でしっかりしている。秀逸。

Jean Milan Terre de Noël 2002
ジャン・ミラン・テール・ド・ノエル2002
最近はやりの単一葡萄畑シャンパンのなかで、この"クリスマスの大

左：ミランのワイナリーの、セラーの扉の上には、5代前まで遡る家族の名前が記されている。

地"という名の畑から生まれたワインは、ロバート・パーカーと、ミランのアメリカの代理店であるテリー・シースから絶賛された。その畑はミランの住居のすぐ裏にあり、沖積層の難しい土壌に一家の最も古い葡萄樹が植えられている。この愛すべきヴィンテージに生まれたシャンパンは、確かにその出身地で物語っている——それは、私だけが感じるのかもしれないが、おろしたてのパルメザン・チーズの濃厚な香りがするが、読者諸兄の想像よりもはるかに心地良い。この極上のシャンパンはいまゲートに入ったばかりのサラブレッドの雄馬で、筋骨隆々としている。非常に良く凝縮されたスモークのようなミネラルがあり、アペリティフというよりは料理、特に焼いた大ヒラメや、小さなボフォール・チーズに最適のワインである。しかし確かに偉大なワインであるが、惜しいことに、微妙な抑制された芳醇さ、妖艶さ、奇跡の感覚を呼び起こす調和とまではいかないような気がする。少なくともいまのところは。2010年以降にもう一度試飲することにしている。

Jean Milan Symphorine 2002
ジャン・ミラン・サンフォリン2002
ミランの持つ、オジェの最高の斜面に位置する魅惑的な名前の4つの命名畑、ボーデュレ、バルベット、シェネ、ザイリュウのアッサンブラージュからできたシャンパンについて話しができるなんて信じられない。グラスの中は、これらの最高の畑の偉大さでまばゆいばかりに輝き、それは最初の香りから最後に喉元を過ぎるまでずっと持続する。小石の畑の新鮮さ、フルだがしなやか、芳醇だが優美、味わいは途方もなく長く、後味は優に90秒は続く。サンフォリンは実在する美の女神であり、キャロリーヌが自分の結婚式にこのシャンパンを使いたいと言ったのも頷ける。バランスの取れたまろやかさ、オジェの本質であるフィネスの究極の表現。最低でも2010年、さらにあと10年待てば、奇跡が見られるかもしれない。

Jean Milan Grande Réserve "1864"
ジャン・ミラン・グランド・レゼルヴ"1864"
この最近出されたプレステージ・キュヴェは、その名前をハウスが創立された年号からとっているが、1000本しか樽出しされていない。1998、1999、2000のブレンドで、部分的にオークで発酵させ、澱の上で8年間熟成させている。暑い夏の午後のテイスティングで私の感覚は麻痺していたのかもしれない。そのワインは、いまそこに実在しているということを除いて、私にあまり多くを語らなかった。

Jean Milan Tendresse Sec NV
ジャン・ミラン・タンドレス・セックNV
キャロリーヌの祖母の思い出とともに造られたこのソフト・シャンパンは、小気味良い甘さで、賢明にもドサージュを20g/ℓに上げたブリュット・スペシャルである。ウェディング・ケーキやリンゴを使わないフルーツ・フランにぴったりである。また極上の窯焼きラム・チョップに合わせても意外な組み合わせで良いだろう。

Champagne Jean Milan
6 Rue d'Avize, 51190 Oger
Tel: +33 3 26 57 50 09
www.champagne-milan.com

CÔTE DES BLANCS | LE MESNIL-SUR-OGER

Salon サロン

サロンの歴史は、独特のスタイルのシャンパンを造り上げた、快楽主義者であり、完全主義者である1人の人間の物語である。それはいま伝説となっている。ウージェーヌ・エーメ・サロンは、ル・メニル・シュル・オジェの東側、シャンパーニュ・プイユーズ平原の小さな村ポカンシーで、荷馬車の御者の子として生まれた。少年の頃彼は、自家栽培醸造家がシャンパンを造る様子を眺めるのが好きで、いつか自分の葡萄畑を持ちたいと夢見ていた。成人しパリで運命を切り開くことを決意したエーメは、毛皮商人として成功し、後に政治家になった。1905年、ついにル・メニルに1haの夢の葡萄畑を購入。彼の目的は、コート・デ・ブランのなかでも最もよく熟成するであろうこのグラン・クリュの畑から、シャルドネだけを使ったシャンパンを造ることであった。

最初エーメのシャンパンは趣味でしかなかった。彼はそれにラベルを貼らず、ポカンシーの自宅を訪ねてくる客に提供していた。また彼は、財を築くなかで、当代きっての美食家となり、究極の美食倶楽部であるル・クラブ・デ・サンの一員となった。ちなみに、このクラブのメンバーになるには、体重が100kgを越えなければならないという多少悪意のある噂が流れているが、そんなことはない！真面目な話に戻すと、明敏な実業家であったエーメは、すぐにこの特別なシャンパンの可能性に気づき、それを販売することに決めた。ヴィンテージ・シャンパンとすることにし、1911年に最初のヴィンテージをリリースした。サロン・シャンパンは1920年代後半から1930年代にかけて絶頂期に達し、マキシムのハウス・シャンパンとなるまでになった。今日そのシャンパンは、いくらか目立たなくなってはいるが、愛好家、ソムリエ、鑑定家の間では崇敬の的であり、批判する言葉の片鱗もなく、語られている。実物は伝説を裏付けているのであろうか？

事実に即していえば、それが最初にリリースされてから1世紀の間、35のヴィンテージしかリリースされていない。そのこと自体、それが高い評判に見合った質を確保できる年にしか造られないということの明確な証拠である。疑いをさしはさむ余地のない共通した見解となっているが、

右：サロンとドゥラモットの取締役社長を務めるディディエ・ドポンドはサロンの偉大なヴィンテージの1つである1964年生まれ。

サロンの歴史は、独特のスタイルのシャンパンを造り上げた、快楽主義者であり、完全主義者である1人の人間の物語である。それはいま伝説となり、愛好家、ソムリエ、鑑定家の崇敬の的である。

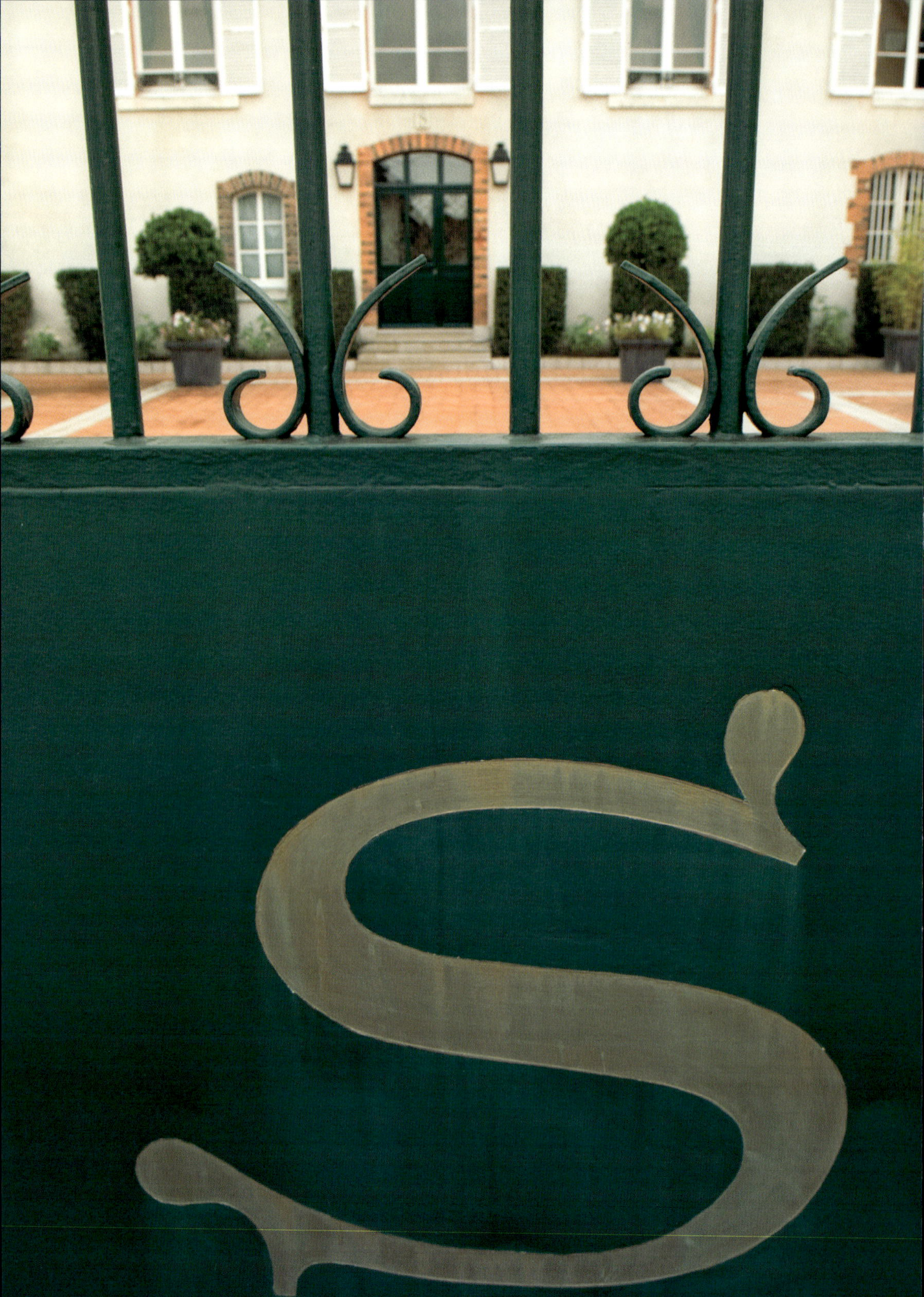

最高に卓越したワインは1928、1949、1964、1971、1976年に造られ、秀逸なワインは1955、1966、1975、1979年に造られた。私がこのハウスを最初に訪れたのは1994年であったが、その時は、超完熟のやや濃艶な1982よりも、純粋な黄金の果実が感じられた1983の方が気に入った。この感想は、偉大な故ハリー・ウオーのものと一致したので、ほっとしたことを覚えている。次に2000年のレストラン・レ・ベルソーでは、'82の失敗作を2本も注文するという不幸を味わった。この体験は、いかに高い評判を得たワインでも、完璧というのは捉えがたい実在であるということを私に思い起こさせる。

最近では、1985の中に私は巨大なワインの怪物を見た。それはステンレス槽で造られた非常に還元的な風味で、木樽の中での数年間の通気がもたらすであろう呪文のまったくないシャンパンであった。対照的に、濃厚な凝縮された1988、豊かで芳醇な1990、そして古典的で、長熟しそうな1996は、20世紀半ばから1976年までの偉大なサロンのヴィンテージを彷彿とさせるものであった。

濃厚な凝縮された1988、豊かで芳醇な1990、そして古典的で、長熟しそうな1996は、20世紀半ばから1976年までの偉大なサロンのヴィンテージを彷彿とさせるものであった。

後書きとしてではあるが、大手ハウスや自家栽培醸造家が、オークと十分拮抗できる内実を持ったワインであれば、木樽を適正に使うことによってそのワインにさらなるしなやかさと複雑さをもたらすことができるということを再発見している時に、サロンが1990年代の半ばまでワインを熟成させるのに使っていたドゥミ・ミュイを放棄したことは、たぶん残念なことなのだろう。もちろん、多くの偉大なヴィンテージ・シャンパン、たとえばポール・ロジェ、シャルル・エドシック、ドン・ペリニヨンなどは、オーク樽を使っていないが、それらは複数の村の複数の葡萄畑のブレンド・ヴィンテージであるからである。サロンはル・メニルの単一葡萄畑ワインであり、口腔を収縮させる酸と凝縮されたミネラルを有しているのだから、それを固い殻から引き出し開花させるのにオークの手助けを借りてもかまわないのではないだろうか、と私は思う。間違っているだろうか？

極上ワイン

(2007年6月ル・メニルにて試飲)

Salon 1996　サロン1996
非常に淡い黄色で、緑色の光も見える。泡は星の輝き、結晶のようで生き生きとしている。抑制されているが、香りは非常に複雑で、緑のリンゴ、次いでレモン、グレープフルーツ。空気に触れると洋ナシ、キウイ・フルーツのより濃厚な香りが立ちこめる。口に含むと巨大なワインで、いまは片鱗しか見せていないが、筋肉質で男性的であることがわかり、これから20〜30年かかってゆっくりと開いていくだろう。いまでもそう思うが、慎重に計算された時間を樽の中で過ごせば、もっと親しみやすく、さらに複雑なシャンパンになったのではないだろうか。

Salon 1988　サロン1988
私の少数派の意見だが、このヴィンテージでサロンは、どちらかといえば量塊的で、鈍重な1985からの喜ばしい復帰を果たした。美しく、依然として若々しいレモン・ゴールド。活発な白い花がクルミと融合し、アカシア、スパイスの微香もあり、適度な厳しさも感じられる。口に含むと、凝縮され複雑であるが、美しくバランスが取れ、長い、完璧な、フレーバーの折り重なった後味。古典的な秀逸さ。

(2006年5月に最後に試飲)

Salon 1983　サロン1983
シャルドネを遅くに摘果して造られた、本数の少ない、忘れられかけたヴィンテージであるが、秀逸である。美しくしなやかな肉体、上質なメニルの果実の卓越した表現。ミネラル、芳醇、完熟桃の芳香で満たされている。本物の魅力がここにある。

(1995年6月に最後に試飲)

Salon 1966　サロン1966
フォアグラに似た力強い独特のアロマがあり、この芳醇なヴィンテージについては良く覚えている。口の中も同様の豊かさで満たされるが、それと完全なバランスを取る酸が、行き過ぎることを制止している。

左：ル・メニル・シュル・オジェの本社の扉を飾る良く目立つサロンのロゴ。評価の高いシャンパンのラベルにも描かれている。

Champagne Salon
5-7 Rue de la Brèche d'Oger,
51190 Le Mesnil-sur-Oger
Tel: +33 3 26 57 51 65
www.salondelamotte.com

CÔTE DES BLANCS | LE MESNIL-SUR-OGER

Delamotte ドラモット

コート・デ・ブランのちょうど真ん中に位置する、1760年に創立されたこの小さなハウスは、古くからランソンと付き合いがあり、第2次世界大戦が終わると、ローラン・ペリエのベルナール・ド・ノナンクールの手に引き受けられた。彼の母マリー・ルイーズとヴィクトール・ランソンは姉妹であった。ドラモットはシャンパン愛好家の間で高く評価されているが、それは当然である。そのワインを生み出すシャルドネは、主に"偉大な"コートの3大名産地——ル・メニル、オジェ、アヴィズ——出身である。また入門者レベルのブリュットとロゼ・シャンパーニュで使われているピノ・ノワールは、南部モンターニュ地区の最上の畑、特にブージー、アンボネイ、そしてトゥール・シュル・マルヌのヴァレのものである。

ブリュット・ノン・ヴィンテージは3つのシャンパン葡萄の古典的組み合わせで、その点では何も変わったことはないが、グラスに注ぐとその極上の可愛らしいシャンパンは、起源の感覚を明確に表現する。シャルドネに牽引された香りは、メニルらしい黄桃を想起させ、まろやかなワインらしいコクは、ピノの出身地であるブージーとアンボネイを呼び起こす。サーモンピンクのロゼは、80%ピノ・ノワール——すべて南部モンターニュのグラン・クリュ出身——で、20%がル・メニルのシャルドネである。伝統的なセニエ法を用い、発酵の過程で、果皮から独特の色と複雑さが抽出される。わくわくさせるような果実味とともに、火打石のようなミネラルが感じられ、ル・メニルがその存在をアピールする——ディナーの前のアペリティフやブレス産チキンのローストに最適。

ハウスの切り札は、シャルドネの純粋さである。ノン・ヴィンテージ・ブラン・ド・ブランは平均をはるかに超えているが、それは主に葡萄の高い品質——例外なしにすべてグラン・クリュからのもの——によるものである。フル・ボディーで色は輝く黄金色、しかしフィネスとミネラルの動きは躍動的である。花、特にバラの香りに牽引されレモンのような透明なフレーバーが広がり、ジンジャー、そしてアンジェリカさえも登場し、奥行きの深さを感じさせる。自己分解のイーストの風味が中盤に現れ、ブレンドの成熟を物語る。

ドラモット・ヴィンテージ・ブラン・ド・ブランは大きな跳躍であり、偉大なヴィンテージには極上シャンパンの仲間入りをする。1999はこの成熟の進んだ年にうまれた秀逸なワインで、かすかに退廃的な過成熟が感じられ、ブルゴーニュではスーボワ（森の下草）といわれる香りがある——蒸したロブスターやジョン・ドリー（マトウダイ）のバニラ・ソースに最高。1985はまったく素晴らしく、姉妹ハウスであるサロンの同じヴィンテージをはるかに凌駕している。

極上ワイン

(2007年7月ル・メニルにて試飲)

Delamotte Blanc de Blancs 1999 [V]
ドラモット・ブラン・ド・ブラン1999[V]
いつもの淡黄色よりもやや濃いめ（8月は暑く、9月初めに雨が降った）。立ち昇る果実味は衝撃的で、騒乱状態といえるほどだ。果樹園の核果、特に本物の桃の香りがあり、野生のキノコの興味深いブルゴーニュ的な香りもする。口に含むと豊かな果実味と芳醇さが広がり、料理に合わせるシャンパンとしては実に愉快であるが、1996や1995にあった凝縮感はなく、例外的とまではいかない。

Delamotte Blanc de Blancs 1985
ドラモット・ブラン・ド・ブラン1985
霜害に襲われ収量の少なかった1985ヴィンテージのシャルドネ・シャンパンで、抑制された凝縮感が卓越した新鮮さで浮揚させられている。色はとても若々しく、ゴールドの中に鮮烈な緑色が輝く。泡は超微細で、肉眼では捕らえがたいほどだが、舌の上でははじけるような舞踊を繰り広げる。ミネラル香の後すぐさま白い花、白桃や黄桃の果物籠（成熟したメニル）が現れる。口の中では、蜂蜜、バニラ、魅惑的なワインのコクが融合し、年齢を感じさせない骨格が感じられる。ドメーヌにはいくらかストックがあるかもしれない——もしオークションで見かけたら、保存状態が良いかどうかを確かめ、入札すること。非常に偉大。

右：ドラモットの控えめな邸館は隣の姉妹ハウスであるサロンほどには知られていないが、どちらもシャンパンの品質は極上である。

Champagne Delamotte
5-7 Rue de la Brèche d'Oger,
51190 Le Mesnil-sur-Oger
Tel: +33 3 26 57 51 65
www.salondelamotte.com

CHAMPAGNE

DELAMOTTE Père & Fils

CÔTE DES BLANCS | LE MESNIL-SUR-OGER

Champagne Le Mesnil シャンパーニュ・ル・メニル

ワイン評論家の中には、この協同組合をただのワイン工場とさげすみ、偉大なシャンパンを語る時の情熱を見せないものがいるが、それは大きな間違いである。規模が大きいのは確かだが、そこから生まれるワインは秀逸である。なぜなら553人の組合員が所有し入念に育んでいるのは、コート・デ・ブランで最も良く熟成するグラン・クリュの村ル・メニルの最上畑ばかりだからである。醸造技術の確かさ、品質へのこだわりは、シャンパーニュ・ル・メニルとその一番の顧客であるグランド・メゾンを見ればよくわかる。この協同組合は、モエ・エ・シャンドンやヴーヴ・クリコ、パイパー・エドシック、テタンジェなどの大手ハウスだけでなく、ポール・ロジェやブルーノ・パイヤールなどの規模の小さな完全主義者のためにも葡萄の搾汁を行っている。さらにそのワインは、同じ村の伝説的なハウス、サロンにも卸されているという噂もある。

そこから生まれるワインは秀逸である。なぜなら553人の組合員が入念に育んでいるのは、ル・メニルの最上畑ばかりだからである。

財布に優しい値段で買える偉大なシャンパンをお探しの愛好家に朗報がある。それはル・メニルが生産量の8％を自身のラベルで販売しており、海外市場でもますます見られるようになったということである。そのワインは温度調節機能のついたステンレス槽で、理想的な温度18℃で発酵させられ、通常よりも長く澱の上に寝かされ、春遅くに壜詰めされる。まだ若いが思慮深い醸造長ジル・マルゲの、偉大なワインを生み出すものについての言葉は傾聴する価値がある。彼は、ペトリュスやマルゴーからモンラッシェ、ル・メニルまで、「偉大なテロワールで重要なことは、化学的組成以上に、その土壌の構造的質である。水が多すぎても少なすぎても、葡萄樹にストレスを与え、そのような葡萄からは偉大なワインは生まれない」と言う。この言葉には、ル・メニルがコートで最も良いチョーク質の土壌を有しているという自信が含まれている。確かにその土壌は、2001年の収穫期の大雨で見せたように素晴らしい排水能力を持っているが、一方で2003年の暑熱のヴィンテージに見せたように、スポンジのような構造で水を貯留する能力も証明した。シャンパーニュ・ル・メニルの最高級キュヴェであるシュブリムの卓越した質、特に2001年のような不安定な年にあっても示すその質の高さは、すべてその葡萄が生まれる最高の畑、特に南東の方角を向いた命名畑シャント・アルーエットとムーラン・ナヴァン——モエとヴーヴ・クリコもその区画を所有している——によるものである。

極上ワイン

(2009年1月ル・メニルにて試飲)

Le Mesnil Grand Cru Brut NV [V]
ル・メニル・グラン・クリュ・ブリュットNV [V]
シャルドネ100％で、95％が2004、5％が2002。ドサージュは10g/ℓ。水晶のような緑-金色。豊かで柔らかい質感の泡立ち。白い花、特にセイヨウサンザシの生き生きとした香り。きれが良く、ミネラルが豊かで長く、きめ細かな口当たり。入門者レベルのブラン・ド・ブランの模範的シャンパン。

Le Mesnil Grand Cru Millésime 2002
ル・メニル・グラン・クリュ・ミレジム2002
活気のある黄金色。最初しばらくはかなり動物的な香りで、偉大なヴィンテージの本物のマティエールを象徴する。グレープフルーツの香りもある。口に含むと感動的なほどに濃厚で豊か。2010年頃から目覚める眠れる巨人。

Le Mesnil Cuvée Sublime 2001
ル・メニル・キュヴェ・シュブリム2001
村でも最上の組合員の区画から造られたキュヴェ。マロラクティック発酵なし。反響が感じられる成熟の金色。火打石からレモンの砂糖漬けまで、魅惑的な香りのポプリ。躍動的でしなやか、そして長い味わい。続く2002はこれとはまったく異なり、より豊満で、押しつけがましい。

右：組合員の最上の葡萄から自社のラベルを貼ったワインを生み出す醸造長のジル・マルゲ。

Champagne Le Mesnil
19-32 Rue Charpentier Laurian,
51190 Le Mesnil-sur-Oger
Tel: +33 3 26 57 53 23
www.champagnelemesnil.com

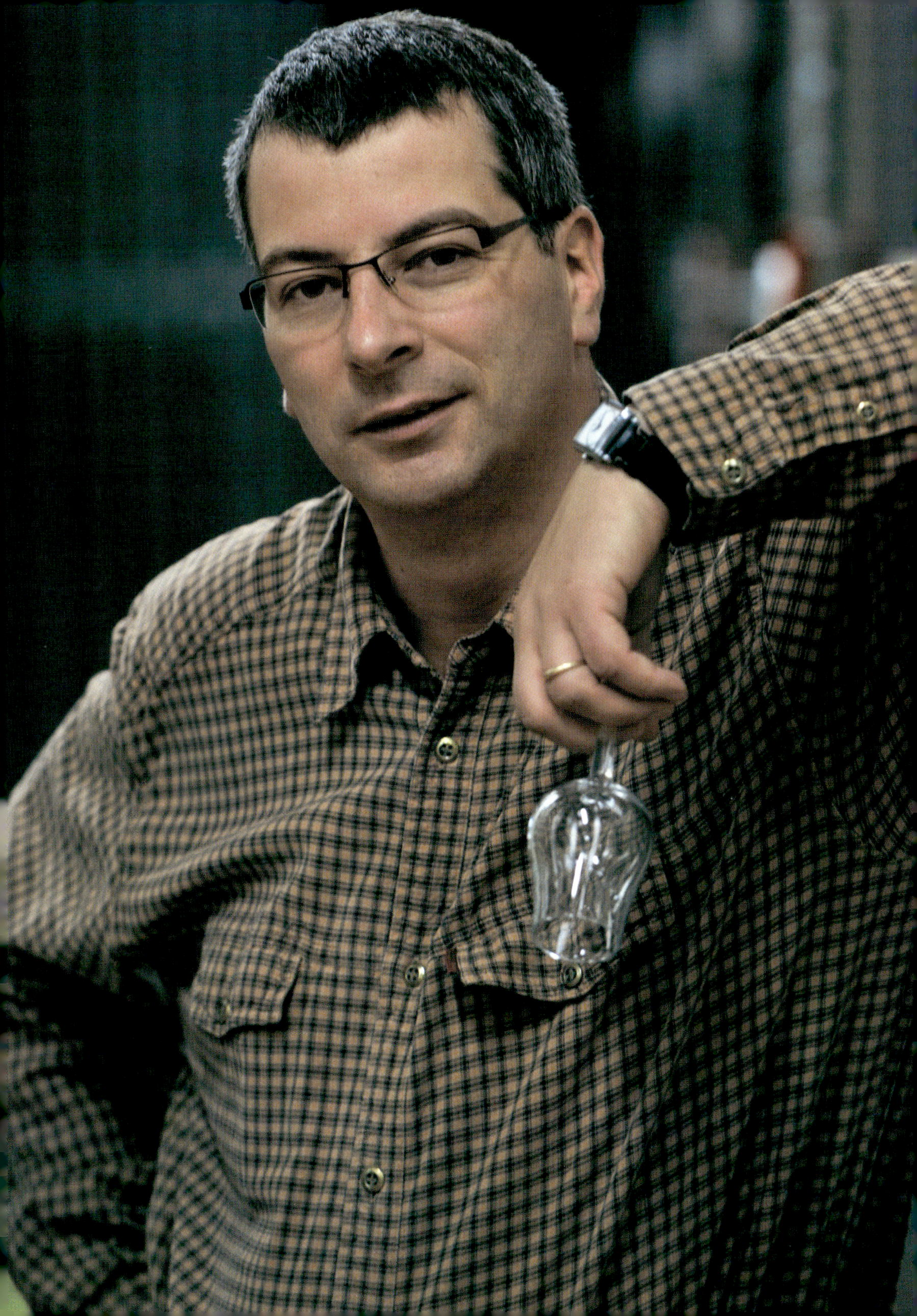

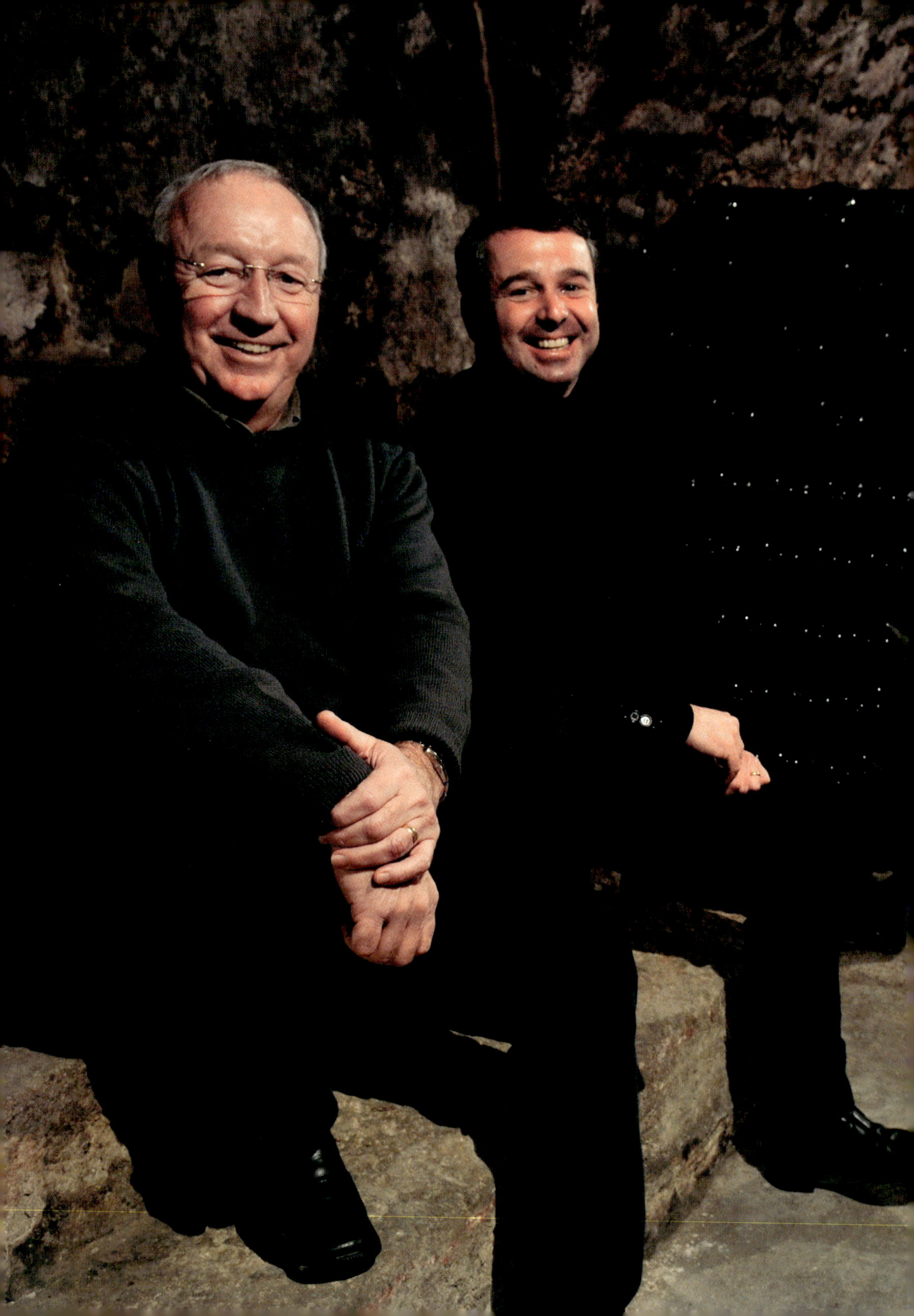

CÔTE DES BLANCS | LE MESNIL-SUR-OGER

Pierre Péters ピエール・ペテルス

ペテルス家はルクセンブルク出身だが、ここコート・デ・ブランで葡萄栽培を始めて久しい。ドメーヌは1940年、ピエール・ペテルスによって公式に登録され、現在コートの最上の場所、主にアヴィズ、オジェ、そしてル・メニルに17.5haの畑を所有している。なかでもル・メニルの命名畑レ・シェティヨンに一家が所有している区画は、シャンパーニュ地方でも1、2を争う最高の土地である。

当主であるフランソワ・ペテルスはいま、息子のロドルフに醸造の責任を任せようとしている。醸造学者であるロドルフは、数年間独立した後、このドメーヌに戻ってきた。2008年2月、私は失敗したことを告白しなければならない。私はここに、2007ヴィンテージのヴァン・クレールを試飲しにきたのだが、前年8月のシャンパーニュがまるで11月のように感じられたため、最悪の事態を予想していた。ところがそのワインの質といったら…。それは彼らのテロワールが収穫直前の悪天候に勝利したことを高らかに告げるものだった。ル・メニルの命名畑ミュゼットのワインは、しなやかで丸みがあった

ル・メニルの命名畑レ・シェティヨンに一家が所有している区画は、シャンパーニュ地方でも1、2を争う最高の土地である。

が、それは9月の第1週に戻ってきた陽光の恩恵であった。対照的に、アヴィズの低い位置にある粘土質の斜面の畑ラ・フォッセは、すべて力強く頑丈であったが、同時に白い花の愛らしいアロマもあった。そして最後の決勝ゴールがレ・シェティヨンである。4カ月目に入っていたが、口を収縮させるような酸、ミネラルの壮絶な力、それはけっして初心者向きではない、しかし…ああ…その恐るべき潜在能力。それはロドルフの命名によると"セ・ギャルソン・ディフィシル（手に負えない子ども）"で、12〜15年の爆熟によって壮麗なシャルドネ・シャンパンになるはずである。このように、偉大なル・メニルに対しては本当にそのくらいの辛抱がいるのである。そのことはピエール・ペテルス・キュヴェ・スペシャルの垂直テイスティングでも証明された。それはレ・シェティヨンの葡萄だけを使って造られるシャンパンであるが、まだその本来の力を見せてはいない。ロドルフはラベルを新しく作り変え、その秀逸なワインの出身葡萄畑の名前レ・シェティヨンが誰にでもわかるように明記されているが、これは勇敢な第一歩である。ピーター・リエムがその優れたシャンパン・ブログで述べているように、他のシャンパン製造者も見習ってほしいことである。

極上ワイン

(2008年2月ル・メニルにて試飲)

Pierre Péters Cuvée Spéciale Les Chétillons 2001
ピエール・ペテルス・キュヴェ・スペシャル・レ・シェティヨン 2001
1984年以来の最も壊れやすいヴィンテージのものだが、このシャンパンには天啓がある。透明な金色。木の実、白い花の高級な洗練された香り。非常に新鮮で健康的な純粋なフレーバー。熟れた感じは少しもなく(隙のない葡萄畑管理の結果)、このミネラル豊かなテロワールが完璧に表現されている。

Pierre Péters Cuvée Spéciale Les Chétillons 2000
ピエール・ペテルス・キュヴェ・スペシャル・レ・シェティヨン 2000
深い色が、この年の葡萄の成熟を象徴する。ブーケは複雑で、柑橘系のレモンと、アンズのような乾燥果実の香りが溶け合う。雄大で口を満たす果実味があり、蜂蜜、ブリオッシュも感じられる。2001よりも大きく、かなり熟成の進んだレ・シェティヨンである。

Pierre Péters Cuvée Spéciale Les Chétillons 1997
ピエール・ペテルス・キュヴェ・スペシャル・レ・シェティヨン 1997
香りも味もすべてが見事に維持されている。新鮮さ、チョーク、ミネラル、コーヒーに似た焙煎香もある。嬉しいことに、フレーバーはゆっくりと優雅に開いてきた。いま頂点に達しており、酸の低い年に望みうるすべてを表現している。

Pierre Péters Cuvée Spéciale Les Chétillons 1989
ピエール・ペテルス・キュヴェ・スペシャル・レ・シェティヨン 1989
暑い年のレ・シェティヨンがいかに熟成していくかを示した卓越したシャンパン。飛び抜けたミネラルが、見事に保存された果実味、生き生きとしたワインらしいコクに包まれ、軽やかなトーストの後味へと続く。

左：コート・デ・ブランの最高畑から光彩を放つ卓越したワインを生み出すフランソワ・ペテルスとその息子ロドルフ。

Champagne Pierre Péters
26 Rue des Lombards, 51190 Le Mesnil-sur-Oger
Tel: +33 3 26 57 50 32
www.champagne-peters.com

CÔTE DES BLANCS | LE MESNIL-SUR-OGER

Guy Charlemagne ギィ・シャルルマーニュ

瀟酒な農園邸宅を本拠地にしている1896年創立のドメーヌで、ル・メニルでも指折りの名家である。しかしここへの3回の訪問で、私は、彼らの熟成の早い入門者レベルのシャンパンと、それよりもはるかに秀逸で、造り手の好人物のフィリップ・シャルルマーニュの名声を高めたヴィンテージ・キュヴェ——特にうまく命名されたメニレジム——との間に大きな開きがあることに気づかざるをえなかった。

彼の13haの葡萄畑をざっと眺めるだけで、このドメーヌのシャンパンにさまざまな種類がある理由がわかる。たとえば、フィリップはコート・デ・ブランの外延部の村セザンヌに6haの畑を持っているが、そこに植わっているシャルドネは、ル・メニルとは違い、田舎じみた大雑把な果実味を示す。その一方で、コート・デ・ブランにはオジェに1ha、ル・メニルに6haの畑を有しているが、そこからは美しく構成されたブラン・ド・ブラン、メニレジムが生み出される。それは命名畑、ヴォシェロット、アイユランデ、メソニールに植わっている樹齢60年の葡萄樹から生み出される。

ワインの多くはステンレス槽で発酵させられ、マロラ

ここは、シャンパンの中に親しみやすい果実味と生きる喜びをぎっしり詰め込みたいと願っているドメーヌである。メニレジムはこの伝説的なクリュの気品と複雑さを示す。

クティック発酵は促進される。というのもここは、シャンパンに親しみやすい果実味と生きる喜びをぎっしり詰め込みたいと願っているドメーヌだからである。メニレジムは卓越している。半分はステンレス槽で発酵させるが、残りの半分はオーク樽で発酵させ、爽快さを際立たせるためにマロラクティック発酵は遮断される。メニレジムは最高の出来栄え——たとえば2002、1995、1990——のとき、この伝説的なクリュの気品と複雑さを示すが、またしても惜しいことに、この村の、いまはもうリタイアを決めている2人の長老、フランソワ・ペテルスやアラン・ロベールに比べると、やや熟成が進みすぎ、明らかに華麗すぎるスタイルになっている。

極上ワイン

(2009年1月ル・メニルにて試飲)

Guy Charlemagne Brut Extra NV
ギィ・シャルルマーニュ・ブリュット・エクストラNV
60%セザンヌのシャルドネ、40%ピノ・ノワール。ドサージュは多く12g/ℓ。麦藁のような金色。最初ミネラルの強い香りが鼻腔を襲い、次に甘く熟れた果樹園の果実がやってくる。ドサージュの多さが鼻でわかるが、口からもわかる。大らかで丸みがあるが、直線的でフィネスに欠ける。パーティー用のシャンパン。

Guy Charlemagne Réserve Brut NV
ギィ・シャルルマーニュ・レゼルヴ・ブリュットNV
ル・メニルとオジェのシャルドネ100%で、2005と2004のブレンド。ドサージュは10g/ℓ。星の輝きに似た淡黄色で、泡はきめ細かい。爽やかなグレープフルーツの香り。口当たりはクリーミーで心地良く、舌に緊張感のある刺激が伝わる。新鮮なリンゴの後、パン屋の店先の良い香り——ブリオッシュなどのウィーン風の菓子パン——がする。とはいえ"愉悦の酒"で、牡蠣やカニの料理によく合う。

Guy Charlemagne Cuvée Charlemagne NV
ギィ・シャルルマーニュ・キュヴェ・シャルルマーニュNV
レゼルヴ同様グラン・クリュのシャルドネを使っているが、畑は異なる。2004は少量で、2005はさらに少ない。ドサージュはの8g/ℓ。淡黄色。焼いたパンの香ばしい匂いやオレンジ・コンフィの甘い香り。絹のような口当たりで、バランスも秀逸。フィネスはやや短い。

Guy Charlemagne Mesnillésime 2002
ギィ・シャルルマーニュ・メニレジム2002
100%メニル。60%がステンレス槽で、マロラクティック発酵も完全に行い、残りの40%はオーク樽でマロラクティック発酵は遮断される。心を震わせる淡黄色で、緑色の閃光もある。豪華な香りの饗宴で、アカシア、蜂蜜、ライムが一緒にやってきて、スモークした胡椒さえ感じられる。口に含むと東洋の果物のサラダで、桃やマンゴーが認識できる。完全なバランスで、バニラの微香のある後味は長い。凝縮されているが非常にきめ細かい。

Guy Charlemagne Mesnillésime 1999
ギィ・シャルルマーニュ・メニレジム1999
2002と同様の造りになっているようだが、ヴィンテージの違いがはっきり出ている。偉大な複雑さというよりは、突出した果実味。生き生きとしているが平板である。美味しいが偉大ではない。

Champagne Guy Charlemagne
4 Rue de la Brèche d'Oger,
51190 Le Mesnil-sur-Oger
Tel: +33 3 26 57 52 98
www.champagne-guy-charlemagne.fr

CÔTE DES BLANCS | LE MESNIL-SUR-OGER

André Jacquart　アンドレ・ジャカール

以前の1990年代初めのアンドレ・ジャカールの入門者レベルのブリュットを味わったことのあるシャンパン愛好家なら、高名なイギリスのワイン鑑定家マイケル・シュスターの、「これは私が当時出会ったノン・ヴィンテージのなかで最高のものだ――適正な値段の。」という言葉に賛同するだろう。嬉しいことにそのドメーヌは、ヴェルテュへ向かう道路沿いに新築移転し、再出発を始めた。契機となったのが、アンドレ・ジャカールの娘シャンタールと、シャンパンの業者団体CIVCの指導的メンバー、モーリス・ドヤールの息子パスカルの結婚である。現在ドメーヌは次の世代――ブノワ・デュヴァル、マリー・デュヴァル・ドヤール、その夫マシュー・デュヴァル――によって運営されている。

両家の意向が合致し、新企業は大きな葡萄畑を所有することになった。これだけで、合併の目的が最高品質のシャンパンを生み出すことだとわかる。

2004年に両家の意向が合致し、新企業は大きな葡萄畑を所有することになった。ジャカール家がメニルの15haとオジェの1ha、そしてドヤール家がヴェルテュの5haとメニルの1ha。平均樹齢は40歳である。これだけで、合併の目的が最高品質のシャンパンを生み出すことだとわかる。そしてマリーとマシューは、その経歴――彼女はフランスの高級ワイン団体FICOFIで、彼はいくつかの高級レストランで働いた経験がある――から、今後はより高級な、誰も手をつけなかったシャンパンを造りだすことが、目指す道だと確信した。

特権的なテロワールをさらに生かすため、彼らは収量をさらに厳しく制限し、似通ったいくつかの命名畑を一緒に醸造している。また新しいプレス機と、2～6年使用のバリック樽を200個以上導入した。そのバリック樽の中でワインは微細な澱の上に寝かされる。バトナージュは行わない。その年の成育状況によって、マロラクティック発酵は遮断されることもある。いまワインは上昇し始めている――嬉しい発見。

極上ワイン

（2009年2月試飲）

André Jacquart Expérience Premier Cru Vertus NV
アンドレ・ジャカール・エクスペリエンス・プルミエ・クリュ・ヴェルテュNV
3つのヴィンテージのブレンドで、ル・メニルとヴェルテュが60/40の割合。ル・メニルの特質である豊かなミネラルとヴェルテュの熟成された果実味が見事に融合し、秀逸なノン・ヴィンテージが生まれた。コート・デ・ブラン南部の上質のみずみずしい緑の果実（オリーブに似た）のフレーバーが充満する。

André Jacquart Grand Cru Le Mesnil 2004
アンドレ・ジャカール・グラン・クリュ・ル・メニル2004
ル・メニル南部の最上の命名畑（モン・ジョリ、ヴォワゼミュウ、エルロンスなど）の樹齢50歳のシャルドネ100％。まだ若々しい味わいだが、巧妙に統合されたオーク使いによって、シャンパンはいま殻から姿を現し始めている。豪華な果実――スパイスの効いた洋ナシ、黄桃――が、しなやかで、攻撃的ではない酸と優美なミネラルに縁どられて現れる。非常に期待できる。2010年以降が飲み頃。

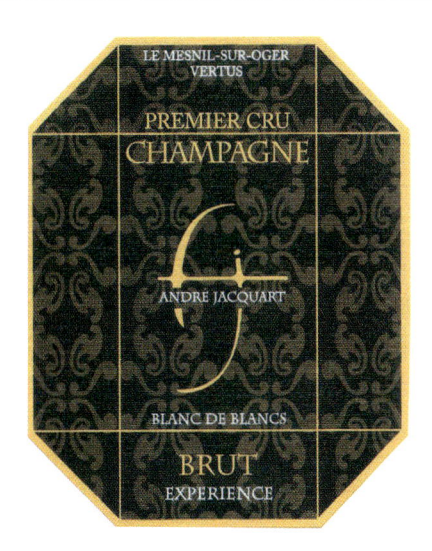

Champagne André Jacquart
63 Avenue de Bammental, 51130 Vertus
Tel: +33 3 26 57 52 29
www.a-jacquart-fils.com

265

CÔTE DES BLANCS | LE MESNIL-SUR-OGER

Alain Robert　アラン・ロベール

ワインと料理の世界では、時々ギャルソン・ディフィシルと呼ばれる一風変わった人物が現れる。彼らは最初とっつきにくく、守りを固めているように見えるが、良いワイン同様、徐々に心を開き始め、新たな魅力を見せる。シャトーヌフの奇人と言われたシャトー・ラヤスの故ジャック・レイノーのことを思い出した人もいるだろう。彼はワイン評論家が訪ねてきても、溝に隠れ、自分は当人ではないと言い張った。また料理人では、イギリスノーフォーク州ブロックディッシュのレストラン、シェリフ・ハウスのオーナで、英空軍少佐であった躁病的気質のピシェル・ジュアンを思い出す人もいるかもしれない。レストラン評論家であった私は、以前彼の家での夕食に招かれ、濃霧のせいで少し時間に遅れた。彼は、走り込むように駐車場にやってきて、こう言った。「4分も遅れて我が家のクネル(フランス風つみれ団子)が食べられると思うのか？」

私の友人のアラン・ロベールは、ル・メニルの自家栽培醸造家の守護神であり、もっともまともで文化的であるが、それでもかなり神経質で、好き嫌いが激しく、いろいろな恐怖症を持っている。特に写真嫌いは有名である。いま彼は60歳代に入り、ドメーヌを継がせる者が不在のなかで、ますます人目を避けるようになり、旧知のワイン仲間からさえ遠ざかるようになった。とはいえ、7年寝かさないシャンパンはけっしてリリースしないほどの完璧主義者である彼について何も書かない本書は考えられない。まして彼の家で温かいもてなしを受け、この地域で最も偉大なシャンパン――そして良きフランス――を賞味することができた私が筆者なのだからなおさらである。

ノルド県の貴族であったロベール・ド・ロバートソンは、17世紀に南に移住し、ル・メニルの葡萄栽培家になった。彼はそれまでシャンパンのための唯一の葡萄であったピノ・ノワールに替えて、ル・メニルの厚いベレムナイト・チョーク質に最適な葡萄品種シャルドネを植えた。アランは気性から、あまり規模を大きくすることを好まなかった。最近まで彼はコートのグラン・クリュ 12haほどと、セザンヌとシャロン・アン・シャンパーニュの南東部、ヴィトリー・ル・フランソワ地区の少しの畑を手入れしていた。彼のワインはすべてシャルドネである。ブラン・ド・ブラン・セレクションは澱の上に7年以上寝かせ、最上の畑の葡萄を最高に軽いタッチ(オークなし)で醸造し、しなやかさと優雅さが奥深さとワインらしい旨みに絶妙のバランスで融合した手本というべきシャンパンである。彼の最上のワインは、間違いなくレゼルヴ・ル・メニル・テート・ド・キュヴェである。葡萄はクリュッグのクロ・デュ・メニル近くの、村の最高の立地、ヴェルテュに向かう有名な日当たりの良い南向きの斜面からのもので、葡萄樹の最高樹齢は60歳にも達する。最初の醸造は600ℓのオークのフードルで行い、清澄化もろ過も行わない。

完璧主義者であるアランは、この特別なテロワールから生まれる特別なワインは、若いうちは焼けるように酸が強く、その壮大なミネラルを開花するまでには少なくとも10年は要すること、そしてそれがなかなか叶わないことを良く知っている。ロベールの作品はすべてそうだ…そうだった。テート・ド・キュヴェをオークションや極上ワイン・リストで見かけたら、迷わず買い入れよ。

極上ワイン

(2005年6月ル・メニルにて試飲)

Alain Robert Réserve Le Mesnil Tête de Cuvée 1986
アラン・ロベール・レゼルヴ・ル・メニル・テート・ド・キュヴェ 1986
眩いウェールズ調ゴールド。果汁の多い桃やアジア風スパイスのアロマ。口に含むと、継ぎ目のないシャンパンはこのことかと感じさせる。長く豊かで複雑。しかし過抽出のかけらもない。完璧に近い。

(1999年9月ル・メニルにて試飲)

Alain Robert Réserve Le Mesnil Tête de Cuvée 1982
アラン・ロベール・レゼルヴ・ル・メニル・テート・ド・キュヴェ 1982
1986の特長をすべて持ち、そのうえさらに複雑で、奥行きがある。コート・デ・ブランで最も偉大なテロワールに育つ偉大なシャルドネの超絶的表現。1982は美しいヴィンテージであった。完璧。

Champagne Alain Robert
Rue de la République, 51990 Le Mesnil-sur-Oger
Tel: +33 3 26 57 52 94

CÔTE DES BLANCS | LE-MESNIL-SUR-OGER

Jean-Louis Vergnon ジャン・ルイ・ヴェルニョン

友人の、エペルネのレ・ベルソー・レストランの偉大なオーナー・シェフであるパトリス・ミシュロンの計らいによって、このル・メニルの小さな自家栽培醸造家に出会えたのは、本当に幸運だった。パトリスは、ジャン・ルイ・ヴェルニョンの醸造責任者のクリストフ・コンスタンとの食事に誘ってくれたのだった。彼はいまリタイアに向けて引き継ぎをしているところだ。クリストフはスキューバ・ダイビングが趣味のワインの魔法使いであるが、銀のタートバン（ワインを利き酒するための小皿）を口に加えて生まれてきたわけではなかった。彼の父はエペルネ一番の、うまくて安い熱々のランチを出すカフェ、ル・ヘディーヴのオーナーだが、クリストフはランス大学の醸造科を優秀な成績で卒業し、現在5haの畑を持つルイ・ヴェルニョンを管理している。

クリストフは、アンセルム・セロスやパスカル・アグラパールと昵懇の仲だが、このアヴィズの2大スター醸造家とはまったく違った方法でシャンパンを造る。彼はキュヴェのなかで個々の葡萄の特性を強調することを好み、葡萄の出生地に関して絶対的な自信を持っている。最も大きな区画は、命名畑ラ・フォッセにアグラパールが持っている区画に近接したアヴィズの最上畑であり、オジェとル・メニルにも同等の畑が1つずつある。

この後の方の2つの畑が、クリストフが造る最も興味深いワイン——キュヴェ・コンフィデンス——の源である。それはシャルドネ100％のヴィンテージで、偉大な2002と、驚くなかれ2003のブリュット・ナチュールである。最近のコート・デ・ブラン地区のシャンパンは、どこか味気なく、だらしない感じがすると思われる方々は、是非このコンフィデンスを試してもう一度信頼を確かなものにしてほしい。生命力あふれるその色は、新鮮さと活気を予感させ、アロマはミネラルと柑橘系の香りで鼻腔を襲撃する。口当たりは驚くほど新鮮なカリカリとした黄色い果実だが、ワインらしい旨みに溢れ、「私は極上ワインよ」と言っているようである。このシャンパンはシーフードに合わせるために造られたようで、エビ料理やホタテ貝のカルパッチョ、さらには仔牛の料理にこれ以上相性の良いシャンパンを見つけるのは難しいほどだ。なんて劇的で美味しいマリアージュ！

鋭利な辛口のスタイルは、キュヴェ・エクストラ・ブリュット・ノン・ヴィンテージへと続く。私のテイスティングの時は、信頼のおけるシャルドネ・イヤーであった2004ヴィンテージをベースにしている。これらが少し辛口すぎると感じられる時は、穏やかなドサージュ7g/ℓで、完全なマロラクティック発酵のブリュット・クラシックを薦める。また2002ブリュット・ヴィンテージも実に秀逸だ。

極上ワイン

(2009年1月ル・メニルにて試飲)

J-L Vergnon Cuvée Extra Brut
J-L・ヴェルニョン・キュヴェ・エクストラ・ブリュット
メニル、オジェ、アヴィズのシャルドネ100％。ステンレス槽で発酵。2004のベースワインとリザーヴワイン。ドサージュは4g/ℓ以下。水晶のような金〜緑色。飛び抜けた新鮮さとフィネスが香る。透明で、焦点のしっかりした、きれの良い口当たりで、卓越した酸がすべての特質を統合する役割を果たしている。ミネラルと塩味の後味は、牡蠣やパルメザン・チーズのスライスに最高。独創的な素晴らしいシャンパン。

J-L Vergnon Cuvée Confidence 2003
J-L・ヴェルニョン・キュヴェ・コンフィデンス2003
上記グラン・クリュのシャルドネ100％。ノン・ドゼ。昨年試飲した2002とは非常に異なる。黄色に緑色の反射。黄色い花、果実、マルメロの最初の香りがすべてを約束し、ジンジャーブレッドも現れ、上質のミネラルがそれらとバランスを取る。新鮮な口当たりの後、フル・ボディーのワインとなり、雄大さと温かさを感じる。ワイン自体が濃厚なので、ドサージュなしということにほとんど気づかないほど。普通の年のコート・デ・ブランの味とは異質だが、官能的な豊かさが正確な酸によって縁どられ、だらけることなく、魅惑的なワインとなっている。

J-L Vergnon Vintage Brut 2002
J-L・ヴェルニョン・ヴィンテージ・ブリュット2002
ドサージュは8g/ℓ以下。成熟へと向かいつつあるブラン・ド・ブランに特有の黄金色。強烈な食欲をそそる香り、最初熟れた洋ナシ、次にアカシアの香水、レモンの柑橘系の香りが揺らめく。飲み口はとても爽やかで、ル・メニルらしさを感じさせる。とりわけ後味は力強く、長く、複雑。寒すぎず、暖かすぎることもなかったきわめてバランスの良いヴィンテージから生まれた偉大なシャンパン。

Champagne Jean-Louis Vergnon
1 Grande Rue,
51190 Le Mesnil-sur-Oger
Tel: +33 3 26 57 53 86
www.champagne-jl-vergnon.com

CÔTE DES BLANCS | CUIS

Pierre Gimonnet & Fils ピエール・ジモネ・エ・フィス

コート・デ・ブランの偉大な自家栽培醸造家であるジモネは、最高級のシャルドネ・シャンパンがどれほど偉大であるかを示すワインを造り続けている。そのシャンパンはフィネスと宝石のような緻密さで傑出している。オリヴィエとディディエのジモネ兄弟は、圧倒的に有利な地点から出発することができた。ジモネ家は18世紀から素晴らしい立地に25haの畑を擁し、その中にはグラン・クリュ、クラマンやシュイの古い畑も含まれている。それを引き立てているのが、彼らのキュイの葡萄畑である。その畑は強烈な酸で名高いプルミエ・クリュであるが、卓越したエレガントさを持ち、シャンパンに対する究極の誉め言葉である"抑制された活力"に値するスタイルのワインを支える堅固な脊椎となっている。

コート・デ・ブランの偉大な自家栽培醸造家であるジモネは、最高級のシャルドネ・シャンパンがどれほど偉大であるかを示すワインを造り続けている。それはフィネスで名高い。

それゆえ、醸造責任者のディディエが、いま流行りの単一クロあるいは単一畑シャンパン、たとえばクラマンやシュイのそれを造ることを拒み続けているのは不思議ではない。「自分の持つ最高のワインを1つのキュヴェだけに注ぎ込むならば、それは他のキュヴェの質を犠牲にしてしまい、顧客の喜びを奪ってしまうことになる」と、彼は言う。実にしっかりした考え方だ。実際彼が造る入門者レベルのキュイ・プルミエ・クリュ・ノン・ヴィンテージで、彼はこのパンチの利いたクリュの4つのヴィンテージを巧みにブレンドし、見事に調和の取れたシャンパンを造りだし、その手本を示している。

ジモネの卓越したワインづくりの技は、ある有名なネゴシアンの「自家栽培醸造家も偉大なシャンパンを造ることがある。ただし偶然にね。」という悪意に満ちた言葉の愚かさを白日の下にさらけだす。キュイ・キュヴェの構成を深く掘り下げながら、彼らは生き生きとした踊るようなワインを造りだす。ドサージュはほとんどなく、技術的に完璧で、ジモネ・スタイルの原型となっている。それは若く新鮮なシャンパンであるが、一家は調和の取れたまろやかさを付与するために、それを槽ではなく壜のなかで微細な澱の上に2年以上寝かせてリザーヴ・ワインとし、そうすることによって新鮮さを完全に保つ。

ジモネのキュヴェ・ガストロノーム[V]は、若いヴィンテージ・シャンパンという範疇に入るもので、他のシャンパン・メーカーではあまり見かけないものである。元々は有名レストランの高級グラス・シャンパン——ラ・クウプ——用に造られたもので、魚貝、特に牡蠣や甲殻類のランチに合う秀逸なワインである。シャルドネ・ブレンドの半分近くがシュイのグラン・クリュから来たもので、ワインに独特の優雅さをもたらしている。そして40%近くのキュイが生き生きとした新鮮さを付与している。最後を締めくくるのが樹齢100歳のクラマンのワインで、全体をまろやかに仕上げる。ガストロノームは最も親しみやすく、飲みやすいヴィンテージ・キュヴェとなっている。

フルーロンはジモネの伝統的なキュヴェで、優秀な、多くは偉大な年だけにリリースされるヴィンテージ・キュヴェである。ヴィンテージの良さを最もよく表現できるさまざまなテロワールをブレンドした羨むべきワインである。多くが注文生産で、一家の全葡萄の30～50%を使用しており、ジモネのシャンパンの中では最もコスト・パフォーマンスの高いものであろう。私は2007年にレ・ベルソーで、美味しいワインをと思って1999フルーロンを注文したが、それは60ユーロ以下であった。そのワインは、4年以上壜のなかで澱の上に寝かせ、リリース前に3カ月間休ませる。

スペシャル・クラブ・ヴィンテージはジモネの究極の最高級品である。4分の3をグラン・クリュの葡萄（特に古樹のクラマン）が占め、4分の1のキュイが新鮮さを付与し、本物のワインらしい旨みと超越的な新鮮さが絶妙に融合している。その他にも、1999ヴィエイユ・ヴィーニュも素晴らしい。

右：キュイ葡萄畑に立つオリヴィエ（左）とディディエのジモネ兄弟。その葡萄は彼らのブレンドのための堅固な脊椎となる。

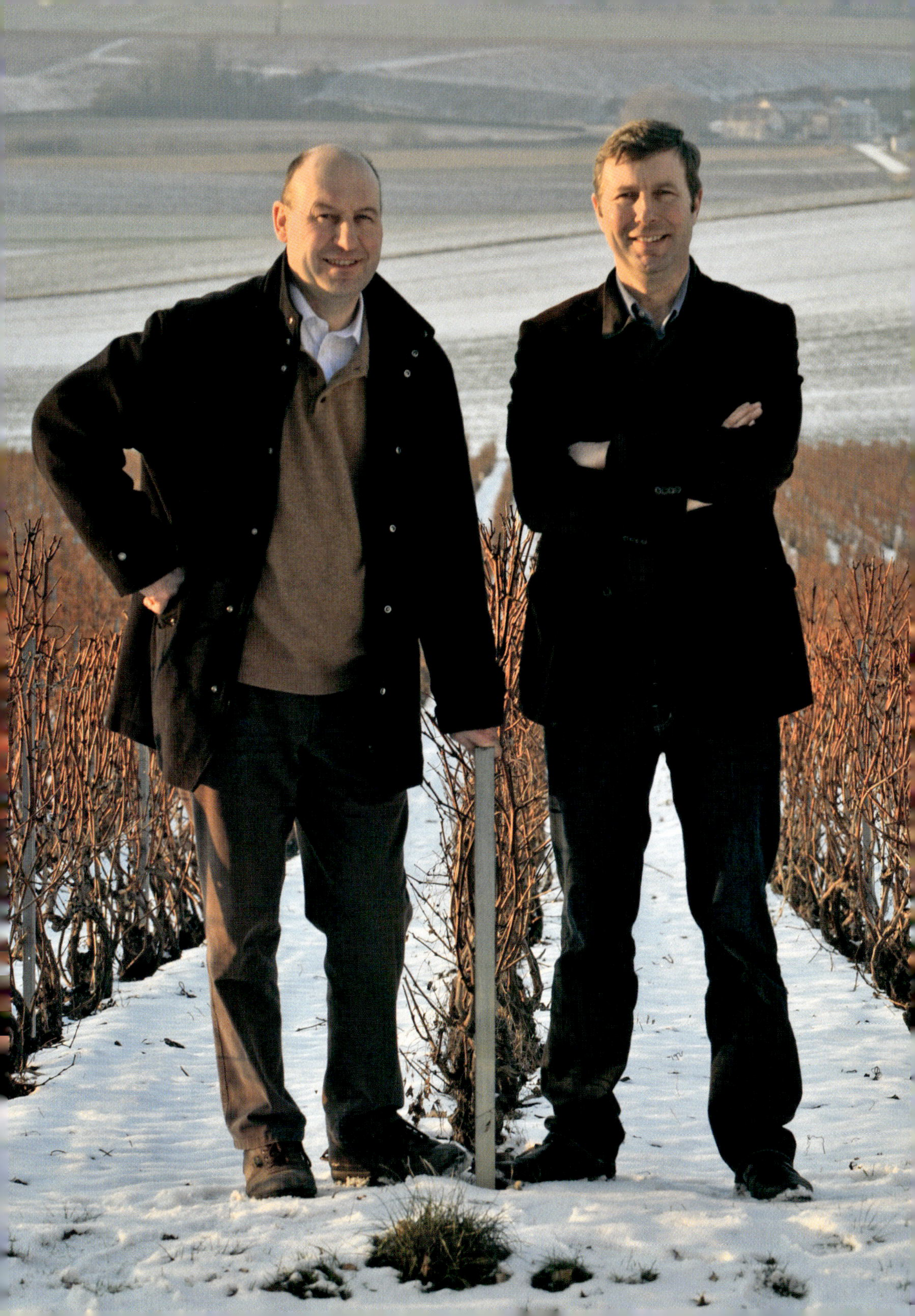

CÔTE DES BLANCS | CUIS

極上ワイン

(2008年10月試飲)

Pierre Gimonnet Cuvée Gastronome 2004
ピエール・ジモネ・キュヴェ・ガストロノーム2004
鮮烈で優美なヴィンテージ・ブラン・ド・ブラン。潜在能力に優れた2004シャルドネの活力と力強さを示す。パンチの利いたキュイとエレガントなシュイイが全体の90%近くを占め、貝類によく合うシャンパンとしている一方で、クラマンの古樹がまろやかさを与え、大ヒラメやドーバーで捕れるカレイにも良く合う。

Pierre Gimonnet Cuvée Fleuron 2002
ピエール・ジモネ・キュヴェ・フルーロン2002
緑色が残響のように光る。優美でしなやかな肢体を見せる泡の流れが、クリーミーで元気いっぱいの口当たりを生む。まだ硬く未成年だが、上質な緑の果実の純粋さがある。口の中を水浸しにする酸。

Pierre Gimonnet Cuvée Vieilles Vignes 1999★

ピエール・ジモネ・キュヴェ・ヴィエイユ・ヴィーニュ 1999★
私はこの特別なキュヴェをまだ味わったことがない。そこでイギリスが生んだ偉大なテイスター、ニック・アダムスMWの言葉を紹介させていただく。「実に壮麗なワインだ。豊かな多層構造が重厚さを示す一方で、ミネラル、花、パン(自己分解)の凝縮された香り。精妙に溶解した泡、クリームのようなハシバミのフレーバーが、生き生きとしたしなやかな酸を包み込み、ブリオッシュのような長い後味へと続く。」

上:彼らの本拠地であるキュイからシュイィ、クラマンへと続くジモネの葡萄畑を剪定する冬の辛いが重要な作業。

Champagne Pierre Gimonnet & Fils
1 Rue de la République, 51530 Cuis
Tel: +33 3 26 59 78 70
www.champagne-gimonnet.com

CÔTE DES BLANCS | CHAVOT

Laherte Frères　ラエルト・フレール

エペルネの南西、コート・デペルネの小さな村シャヴォーがラエルト家の本拠地である。その10haのドメーヌは、土壌についての綿密な研究、最高水準の栽培技術、進化した伝統の最良のものからなる醸造技術が組み合わされば、あまり良く知られていないテロワールでも本当に素晴らしいシャンパンを生み出すことができることを示すお手本である。

ここは、キュブリー渓谷の入り口、コート・デ・ブランの北に位置し、地層が変化する地理的に興味深い場所である。チョーク質がシルト、粘土、泥灰土と混ざり、やがて全面的に席を譲る場所にあたる。シャヴォーとその周辺の葡萄畑とは別に、一家はプルミエ・クリュ、ヴォワプルー（ヴェルテュ）のシャルドネと、ブールソールとル・ブルイユ（マルヌ渓谷）のムニエも持っている。ティエリー・ラエルトと息子のオーレリアンのような想像力豊かな醸造家にとっては、葡萄畑が72区画にも分散しているというテロワールの多様性は、何ら不利なことではなく、多様性を多彩なシャンパンへと転化することができるという天恵と映る。特殊な区画をそれぞれ別個に壜詰めするという一家の方針から生まれる多様な製品群は、まるでブルゴーニュがシャンパーニュ地方にやってきたようで、葡萄樹のアイデンティティが証明されている。ラエルト家にとっては、醸造家のブレンド技術よりもテロワールの個性の方が重要である。

葡萄は2基の古いコカール・プレス機で圧搾される。賢明にも25年前から葡萄の4分の3をオーク樽で発酵させ、樽板を通した通気効果によって、テロワールが呼吸し、全面的に開花することが可能になっている。樽製造業者は慎重に選ばれている。サン・ロマンのフランソワ・フレーレと地元のジェローム・ヴィアールであるが、後者の軽く焦がした樽は一家のお気に入りである。ある批評家が批判していたが、私は一家の高級シャンパンで樽のフレーバーを過剰と感じたことはない。

ブリュット・トラディションは、テロワールの感覚、新鮮さ、上質な果樹園、生垣の果実のフレーバーがあり、感動的な深みがある。ヴェルテュの近くの、ティエリーの妻が所有している葡萄畑からは、繊細できめの細かい、しなやかなブラン・ド・ブランが造られる。レ・クロは7種類のシャンパン葡萄を植えた実験的畑で、そこからミドル・エイジ（2009年に最初のリリース）が造られる。2002プレステージュは抑制されたスモークやバニラが微かに香る精妙なシャンパンである。またロゼ・ド・セニエは料理によく合うシャンパンで、リリースの後の長めの壜熟が良い効果を出す。

極上ワイン

(2009年1月シャヴォーにて試飲)

Laherte Brut Tradition NV
ラエルト・ブリュット・トラディションNV
コート・デペルネ、マルヌ渓谷、コート・デ・ブランにある一家のテロワールの精妙なブレンド。60%PM、30%C、10%PN。2006をベースにリザーヴ・ワインを添加。部分的にマロラクティック発酵なし。ドサージュは6g/ℓ。生き生きとした新鮮なきらめく黄色。ムニエがブレンドの果実味を牽引し、純粋な味わいになっている。シャルドネがそれに長さをもたらし、ピノが力強さと本物の奥行きをもたらしている。果実味を形作っているのは黄桃と白桃。本当に興味のつきない入門者レベルのシャンパンで、飽きることがない。

Laherte Blanc de Blancs La Pierre de la Justice NV★
ラエルト・ブラン・ド・ブラン・ラ・ピエール・ド・ラ・ジュスィスNV★
プルミエ・クリュ、ヴォワプルーのシャルドネ100%。葡萄樹の株はセレクション・マサールによって選ばれた。ドサージュは8g/ℓ。レモン・ゴールド。古樹ならではの複雑な香りが漂い、メントールの微香もあるが控えめである。口に含むと明確に定義され、美しく長い。素敵なシャンパン。

Laherte Prestige Millesimé 2002
ラエルト・プレステージュ・ミレジム2002
シャヴォーとエペルネの石灰岩とチョーク質の混ざった土壌に育つシャルドネが85%。残り15%は、シャヴォー、マンシー、ヴォーダンコートの粘土主体のシルトとチョーク質の混ざった土壌からのピノ・ムニエ。ドサージュは3〜5g/ℓのエクストラ・ブリュット。金色で泡は生き生きとしている。スイカズラ、洋ナシ、アジアのスパイス、ちょうど良い量のスモーキーなオーク・バニラなど複雑な香りのメドレー。フレーバーは深遠で、洋ナシのまわりにトースト、ブリオッシュ、きめの細かい澱のような香りがまとわりついている。類まれなシャンパン。

Champagne Laherte Frères
3 Rue des Jardins, 51530 Chavot Courcourt
Tel: +33 3 26 54 32 09
www.champagne-laherte.com

CÔTE DES BLANCS | VERTUS

Duval-Leroy デュヴァル・ルロワ

コート・デ・ブランの心臓部に位置するデュヴァル・ルロワは、19世紀後半のシャンパン隆盛期に繁栄を謳歌し、今日の基礎を築いた。1859年にヴェルテュに本拠を構えた一家は、他のハウス同様に、商売の儲けを土地の購入に注ぎ込んだ。現在会社の基盤である美しい葡萄畑は200haもの広さで、主にシャルドネを、すべてグラン・クリュのコートと、ブレンドに果実味と理想的なバランスをもたらす地元ヴェルテュに植えている。

　21世紀になり、一家——その畑はシャンパーニュ地方で9番目の広さ——はますます注目されるようになっているが、それは現社長キャロル・デュヴァルの功績に負うところが大きい。ベルギー生まれのキャロルは、シャンパーニュ地方の伝統である強い精神力を持った未亡人、グランド・ダムの系譜——リリー・ボランジェ、カミーユ・オルリー・ロデレール、そしてもちろんヴーヴ・クリコ——を継承する資質を有している。1991年に夫に先立たれて会社を承継した彼女は、さらに高い一貫した品質を目指して、製造工程を全面的に、しかし慎重に現代化した。入荷した葡萄は空気圧式プレス機で優しく圧搾され、葡萄の特性を損なわないように、沈殿槽へは重力の力で移動していく。発酵は葡萄の特性を最高に生かし、繊細さとブーケを表現するため、定温装置(16～20℃)の付いたステンレス槽でゆっくりと行われる。そして一家の伝統であるオーク樽は、メイン・クリュの通気と熟成のために巧妙に用いられる。商業的な側面では、販売ルートが開発され、EUの主要都市に支部が置かれている。製品の種類も増え、輸出市場も拡大している。とはいえデュヴァル・ルロワを他と一線を画すものにしているのは、シャンパンにおけるテロワールの感覚で、彼らの偉大なシャルドネの本質の表現——ハウスの切り札——である。私が1994年にこのハウスについて初めて書いたとき、デュヴァル・ルロワはある意味シャンパーニュ地方の奥深くに隠された秘密であった。それは抜け目のない輸入業

右：デュヴァル・ルロワの現社長、キャロル・デュヴァルは、会社をシャンパーニュ地方で9番目に大きい会社に成長させた。

ベルギー生まれのキャロルは、シャンパーニュ地方の伝統である強い精神力を持った未亡人、グランド・ダムの系譜——リリー・ボランジェ、カミーユ・オルリー・ロデレール、そしてもちろんヴーヴ・クリコ——を継承する資質を有している。

DUVAL-LEROY

者の依頼に応え、購入者の名前入りラベルを貼った、恐ろしく高価なシャンパンを造っていた。しかし現在、戦略的に構築されたブランドは世界中で認知されるようになり、そのワインは明解な透明性のあるものになった。

　醸造チームは良いシャンパン造りで最も重要なことは葡萄の質であることを深く胸に刻んでいる——わかりきった優先順位だというかもしれないが、同じ規模のライバルのネゴシアンの中には、時々これを忘れ、その方がブレンドしやすいという理由で、平板で、特徴のない葡萄を買い求めるものもいる。デュヴァルに限ってはそのようなことはまったくない。すべての葡萄畑が、有機農法かビオディナミで栽培されている。所有する畑の40％以上がグラン・クリュかプルミエ・クリュで、購入する葡萄、特にモンターニュ・ド・ランスから購入するピノ・ノワールは、自社畑からくるものと同等のものしか仕入れない。

　シャンパンの品揃えは良く考え抜かれ、販売しやすい形になっており、古典的なワインづくりと現代的販売戦略がうまく結合されている。流行に合わせて、ドサージュの低い超辛口タイプや、単一村、単一葡萄畑シャンパンもラインに加えられ、入念な栽培法に基づくシャンパンの多様性を表現している。

　最も良く知られているブレンドは、1914年の最初のリリースから一家の戦闘馬的存在であるフルール・ド・シャンパーニュである。75％シャルドネ、25％黒葡萄のアッサンブラージュで、その名前はレイモン・デュヴァルによって、その香りが6月の葡萄の花を想起させることから命名された。それは多くのグランド・メゾンのノン・ヴィンテージよりも上質で、優美であり、そのうえ心地良い丸みもある。エクストラ・ブリュットも、それはいかにあるべきかを示しており、元気に溢れ、新鮮で、自然な果実味が爽やかである。レディー・ロゼは、ネゴシアン・シャンパンの中ではまれな、ピノの果皮から血のような色を抽出する難しいセニエ法で造られたロゼである。ファム・ド・シャンパーニュは偉大な年だけに造られる荘厳なプレステージ・キュヴェで、長熟用に造られた。単一村、単一葡萄畑シャンパンの中では、私はオーセンティス・キュミエールが一番好きだ。

上：デュヴァル・ルロワの成功の秘密はその豊饒な葡萄畑で、40％以上がグラン・クリュかプルミエ・クリュである。

その理由は、その日照の良い畑の葡萄らしいコクと果実味がうまく強調され、最も個性的なシャンパンになっているからだ。

極上ワイン

（2008年8月試飲）

Duval-Leroy Authentis Cumières 2003
デュヴァル・ルロワ・オーセンティス・キュミエール2003
この異常な熱波のヴィンテージに、醸造家たちは賢明にも、キュミエールの日当たりの良い斜面から集めた葡萄の卓越した質を強調することにした。ゴールドにブロンズの陰もある——2003らしい。豊かなバター、トーストの官能的な香り。芳醇な果実味が口中を愛撫する。スパイシーな、砂糖漬け果物のフレーバー。味わいは美しく長い。愛らしい驚き。

Duval-Leroy Blanc de Chardonnay 1999
デュヴァル・ルロワ・ブラン・ド・シャルドネ1999
ラッパスイセンのようなほど良い深さの黄色。精密に抽出された優美なワインで、口に含むと本物の上品さが伝わってくる。酸は大半の1999よりも上質。

Duval-Leroy Femme de Champagne 1996
デュヴァル・ルロワ・ファム・ド・シャンパーニュ1996
生き生きとしたレモン・ゴールド。コクのある、熟れた果実やパンのアロマ（抑制された自己分解）。口に含むとまだ非常に若く、生命力に溢れ、強い酸が精密に形作られた果実味を高揚させる。まだあと2年ほど必要だが、非常に偉大なシャンパンであることに変わりはない。

Champagne Duval-Leroy
Avenue de Bammenthal, 51130 Vertus
Tel: +33 3 26 52 10 75
www.duval-leroy.com

CÔTE DES BLANCS | VERTUS

Larmandier-Bernier　ラルマンディエ・ベルニエ

　何がワイン生産者を偉大にするかについてはさまざまな意見があるだろうが、ピエール・ラルマンディエのシャンパンが飛び抜けて自然で純粋であることに異議を挟む人はいないだろう。私が彼のシャンパンに初めて出会ったのは1993年のことであったが、その偉大なシャルドネの純粋なフレーバーは私の心を震わせ、その感動はいまも私と共にある。

　ピエールはコート・デ・ブランの最良の葡萄畑12haを相続したが、特にワイン醸造学を学んだわけではない。彼は経営学のコースを終了させた。こういうと、早飲み込みする人は、だから彼のワインは美味しいんだ、それは付け焼刃の技術ではなく、彼の"フィーリング"、彼の天性の素質によって造られたものだからだ、と勘違いするかもしれない。しかしピエールはもっと合理的に説明することを好む。「われわれの取り組みが

何がワイン生産者を偉大にするかについてはさまざまな意見があるだろうが、ピエール・ラルマンディエのシャンパンが飛び抜けて自然で純粋であることに異議を挟む人はいないだろう。

自然を大事にしているのは、それが伝統だからというわけではない。」と彼は主張する。「それが理にかなっているからだ。どのようなワインであれ、その特性と本質はすべて葡萄の中にあり、われわれはただそれを探し出し、表現するだけだ。」

　彼に言わせれば、良い質を持った葡萄のためのレシピは単純であるが、それを守ることは非常に難しい。土壌への尊敬、健康な葡萄樹、適度な収量、成熟した葡萄房の手摘み、である。彼は幸運にも卓越したテロワール、特にクラマンの南東向きの古い葡萄畑、そしてアヴィズとオジェのグラン・クリュを持っている。そして彼がどこよりも良く知っているヴェルテュの広い畑。彼はその土地への愛情を、テール・ド・ヴェルテュで見事に表現した。

　しかしピエールにとっては、テロワールはそれ自体で十分であるわけではない。葡萄品種と葡萄樹——楽器と演奏者——が基準に達していなかったら、偉大な

土地が何の役に立つだろう？彼は葡萄樹をビオディナミで栽培しているが、その主な理由は、根が土壌深く突き進み、岩盤に到達して、そこから成長のために必要なミネラルを吸収することができるようにするためである。葡萄は自然な糖と光合成的成熟のために、最高の成熟を待って遅くに手摘みされるが、それが最終的にシャンパンの中に何とも言い難い精妙さを生み出す。

　ピエールのベスト・スリー・シャンパンは、もちろんすべて100%シャルドネである。ブリュット・プルミエ・クリュ・ブラン・ド・ブランは、ヴェルテュ、クラマン、アヴィズ、オジェの彼のコートの葡萄畑をすべてブレンドしたものである。自然酵母によるアルコール発酵もマロラクティック発酵も、ステンレス槽の中で自然発生的に始まり、出来上がったワインは冬の間澱の上で過ごす。古いヴィンテージのリザーヴ・ワインはオークのフードル樽かバリック樽で貯蔵される。デゴルジュマンは手作業で行われ、ドサージュは5g/ℓと軽め。

　テール・ド・ヴェルテュは単一クリュ・シャンパンで、ブレンドは行わず、シャルドネは村の斜面中腹の命名畑、レ・バリヤールとレ・フォシュレからのものである。発酵はオークのフードル樽とステンレス槽の両方を使う。砂糖は一切加えず、最初から最後までワインの純粋さが尊敬される。躍動感と緊張感のみなぎるシャンパンである。

　ヴィンテージ・クラマン・ヴィエイユ・ヴィーニュは、ドメーヌの最も古い葡萄畑（48歳から70歳以上）から造られる。深く張られた根と畏敬すべき葡萄株の多様性によって、シャンパンにとてつもない複雑さが与えられている。発酵はオークとステンレス槽の両方を使う。これよりも優れたシャルドネ・シャンパンを私は知らない。

　避けられない何らかの経営上の理由のためか、この傑出したドメーヌがその最高級キュヴェであるクラマン・ヴィエイユ・ヴィーニュを、その長寿にもかかわらずあまりにも早くリリースするのは、やや残念である。たとえば2004ヴィンテージは、理想的には2012年頃までリリースせずにいてほしかった。その頃になってようやく本来の価値を発揮し始めるのに。

275

極上ワイン

(2008年3月と8月に試飲)

Larmandier-Bernier Blanc de Blancs Brut NV
ラルマンディエ・ベルニエ・ブラン・ド・ブラン・ブリュットNV
大半がしなやかで熟れた2006ヴィンテージで、40%が2005と2004のリザーヴ・ワイン。葡萄畑と醸造所でのピエールの働きが目に浮かぶようなシャンパン。火打石のようなスモーキーな香りが立ち昇り、純粋な熟れた果樹園の果実(特に洋ナシ)が広がり、ジャスミンも感じられる。ミネラルは躍動し、激しい生命力を感じさせ、しかも洗練されている。それがそのまま長くきめの細かいフレーバーへと続く。至高のシャンパン。

Larmandier-Bernier Né d'Une Terre de Vertus Non-Dosé Premier Cru NV
ラルマンディエ・ベルニエ・ネ・デュヌ・テール・ド・ヴェルテュ・ノンドゼ・プルミエ・クリュNV
ノン・ヴィンテージになっているが、実際は単一年2006のワイン。村の東側のチョーク質の多いテロワールを実感させる香りが、シナノキ (tilleul) や白い花と融合。口に含むと、ブラン・ド・ブランよりも躍動的で力強いが、バランスは完璧で、刺々しさのかけらもない。

Larmandier-Bernier Grand Cru Extra Brut Vieille Vigne de Cramant 2004
ラルマンディエ・ベルニエ・グラン・クリュ・エクストラ・ブリュット・ヴィエイユ・ヴィーニュ・ド・クラマン2004
テロワール中心のラルマンディエ・スタイルの純粋な表現。土地に含まれている塩分の香りがしっかりと捕らえられている。しかしそれはグリーン・オリーブとセージに似たハーブの秀逸なアロマにくるまれている。こんな香りを生み出すシャンパン・メゾンを私は他に知らない! まだ隠れているが、眩いほどの豊かさと、奥深いフレーバーは、もう少し時が経てば(2011〜2012年)、間違いなく開花する。いまこれを書いている時はまだ若すぎる。

右:偉大なテロワール志向のワインを造りだす、高い矜持と天性の資質を持つ自家栽培醸造家ピエール・ラルマンディエ。

Champagne Larmandier-Bernier
19 Avenue du Général de Gaulle, 51130 Vertus
Tel: +33 3 26 52 13 24
www.larmandier.fr

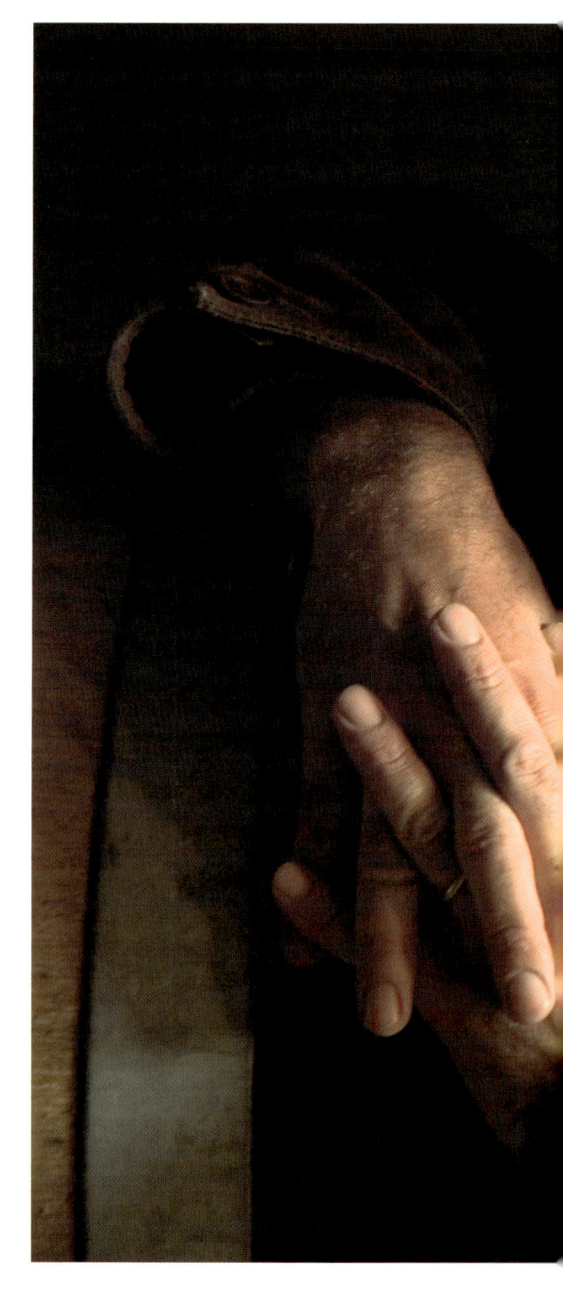

ヴィエイユ・ヴィーニュ・ド・クラマンの中には、土地に含まれている塩分の香りがしっかりと捕らえられている。しかしそれはグリーン・オリーブとセージに似たハーブの秀逸なアロマにくるまれている。こんな香りを生み出すシャンパン・メゾンを私は他に知らない！

CÔTE DES BLANCS | VERTUS

Veuve Fourny & Fils ヴーヴ・フルニ・エ・フィス

　このいま上昇中のヴェルテュの星が、きめ細かく、ミネラル豊富、長命である秘密は、その住所に手掛かりがある——デュ・メニル通り。その12haのプルミエ・クリュのシャルドネ葡萄畑の大半が、村のメニル側、特に理想的な東および南東向きの斜面、モン・フェレのチョーク質の上にある。こんな訳で、このドメーヌのヴィンテージ・シャンパンは忍耐を要求し、熟成するまで時間を与える必要がある。

　フランダース生まれの未亡人フルニは、いまそのバトンを2人の非常に有能な息子、シャルル・アンリとエマニュエルに渡したところだ。環境に対する2人の取り組みは感動的だが、彼らはまた、この北限の地マルヌで有機農法を行おうとする栽培家に気候が課す限界も良く認識している。醸造学を修めているが、同時に直感を大事にするエマニュエルは、ブルゴーニュでその技術を磨いてきた。そこでは特に、バリックでバトナージュを行いながら発酵させる技術を習得した。何が上質なシャンパンを生み出すかについて彼ほど明解に語れる者はいない。それはこのドメーヌのシャンパンを上流に向かって進むにしたがって、はっきりと示される。自然な抽出と精妙なオーク使いは、単一葡萄畑シャンパン、クロ・デュ・フォーブル・ド・ノートル・ダムで頂点に達する。それは、果実の落ち着いた繊細な身のこなしを優美に表現した香りを漂わせ、豊かな個性を内に秘めている。

　このドメーヌの特徴は、その葡萄畑がどのハウスよりも色濃くヴェルテュの個性を表現しているということである。それはグランド・レゼルヴに最もよく表れているが、支配的なモン・フェレ・シャルドネのミネラル豊富な塩味を、西側のベルジェレのピノ・ノワールの果実味でバランスを取ったものである。このシャンパンはケルミット・ランシュを通じてアメリカに多く輸出されている。

　フルニはまた、ドサージュの低い、あるいはノン・ドゼのシャンパンを得意としている。というのも彼らは古樹からのワインを非常に巧みに使い、それが適切だと思われる時はマロラクティック発酵を行わず、バランスが崩れたりせっかくの質が損なわれたりしないようにしながら、その純粋さと緊張感を維持するからである。最も新しいキュヴェ"R"・エクストラ・ブリュット——いまは亡きモニクの夫、ロジャー・フルニを偲んで名付けられた——は、素晴らしく切れ味の良いシャンパンで、これ以上生牡蠣に合うシャンパンはない。

極上ワイン

(2009年1月ヴェルテュにて試飲)

Veuve Fourny Brut Nature NV
ヴーヴ・フルニ・ブリュット・ナチュールNV
ドサージュなし。古樹のモン・フェレ・シャルドネ100%。2006、2005、2004のブレンド。淡黄色で緑色の閃光。緑の果実の繊細

何が上質なシャンパンを生み出すかについてエマニュエル・フルニほど明解に語れる者はいない。それはこのドメーヌのシャンパンを上流に向かって進むにしたがって、はっきりと示される。

な芳香、ライムの微香もある。見事な質感、爽やかな果実味が完璧で活力のある口当たりを生む。非常に辛口であるが絶妙なバランス。豪華な晩餐の前のアペリティフとして理想的。

Veuve Fourny 2002　ヴーヴ・フルニ2002
マロラクティック発酵なし。淡黄色に緑色の強い光。魅惑的なブーケは偉大なヴィンテージの豊かさをさらに贅沢なものにするが、それはきわめて精密で希薄である。ブラインド・テイストをすると、ブルゴーニュの白と間違えるほど。長くエレガントな味わい。完璧なバランスとドサージュ (6g/ℓ)。

Veuve Fourny Grande Réserve NV
ヴーヴ・フルニ・グランド・レゼルヴNV
85%C、15%PN。2002とほぼ同じ時にリリース。非常に純粋で長く、わずかに加えられたピノ・ノワールがフレーバーに親しみやすい豊満さと厚みを加えている。ドサージュは正確に5g/ℓ。このドメーヌで最もよく売れているシャンパンであるが、なるほどと納得がいく。

上：モニク・フルニと彼女の2人の息子、シャルル・アンリ（左）と、完璧にバランスのとれた優美なヴェルテュ・ワインを生み出すエマニュエル。

Champagne Veuve Fourny & Fils
5 Rue du Mesnil, BP 12, 51130 Vertus
Tel: +33 3 26 52 16 30
www.champagne-veuve-fourny.com

コート・デ・バル

オーブ県は、トロワが州都であった中世の頃からシャンパーニュ州に属している。この地区は非常に複雑な土壌と、夏と秋に温暖な日々をもたらす準大陸性気候のおかげで、古くから美味しいワインの産地として知られていた。その葡萄畑は、オート・マルヌとオーブの両県からシャブリを通ってサンセール、プイィ・シュル・ロワールへと至る320km続くチョーク質、泥灰土、硬い石灰岩からなるキンメリジャン地層の上にある。そのチョーク質に富んだ急斜面は、北フランスでも指折りの白ワインの産地であり、そして当然のことながら、オーブは最も芳醇なロゼ・シャンパンの故郷となる。

現在コート・デ・バルと呼ばれているオーブの中心的な葡萄畑地帯は、エペルネの南東120〜145kmの一帯に広がっている。それはバル・シュル・セーヌを中心とするバルセケネとバル・シュル・オーブを中心とするバルシュルオーボアの2つの小地区に分けられる。

バルセケネ

西バルセケネは、セーヌ川渓谷の日当たりの良い斜面の上の、森に覆われた丘と葡萄畑が特徴の起伏に富む2つの村、ウルスとレーニュが有名である。ブルゴーニュと境界を接している地区最南端のレ・リセは、シャンパーニュ州で最も面積の広い自治体で、3つの村——リセ・オート、オート・リヴ、バスから構成されている。またこの自治体には、3つのアペラシオン——シャンパーニュ、コトー・シャンプノワ、ロゼ・デ・リセ——がある。最後のアペラシオンは、最も長命な最上のロゼ(発泡するものもしないものも)の産地である。そのワインはピノ・ノワールを使用した短期醸造で造られ、自然のアルコール度数が10%にも達する。果皮からの色の抽出を正確に見定めることが最も重要で難しく、失敗すればリセに特有のしなやかで精妙な味わいが失われてしまう。最上のワインはオーク樽で熟成させられることによって特別な骨格が与えられ、偉大なヴィンテージは、優に15年間は生き続ける。私は1998年に、ジャック・ド・フランス(最上の生産者)の1982に強い感銘を受けた。ここの土壌はオーブのなかでも最上の部類に入り、果実味豊かでワインらしい

コクのあるシャンパンを生み出す。そこからシャウルスに向かって西北に8km進むと、アヴィレ・ランジェイという双子の小村落に着く。そこはかなり開けた農村地帯で、谷底に沿って柔らかな風が通り抜ける。その小村落の反対側の端の風の当たらない斜面の上に、2軒の卓越したシャンパン・ドメーヌがある。ステンレス槽で発酵させて造る一連のシャンパンで果実の純粋さを表現するセルジュ・マチューと、ジュヴレ・シャンベルタンで醸造技術を学んだ醸造家がオーク樽で発酵させた芳醇な3種のキュヴェを造っているドン・エ・ルパージュである。

南に折り返してコート・ドールとの境界から2kmほどしか離れていないところに、クルトゥロン村があるが、そこはおそらくオーブで最も尊敬されている自家栽培醸造家ジャン・ピエール・フルーリーがいる村である。彼の祖父ロベールは、1930年代から自分自身のシャンパンを売り始め、ジャン・ピエール自身もこの地区で初めてビオディナミを実践し、早くも1989年にルドルフ・シュタイナーの哲学に基づいてドメーヌを作りなおした。彼は、本物の自然なフレーバーが際立つ芳醇なシャンパンを造るが、それはピノ・ノワール100%のキュヴェ、ユーロープと、40%シャルドネとめずらしく20%のピノ・ブランを使ったヴィンテージ・ロベール・フルーリーで最もよく表現されている。2000は、花や果樹園の果実のフレーバーにオークが絶妙に調和した見事なシャンパンである。そこからさらにバル・シュル・セーヌへと進むと、セル・シュル・ウルスという大きな村が見えてくるが、そこのワインは評判通りの調和のとれた甘美な豊潤さが特長である。その丘の中腹は理想的な南東向きの斜面で、真昼の太陽の強いエネルギーを一身に受け止める一方で、ウルス川に近いことから、熱によるストレスと春の遅霜からも守られている。リシャール・シュルランのキュヴェ・ジャンヌと、マルセル・ヴェジアンのダブル・イーグルⅡが、セルで最高の2大シャンパンである。

バル・シュル・セーヌの南端にあるユニオン・オーボワーズは、組合員800名余りを擁する力のある協同

右:日当たりの良いのどかな村、レ・リセ。シャンパーニュ地方で最も大きな自治体で、ブルゴーニュと境界を接している。

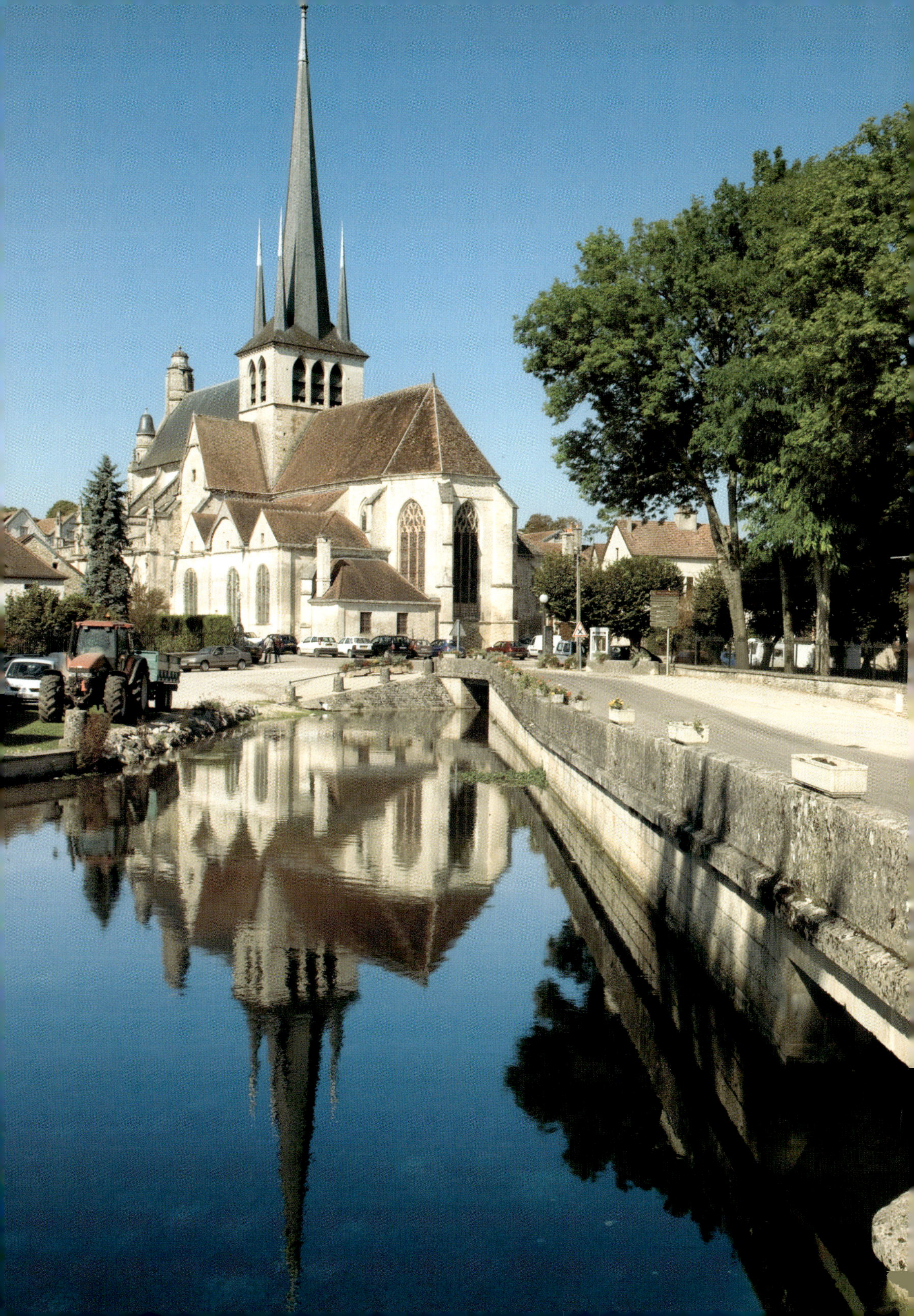

コート・デ・バル

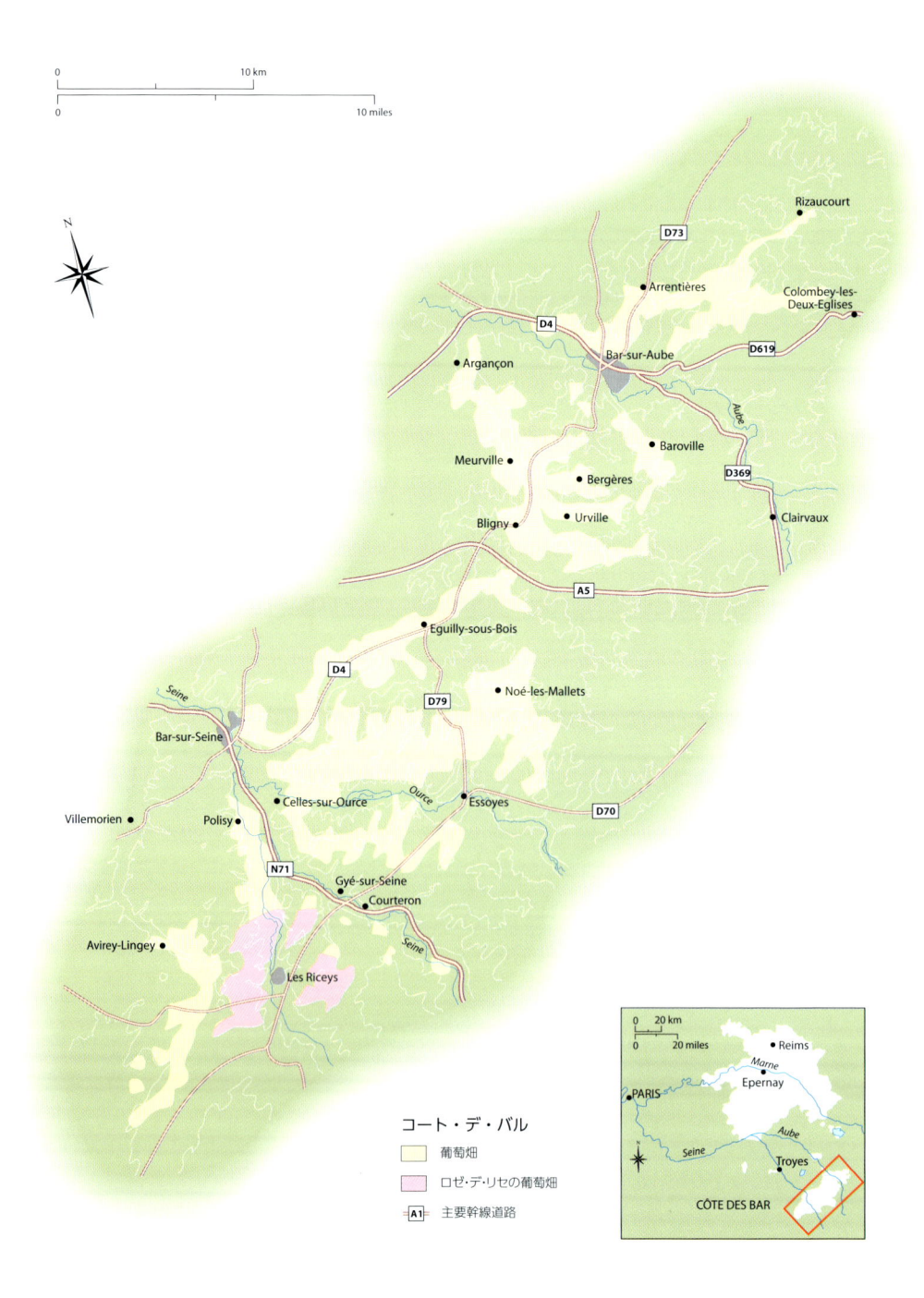

コート・デ・バル
  葡萄畑
  ロゼ・デ・リセの葡萄畑
  主要幹線道路

CÔTE DES BAR

組合で、主にピノ・ノワールから赤ワインとシャンパンを造っている。そのシャンパンはマルヌの大手ハウスからの需要が多いが、最近このユニオンは自分自身のブランド、ドヴォーを立ち上げた。その質は非常に高く、よく熟成させたグランド・レゼルヴ、プレステージのD・ウルトラ・ブリュット、そして偉大なヴィンテージを見事に開花させたD・1996は秀逸である。

バルシュルオーボア

北東の方向バル・シュル・オーブへ向かう小さな村エソワは、ルノワールのアトリエがあったことで有名である。柔らかな優しい日差しが巨匠をこの村に惹きつけたのだろう。バルシュルオーボアはバルセケネよりも平野が広がり、気温はずっと低いが、土壌にチョーク質が多く含まれ、肥えたキンメリジャン地層が少ないことから、シャルドネに適した土地である。ムールヴル村とブリニ村もこの偉大な白葡萄に適していることは良く知られている。またバルシュルオーボアにはムニエもかなり多く植えられている。しかしいつもどおり、ピノ・ノワールがスターで、バル・シュル・オーブから12kmほど南西のベルジェレ村とウルヴィル村の南向きの斜面が名高い。

ウルヴィルには、オーブで最も有名な偉大な自家栽培醸造家であるドラピエがいる。彼はピノ・ノワールの畑を41ha所有し、そこから本当にオーブらしい、喜びに溢れ、黒葡萄の果実味を明るく表現したシャンパンを送り出している。そのスタイルが、政界から引退後この近くに住んでいたシャルル・ド・ゴールのハートを射止めたことは確かである。しかしドラピエはそれだけではなく、誰にも劣らないほどに素晴らしく精妙なシャンパン、グランド・サンドレ・キュヴェを送り出している。それは常にオーブ一番のワインで、優勢なピノ・ノワールが、コート・デ・ブランのグラン・クリュ・シャルドネによって軽妙な味わいに仕上げられている。

オーブの葡萄畑は、バル・シュル・オーブの東側オート・マルヌへと続いている。シャンパーニュ・アペラシオンの拡大で新たに含めることが検討されている地区が、このコロンベ・レ・デュー・エグリューズである。トロワの西の大きなモングーの丘の南向きの斜面にあるいくつかの村も検討されているが、そこで採れるシャルドネは、ブレンド用として大手シャンパン・ハウスが数年前から好んで利用しているものである。

上：オーブで最も偉大な2大自家栽培醸造家であるセルジュ・マチューとドノン・エ・ルパージュの本拠地アヴィレ・ランジェイの歓迎の標識。

CÔTE DES BAR | URVILLE

Drappier ドラピエ

　ドラピエ家は生粋のシャンパーニュ人である。一家の父方の起源はおそらくランスにあるのだろう。ドラピエというのは"draper（呉服商）"を意味し、一家が元々は繊維類の販売を行っていたことが推察される。繊維業は、シャンパンが商業的基盤になる以前のランスの富の中心をなす産業であった。

　しかしドラピエ家は18世紀になると、中世のオーブの首都であり、美しいゴシック様式の大聖堂で有名なトロワの近郊に本拠を構えた。一家はその頃から、バルシュルオーボワのウルヴィル村でシャンパンの製造と販売を始め、今日その美しいピノ・ノワールの畑は41haまで広がった。実は1930年代に、それまでオーボワ・シャンパンの原料として使われていた質の劣るガメ種に変えてピノ・ノワールの優良株をこの地に最初に植えたのが、現在一家の当主であるアンドレ・ドラピエの義父にあたる人であった。その人は"パパ・ピノ"と呼ばれていた。

彼のシャンパンは、芳醇で快楽主義的なスタイルの中に独特の個性を持ち、肥沃なキンメリジャン地層に育つピノ・ノワールの卓越した表現となっている。

　一家は、新築された現代的なワイナリーを中心にしてますます結束を固めているが、そこに見える新しいオークのフードルの下、地底奥深くには、12世紀に東隣のクレルヴォー修道院からやってきたワインづくりのシトー派修道僧たちが掘ったセラーがある。現在、アンドレの息子のミッシェル・ドラピエが、内に秘めた才能と一家伝統の几帳面さで全事業を取り仕切っている。彼はボーヌのリセ農業専門学校で葡萄栽培学と醸造学を修めており、シャンパーニュ地方でも指折りの深い知識と広い教養を持ったワイン製造者である。

　彼の生み出すシャンパンは、ただ単に技術的に正統であるというだけではない。それらは芳醇で快楽主

右：ブルゴーニュで学んできたミッシェル・ドラピエは、シャンパーニュ地方で最も影響力があり、才能豊かなワイン生産家である。

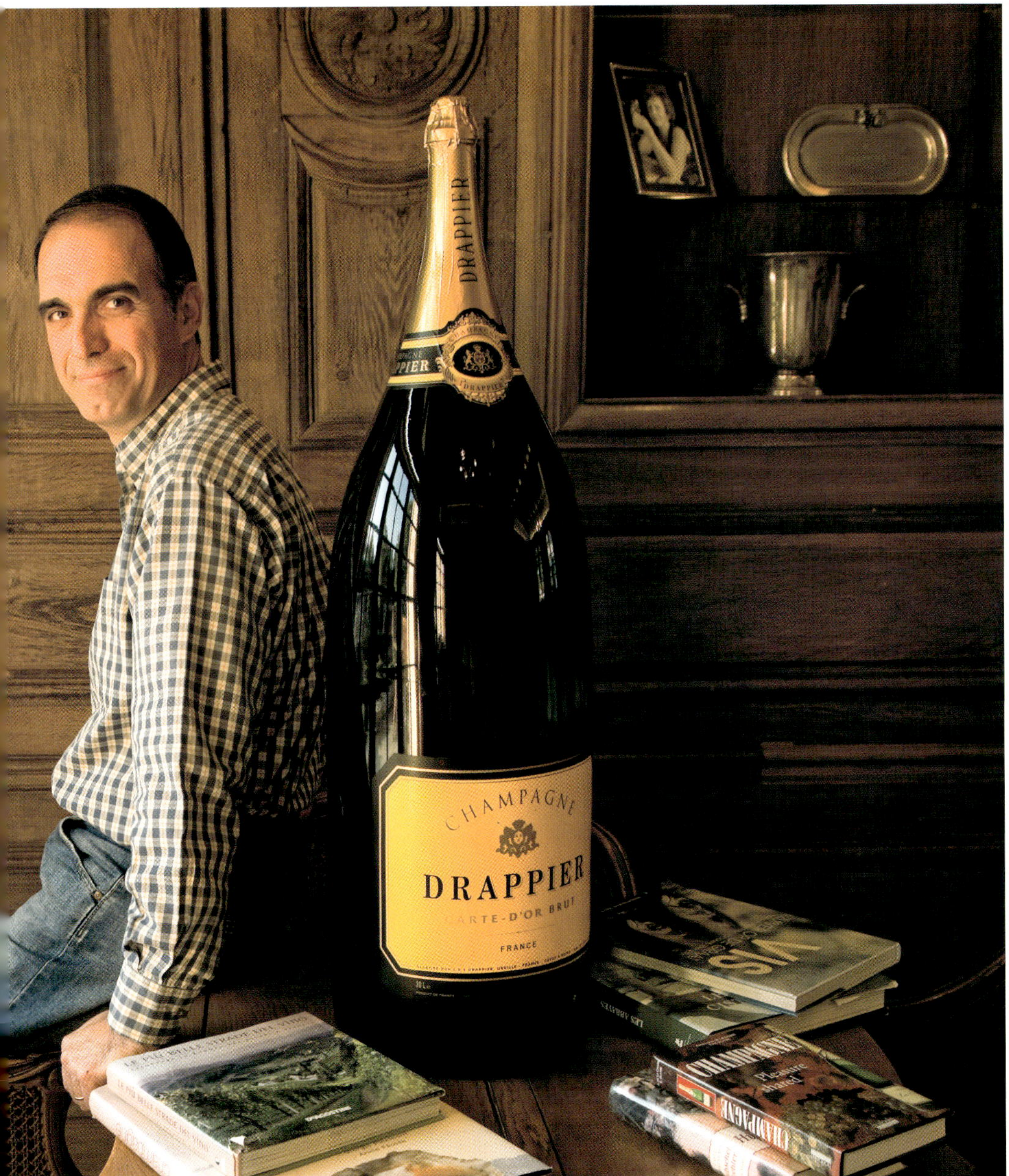
DRAPPIER
CHAMPAGNE
DRAPPIER
CARTE-D'OR BRUT
FRANCE

85 % Mathusalem
eq. 680 1/1

義的なスタイルの中に独特の個性を持っており、コート・デ・バルの肥沃なキンメリジャン地層に育つピノ・ノワールの卓越した表現である。ドラピエのスタイルは、政界引退後ウルヴィルから車で30分ほどのコロンベ・レ・デュー・エグリューズに住んでいたシャルル・ド・ゴールのハートをしっかりつかんだ。最近では、マンチェスター・ユナイテッドFCの常勝監督であるサー・アレックス・ファーガソンも彼のシャンパンの大ファンである。現在50代のミッシェルは、EU全域および環太平洋地域に販路を築いている。

入門者レベルのドラピエ・カルト・ドール・ブリュット・ノン・ヴィンテージは90%ピノ・ノワールで、残りがムニエである。銅-金色で、泡はクリーミーで良く統合され、香りは丸みがありしなやか、小さな赤果実のフレーバーがある――あまり厳しくないタイプが好みの人に合うきわめて質の安定したシャンパン。ストレート・ヴィンテージは現在ミレジム・エクセプションと商品名を変更し、カルト・ドールをさらに凝縮させたような明確な表現力を持っている。

ロゼのヴァル・デ・ドモワゼルは、ノン・ヴィンテージ・シャンパンの最高峰である。それは果皮から直接色を出すセニエ法によって造られ、長く色が保てるように少量の白ワインを加えたものである。セニエ法は造り手に常に緊張を強い難しいやり方であるが、生まれるシャンパンは、豊潤で官能的なオーブのピノ・ノワールの賛歌である。

シナチュール・ブラン・ド・ブランは、南シャンパーニュ地方の温暖な夏が生み出すシャルドネの深い成熟を反映して、他よりも豊かな味わいであるが、北部コート・デ・ブラン、シュイィのミネラルが注入され、引き締まった感じに仕上げられている。ミッシェルは賢明にも、そこの葡萄栽培家と長期契約を結んでいる。

骨格のしっかりしたシュイィを少量加えるというこの方法はまた、一家のプレステージ・キュヴェであり、シャンパーニュ地方でも最もコスト・パフォーマンスの高い、ドラピエのグランド・サンドレでも絶大な効果を上げている。それは実はウルヴィルの南向きの斜面から誕生したワインであり、面白い誕生秘話がある。1850年代に村で大火があり、多くの森が焼失した。炭になった木々を除去した斜面にドラピエ家は葡萄樹を植え、そこからその葡萄畑はレ・サンドレ（"燃えかす"）と呼ばれるようになった。しかし話はまだ続く。1974年に最初のヴィンテージが造られ、葡萄畑の名前を登録する時に、Cendréeの"C"を誤って"S"にしてしまい、現在のSendréeとなってしまった。1996と2002がこの偉大なワインのなかでも最も秀逸なヴィンテージである――同じテロワールからでもなんと異なったシャンパンが生みだされることだろう。

極上ワイン

(2008年8月試飲)

Drappier Grande Sendrée 2002★
ドラピエ・グランド・サンドレ2002★

通常は55%PN、45%C。心を震わす光沢のある黄金色。印象的なアロマが次々に登場。優勢なピノ・ノワールの、豊かでエレガントな味わいに、熟れた、しなやかな、どこか異国情緒のあるシャルドネが見事にバランスをとっている。口当たりはかなりねっとりした質感で、豊かであるが、シルクの優しさ――この偉大な美しい、しかしまだ未成年のヴィンテージに特有――もある。長いブルゴーニュ風の、おなじみのクジャクの尾羽のような後味。卓越した偉大なシャンパンであるが、頂点に達する(2011〜2012年)まで、飲むのは待った方が良い。

(2007年6月試飲)

Drappier Grande Sendrée 1996
ドラピエ・グランド・サンドレ1996

深い銅〜金色。いつもの調和のとれたシルクのようなスタイルのグランド・サンドレとは異なっている。キノコや猟鳥獣肉の香りから始まり、アロマが早く進化していることを示す。しかし口当たりは元気の良い酸でかなり活気に満ちている。これから数年どのように変化していくか楽しみである。独特な個性を持つシャンパン。

左：セラーの中で、めずらしいマチュザレム（普通の壜8本分）で熟成を続けている貴重な1985ヴィンテージ。

Champagne Drappier
Rue des Vignes, 10200 Urville
Tel: +33 3 25 27 40 15
www.champagne-drappier.com

CÔTE DES BAR | AVIREY-LINGEY

Dosnon & Lepage ドノン・エ・ルパージュ

レ・リセからトロワに戻る道の途中にある双子の村アヴィレイ・ランジェイに向かって、風が通り抜ける谷から木々に覆われた丘を上っていくのは、フランスの農村風景を楽しむにはもってこいのドライブである。その双子の村の最上の葡萄畑は、谷底の風の回廊から守られた比較的日照の良い斜面の中腹にある。ヨンヌ県との境界から30km東に位置し、土壌は西側に下った近隣のシャブリやサンセールとほぼ同じで、硬い石灰岩と粘土の混ざった長いキンメリジャン地層の上にあり、北フランス最上の辛口白ワインにとって理想的な揺籃の地となる。

アヴィレイ・ランジェイは小さな村だが、オーブを代表する2軒の自家栽培醸造家がいる。1つは、オーク

> シモン・シャルル・ルパージュとダヴィット・ドノンの2人の若者は、大半のシャンパンにオーク樽を使い、秀逸な黄金のピノ・ノワール・シャンパンを造りだす

を使わずに非の打ちどころのないシャンパンを生み出すセルジュ・マチューであり、もう1つは若い2人組のシモン・シャルル・ルパージュとダヴィット・ドノンである。彼らは大半はオーク樽を使って、秀逸な黄金のピノ・ノワール・シャンパンを造りだすが、その実力はパリの高級レストランやナイト・クラブで証明されている。

2人はピノ・ノワールを2haと、シャルドネを少々栽培しているが、それとは別に7haの葡萄畑から葡萄を買い入れている。2人は葡萄樹の畝の間に草を植えて自然のアブラムシ捕食者を養い、土壌の通気を良くするために鋤で耕し、農薬や殺虫剤などの化学薬品は一切使わない持続可能な栽培法を実践している。葡萄樹はロワイヤ式に短く剪定され、収量を押さえている。

彼らはオーブのテロワールを表現するには、オーク樽が最上の容器であると考えているが、より繊細なワインを造るときにはステンレス槽も使う。こうして2人の若者は、3種類の卓越した、精妙で豊かな、しなやかなシャンパンを生み出している。それらはもっと知られて良いシャンパンだ。

極上ワイン

(2008年10月試飲)

Dosnon & Lepage Récolte Noire
ドノン・エ・ルパージュ・レコルト・ノワール
ピノ・ノワールだけのモノセパージュ。オーブの真価を発揮したシャンパン。光沢のある淡黄色。贅沢なブリオッシュの香り。口に含むと爽やかな青リンゴの後、黄桃、洋ナシが続く。オークは継ぎ目なく統合され、芳醇さの中に絶妙の手綱さばきが感じられる。ドサージュは中庸で7g/l。華麗なワインづくり。

Dosnon & Lepage Récolte Extra Brut
ドノン・エ・ルパージュ・レコルト・エクストラ・ブリュット
70%PN、30%C。ドサージュは5g/l以下。淡黄色できめの細かい泡。洋ナシやマシュマロの香りがし、レモンも感じられる。ここではオークはわりと顔を出している。全体がうまく編み上がるためには、もう少し時間がかかる。現段階ではノワールほど雄弁ではない。

Dosnon & Lepage Récolte Rosé
ドノン・エ・ルパージュ・レコルト・ロゼ
ピノ・ノワール100%。心をときめかすサーモンピンク。野性のフランボワーズ、リンゴのうっとりするブーケ、ホワイト・チョコレートさえ感じられる。そのすべてが秀逸な口当たりでも感じられる。

右：ダヴィット・ドノン(左)とシモン・シャルル・ルパージュはオーク樽で醸造させた3種類の素晴らしいシャンパンを生み出すが、それはもっと世界に知られる価値がある。

Champagne Dosnon & Lepage
4 bis Rue du Bas de Lingey, 10340 Avirey-Lingey
Tel: +33 3 25 29 19 24
www.champagne-dosnon.com

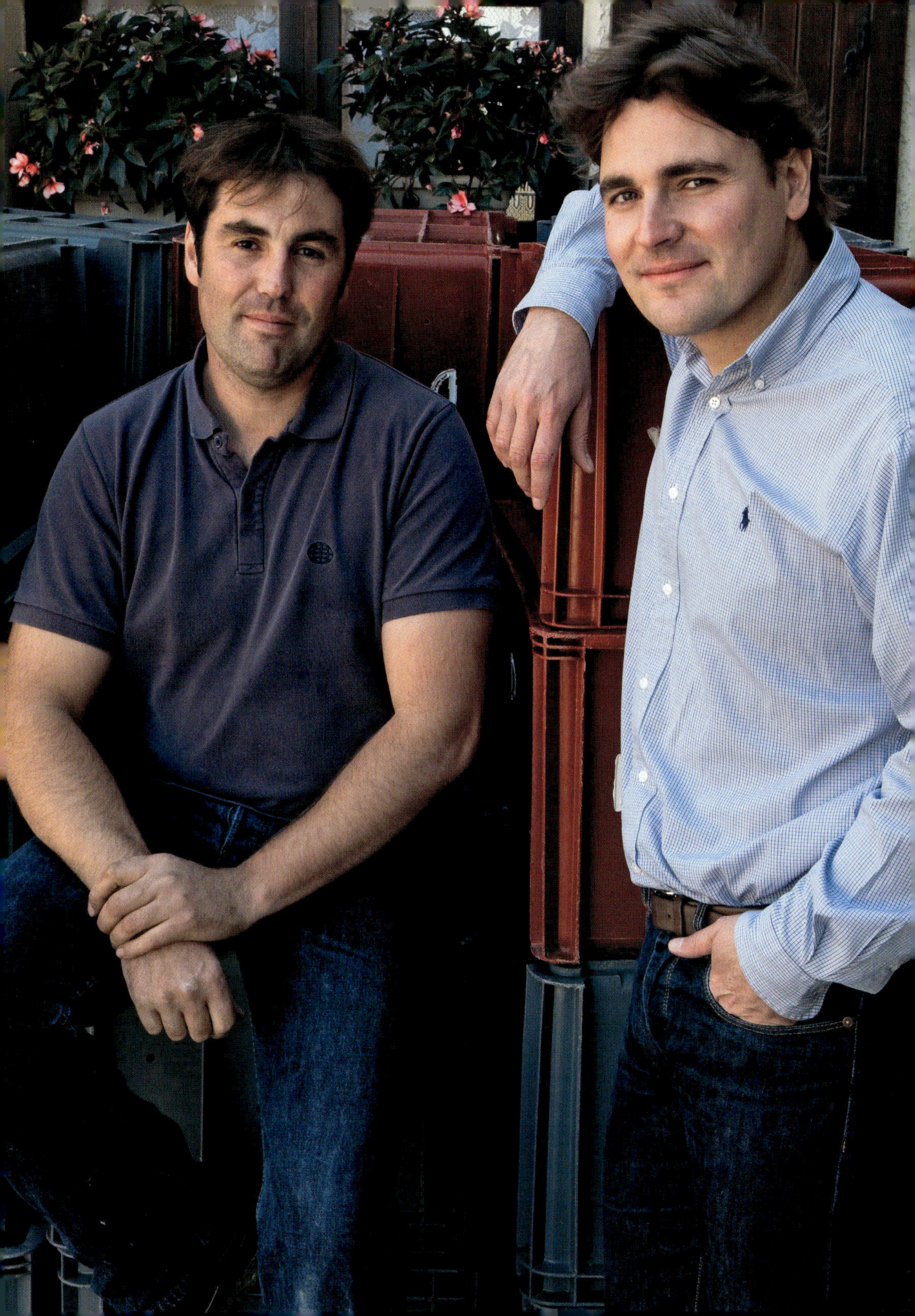

CÔTE DES BAR | AVIREY-LINGEY

Serge Mathieu セルジュ・マチュー

ウルヴィルのミッシェル・ドラピエと並び、アヴィレイ・ランジェイのセルジュ・マチューは、オーブが誇る卓越した2大自家栽培醸造家の1軒である。そのドメーヌの経営は、現在娘のイザベルと彼女の夫で、優秀な非干渉主義的醸造家であるミッシェル・ジャコブに任されている。ミッシェルは醸造だけでなく、自然環境を最大限尊重する守護神として一家の11haの葡萄畑を入念に手入れしている。しかし彼は実践主義者であり、ビオディナミの原則を教条主義的に適用しているわけではない。葡萄畑には主に健康的なピノ・ノワールが植えられているが、秀逸なシャルドネも育てられている。セラーにはオーク樽は見当たらない。マチューは、彼らの葡萄の純粋さとテロワールの個性をそのままの形で表現することを好む。

　ブラン・ド・ノワールを味わってみれば、その理由がわかる。色は印象深い艶のある金色で、ほとんどブロンズに近い。熟れたチェリーのようなピノのアロマが、肉、スパイス、革と溶け合い、口中を満たす超自然的な感覚へと続き、まるで小ボランジェ（スペシャル・キュヴェではなくグランダネ!）のようだ。そして消えることのない感動は、そのバランスの良さ、フィネス、ワインづくりの軽妙さである——しかもどのボトルも小売価格が30ドル以下だ。ミッシェルはまた、オーブのピノ・ノワールのパンチ力に、シャルドネの繊細なしなやかさでバランスをとった、洗練されたブリュット・セレクト・テート・ド・キュヴェも造っている。この精妙な味わいのシャンパンは、ランスのミシュラン2つ星ホテル・レストラン、レ・クレイエールのワインリストにも名を連ねている。

　一家がワイン造りをしていないときは、シャウルスのゴルフ・コースで会えるかもしれない。彼らは、シャブリから来るミッシェル・ラロッシュとよくまわっている。

右：セルジュ・マチューと娘のイザベル、そして洗練されたワインを造る夫のミッシェル・ジャコブ。

Champagne Serge Mathieu
6 Rue des Vignes,
10340 Avirey-Lingey
Tel: +33 3 25 29 32 58
www.champagne-serge-mathieu.fr

セルジュ・マチューは、オーブが誇る卓越した2大自家栽培醸造家の1軒である。

CÔTE DES BAR | BAR-SUR-SEINE

Union Auboise (Veuve A Devaux) ユニオン・オーボワーズ (ヴーヴ・ア・ドヴォー)

ドヴォーとは、エペルネの南東113kmのバール・シュル・セーヌに本部を置くユニオン・オーボワーズのプレスティージュ・キュヴェのブランド名である。ローラン・ジレットの聡明な指導の下、オーボワーズはオーボワ地区の800名の組合員と、1348haの葡萄畑を擁する一大協同組合となった。組合は今日、ほぼ1世紀にわたってマルヌのグランド・メゾンにブレンド用の葡萄を卸してきた優秀な組合であることが広く認知されるようになった。オーブではピノ・ノワールが主流であるが、ドヴォーはシャルドネの比率を少しずつ増やしている。新聞の報道とは異なり、ここではほとんどオーボワ・ムニエは生産されていない（6%を占めるだけである）。

これほど幅広い種類のワインを生産しているにもかかわらず、最新鋭の設備と伝統への深い尊敬をもって造られるワインは、どれも秀逸である。

これほど幅広い種類のワインを生産しているにもかかわらず、ワインの全般的な質は高い。シェフ・ド・カーヴのミッシェル・パリソはオーブでも指折りの才能の持ち主である。そのシャンパンは、最新鋭の設備と伝統への深い尊敬をもって造られ、大量のオークのカスクがリザーヴ・ワインの熟成に用いられている。その実力は、グランド・レゼルヴ・ブリュットに遺憾なく発揮されている。それは50のクリュのワインをブレンドし、3年間十分熟成させたものである。明るい緑-金色で、適度に抑制された自己分解の複雑な香りを持ち、純粋な果実味と爽やかな酸が絶妙なバランスを見せている。伝統的なロゼ（ヤマウズラの目）は料理によく合うシャンパンで、南シャンパーニュの熟した芳醇な果実味に溢れている。組合はまた、稀少な、発泡しないリセ・ロゼも造っている。しかしシャンパン好きが最も興味をひかれるのは、やはりD・ド・ドヴォーである。長熟用に造られた、芳醇なシャンパンで、果実味と骨格の確かさが見事に融合している——しかしこちらは多少値が張る。

極上ワイン

(2006年6月バール・シュル・セーヌにて試飲)

D de Devaux Ultra Brut NV
D・ド・ドヴォー・ウルトラ・ブリュットNV

本当に美味しい砂糖の少ないシャンパンで、その成功の秘訣は完熟した果実の豊かさと、感動的なフィネス、しなやかさを葡萄らしいコクと調和させた醸造の技である。また何にでも合うシャンパンで、冬のアペリティフともなり、魚や鶏の料理にも合う強さも持っている——そしてデザートにも。

D de Devaux Rosé Brut NV
D・ド・ドヴォー・ロゼ・ブリュットNV

ヤマウズラの目の美しいピンク（10%を赤ワインとして醸造し、ブレンドに加えている）。オーブ産にもかかわらず高い比率でシャルドネを含む。アペリティフ・ロゼとして最適。アーモンド、果樹園と生垣の果実の香り。完璧なフィネス。

D de Devaux Vintage 1996
D・ド・ドヴォー・ヴィンテージ1996

秀逸な '96で、エレガントな、生っぽさのない酸が芳醇な果実味と融合し、すでに第2段階に入っている。黄桃、砂糖漬けオレンジのフレーバーが官能的だが、けっして嫌みはない。12歳頃が飲み頃。

右：ユニオン・オーヴォワーズの800名の組合員の葡萄から秀逸なシャンパンを生み出す聡明な指導者ローラン・ジレット。

Champagne Veuve A Devaux
Domaine de Villeneuve,
10110 Bar-sur-Seine
Tel: +33 3 25 38 30 65
www.champagne-devaux.fr

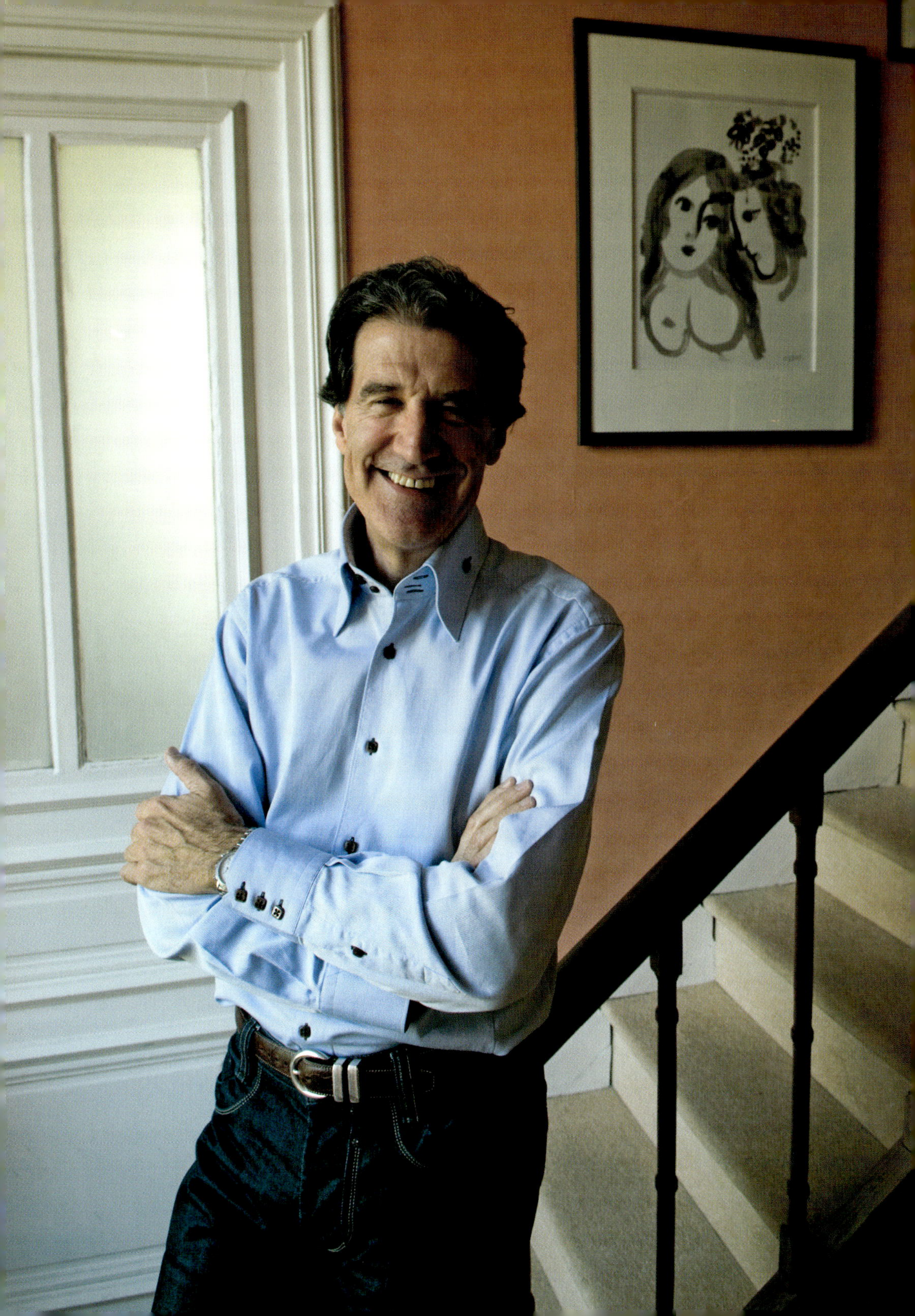

CÔTE DES BAR | CELLES-SUR-OURCE

Richard Cheurlin リシャール・シュルラン

シャンパーニュ地方の南部の大きなワインの村セル・シュル・ウルスは、とても温暖な夏の日差し——良い年、夏の1カ月の日照時間は200時間を超える——を享受している。ウルス川に近いという地の利がもたらしたそのワインは、フランスがまだローマに支配されていた頃から、柔らかさとフィネスで高い評価を受けてきた。そして今日でもそのワインは、豊かだが時に過抽出気味のレ・リセや、より軽めのバルシュルオーヴォワーズ地区のキュヴェよりもバランスの良いものが多く、他のコート・デ・バルの評判の良い村のワインよりも高い質を目指して向上し続けている。ランスやエペルネの大手ハウスは、セルの実力を良く知っているが、それを秘密にしておく方を好み、それによって彼らのブランドに得も言われぬ不可思議な魅力を付け加えている。

リシャール・シュルランは卓越したシャンパン生産者である。どんな場面でも、どんな気分のときでも、彼の変化に富んだ6種類の秀逸なキュヴェの中から、ぴったりのシャンパンを選び出すことができる。

リシャール・シュルランは、ヴーヴ・クリコの"定点観測員"をしている。観察区域の葡萄の成熟度を調査し、地区のプレス工場を監督するのである。しかしリシャール自身も傑出したシャンパン生産家であり、16世紀からここで葡萄栽培を行ってきた、村で最も古い家柄を継承している。彼の家の住所から察するに、祖先は宗教的迫害を逃れてこの地に住みついたのではないだろうか？ とはいえ、リシャールに何かそのような影があるということではまったくない。彼は自信に満ちた自家栽培醸造家であり、自分の技に静かな誇りを持っている。ローマ人のような高い鼻梁、血色の良い風貌は、彼はまるでルネサンス時代のオランダやイタリアの巨匠が描く農民の絵から抜け出てきたみたいだ。

リシャールは先祖から受け継がれてきた、主にピノ・ノワールを植えた畑、それも樹齢40年以上の古樹もある、すべて斜面の畑を持っているが、彼はそれに甘んずることなく、知的で現代的な生産方法を取り入れている。マストは定温装置の付いたステンレス槽で低温浸漬され、すべてマロラクティック発酵を行う。どんな場面でも、どんな気分のときでも、彼の変化に富んだ秀逸な6種類のキュヴェの中から、ぴったりのシャンパンを選び出すことができる。また彼は、私ととても馬が合う。つまり彼も相当なグルメで、彼のそれぞれのシャンパンにはどんな料理が合うかを教えてくれる。リシャールの最高のシャンパンは、彼の祖母を追慕して造られたヴィンテージのキュヴェ・ジャンヌである。それはオーク樽で発酵させたものであるが、そうでないものと同様に、彼の技術の確かさの際立つシャンパンである。

極上ワイン

(2006年6月セル・シュル・ウルスにて試飲)

Richard Cheurlin Carte Noire NV
リシャール・シュルラン・カルト・ノワールNV
淡い金色の、ブレンドを主導するピノの熟れた色。きめの細かい豊かな泡立ちだが、慎ましやかに愛らしい果実を強調し、ワインの成熟感へと続く。口に含むとビスケットのような自己分解の心地良い香りが広がり、焼きの香りをハチミツの寛大さと快活さに結合させている。非常にコスト・パフォーマンスの高いノン・ヴィンテージ。リヨン風ソーセージやローストしたスズキに最高。

Richard Cheurlin Brut H NV
リシャール・シュルラン・ブリュット・H・NV
透明な黄色に緑色の微光。白い花、果実、特に白桃のシャルドネ主導の香り。とても良く熟成された、最高の意味で生野菜のような後味。口に含むと思いっきりフルだが、清浄な爽やかさと快活さが広がる。後味は長い。フリュイ・ド・メール(海の幸料理)に良く合うが、友達といつでも好きな時に飲むのにぴったり。

Richard Cheurlin Cuvée Jeanne 2002
リシャール・シュルラン・キュヴェ・ジャンヌ2002
美しい黄色の聖衣に、宝石のようなアニスの葉の色も見える。非常にきめの細かい持続する泡。白い花、桃や洋ナシの果樹園の果実、その後ケーキ屋の店先の香り、特にリンゴのタルト。カラメルも香ってくる。きめの細かい口当たり、力強く、しなやかでエレガント、そして新鮮で、しっかりした後味。バニラも感じられる。秀逸。フォアグラやロブスターのバニラ・ソースに良く合う。

Champagne Richard Cheurlin
16 Rue des Huguenots, 10110 Celles-sur-Ource
Tel: +33 3 25 38 55 04
www.champagne-cheurlin.com

CÔTE DES BAR | COURTERON

Fleury Père & Fils フルーリー・ペール・エ・フィス

ジャン・ピエール・フルーリーは、コート・デ・バルにおけるビオディナミの先駆者で、1989年からルドルフ・シュタイナーの原則に厳密に従って葡萄畑を管理してきた。一家は1890年代から、ブルゴーニュと境界を接するこのバルセケネの最南端の地クルトゥロンで葡萄栽培を行ってきた。しかし一家が自身のシャンパンを製造し販売するようになったのは、1930年にロベール・フルーリーが、オーヴォワの葡萄栽培家を襲った大不況の苦難から家族を救うために独立することを決心した時からであった。

20ha近い葡萄畑の土壌と葡萄樹の健康状態の良さはワイン業界で広く称賛され、見学したい人が後を絶たない。オーク樽で発酵させる彼のワインは、花のような香りとしっかりした骨格を持ち、それがこの地のチョーク質泥灰土で形成された芳醇なコクのあるフ

オーク樽で発酵させる彼のワインは、花のような香りとしっかりした骨格を持ち、それがこの地のチョーク質泥灰土で形成された芳醇なコクのあるフレーバーとうまくバランスをとっている。

レーバーとうまくバランスをとっている。
　フルーリーは6種類のキュヴェを造っているが、どれも適度な重さとワインらしいコクを有している。ピノ・ノワールのフレーバーの充満した落ち着いた色調のロゼ、より熟成したブリュット・トラディション、そして精妙なヴィンテージ入りのキュヴェ・トラディションまで。こちらは、公式には20%まで使って良いことになっているがあまり使われていないピノ・ブランを使用している。一貫して高い得点を挙げているフルーリー・シャンパンが、キュヴェ・フルー・ド・ロープで、ピノ・ノワールだけのブレンドであるにもかかわらず、極上のフィネスとしなやかさを持っている。ジャン・ピエールのワインの爽やかさは、すべて葡萄畑における自然な栽培法から生まれるもので、それは非常に甘いトリロジー・ドゥーの軽妙さにも表現されている。

極上ワイン

(2008年4月クルトゥロンにて試飲)

Fleury Brut Tradition NV
フルーリー・ブリュット・トラディションNV
みずみずしい熟れたピノ・ノワールを強調したオーヴォワ・シャンパンの最も伝統的なスタイル。深い、熟れた黄桃の色に近い黄色。香りも口当たりもまろやかで果実味豊か。ドサージュの加減が見事。

Fleury Brut Rosé NV
フルーリー・ブリュット・ロゼ・NV
落ち着いたきらめきのあるピンク、サーモン色の反射もある。見た目、香り、味わいともに、きわめて自然。生垣の果実がブルゴーニュ的なワインらしいコクと溶け合い、口中を満たす。スパイスの利いたアジア風料理、特にパリッと揚げたアヒル肉にとてもよく合う。

Fleury Fleur de l'Europe NV
フルーリー・フルー・ド・ロープNV
ジャン・ピエールのワインづくりの実力が最もよく発揮されたシャンパン。みずみずしく非常に純粋、透明で爽やか、愛らしい丸みがあるが、元気良く、躍動的で、そのすべてが口中で再確認される。シャンパンはかくあるべきというすべてを保有し、オーボワのテロワールの感覚がそれに加わっている。

Fleury Cuvée Robert Fleury 2000
フルーリー・キュヴェ・ロベール・フルーリー 2000
60%PN、20%C、そしてめずらしく20%ピノ・ブラン。良く熟成されたヴィンテージ・シャンパンで、その範疇に入る価値がある。複雑で重層的な香り。花や乾燥果実、オークの微香。口に含むとブルゴーニュ的な味わい、特にキノコが感じられるが、嫌味ではない。完熟の味わい。

Fleury Trilogie Doux 1995
フルーリー・トリロジー・ドゥー 1995
コレクター垂涎の的。本物の稀少なキュヴェ・ドゥー。ドサージュは50g/ℓ以上の非常に甘口のシャンパン。芳醇だがねっとり感はなく、軽妙な感じで造られたデザート・ムース。オークが巧妙に使われ、バニラの軽い微香、焙煎したアーモンド、果樹園の果実の砂糖漬け(特に桃)が、鼻腔にも口にも感じられる。ブラック・ベリーを蒸留酒に漬けたような精妙な後味。タルト・タタンやクレーム・パティシエールで甘く味付けした山盛りのシチリア風フルーツ・ペストリーに良く合う。

Fleury Père & Fils
43 Grande Rue, 10250 Courteron
Tel: +33 3 25 38 20 26
www.champagne-fleury.fr

CÔTE DES BAR | BALNOT-SUR-LAIGNES

Jean-Michel Gremillet ジャン・ミッシェル・グルミエ

オーボア・シャンパンで最も大きな成功をおさめたドメーヌに数えられるジャン・ミッシェル・グルミエは、1970年代にジャン・ミッシェルによって創立された。その秀逸なドメーヌは、美しい教会とチーズで有名なシャウルスと、ピノ・ノワールで名高い村レ・リセに挟まれた小さな村バルノー・シュル・レーヌの、日当たりの良いキンメリジャン地層の恵まれた斜面の上に、27haの葡萄畑を所有している。その葡萄を補って、この元気いっぱいの企業の躍進を支えているのが、近隣の葡萄栽培家から購入する上質の葡萄である。現在公式にはネゴシアンとして登録されている彼を支えているのが、娘のアンと息子のジャン・ベルナールである。

銀色に輝くステンレス・タンクの並ぶ現代的なワイナリーで、ワインはゆっくりと時間をかけて、細やかな気配りを受けながら造られる。最終的なドサージュを受けるのは、前年のヴィンテージが開花してから15カ月経った時で、それからリリースまでさらに3カ月休まされる。

7種類のキュヴェはオーブの最上のものを表現しているが、なかでも入門者レベルの、ピノ・ノワール100%のブリュット・トラディションはオーブらしい。豊かな果実味は太陽の味ともいうべきで、料理に最適、しかもコスト・パフォーマンスは非常に高い。3分の1以上がシャルドネのブリュット・セレクトは、軽やかなシャンパンで、アペリティフとしても、スモーク・フィッシュのカナッペに合わせても良い。キュヴェ・デ・ダムは、黒葡萄で有名な土地に生まれた例外的なブラン・ド・ブランである。ピノとシャルドネの50/50の古典的な組み合わせであるブリュット・プレステージは、澱の上で長く熟成させたグラン・ヴァンで、大きな魚や鶏の料理に良く合う。シャルドネをオーク樽で熟成させたキュヴェ・エヴィデンスは、バニラやスパイスの東洋風の香りが特徴的。ロゼは、この太陽に恵まれたシャンパーニュ地方の一角に特有のみずみずしさがある。またコトー・シャンプノワ・ルージュは、歳月とともに良くなっていく。最後に最も稀少な、発泡しないロゼ・デ・リセは、光沢のある深いサーモンピンクで、フレーバーはすばやく立ち昇り、長く滞留し、上品な豊潤さと爽やかな酸、スミレやシャクヤクの芳香を融合させている。フランスのロゼ・ワインの最高峰。

極上ワイン

(2008年11月試飲)

Gremillet Brut Tradition NV
グルミエ・ブリュット・トラディションNV
100%PN。エレガントな星の輝きのような金色。黄褐色の光もある。ピノらしい香りで、チェリー、プラムの赤い核果が急上昇してくる。しかし香りのバランスは良い。口にふくむと雄大で豊潤、存在感に溢れ、サーモンのパイ包み焼き、若い猟鳥、臓物料理に最適。

Gremillet Cuvée des Dames NV
グルミエ・キュヴェ・デ・ダムNV
100%C。キンメリジャン地層ではブランド・ノワールが普通であるが、これはその地層で育つ偉大な白葡萄の個性的な表現である。澄明な淡い金色で、緑色の微光も見える。上質なシャルドネ特有の生垣の香り──セイヨウサンザシ、エニシダ──があり、スイカズラも感じられる。豊かだがきめが細かく、口中を愛撫する質感がある。後味は長い。

Gremillet Brut Prestige NV
グルミエ・ブリュット・プレステージ NV
50%PN、50%C。光沢のある金色に、ラッパスイセンの黄色も見える。アロマは精妙で、白い花が心地良いブルゴーニュ風の植物性の香りと混ざり合っている。愛らしいクリームのような触感が感じられ、花の香りがトーストに似た香りへと変幻し、後味は素晴らしく長い。

Gremillet Cuvée L'Evidence NV
グルミエ・キュヴェ・レヴィデンスNV
50%PN、50%C（オーク樽で熟成）。ウェールズ調ゴールドで、銀色や緑色の光も見える。トーストやスパイスの香りが強く、好き嫌いが分かれるかもしれない。樽香味がまだ全体を支配しているが、自己分解特有のバニラや全粒小麦のビスケットのフレーバーが香る。

Gremillet Brut Rosé NV
グルミエ・ブリュット・ロゼNV
100%PNシャンパンで、オーボワの力強い温暖な夏を見事に表現している。鮮烈で凝縮され、それでいてエレガントなサーモンピンク。華麗で、みずみずしいレッド・ベリー果実が、本物の官能的なブーケをもたらし、フレーバーにも現れ、上質な酸によって巧みに制御されている。料理に良く合い、特にソテーした腎臓、若鳥のグリル、ゆで蟹のジンジャー・ソースに最適。

Champagne Jean-Michel Gremillet
Envers de Valeine, 10410 Balnot-sur-Laignes
Tel: +33 3 25 29 37 91
www.champagnegremillet.fr

CÔTE DES BAR | BUXEUIL

Moutard ムタール

この生産者を個人主義的なひねくれ者と呼び、そのシャンパンの品揃えを継ぎはぎのようだと評するのは、正しい見方ではないだろう——少なくとも現時点では。個性的であるのは良いことだ。2007年に惜しくも急逝したが、ルシアン・ムタールはオーブの偉大な異端児であった。トム・スティーブンソンも書いているように、1950年代、ルシアンはオーブの古い品種アルバンヌを復活させようとして1人奮闘した。その復活を喜ばない官僚の規制を明るく笑い飛ばしながら。アルバンヌは非常に育てにくい品種であり、そのアロマもどちらかといえばだらしない——貧乏人のヴィオニエ？——もので、そのままでは洗練されたシャンパンには向かないように思えた。しかし、ルシアンは、賛否両論ある中、彼のキュヴェ・アルバンヌ・ヴィエイユ・ヴィーニュを造り続けた。その間、このハウスの評価を担っていたのは、食後酒とオー・ド・ヴィ（ワイン蒸留酒）だった——ここのマール・ド・シャンパーニュは本当に美味しい。

キュヴェ・6・セパージュほど知られていないが、同様に興味深いのがムタールの2つのテロワール・シャンパンであり、それらはオーブのキンメリジャン土壌の見本市となっている。

そうこうしているうちに、ルシアンの息子のフランソワが葡萄畑とワイナリーの両方で働き始めると、ワインは世紀の変わり目を挟んで、めざましく質を向上させた。特に2000ヴィンテージとしてリリースされたキュヴェ・6・セパージュにおいて。このシャンパンは名前通り、6つのキュヴェ——支配的なピノ・ムニエとピノ・ブラン、香りの強いアルバンヌを含む——で構成されている。それはブルゴーニュから取り寄せたオークのピエス樽で発酵させた"ボランジェ仕様"のワインで、長寿のためにコルクで栓をした甕の中で甕熟させたものである。そのシャンパンは現在市場でよく目にすることができるようになったが、それは独創性もさることながら、確かな質を持っているからである。あまり知られていないが、これと同様に興味深いシャンパンが、ムタールの2つのテロワール・シャンパン、シャルドネ・シャン・ペルザンとピノ・ノワール・ヴィーニュ・ブニューである。これらはオーブ、コート・デ・バルのキンメリジャン土壌の見本市となっている。フランソワが経営に参加することによって生まれたもう1つの変化が、新しい設備に対する積極的な姿勢で、早速発酵前工程で使われる低温浸漬用タンクが設置された。この超現代的設備によって、マストは格段に透明度が高くなり、酸化が避けられることによってフレーバーがより純粋になり、シャンパンが長命になった。"フランス的深遠さ"から外れた道を行くムタールのシャンパンもまた、現在大きな価値を持つものである。

極上ワイン

(2007年6月試飲)

Moutard Cuvée 6 Cépages 2000
ムタール・キュヴェ・6・セパージュ 2000
中庸な6g/ℓドサージュ。きめの細かい優しい口当たりで、果樹園の果実の純粋で直接的な表現が感じられる。樽香味はうまく統合され、6種類の異なったフレーバーが多彩な色どりを添えている。偉大なシャンパンとまではいかないが、疑いなく質は高い。

Moutard Chardonnay Champ Persin NV
ムタール・シャルドネ・シャン・ペルザンNV
オーブはシャルドネよりもピノ・ノワールで有名だが、バルセケネのビュクセイユに近いこの畑の葡萄は良く熟成し、上質のブラン・ド・ブランとなる。味わいは長く、エレガントで、フレーバーは深く、過度な樹勢による希薄さは感じられない。もちろん収量は抑えられている。長熟に向くシャンパン。

Moutard Pinot Noir Vigne Beugneux NV
ムタール・ピノ・ノワール・ヴィーニュ・ブニューNV
冷涼な気候に育つチェリーのフレーバーが充満し、マルメロさえも感じられる。骨格のしっかりしたブラン・ド・ノワール。男性的。口中を愛撫する質感があるが、バランスが良く、後味は長い。力強さがあるので、ホロホロ鳥のカセロールやプレス産子鳩の胸肉など味の強い料理にも良く合う。

Champagne Moutard
Rue des Ponts BP1, 10110 Buxeuil
Tel: +33 3 25 38 50 73
www.champagne-moutard.fr

1937
1929
1921
1919
1915
1911
1906
1904
1900
1899
GRANDS MILLESIMES VEUVE CLICQUOT

ヴィンテージ2008～1988

2008 ★★★★

いまこれを書いている時点では、このヴィンテージの詳細な数字は分からない。この年、天候パターンは平常に戻り、寒い冬、やわらかく温暖な春、そして夏へとゆっくりと推移していった。7月末に猛暑が襲い、8月は冷えたが雨は降らず、9月は完璧な日差しが降り注ぎ、夜は爽やかだった。こうしてシャンパーニュ地区全体で、ほぼ完璧に近い、過去20年間で最高のヴィンテージの1つになった。

2007 ★★

天候が激しく変動した荒々しい年。1、2月は風雨とともに始まったが、例外的に穏やかな日々が続いた。唯一の寒波がかなり遅く3月19～25日に訪れ、雪と雹を降らせた。4月は温かく、5月下旬のようだった。発芽は例年通り（4月9～11日）始まったが、5月が異常に暖かく、早くもその月末には開花した。

7月は天候不順が続き、8月は気温が上がらず降雨が多く、まるで11月のようで、収穫時期がかなり早まるという予想は変更された。8月20日頃にはシャンパーニュ人の顔に苦悩の色が見え始めたが、幸運なことに、そしてよくあるように、北風が葡萄の房を乾かし、水浸しから救った。太陽が戻り、収穫時期を通じて照り続け、十分な成熟と上質の酸をもたらした。

しかし2007が、小地区ごとに、あるいは村ごとに、評価がまちまちのヴィンテージであることに変わりはない。すべては摘果の時期と葡萄畑の管理の水準、そして意識の集中の度合いで決まった。この年は、最上の栽培家が葡萄樹をしっかりと管理し、厳密な選果を行ったグラン・テロワールの年だった。ボランジェ、ロデレールなど数社がヴィンテージ・キュヴェをリリースするかもしれない。

左：ヴーヴ・クリコの偉大なヴィンテージを記念した階段の上に立つジャック・ペテルス（右）とドミニック・ドマルヴィル

2006 ★★★

年の始めは深刻な水不足で、それが年が明けてから3カ月間続いた。しかし続く2カ月、今度は雨の多い、日照時間の少ない天候となった。唯一の救いは春の遅霜がなかったことだった。6月になってようやく暖かい日差しが戻り、6月15～18日に一斉に開花した。6～7月と暖かくなっていったが、途中地方を横断するような形で降雹が襲い、600haの葡萄畑が被害にあった。降雹のなかった地域では暑さを十分に享受する一方で、灼熱の2003の再来、立ち枯れ病の発生が危ぶまれた。しかし一転して8月は雨が多く、気温が上がらず、平均気温は例年よりも2～3℃低くなった。さらに重要なことは、降水量が例年の2～3倍に達したことであった。

9月に入ると好天が続き、収穫時期に向かって葡萄の成熟が進み、公式の発表によると葡萄の健康状態は、「きわめて良好であるが、ボトリチス病が発生した地域が2、3ある」ということだった。シャンパーニュ地方では、いままでこれほど各地区で収穫日がばらばらになったことはなかった。セザネのシャルドネの収穫は早くも9月6日に始まったが、モンターニュ・ド・ランスとマルヌ渓谷のピノ・ノワールとムニエは、9月25日までずれ込んだ。収穫量は例年通り（1万3000kg/haを少し切れる）で、自然糖度は10.2%ABVで、酸はやや低かった。果実味とボディーは豊かで、ピノ・ノワールが特に良かった。シャルドネはそれほどでもなく、力強さに欠ける。2006は早飲み用としては多くの秀逸なシャンパンを生み出すであろうが、それは真のヴァン・ド・ギャルド（長く保存し、寝かせることのできるワイン）にはならない、と私は見ている。いくつかヴィンテージを出すところもあるかもしれないが、ボランジェやジャクソンなど伝統の守護者は出さないだろう。

2005 ★★

シャンパーニュ地方の古い諺に、「1年の始まりが穏やかで雨が少なかったら、サン・ヴィンセントの祭りの

日に冬が死ぬか、再び生き返って仕返しをする」というのがある。その通りになって、北極寒気団が1月23日に舞い戻ってきた。1月末から3月末にかけて雨が頻繁に降った。その後灰色の空と強い風が、交互に訪れる春の寒暖の日々を通して支配した。しかしこの不安定な天候にもかかわらず、2004年秋からの降水量は、平均よりも40％低かった。5月末まで同様の天候パターンが続いたが、6月中旬には理想的な、晴れの乾燥した日が続き、順調に開花した。7月は一転して、大雨と暑熱が交互に訪れ、同月中旬には、うどんこ病が発生した。コート・デ・バルの一部の地域では、それは8月にも発生した。

　この激しい繰り返しは9月初旬まで続き、葡萄の成熟と健康に対する不安が広がった。幸いにも、9月10日に爽やかな日が戻り、収穫時期中続いたが、ある地域では灰色カビ病が始まり、特にピノ・ノワールとムニエが襲われた。収穫はほぼ順調で、自然糖度は良好(9.8%ABV)で、果粒も適度な大きさであった。しかし葡萄の質はまちまちで、黒葡萄では成熟に問題があり、厳しい選果が要求された。反対に、シャルドネの成育が非常に良かったところもあり、ロデレールやジャクソンはヴィンテージ・シャンパンが出せるほどであった。しかし全般に不安定な年で、ブルゴーニュほど良くはなかった。購入前にアドバイスを求めた方が良いだろう。

2004 ★★★★

　雪と氷で新年が始まったが、すぐに季節外れの穏やかで雨の少ない日がやってきて、3月末まで続いた。4月末に何日か寒い日が続いたが、葡萄樹の成育には影響せず、5月の爽やかな晴天の日が順調な成長期を予感させた。6月上旬は気温の差が激しく、雹混じりの突風で始まった。しかしこれは開花には影響せず、その数日後には一斉に開花し、収穫量が飛び抜けて多くなることは明らかだった。

　8月になると雨が多く、気温は上がらず、葡萄の成熟は非常にゆっくりとしか進まなかったが、最も重要な9月の最初の3週間、太陽が戻り、晴天が続き、果粒は劇的に膨らみ、摘果の時期まで葡萄の健康は非常に良好だった。収穫は非常に遅く、9月27日頃までずれ込んだ。収穫期は曇りの日が多かったが、雨は降らなかった。

　収量は1990や1982を上回る記録的な量で、しかも高い収量は良いシャンパンを生まないという常識を覆すものだった。いかに収量が大きくても、果実が健康で、良く成熟し、適度な酸があれば、素晴らしいシャンパンができる。2004はまさにこんな年だった。ワインは安定したバランスを示し、アロマのきめは細かく、テロワールを明瞭に表現した。シャルドネが最も素晴らしく、ミネラルが豊富で、しなやかな骨格、フレーバーは長く、重層的だ。ここでもブルゴーニュと同じくらい卓越したヴィンテージとなった。ピノ・ノワールとムニエはエレガントで、精妙なワインとなり、多くのハウスでヴィンテージが生まれた。

2003 ★★

　周知のように恐ろしく難しい年で、自然はシャンパーニュ人の頬を3回殴った。壊滅的な春の遅霜、激しい降雹、葡萄樹の上で果粒を焼き尽くすほどの真夏の猛暑。1月の最初の日々から氷河のような寒さが葡萄畑を覆い、時々雪が積もった。1月と2月の気温は、−12〜−6℃の間であった。3月7日になってようやく春めいた穏やかな晴天の日が続き、その月の終わりまで続いた。葡萄樹は目を覚まし、4月の最初の8日間で発芽し終わった。しかしまさにその時シャンパーニュ地方を遅霜が襲い、70年ぶりの大きな被害を生んだ。年間収穫量の43％が失われ、特にコート・デ・ブランのシャルドネは最悪であったが、モンターニュ・ド・ランスのピノ・ノワールも厳しい天の制裁を受けた。5月に短い休息期間がもたらされたが、6月の4〜10日の間に、すさまじい降雹がモンターニュとマルヌ渓谷を襲った。6月にようやく開花を迎えたが、果粒が非常に小さくなることは明らかだった。

　事態はさらに悪化した。7月の猛暑に続き、8月には

うだるような熱波が滞留した。南のオーブでは、夜でも気温は30℃を下らなかった。バル・シュル・セーヌでは1822年以来の早さで、8月18日に摘果が行われたが、実際その時果粒は熱のせいで縮みはじめ、レーズン状態になりつつあった。マルヌ地方の栽培家は幸運だった。というのは8月の後半に激しい降雨があり、立ち枯れていた葡萄樹を蘇らせたからである。そこでは収穫は9月5〜7日に始まったが、驚くべきことに、この遅く収穫された葡萄は、非常に秀逸で、特にピノ・ノワールとムニエは、糖度が高く、みずみずしい果実味に溢れ、力強かった。ただ酸が低かったので、それまでとは違うシャンパンになった。この人を狂乱に落とし込むほどの困難な年に生まれた最上のワインは、長く熟成させても、あるいは人工的に風味を増進させても——ワイン中の貧弱な酸のため——無駄だということを認識した生産者からのものであった。彼らは教科書を投げ捨て、いま自分たちの手元にある葡萄がどれほど素晴らしいものかを認識しようとした。ボランジェ、モエ、デュヴァル・ルロワなどの創造力の豊かな生産者たちは、このように考えて醸造を進め、早飲み用の快楽主義的なシャンパンを造りだすことができた。しかし全般的にこのヴィンテージはあまり期待しない方が良い——酸が低すぎる。長く置いておくことを好む読者は、できるだけ丁寧な扱いを心掛けること。

2002 ★★★★

何回かやや寒い日が訪れた後、12月中旬から1月中旬にかけてシャンパーニュ地方を猛烈な寒波が襲い、地面が凍結した。この一見厳しい状態は、葡萄樹に害がなければ、土壌にとっては非常に好都合であった。というのも、厚い氷が被膜となって、土の中はそれほど冷たくならないからである。

解氷は1月15日に始まり、剪定はとても温暖な天候の下に行われ、春の雨と風が3月中旬まで続いた。そのため成育はかなり早まった。3月12日に新芽が膨らみ始めたが、コート・デ・ブランでは例年より約1ヵ月早かった。4月は概して暖かく、雨が少なく日照に恵まれた。5月の終わりと6月の初めに数度降雹があり、被害を受けた畑も出た。しかしすぐに暖かく晴れた日が続き、6月中旬に開花が始まった。7月と8月は非常に不安定な天候だった。8月27日の大雨がボトリチスを呼び寄せたが、それはすぐに、9月10日に始まり収穫の時期中続いた日照に恵まれた暖かい乾燥した日々によって抑え込まれた。最も成育の早かった葡萄畑ではヴィンテージは9月12日に始まり、遅い所でも9月28日に始まった。成熟はきわめて良好で、自然糖度は10.5%ABVに達した。酸は平均をやや下回る程度だったが、これはシャンパーニュ地方では良いヴィンテージ（1982年のような）によく見られることだ。2002が素晴らしいヴィンテージであることは、その収量が良好だがけっして過剰ではない（1万2000kg/ha）ことからも明らかだ。特にピノ・ノワールの状態は最高だった。力強く、しかも完璧にバランスが取れ、表現力豊かで、シルクのような質感、そのうえスパイス、タバコ、革のような独特なフレーバーがある。シャルドネも豊かで、エキゾチックな香りを漂わせ、香り高いミネラルがそれを縁取っている。ムニエは愛らしくみずみずしいまろやかさを持っている。このような素晴らしい果実に恵まれ、2002はほとんどすべての生産者でヴィンテージが出された。

2001 ★

この年は温かい雨で始まり、ほとんど日照を見なかった。3月末までの降水量は例年の2倍に達し、日照時間は例年を20%下回った。それは悲惨な状態の前兆に過ぎなかった。5月と6月は雨も降らず暖かい日が続き、開花も順調だったが、7月に大雨に見舞われ、降雹も伴い、55の村の、800haの葡萄畑が壊滅状態になった。

8月、まあまあの収穫で、果粒も適度な大きさになるという楽観的な見通しが広がったが、それは9月の寒い日々、激しい雨（例年の2倍の降水量）、45年ぶりの短い日照時間によって打ち砕かれた。葡萄の自然糖度は8.5%ABVという惨憺たる状態だった。はっき

り言って、1984年以来の困難で不安定なヴィンテージだった。ほとんどのハウスでヴィンテージは断念されたが、アヤラのキュヴェ・ペルルだけは名誉ある例外だった。

2000 ★★★

このミレニアムの年は、シンボル的には恵まれていたが、シャンパーニュ人にとっては困難な年で、母なる自然は大いなる試練を課した。冬の中盤と春の初めに季節外れの暖かい乾燥した日々が訪れた。降雹が時折見舞ったが、5月はほとんど雨が降らず乾燥した。7月2日、シャンパーニュ地方の上空に不気味な雲が現れ、鳩の卵ほどの雹が降り注いだ。1900haの葡萄畑が大きな被害を受けた。しかしこれだけでは済まなかった。話を先に進めると、この年は降雹被害の目立つ年であった。というのは収穫の前の日、再び114の村、1万3000haの葡萄畑を雹が襲い、2900haがまったく収穫できなかった。

8月中は天候は回復し、収穫の終わりまで暖かい雨の降らない日が続いた。9月11～18日に収穫が始まった。果粒はよく膨らみ、自然糖度は例年を上回った(9.8%ABV)。葡萄の健康状態は至極良好だった。

純粋主義者は酸が足りないと不平を言うかもしれないが、、この年のシャンパンは果実味が豊かで、早飲み用としては大きな悦びを与えてくれる。

1999 ★★★

この年の成長期は、高い気温と降水量の多さで特徴づけられる。暖かい冬が過ぎ、4月の第1週に新芽が出たが、これは異常に早い。5月の初めから、激しい降雹が葡萄畑を襲い、それは9月末まで断続的に続いた。2800haの畑が被害を受け、500haが壊滅的打撃を受けた。

とはいえ開花は順調で、葡萄の膨らみも良く、果房の数も多かった。高い質の豊かなヴィンテージになるように思われ、摘果は9月15日に始まった。しかし特別な年になるだろうという望みは、激しく降り続く雨によって打ち砕かれた。楽観主義者が何と言おうと、その雨はワインを薄め、特にまともな酸が影響を受け、偉大なヴィンテージになるはずが、果実味は豊かだが例外的な年に必要な凝縮感に欠け、まあまあのヴィンテージになった。だからクリュッグなどはヴィンテージを出さなかった。しかしポール・ロジェやブルーノ・パイヤール、それに小粒ながら秀逸なテチュラなどは、上質のエレガントなワインを送り出した。最高の生産者の手になるシャルドネが最も良かった年ということができるかもしれない。たとえば、ピエール・ジモネの秀逸なヴィエイユ・ヴィーニュ・キュヴェなど。

1998 ★★★★

この年の天候の推移を注意深く見ても、好ましい状況を示す証拠はあまり見当たらない。天候は短い周期で劇的に変化し、成長期に入っても確信は持てなかった。

冬は、雪と氷の冷たい夜や、雲が多く湿度の高い日がそれぞれ数日ずつあったが、全般に暖かく、雨は少なく、日照も良好だった。4月に入ると激しい風雨が断続的に襲い、4月の13～14日に春の遅霜に見舞われ、全葡萄畑の2%が打撃を被った。5月と6月には、暑い日(32℃まで上がった)と寒い日(5月23日の異常に遅い霜)が交互にやってきた。開花期に雨が多かったが、それほど果実には影響しなかった。しかし7月まで続いた雨が、うどんこ病やボトリチスの発生をまねいた。続いて8月の熱波が見込み収穫量を5～10%減らした。しかしそれは最上の葡萄をさらに偉大へと進化させる原動力となり、コクのある複雑なワインを予感させた。9月の初めに大雨に見舞われたが、太陽は9月14日から帽子を脱ぎ、収穫は好天のなか順調に行われた。葡萄の成熟も上々で、自然濃度は9.8%ABVに達し、酸の状態にも恵まれた(9.8g/ℓ)。

1998はこのように紆余曲折の多い困難な年であったので、精密に選択する生産者にとってはやりがい

のある年であった。極上ワインにとっては最高のヴィンテージであり、私の考えでは、バランスの良さと静かな複雑さ、寛大さと魅力的な果実味という点では1996を超えている。クリュッグ、ポール・ロジェ、ビルカール・サルモン、マムのルネ・ラルーなどの最高級品は本当に秀逸で、ドン・ペリニヨンにとっても最高のヴィンテージであった。

1997 ★★

前半、このヴィンテージは混沌としていた。霜、雹、ミルランダージュ [果粒が小さいまま糖度が高くなる状態]、腐れ、畑を悩ますうどんこ病など。しかし暑い7月、非常に暖かい8月、そして収穫時期に雨が降らなかったことによって、1985年以来最も少ない収量ではあったが、みずみずしく凝縮感のある魅力的なヴィンテージとなった。

成熟の度合いの高い（自然糖度は10.2%ABV）、熟成の早い年で、早飲み用。ボランジェ・グランダネ、アルフレッド・グラシアンが特に秀逸。またルイ・ロデレール（ブラン・ド・ブラン）、ビルカール・サルモン（NFビルカール）、ポメリー（キュヴェ・ルイーズ）、ジャクソン（グラン・クリュ・アヴィズ）なども秀逸。コトー・シャンプノワにとっても良い年で、特にアイ村のガティノワがお薦め。

1996 ★★★★

この年は穏やかに始まった。しかし2月20日、突然一部の地域で気温が急降下し、−20℃まで下がった。幸運にも、寒気はすぐに通り過ぎ、氷は葡萄樹の細胞の内部までは届かなかった。5月の初めに霜が降り、雨や雹も混ざった。6月上旬の日照の多い暖かい日々の後、開花は最高の状態で始まったが、19日に突然気温が下がり、小さな果実の成長を阻害し、ミルランダージュの状態を起こした。それは特にシャルドネで顕著であった。夏は雨と暑熱の日が交互にやってきて、古典的なシャンパンを造るにはあまり適していないように思えた。しかし9月12〜20日の心配な雨の後、澄み切った晴天、涼しい夜、強い北風が10月1日の収穫の日を祝福した。病害は一掃され、成熟は進み、酸も高かった。

当初1996は、1928以来の、20世紀で最も偉大なヴィンテージになるかと思われたが、鋭い観察者によって判定は修正された。強い個性と生命力を持つ本当に偉大なシャンパン——クリュッグ、ジャクソン・アヴィズ、ボランジェ・グランダネ、ボーモン・デ・クレイエール、ビルカール・サルモンなどが傑出——も生まれたが、ブーケがすぐに歳をとり、酸が刺すように感じるものもある。そのようなシャンパンがバランスを得ることがあるだろうか？ 今後数年間、それらのシャンパンの成長を書き記していくのは面白そうだ。

1995 ★★★★

冬と春の間は穏やかな雨の日が多く、劇的なことは何も起こりそうになかったが、4月20〜21日と5月14〜15日に気温が−4℃まで下がり、壊滅的な遅霜が襲った。600ha近くの、主にオーブの葡萄畑が被害を受けた。5月中旬からの4週間ほど、寒く湿度が高かったが、6月16日に太陽が顔を出し暖かくなると、開花の日が告げられ、順調に進んだ。盛夏は暑く、雨もなく、葡萄の成熟は一気に進んだ。摘果も同様に晴天の下で行われた。アルコール度数は高く（9.2%ABV）、酸は例年並みで、力強く優美なワインができることを約束した——言いかえると、予想通りの成熟が達成された古典的ヴィンテージ。批評家は1995を、より劇的で印象深い1996の陰においておくことを認めているが、私には、1995はそれと同様か、むしろそれよりも持続性があるように思える。そろそろ飲み頃が近づいているが、1995はさらにこの先10年以上生き続けるに違いない。1995は偉大なシャルドネ・イヤーで、特にシャルル・エドシックのブラン・デ・ミレネール、ブルーノ・パイヤール・ブラン・ド・ブランが良く、またジャクソン・シニャチュール、ヴーヴ・クリコのラ・グラン・

ダムなどのアッサンブラージュ・ヴィンテージも秀逸である。

1994 ★
このヴィンテージは病害で特徴づけられる。葡萄畑の健康状態は全般にひどかったが、それでもボーモン・デ・クレイエールとクロード・コルボンは秀逸なヴィンテージ・ワインを造りだした。

1993 ★★
日差しの多い穏やかな冬と本当に暖かい春が、あまり変わったことのない1年を予感させた。その後、バル・シュル・オーブ、マルヌ渓谷沿いなどの一部の地域で破壊的な降雹があったことを除いて、夏の間は軽い雨とたっぷりの陽光が繰り返され、質の良い葡萄が収穫されそうだった。しかし9月8～20日に始まった摘果の間、曇りの日が多く時折雨も降って、最後の成熟を阻害し、果汁が薄められた。1993は健康であるが、細身でボディーに欠ける。ポール・ロジェ、アンリ・ジロー、ヴーヴ・クリコなどの大手ハウスは、この年最も良く成熟したピノ・ノワールを使って驚くほど秀逸なヴィンテージを造りだした。

1992 ★★
冬の間はわりと温かかったが、春は寒く、落ち着かない天候だった。雨が多かったが、発芽の大事な時期に気温の低下はなかった。6月の開花は良好であったが、成長期を通じて寒く、雨も多かった。7月の初めにボトリチス菌が活発に活動したが、その後のあたたかく乾燥した日々によって消滅し、果粒の膨らみは順調だった。シャルドネが特に順調で、摘果は9月14日に始まり、平均以上の成熟を達成した（約10%ABV）が、酸はやや低かった。それでもクリュッグはクロ・デュ・メニルを出せると判断した。ピノ・ノワールとアッサンブラージュ・ブレンドは全般に軽めの、果実味が特徴のワインが多く、大半がすでに頂点を過ぎている。

1991 ★★★
春の遅霜が葡萄畑に連続して大きな被害を及ぼした3度目のヴィンテージ。その酷さは数字からも読み取れる。葡萄樹の47%が被害を受け、34%が収穫できなかった。ただ少しほっとできたことは、収穫前の1カ月、葡萄果粒は大きく膨らみ、マストが予想以上に重かったことだ。収穫量は少なかったが、ボランジェやクロ・デ・ゴワセのフィリポナでは、興味深い、寒い天候のヴィンテージが生み出された。それらは今でも美味しい。

1990 ★★★★★
早くも3月末に発芽期に突入し、成長期は異常に早く始まった。そのため春霜に侵されやすい状況だった。危惧したとおり、それは4月の4～5日、18～19日にやってきて、全域で7000haに被害が出た。この霜害の後、天候は1989と同じコースを辿った。夏は非常に暖かく始まり、盛夏には猛暑となり、日照時間の長さで記録を更新した。しかしちょうど良い時期に雨が降り、その直後の9月11日頃から収穫が始まった。葡萄は見事に成熟し（自然糖度は11%ABV）、酸も上質で、戦後最高の、そして最も持続性のあるヴィンテージとなった。熟成はゆっくりだが、そのシャンパンはいま輝くばかりの芳醇さと完全なる美を示し始め、2020年まで上昇していくだろう。多くの生産者が最高の出来栄えを享受したが、なかでも、ヴーヴ・クリコのグランダム、シャルル・エドシックのブラン・デ・ミレネールそしてロデレールのクリスタルが至高のワインとなった。

1989 ★★★★

春の到着がトランペットで高らかに告げられ、葡萄樹は素早く冬の眠りから覚めた。3月に気温は早くも27℃に達した。新芽と葉は急激に成長し、春霜が危ぶまれた。案の定、4月26〜27日に6000haもの葡萄畑が被害を受け、収穫の4分の1が消失した。1989年は暑熱の年で、コート・デ・ブランのシャルドネは自然ABVが12%に達した。常識的には、こんな年には酸に欠けるのだが、少し低いだけで、全体的に満足できるもので、1964、1953、1949、1947のような他の異常に暑い年よりも良好だった。ジョセフ・ペリエ・ジョセフィーヌやビルカール・サルモン・グランド・キュヴェのような偉大な1989ヴィンテージは、いまも壮大で、すべてを保持している。

高の成熟を遂げた。村ごとに違う収穫開始日が決められたのは初めてのことだった。収穫日は全般に遅く、9月26日から10月2日の間だった。こんな状況だったので、期待はできなかったが、最終的な成熟度の数値（自然ABV9.6%）、そして強い酸（9.4g/ℓ）は、素晴らしいヴィンテージであることを裏付けた。

最終的に1988は、1945年以降の最も素晴らしいヴィンテージの1つであることが明らかになった――特にある種の厳しさと荘厳なミネラルを求める愛好者好みの。最も壮大な成功を収めたのは、ジャクソン・シニャチュール、クリュッグ、ヴーヴ・クリコ、ポール・ロジェ・キュヴェ・スペシャルPR、ロデレール・クリスタル、アンリオ・キュヴェ・デ・アンシャンテルールなどであった。

1988 ★★★★★

始まりは惨憺たるものだった。穏やかな冬の後、春の遅霜が襲い、視察団が葡萄樹1本当たりの新芽の数を数えた時、最悪の事態が予想され、それはその後のミルランダージュ、5月末の暴風雨によってさらに悪い方向に進んだ。降雹がバルセケネを襲い、豊かなヴィンテージになることなど考えられなかった。収穫前1カ月の成熟は遅かったが、頑健なシャルドネは最

下：いまはもうこのモエ・エ・シャンドンのような重厚な鍵は必要ないが、シャンパンは大切に保管される必要がある。

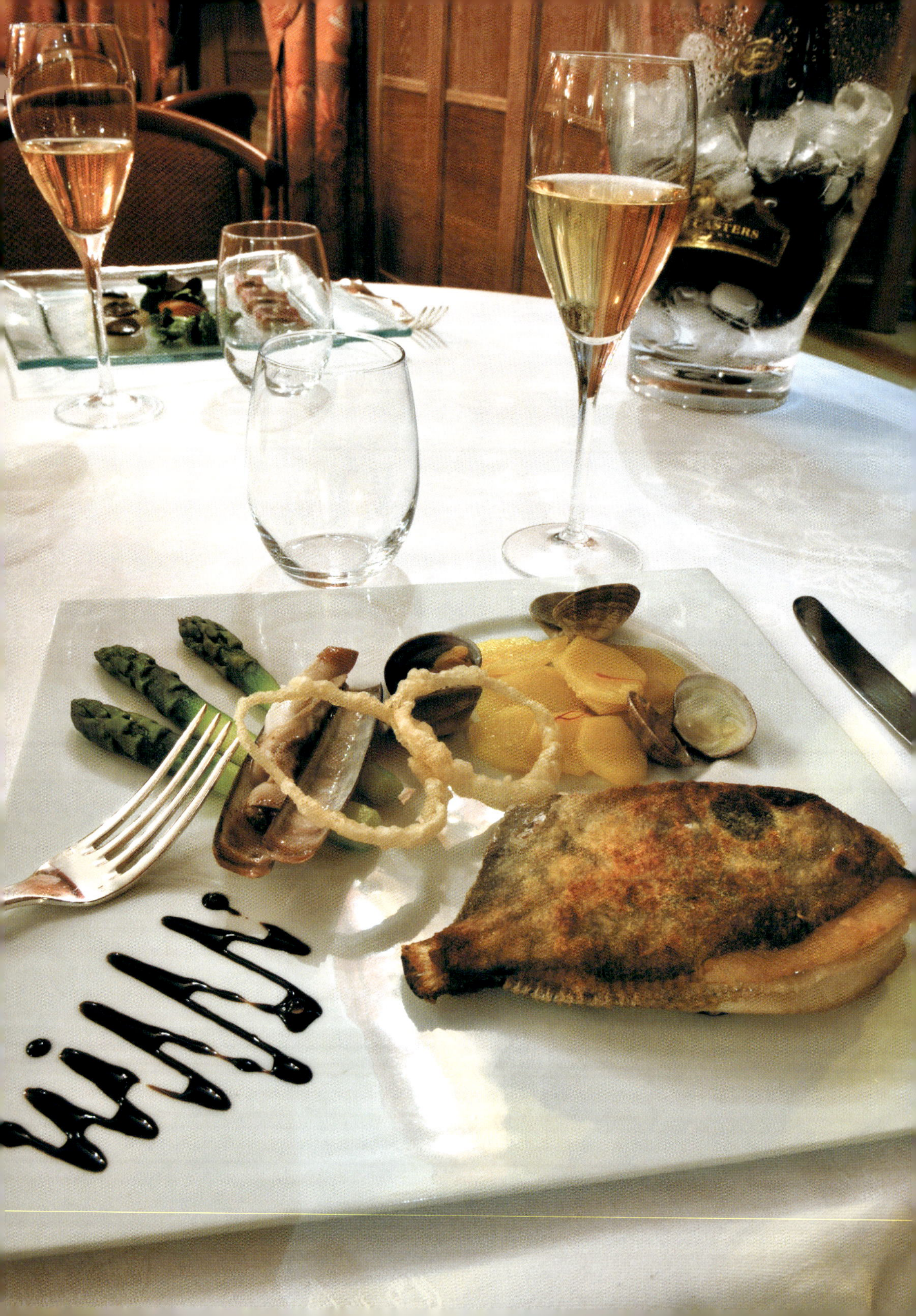

9 ワインと料理

シャンパーニュ地方食べ歩き

シャンパーニュ地方は、アルザスやブルゴーニュ、そしてリヨンがそうであるような意味では、けっして豊かな大地ではない。地図を見れば、シャンパーニュ地方の苦難の歴史と、なぜこの地方で独自の食文化が栄えなかったのかがすぐわかる。ローマ帝国が衰退し、フランク王国メロヴィング朝（5～8世紀）が樹立されると、その庇護のもとに興ったシャンパーニュ公国は、ベルギー南部からマルヌ、オーブを経てブルゴーニュの入り口まで南北に320km延びる地域を支配した。その広大な領土は、いまのシャンパーニュ・アルデンヌ行政地域に相当する。西ヨーロッパを横断する街道沿いの戦略的要衝にあることから、この地方は何世紀もの間、争奪の的であった——近いところでは、1870年の普仏戦争、第1次世界大戦ではランスの壊滅、そしてアルデンヌ地方のほとんどすべての村や町を灰燼に帰した第2次世界大戦末期のバルジの戦い。またシャンパーニュ地方は、フランスでもっとも寒冷で、霧の多いところである。そのため、さまざまな特産物を中心に加工産業が発展し、活気ある食文化が育つといった土壌ではないのである。

そんなシャンパーニュ地方が、他に負けないほど持っているものが、美味な猟鳥獣肉、特にアルデンヌ地方で捕獲される野生イノシシ、シカ、野ウサギ、それにトロワ産のアンドゥイエットと呼ばれる豚の腸詰め、そしてマルヌ河岸で栽培される上等な白アスパラガスである。またフランスで最も美味しいチーズ4種が県境付近で作られている。マロワールは、ランスの北90kmにある要塞化された教会で有名なティエラッシュ村で作られる牛乳を使った半固形チーズである。その名前はマロワール修道院からとったもので、タイムの香りがし、葡萄畑での骨の折れる作業の後、摘み手たちに振る舞われることが多い。ブラン・ド・ノワールやベルギー産ビールのおつまみとして最高である。しかし、マロワール・チーズは熟成が進みすぎて固くなると、匂いが強烈になるので、柔らかいうちに食べることをお勧めする。また電車や地下鉄に持ち込むと、まわりの乗客が誰もいなくなる可能性もあるので注意のこと。

左：シャンパンはどんな料理にも良く合うが、このレストラン・パトリス・ミシェロンのマトウダイのような海鮮料理と非常に相性が良い。

ブリはフランスで最も有名な白かびチーズで、製品として規格化されたものは、たいてい世界中のスーパー・マーケットで、カマンベール・チーズの棚の付近に置かれている。パリから65kmほど東のシャンパーニュ地方エーヌ県に近い小さな村の名前を冠したブリ・ド・モーは、農家手作りのもので、亜麻色に近い色をし、厳重に包装されて店頭に並んでいるものに比べかなり香り高い。ぜひ一度試してみてほしい。

ラングルは牛乳から造る柔らかいチーズで、ショーモンとディジョンの中間にある、中世の城壁で囲まれたフランスで2番目に寒いといわれている村の名前をとってそう呼ばれている。オー・マルヌ近くのバッシニー村で作られるものが最上で、マロワールと同じくらい濃厚なチーズであるが、愛らしい塩味があり、ブリュット・シャンパンやシャブリに最高である。シャブリといえば、そこからトロワに向かう途中にシャウルスというオーブ県の村があるが、そこで作られる、白い外皮を剥ぐと中から雪のように白くて柔らかい、果物の香りがするとろけるクリームが出てくるチーズは絶品である。シャウルスという村名は、シャー（猫）とウルス（熊）が喧嘩する村ということから付いたものらしい。

とはいえ、シャウルス・チーズには熊のような粗暴な面はまったくなく、発想の豊かなシェフはそのチーズを強烈なアンドゥイエット（豚の腸詰め）に練り込み、風味を和らげるのに使っている。中世の都トロワには、この美味しい腸詰を売っている店がたくさんある。豚の腸を使い、匂いもかなり強烈なので、潔癖症の人には向かないかもしれない。しかしジルベール・メーユのような有名な肉屋の店主の作るものは、まず豚の腸を徹底的に水洗いし、それをカットして、一個一個手でモツを詰め込んだ店独自の特製のもので、周りの人が何と言おうと、美食家なら見逃す手はない。

こういったかなり手ごわい食材や、豚足、ポテ・シャンプノワ（ポーク、チキン、ハム、野菜のスープ）などは昔からほとんど変わらない田舎料理であるが、その一方で、シャンパーニュ地方生まれのワインは、すでに18世紀には宮廷料理の友として、あるいはその下ごしらえの材料として好まれてきた。1755年発刊の、ムノンのヴェルサイユ宮殿晩餐会メニューのための料理書には、シャンパンが他のワインを押しのけて、レシピの90%にvinという名前で加えられている。実際、

マルヌの偉大なブラン・ド・ブランは、初期のフランス高級料理で重要な役割を果たし、クリームたっぷりの重い料理に上品な軽さをもたらしたが、それこそがいまも変わらぬシャンパンの切り札である。

19世紀では、有名な料理人アントナン・カレムが『ロトシルト風サーモンさいの目切り野菜入りソースがけ』を創った。それはサーモンを、シャンパンを4本も使って蒸したものである。健康志向の現代ではそこまでいかないが、レストランのガスレンジの上で、あるいはわが家のフライパンの上で、特に魚や鶏の料理の風味づけにシャンパンを振りかけると味が格段に引き立つことは、料理をする人なら誰もが知っていることである。その酸はソースが褐色に変化するのを防ぎ、上にかかったバターやオイルの輝きを増す効果がある。またモエのシャトー・ド・サランのような偉大なシャンパーニュ産白ワインは、ローストした大ヒラメに軽いソースをかけた料理に、魔法の風味を付け加えることができる。

21世紀になると、シャンパーニュ地方は、パリのランジス市場から極上の牛肉と鶏肉を、イル・ド・フランスから果物と野菜を、そしてフランスが誇る翌朝配送深夜便によるブリタニー海岸の新鮮魚介類などを取り寄せながら、各種素材の組み合わせで料理を発展させてきた。シャンパーニュ地方のシェフたちは、シャンパンという精妙な酒に合わせるために、数々の洗練された料理を編みだし、またシャンパンの買い付けに世界中からやってくる高度に舌の肥えた常連客のために、古くからある料理を現代風にアレンジしている。以下に、極上の野生イノシシの料理を出すアルデンヌの灰色のスレート葺きの鄙びた旅館から、ランスの美食家の聖殿、市場の隣にあるビストロ、そして豪華な晩餐に飽きた人のための無国籍料理まで、好みや予算に合わせて選べるレストランやカフェを紹介する。

その他、美食家の町エペルネ、シャロン、トロワの名店や、シャンパーニュ地方最南端のバル・シュル・オーブとコロンベ・レ・デュー・エグリューズの、昔ながらの美味しい地方料理が食べられ、古き良きフランスが息づいている2つの店も紹介している。そこは値段も安く、ワインの品ぞろえも豊富で嬉しい。いただきます！

シャンパーニュ地方の美味しいお店

レストランの格付け――完全に私の基準――は、純粋に料理の質に基づき、星の数で表示した。レストラン鑑定家の誰もが、そのような表示方法が個々の料理やワインの特徴を言葉で表したものにとって代わられないのは分かっている。しかし現代では、そのようなランク付けなしでは判断に迷う消費者が多いので、あえてこのような方法を取った。だから、星の数とその下の解説が合わないように感じられた時は、解説の方を信頼してほしい。以下に紹介するレストランは、すべて三ツ星以上である。

★★★

秀逸な料理。材料も料理の腕前も一流。サービスも良い。

★★★★

非凡な料理。豊かな発想に基づく独創性と古典的なバランス感覚がうまく調和し、現代的な安易な味付けは一切ない。

★★★★★

至高の料理。遠くから訪ねて来る価値がある。非の打ちどころのない、しかし心温まるもてなし。充実したワイン・リスト。料金は高いかもしれないが、常にその価値はある。

上：自分の名前を店名にしたエペルネのレストランで、歓迎のシャンパン・グラスを掲げるミシュランの二つ星を授与されたパトリス・ミシェロン。

レストラン・パトリス・ミシュロン／
レ・ベルソー・ホテル／エペルネ★★★★★

　パトリス・ミシュロンは、出身は南部アルザスの煤煙にまみれた工業都市ミュルーズであるが、シャンパーニュで最高のシェフという評価を確立している。彼はレピーヌのオー・アルム・ド・シャンパーニュ・ホテルのレストランで、すでにミシュランの二つ星を授与されているが、1996年に妻のリディーとともにエペルネの中心に位置する、老朽化したレ・ベルソー・ホテルを購入した。パトリスの料理には、ある特別な現代的なテンポのようなものがある。新しい発想――特に地中海料理からの――を大胆に取り入れながらも、常にシャンパーニュ地方の伝統を踏まえている。可能な限り地元のワインと特産物を料理の中に取り入れ、それが彼の卓越した手腕の下に独創的な料理となって生まれ変わる。

　69ユーロの独創的な夏のコース料理は、『仔牛のツナソース私流』から始まる。パトリスはこの定番料理を、ホワイト・ツナ、新鮮なアンチョビのフィレ、ケッパーを使ったカルパッチョを、伝統的な仔牛に添えてアレンジしている。秋の特別メニューでは、『温フォアグラとツルモモのキュミエール・ワイン漬け』がお薦め。セップ茸やホウレンソウとともに低温で調理した天然ヒラメは最高。また牛乳で育てた子豚のローストも見逃せない。地元のセルフィユを使った、見た目も楽しいチェリー・クラフティは罪深いほど贅沢な味わいで、またパトリス特製のスイス王室御用達ティラミスも絶品。またカルダモンで風味づけしたイチゴのポワルも元気の出る一品である。

　ソムリエのダヴィット・モンジャールが丁寧に教えてくれるベルソーのワイン・リストは、シャトー・レ・クレイエールやル・グラン・サーフ（両方とも以下に紹介）と並んで、シャンパーニュ地方のベスト・スリーに入る。多くが飲み頃に熟成した偉大なハウスの極上キュヴェから、60ユーロ以下で味わえるジモネのフルロン2002のような自家栽培醸造家のものまで、すべて適正な価格で提供されている。若い従業員はみなきびきびと、しかし自然な振る舞いで気持ち良く、それは隣のレ・ベルソー・ホテル・ビストロ・ル・7でも同じである。ここはホテルと同じ偉大な厨房からの料理が楽しめる。寛いだ雰囲気の中、たとえば、仔ウサギのテリーヌ、フランスでも1、2を争う極上のタルタル・ステーキ、それにお好きなグラス・ワインが2杯と水、コーヒーの付いたウー・ア・ラ・ネージュ、このすべてが40ユーロ以下で楽しめる。優秀な自家栽培醸造家や珠玉のハウスから選ばれる今月お薦めのグラス・シャンパンは、格好良くマグナムから注がれる。シャンパーニュで一晩だけ夕食をいただくという旅程なら、是非ともここで召し上がれ。

レストラン定休日：毎週月、火曜日
ビストロ・7定休日：毎週水曜日

レ・クレイエール／ランス★★★★★

　フランスの権威あるルレ・エ・シャトー［優秀なホテル、レストランだけが加盟できる団体］の1つである堂々とした外観のレ・クレイエールは、20世紀の始まり（1904年）に、シャンパン・ポメリーとつながりのある貴族ポリニャック家の都会の別邸として建てられた。今でもクラブのような雰囲気があり、当然のことであるが、シャンパーニュ地方の大手ハウスを経営するセレブな紳士、淑女が集い、賓客を迎える場所となっている。とはいえ、レ・クレイエールで一番感銘するのは、その権威ある伝統にもかかわらず、オーナーであるザビエル・ガーディニャーとその息子の指揮の下、従業員が一丸となって顧客を温かくもてなす自然な雰囲気である。彼らはこれ以外にもフロリダのオレンジ果樹園からサン・テステフのシャトー・フェラン・セギュールまで、世界中に資産を有している。とはいえ、彼らはけっして不在地主ではなく、よくこの店にいてお客を迎え、彼らを知る者はみな口をそろえて、フランスの偉大なワイン一家であることを少しも鼻にかけない、本当に気さくな人たちだと賞賛する。

　2005年から、モナコ出身で、アラン・デュカスの弟子であったディディエ・エレナが新シェフとなって采配を振るっている。彼は高度に洗練されたものと自信に満ちた単純さを革新的に融合させ、両極端のものを対照的に配置する料理を生み出している。彼の『農家風仔ウサギの冷製』——ジェノヴァ風の詰め物をした仔ウサギ料理——は、最初の一品としては最高で、暖かい肩肉のキャセロールとともに出される。他にも、単純にローストしたラングスティーヌのグリーン・マンゴ、アヴォガド添えも美味しい。前菜では、スズキのフィレにコンフィとしてゆっくり調理した9月のトマト添えから、ピノ・ノワールで煮たエシャロット添え牛肉まで幅広く揃っている。デザートでは、ルション産黄桃とアーモンド、西洋スグリに昔ながらのメルバ・ソースをかけたものは、単純ながらも最高の組み合わせである。

　クレイエールのワイン・リストは卓越しており、このような豪華なレストランにしては値段はかなり低く抑えられている。最上位メゾンのノン・ヴィンテージ・シャンパン（約50ユーロのアラン・ティエノーの秀逸なシャンパンなど）やプレステージュ・キュヴェの良いヴィンテージのもの（ドン・ペリニヨンの1959も置いてある!）から、最上の自家栽培醸造家のシャンパンまで、バランス良く品揃えされている。特に、エグリ・ウーリエやセルジュ・マチューのブラン・ド・ノワールが強い。また荘厳な熟成感のあるメドックの格付けシャトーから極上のコート・ドール・グラン・クリュまで、ワインの品揃えも圧巻。ドメーヌ・ルフレーヴや、ドメーヌ・コラン・ドレジェのバタール・モンラッシュを見せられたら、ただ息をのむしかない。しかしここでも印象的なことは、ただ世界的に有名なワインが揃えられているだけではないということだ。コスト・パフォーマンスで選ぶなら、秀逸なマコン・ラマルティーヌ2004やラフォン2004が49ユーロだ。またメルキュレも同じ値段。サービスは非の打ちどころがなく、思いやりがあり、プロ意識に徹しており、しかも温かい。2009年にビストロを開く予定がある。

休店日：1月中旬から2月中旬

ル・フォッシュ／ランス★★★★

　ランスで一番の海鮮料理シェフといったらジャッキー・ルアズをおいて他にないだろう。こんな内陸部にあるにもかかわらず、彼のレストランは、ブリタニー海岸やパリの有名店に一歩もひけをとらない新鮮で美味しい海鮮料理を、すべて手頃な値段で出す。なかでもジャッキーで迷わず注文したいのが、スズキ（フランス人がバールと呼ぶ寒流に育つ魚）の丸ごと窯焼である——うっとりする味。しかしその前に、モン・サン・ミッシェルのムール貝とエシャロット入りの現代風カネローニを軽くカレーソースで風味づけしたものを食べたい。あるいは臓物を食べたい気分なら、甘い仔牛の胸腺や、シェリー酒風味豚足などで始めてみてはどうだろう。海鮮料理としてはその他、タイの"マルコ・ポーロ・スパイス"、焼アーティチョーク添えはどうだろう。デザートはチョコレートのモアールのサン・ドミニク・クリームや黄桃のシャーベットがお薦め。デルロン広場の中央歩行者道路に近い場所にある店の店内は、料理ほどには洗練されていないが、愛想の良い

ワインと料理

堅実そうな、どこか女主人風のルアズ夫人が、優しい、しかし責任感のある目で店内に気を配っている。ヴィンテージ・シャンパンとフランス中の良いワインが揃っている。

休店日：7月24日〜8月22日、2月の数日
定休日：土曜日ランチ、日曜日ディナー、月曜日

ジャッキー・ミッシェル／ホテル・ダングレテール／シャロン・アン・シャンパーニュ★★★★

名前が示すとおり、この場所は第1次世界大戦の時にイギリス軍の本部と食堂があったところで、大戦終了とともに銀行になっていた。1980年代以降は、この町一番の高級レストランとなり、また午前中には美味しいコンチネンタル・ブレックファーストをいただいた後、思いを巡らす理想的な空間となっている。シェフ・パトロンのジャッキー・ミッシェルはシャロンに美食の松明を運んできた人物で、この地で偉大なエペルネとランスに肩を並べる料理を創り続けている。

彼の料理は、伝統と現代の美しい共存が特徴である。まずは、古典的な『温かいフォアグラ・ピーチのコンフィ添え』、あるいは、ちょっと大胆に、『ツナのタルタルとタラのキュウリとミントのクリーム・ソース』で始めてはどうだろう。秀逸なメイン・コースは、大ヒラメのフィレに、クミンで風味づけした人参のコンフィが付いたものから、仔牛の胸腺のソテーにジンジャー・ブレッドとフェンネルの付いたもの、あるいは農家鶏のムニエルに野菜を詰めたトマトとバジルを添えたものまで幅広い。ジャッキーが作るチョコレート・スフレはシャンパーニュ一番だ。レ・ベルソーと同じく、ダングレテールには現在、レ・タンプ・シャンジャンという素敵なビストロもある。ここのグラス・シャンパンはアヴィズの秀逸な自家栽培醸造家のクロード・コルボンである。レストランのセラーも料理と同じく豪華で、特にシャロンに本拠を置く大手ハウスのジョセフ・ペリエの良いヴィンテージのものが揃っている。

休店日：8月、クリスマス、土曜日ランチ、日曜日、月曜日ランチ

ル・グラン・サーフ／モンシュノ★★★★

モンターニュ・ド・ランスの麓、エペルネに向かう国道51号線沿いモンシュノにあるこの瀟洒な旅館には、小ぎれいな食堂があり、いつも変わらず美味しい食事を出してくれる。特に新鮮なタラのポワレ・海藻と赤ベリー添えや、季節ごとに変わるロブスターなどの特別料理が得意である。春と夏にはメロン、10月にはポワール・コンフィが付いてくる。また秋にはトチノミとトリュフが添えられた仔牛の胸腺肉は贅沢な一品である。デザートのグラタン・ド・フリュイ・ルージュも欠かせない。

サーフの大きな強みは、体格のいいエルヴェ出身の卓越したソムリエが、想像し得るどんな味わいの料理にも、それにぴったり合う秀逸なシャンパンを選び出してくれることだ。ここは最上の自家栽培醸造家のシャ

上：ル・グラン・サーフの豪華なロブスター料理。ここのシェフは海鮮料理に卓越した才能を見せる。

ンパンを発見することができる場所で、たとえばグラスでいただいた偉大なガストン・シケの1982は、2006年にはマグナムが192ユーロもした。この旅館には素敵な庭があり、レ・クレイエールで働いていたこともある従業員の配慮の行きとどいたサービスとともに、夕食の前後に酒を愉しむことができる。

定休日：日曜日の夜、火曜日のランチ、水曜日

ヴェルション・オリジナーレ／ランス★★★

ランス市の中心ブーラングラン地区にあるクリストフ・メルテスの現代的な洗練されたレストランは、鑑識眼の高いランスの人々の間で大きな評判になっている。彼の料理は独創的で、世界中の料理から発想を得ている。タイ料理の風味、クレオールの香り、北アフリカのスパイス、そしてフレンチ。レモングラスとチリで味付けしたイカの点心、コリアンダー風味の子羊肉香味クスクス添え、ルイジアナ風赤魚パプリカ添え、ウイキョウ風味マグレなど、最高水準の技術と地元シャンパーニュ地方の食材を結合させ、ランス市民の味の幅を広げている。このような料理には、フィリップ・ブルンの造るセニエ・ロゼ・シャンパンがよく合う。サービスはてきぱきとして気持ち良い。

定休日：日、月曜日

ル・ブーラングラン／ランス★★★

第1次世界大戦の破壊の後、1920年に再建されたル・ブーラングランは、心地良いアールデコ様式で、当時のフラスコ画がいまも人々を愉しませている。ここはランスのブルジョワが集うところでもある——クリュッグの誰かがビルカールの誰かと話しているところや、彼らがかかりつけの医者に挨拶しているところに遭遇するかもしれない。

料理はしっかりしており、特に牡蠣と旬の魚の新鮮さはずば抜けている。軽いベシャメル・パセリ・ソースのかかったヒラメのグリルは最高である。タルタル・ステーキのフリット添えも申し分ない。またデザートのタルトタタンと若い果実味いっぱいのカラフのワインの組み合わせは、忘れられない経験になるだろう。ビヤホールの向かい側にあるくすんだ色のコンクリート造りの市場は、まもなく建て替えられることになっている。ランスの女性市長はいま張り切っている。

定休日：日曜日の夜、月、火曜日

オー・サングリエ・ド・ラルデンヌ／オワニー・アン・ティエラッシュ★★★

シャンパーニュ・アルデンヌ行政区域から1.6kmベルギー側に入った村オワニー・アン・アルデンヌにあるこの旅館は、イノシシが徘徊するアルデンヌの森でよく見かける花崗岩の石造りの建物で、屋根はスレート葺きである。オーナー・シェフのブシェの得意料理は、もちろんサングリエで、そのイノシシのフィレ肉の柔らかさと風味は忘れられない。しかしそれ以外にも、どんな食通の人でも満足させることのできる料理が揃っており、その味はミシュランの星付きレストランに匹敵する。フォアグラ・ド・カナール、タラとヒラメのパナシェなど素晴らしい料理が5品、それにワインが付いたコース・ディナーが、2006年に食べた時、たったの50ユーロだった。宿泊はこじんまりとした部屋とアルデンヌ・ハムの朝食付きで、こちらも50ユーロだ。ベルギーの旅館の特徴だが、フランスの旅館よりもワインの品揃えが豊富で、興味深いものが揃っている。フォアグラには爽やかでありながら豊かな味わいのニアシュタイナー・アウスレーゼが良く合う。

定休日：日曜日の夜、月、火曜日

ビストロ・デュ・ポン／ポン・サンマリー★★★

トロワの中心、美しく甦った中世の街並みから東に

ワインと料理

3kmほど行ったポン・サンマリーに、瀟洒な佇まいのパリ風ビストロがある。はっきり言って市内の多くのレストランより美味しいものが、安く食べられる。まず極上のアンドゥイエット・ド・トロワ（ジルベール・メーユの作ったもの）か、オーナー・シェフであるイヴ・ブラセットの手になる巧みに骨をはずした豚足のフライから始めよう。あるいは赤マレット（ボラ）を使った温かいサラダも良い。その後はトランペット・マッシュルームとズッキーニを添えたアントレコート・ステーキ、そして良く管理された棚から出されるチーズ、デザートにはクリーム・アングレーズのかかったイチゴのショートケーキに美味しいアリゴテをピシェで。あるいは新鮮なボジョレーをもう一杯——ビストロ料理にはよく合う。25〜35ユーロの、ミシュラン・ビブ（コストパフォーマンスの高さで選ばれる）に値する価値あるメニューが揃っている。

定休日：日曜日の夜、月曜日

レストラン・ナタリー／オステルリー・ド・ラ・モンターニュ／コロンベ・レ・デュー・エグリューズ★★★★

オーナー・シェフのジャン・バティスト・ナタリーはカンヌのパルム・ドールで料理の修業をし、父が創立したこのオート・マルヌ村の評判の高いレストランに戻ってきた。この村は、シャルル・ド・ゴールが晩年を過ごしたことで有名である。バティストの料理は地中海への愛情が感じられる。焼いたピスタチオ・オイルを使ったセップ茸のカラパッチョ、アーティチョークで風味づけしたマトウダイ、食用カメのリエットなど絶品である。秋になるとヤマバトやヤマウズラが現代風にアレンジされて出てくる。ワイン・リストは秀逸で、スタッフの動きも軽やかで心遣いに溢れている。

定休日：月曜日

ラ・トック・バラルビン／バル・シュル・オーブ★★★

バル・シュル・オーブのこぢんまりとした商店街通りにあるこの秀逸なレスランでは、オーナー・シェフのダニエル・フィリゾが作るコストパフォーマンスの高い料理が食べられる。すでにミシュラン・ビブを授与されているので、美食家なら是非とも訪れたい。25〜40ユーロのメニューから、スパイスのきいたツナのタルタル・ソース、バジル・オイルをかけた薄いシャウルス・タルト、きめ細かなウサギ肉のテリーヌ、とても軽いソースの今日の魚介類、それに甘酸っぱいフレーバーの鴨のマグレなど、本当に美味しくいただける。デザートは砂糖漬け果物のヌガー・グラッセが最高。ワイン・リストもコストパフォーマンスは高い。

定休日：月曜日

10　上位10選×10一覧表

極上シャンパン100選

生産者名またはシャンパン名は、各カテゴリーごとに50音順で並べている。
★印は、そのカテゴリーの中で私が極上の中の極上、または最も注目に値すると思えるシャンパンである。

ノン・ヴィンテージ10選
- アラン・ティエノー・ブリュット
- アンリ・ジロー・エスプリ・ド・ジロー★
- シャルル・エドシック・ブリュット・レゼルヴ・ミザン・カーヴ2003
- ジャクソン・キュヴェ・730
- ジャック・セロス・イニシャル・グラン・クリュ
- ブノワ・ライエ・ブリュット・エッセンティエル
- ボランジェ・スペシャル・キュヴェ・ブリュット
- ポール・ロジェ・ブリュット・プレミエ
- モエ・エ・シャンドン・ブリュット・アンペリアル（2006年以降のもの）

ヴィンテージ10選
- アンリ・ジロー・フュ・ド・シェーヌ1998
- アンリオ1996
- クリュッグ1996
- シャルル・エドシック・ブラン・デ・ミレネール1995
- パイパー・エドシック・レア1999
- ピエール・ジモネ・キュヴェ・ヴィエイユ・ヴィーニュ1999★
- ヴーヴ・クリコ1998
- ボランジェ・グランダネ2000
- ポール・ロジェ・ブラン・ド・シャルドネ1998
- ルイ・ロデレール2002

ロゼ10選
- アンリ・ジロー・エスプリ・ド・ジロー
- クリュッグ
- ゴッセ・セレブリス・2003エクストラ・ブリュット
- ジャクソン・ディジー・テール・ルージュ2003
- ジャン・ラルマン・キュヴェ・レゼルヴ・ド・ロゼ
- ヴーヴ・クリコ1985
- ボワゼル・ジョワイヨ・ド・フランス2000
- モエ・エ・シャンドン・グラン・ヴィンテージ2003
- ルイ・カステール
- ルイナール・ドン・ルイナール1988★

ブラン・ド・ノワール10選
- エグリ・ウーリエ・レ・クレイエール・ヴィエイユ・ヴィーニュ
- クリュッグ・クロ・ダンボネ1995
- ゴッセ・ブラバン・ノワール・ダイ2004
- ジャクソン・アイ・ヴォーゼル・テルヌ2002
- ジャック・セロス・コントラスト
- セルジュ・マチュー・キュヴェ・トラディション・ブリュット
- ドン・エ・ルパージュ・レコルト・ノワール
- ビルカール・サルモン・クロ・サン・ティレール1996★
- ポール・デトゥンヌ・ブラン・ド・ノワール
- ロジェ・ブルン・キュヴェ・デ・サース・アイ・ラ・ペッル

プレステージ・キュヴェ10選
- アラン・ティエノー・グランド・キュヴェ1985
- ゴッセ・セレブリス1998エクストラ・ブリュット
- ジョセフ・ペリエ・ジョセフィーヌ2002
- テタンジェ・コント・ド・シャンパン1998
- ドゥーツ・キュヴェ・ウィリアム・ドゥーツ1998
- ドラピエ・グランド・サンドレ2002
- ドン・ペリニヨン1998
- ヴーヴ・クリコ・ラ・グランダム1998
- ポール・ロジェ・キュヴェ・サー・ウィンストン・チャーチル1998
- ルイ・ロデレール・クリスタル1988★

シャンパン・ハウス10選（その醸造責任者）
- クリュッグ（E・ルベル）
- ゴッセ（J・P・マレーナ）
- シャルル・エドシックとパイパー・エドシック（R・カミュ）★
- ジャクソン（L・シケ）
- ビルカール・サルモン（F・ドミ）
- ヴーヴ・クリコ（D・ドゥマルヴィルとP・ティエフリー）
- ブルーノ・パイヤール（A・パイヤール）
- ボランジェ（M・カウフマン）
- ポール・ロジェ（D・プティ）
- ルイ・ロデレール（J・B・ルカイヨン）

ドメーヌ10選（村）
　エグリ・ウーリエ／アンボネイ
　ガストン・シケ／ディジー
　クロ・カザルス／オジェ
　ジャック・セロス／アヴィズ★
　ディエボル・ヴァロワ／クラマン
　ピエール・ジモネ／キュイ
　ピエール・ペテルス／ル・メニル
　フランク・ボンヴィル／アヴィズ
　ヴィルマール／リリー・ラ・モンターニュ
　ラルマンディエ・ベルニエ／ヴェルテュ

注目度の高いドメーヌ10選（村）
　コラール・ピカール／ヴィレール・スゥ・シャティヨン
　ゴッセ・ブラバン／アイ
　シャルル・アンリ・エ・エマニュエル・フルニ／
　　ヴェルテュ★
　ジャン・ラルマン／ヴェルズネ
　ダヴィット・レクラパール／トレパイユ
　ティエリー・エ・オーレリアン・ラエルト／シャヴォー
　ドノン・エ・ルパージュ／アヴィレ・ランジェ
　ブノワ・ライエ／ブージー
　リシャール・シュルラン／セル・シュル・ウルス
　レイモン・ブーラール／コロワ・レ・エルモンヴィル

コスト・パフォーマンス10選
　アラン・ティエノー・ブリュット★
　アンリオ・ブリュット・スーヴェラン・ピュール・シャルドネ
　カナール・デュシェーヌ・ブリュット
　ヴィンセント・テチュラ・カルト・ドール・ブリュット
　ボーモン・デ・クレイエール・グランド・レゼルヴ
　ボワゼル・ブリュット・ド・シャルドネ
　ラエルト・フレール・ブラン・ド・ブラン・ラ・
　　ピエール・ド・ラ・ジュスィス
　ル・メニル・グラン・クリュ
　ルイ・カステール・ブリュット・セレクション
　レイモン・ブーラール・キュヴェ・レゼルヴ

マーケット・リーダー10選
　GH・マム
　テタンジェ
　デュヴァル・ルロワ
　ヴーヴ・クリコ
　ヴランケン
　ペリエ・ジュエ
　モエ・エ・シャンドン★
　ユニオン・シャンパーニュ
　ランソン・ボワゼル・シャノワーヌ・グループ
　ローラン・ペリエ

用語解説

アグリューム　agrumes　柑橘系果物の総称。グレープ・フルーツのアロマやフレーバーをさすこともある。

アッサンブラージュ　assemblage　異なったワインや異なった年をブレンドすること。

エシェル・デ・クリュ　échelle des crus　シャンパーニュ地方のクリュや村をパーセンテージで格付けしたもの。地理的に決められているが、本質的には各畑からとれる葡萄の質に基づく価格の指標。ドゥージェーム・クリュは80〜89%、プルミエ・クリュは90〜99%、グラン・クリュは100%。

NV　ノン・ヴィンテージのこと。

澱　lees　沈殿物。発酵の副産物、特に醸造過程でタンクや樽の底に溜まった酵母の死骸。

カーヴ　cave　シャンパーニュ地方でセラーのこと。ほとんど地下にある。

キュヴェ　cuvée　(1)葡萄の最初の圧搾で出来る最上の果汁(2050ℓ)。(2)シャンパン・ブレンド。

クリュ　cru　生産するワインの質が特に高いとか評判のため特化されている村や自治体。

クレイエール　crayère　シャンパンのセラーとして使われているローマ時代のチョーク採掘跡。

クレマン　crémant　いまではあまり使われなくなったが、3.5気圧程度のゆるやかに発泡するシャンパンのこと。1994年にラベルにこの用語を使うことが禁止された。フランスのシャンパーニュ地方以外でのみ使うことが許されている。

グラ　gras　「肥満」を意味し、肉感的なワインを評する時に用いる。

グラン・クリュ　grand cru　エシェル・デ・クリュで100%に格付けされている17の村。

グランド・マルク　grande marque　1882年に設立されたサンディカ・デ・グランド・マルク("グレート・ブランド"の意味)に属する大手シャンパン・ハウスのことで、いまでは死語になっている。いまは非公式にグランド・メゾンということもある。

コーポラティヴ・マニピュラン(CM)　cooperative-manipulante (CM)　シャンパンを生産し販売している協同組合。

コトー・シャンプノワ　Coteaux Champenois　シャンパーニュ地方で造られる発泡しない白、ロゼ、赤ワインのアペラシオン(原産地統制呼称)。

CM　協同組合で造られるシャンパン。コーポラティヴ・マニピュランの項参照。

シェフ・ド・カーヴ　chef de cave(s)　セラーでのシャンパン生産過程を監督し全責任を負っている人。通常はブレンドを決める醸造家。

自己分解　autolysis　酵母の細胞が壊れていく生化学的過程。シャンパンの生産過程では、プリーズ・ド・ムース(泡の捕獲)の過程で起こる。壜詰めしたシャンパンを横にし、きめ細かな澱の上で長く熟成させることによって進展する。シャンパンに複雑な風味を加える。

シュール・ラテ　sur lattes　(1)いつも傍に置いておきたいシャンパンのこと。(2)デゴルジュマンを控えている完成間近のシャンパン。生産者から販売者に売られ、販売者はそれに独自のラベルを張って売り出す。曖昧な商慣習だとして廃止を提唱している人々もいる。

ジャイロパレット　gyropalette　箱型の金属の容器に格納された500本のボトルをコンピュータ操作で自動的にルミアージュする装置。

ソシエテ・ド・レコルタン(SR)　Société de Récoltant (SR)　同じ一族に属する自家栽培醸造家が設立した会社。

タイユ　taille　シャンパン葡萄を2番目、3番目に圧搾して出てくる果汁。今では3番目の圧搾果汁はシャンパン造りには使用されず、蒸留酒用に使われる。

テート・ド・キュヴェ　tête de cuvée　最初の圧搾で出てくる最上の果汁。クール・ド・キュヴェということもある。

デゴルジュマン　dégorgement　第2次発酵の結果壜内に生じる沈殿物を除去する工程。

デゴルジュマン・ア・ラ・グラース　dégorgement à la glace　シャンパンの壜を逆さまにしてコンベヤにさし込み、首の部分を氷点下の塩水に通しながら凍らせ、半分氷結しシャーベット状になった沈殿物を除去する方法。

デゴルジュマン・ア・ラ・ヴォレー　dégorgement à la volée　壜内のシャンパンを凍らせずに職人の技で澱を除去する作業。

デブルバージュ　débourbage　発酵前に圧搾された果汁を固形物から分離すること。

デブルバージュ・ア・フロワ　débourbage à froid　マストの温度を5℃まで下げることによって粗い澱を沈殿させ、除去し清澄化する革新的な技術。フィネスを最大限に引き出し、酸化を防ぐために行うが、シャンパーニュ地方ではまだあまり採用されていない。

ドゥミ・ミュイ　demi-muid　多くがオークで出来た木の樽で、容積が600ℓのもの。

ドゥミ・ムース　demi-mousse　半分の泡という意味で、発泡が穏やかであること。以前クレマン・シャンパンと呼んでいたものに対する正式名称として採用された。ペルルということもある。

ドサージュ　dosage　シャンパンの壜に熟成したワインまたは砂糖を加え、ワインをまろやかにすること。劣悪な業者では、熟成していないブレンドをごまかすために使われることもある。パーセンテージで示した割合、または1ℓ当たりの砂糖のグラム数で表示される。最近では砂糖の代わりに精留した濃縮果汁を使うこともある。

ネゴシアン・マニピュラン(NM)　négociant-manipulant (NM)　葡萄を購入するか、あるいはブレンド用に他の生産者からワインを購入することを許されているシャンパン業者。一部または全部のワインを自家栽培葡萄畑から造るNMもある。有名なハウスはすべてNM。

バリック　barrique　容積225ℓの小さなオーク樽で、用途も大きさもボルドーで最も多く使われている。

用語解説

ピエス *pièce* シャンパーニュ地方で使われる容積205ℓの小さなオーク樽。ブルゴーニュでは228ℓ。

ピュピトル *pupitres* 孔のあいた木の板を逆V字型に組み合わせたもので、シャンパンの壜の中の沈殿物をルミアージュするために使用する。

フードル *foudre* 大きな木の樽。

ヴァン・クレール *vins clairs* シャンパン業界の用語で、スパークリング・ワインになる前の第1次発酵後のワインをさす。

ヴァンダンジュ *vendange* ヴィンテージまたは収穫のこと（主に摘果を意味する）。

ヴィニュロン *vigneron* ワイン醸造家のこと。

プリーズ・ド・ムース *prise de mousse* "泡の捕獲"を意味し、壜内二次発酵によってシャンパンの中に泡を作ること。

プルミエ・クリュ *premier cru* シャンパーニュ地方のエシェル・デ・クリュで90〜99％ののワイン生産村。

マーク *marc* シャンパン業界特有の用語で、4トンの果粒を圧搾することをいう。圧搾された葡萄の"ケーキ"をさすこともある。

マロラクティック発酵 *malolactic fermentation* 舌を刺すリンゴ酸を穏やかな乳酸に変え、ワインをまろやかにする——しかし風味はより複雑になる——工程。"マロ"ということもある。

ミレジム *millésime* ヴィンテージのこと。

ミレジメ *millésimé* 「ヴィンテージにされた」という形容詞。

ムース *mousse* 発泡ワインの泡の流れのこと。

命名畑 *lieu(x)-dit(s)* 特に恵まれた畑で、名前の付けられているものをさす。

メソッド・トラディショネル *méthode traditionelle* 他のワイン生産地区の壜内発酵をした発泡酒に対して「シャンパーニュ方式」という呼び方を使うので、EUが改めるため指定した言葉。壜内二次発酵によって発泡ワインを造るのが古典的方法だったのでこの用語を選んだ。

モノクリュ *monocru* 単一クリュ（畑または村）から造られるシャンパン。

リザーヴ・ワイン *reserve wines* 貯蔵されているワインのこと。若い収穫年のものとブレンドすることによって、シャンパンに調和のある熟成されたバランス感を付け加える。

リキュール・ド・ティラージュ *liqueur de tirage* 砂糖と酵母を含んだ液体で、壜内で泡を造るために生地のワインに加えられる。

ルミアージュ *remuage* 逆さにしたシャンパンの壜を回転させながらゆっくり傾けていき、壜のコルクか王冠の上に沈殿物をためていくこと。ジャイロパレット、ピュピトルの項参照。

レコルタン・コーペラチュール（RC） *récoltant-coopérateur* (RC) シャンパンを造る設備を持たない小さな栽培家で、協同組合の設備を借りて自分のシャンパンを造り、自分のラベルを貼って販売するものをさす。しかしRCシャンパンは本当の意味で自家栽培醸造家のものとはいえない。というのは他の栽培家の葡萄が混入する場合があるから。

レコルタン・マニピュラン（RM） *récoltant-manipulant* (RM) 自家栽培醸造家のこと。しかし5％まで他の栽培家から葡萄を購入することが許されている。

レッサマン・デゴルジュ（RD） *récemment dégorgé* (RD) 最近デゴルジュマンされたことを意味する。非常に質の高いヴィンテージで他のヴィンテージよりも長く壜熟成させたものをさす。このスタイルを編み出したボランジェによってRDという用語は商標登録されている。

参考図書

François Bonal,
Le Livre d'Or de Champagne
(Editions du Grand Pont, Lausanne; 1984)

Nicholas Faith,
The Story of Champagne
(Hamish Hamilton; 1988)

Patrick Forbes,
Champagne: The Wine, the Land, and the People
(Gollancz; 1967)

Richard Juhlin,
4000 Champagnes
(Flammarion, Paris; 2004)

Don & Petie Kladstrup,
Champagne
(Wiley; 2006)

Tilar J Mazzeo,
The Widow Clicquot
(HarperCollins; 2008)

Maggie McNie,
Champagne
(Faber & Faber; 1999)

Cynthia Parzych & John Turner with Michael Edwards,
Pol Roger & Co
(Cynthia Parzych Publishing; 1999)

Tom Stevenson,
Christie's Encyclopedia of Champagne & Sparkling Wine
(Absolute Press, London; 2009)

Tom Stevenson,
The Sotheby's Wine Encyclopedia
(Dorling Kindersley, London; 2007)

Serena Sutcliffe,
A Celebration of Champagne
(Mitchell Beazley, London; 1988)

James E Wilson,
Terroir
(Mitchell Beazley, London; 1998)

索引

☆印は、見出しシャンパン銘柄名

ア
アルノー、パトリス 120
☆アルノー・エ・フィス、ミッシェル 120
アイ 132-39
アグラパール、パスカル 226-7
☆アグラパール・エ・フィス 226-8
☆アヤラ 154-5
アラン、ピエール 82
☆アンリ・ジロー 144-7
☆アンリオ 76-8
アンリオ、ジョセフ 60,76-7
アンリオ、スタニスラス 76
☆エグリ・ウーリエ 106-7
エグリ、フランシス 106-7
エドシック、クリスチャン 88
エペルネ 194-203
☆エルナー、シャルル 224
エルナー、ジャック 224
オーギュスタン、エルヴェ 154-5
オルリー・ロデレール、カミュ 64

カ
カウフマン、マチュー 142
☆カザルス、クロード(クロ・カザルス) 42,202,246-8
カザルス、デルフィーヌ 246-7
☆カティエ 121
☆カステール、ルイ 192
カステール、ヨハン 192
カステール、ルイ 192
カナール、エドモンド 122
カナール、ヴィクトル 122
☆カナール・デュシェーヌ 122
カミュ、レジス 60-2,88-9
カレ、アンドレ 82
☆ガティノワ 158-9
ガンドン、ジャン・ポール 79
☆クリュッグ 54-9
クリュッグ、アンリ 54,58,59
クリュッグ、オリヴィエ 54-7
クリュッグ、ポールⅡ 58
☆クルエ、アンドレ 112-13
クルエ、ジャン・フランソワ 112-13
☆グートルブ、アンリ 161
グートルブ、レネ 161
グラシアン、アルフレッド 176-7,219-21
☆グルミエ、ジャン・ミッシェル 296
ゲルテルマン、ピエール 148
コート・デ・バル 280-83
コート・デ・ブラン 194-203
コラール、ダニエル&オリヴィエ 138,188-9

コラール、ルネ 36,138,188
☆コラール・ピカール 188-9
コルソン、ジャン・クロード 99
☆コルボン、クロード&アニエス 229-31
コンスタン、クリストフ 202,267
ゴエズ、ブノワ 194,205-6
☆ゴッセ 151-3
ゴッセ、クリスチャン 160
ゴッセ、ミッシェル 160
☆ゴッセ・ブラバン 160
ゴネ、フィリップ 202-3

サ
☆サロン 254-7
サルモン、ビルカール 174-7
シケ、アントワーヌ 136
シケ、ガストン 170-3
シケ、ジャン・エルヴェ 134-5,166-7
シケ、ニコラス 136,170-2
シケ、ローラン 135,166-7,168
☆シャルル・エドシック 60-3
☆シャルルマーニュ、ギィ 264
シャルルマーニュ、フィリップ 264
シャン、ローラン 123-5
☆シャンパーニュ・ル・メニル 260
シュルラン、リシャール 294
シュヴァル、ピエール 158-9
☆ジモネ・エ・フィス、ピエール 268-9
☆ジャカール 98
ジャカール、アンドレ 265
ジャガー、ニコラ 219-21
☆ジャクソン 166-9
ジャクソン、アドルフ&メミー 166
ジャコパン、セドリック 238-9
ジャコブ、ミッシェル 290-1
10選 314-15
ジョフロワ、ジャン・バティスト 138,164-5
ジョフロワ、リシャール 39-40,194, 208-10
ジョフロワ、ルネ 138,164-5
ジル、ローラン 98,292-3
ジロー、クロード 144-7
セコンド、フィリップ 110-11
セロス、アンセルム 36,39,130,201,234-5
☆セロス、ジャック 235
ソーサ、エリック・ド 236-7

タ
☆タルラン 191
タルラン、ジャン・マリ 138,191

タルラン、ブノワ 190-1
ダンタン、エルヴェ 116
☆ティエノー、アラン 96-7,122
ティエノー、スタニスラス 96-7
ティエフリー、フィリップ 40-1,78
ティボー、ダニエル 39,60,88
☆テタンジェ 68-71
テタンジェ、クロード 68
テタンジェ、ピエール・エマニュエル 68-9
☆テチュラ、V 225
テチュラ、アニエス&ヴィンセント 225
テリエ、アラン 162
ディエボル、ジャック 197,242-3
☆ディエボル・ヴァロワ 242
デシャン、エルヴェ 212-3
デテュンヌ、アンリ 103
デテュンヌ、ピエール 103-5
☆デテュンヌ、ポール 103-4
デュバリー、ジャン 122
デュバル、キャロル 272-3
デュバル、マチュー 265
デュバル-ドヤール、マリー 265
☆デュヴァル・ルロワ 272-4
デュポン、ディディエ 254-5
デュモン、イヴ 162
デルエイ、シャルル 202
☆ド・スーザ 236-7
☆ドゥーツ 148-50
ドゥーツ、ウィリアム 148
ドゥワン、ジャック 202
ドゥマルヴィル、ドミニック 72-3,82
☆ドノン・エ・ルパージュ 288
ドノン、ダヴィット 288-9
ドフレイン、クロード 183
ドミ、フランソワ 132,176
ドヤール、ブノワ 265
ドヤール、ヤニック 203
☆ドラピエ 284-7
ドラピエ、アンドレ 284
ドラピエ、ミッシェル 284-7
☆ドン・ペリニヨン 208-11

ナ
ノナンクール、アレクサンドラ&ステファニー 162
ノナンクール、ベルナール・ド 162,258
ノワイエル、パトリス 216-17,218

ハ
バイヨ、フィリップ 79-80,222

索引

バラット、ジャン・フランソワ 92
☆バルノー、エドモン 110-11
パイヤール、アリス 85
☆パイヤール、ブルーノ 85-7,222
☆パニエ 193
パネイオ、フレデリック 92-3
パリソ、ミッシェル 292
☆パルメ&Co 99
ビゾー、クリスチャン 142
ビリー、クリスチャン・ド 216-17,218
☆ビリオ、アンリ 100-2
ビリオ、レティシア&セルジュ 100-1
ピアッツァ、オリヴィエ 185-7
フーコ、ミッシェル 162
☆フィリポナ 178-81
フィリポナ、シャルル 178-80
フォアマン、クロード 204
フォアマン、ジャン・クロード 96,182-3
フヌイユ、フィリップ 66
フランソワ、ジャン・バティスト 13,166
フルーリー、ジャン・ピエール 280,295
☆フルーリー、ペール・エ・フィス 295
フルニ・エ・フィス、ヴーヴ 278-9
フレー、ジャン・ジャック 154,176
☆ヴーヴ・クリコ 72-5
☆ヴーヴ・フルニ・エ・フィス 278-9
ヴァスコ、ティエリー 95
ヴァルニエ、デニス 240-1
☆ヴァルニエ・ファニエル 241
☆ヴィルマール・エ・シー 123-5
ヴィンテージ 299-305
☆ヴェルニヨン、ジャン・ルイ 267
ヴォーグ、ロベール・ジャン・ド 16,204,208
ブーラール、フランシス 127-9
☆ブーランケ、レイモン 127-9
ブランケン、ジャン・フランソワ 95
ブダン、ティエリー 154
ブダン、ミッシェル 212
ブダン、ルイ 212
葡萄栽培 23-33
葡萄品種 23-6,28
ブリー、デニス 176
ブルギニオン、クロード 106
ブルン、フィリップ 156-7
☆ブルン、ロジェ 156-7
プレオ、ジャン・フランソワ 116
☆プレヴォー、ジェローム 130-1
ベルチュ、ジャン・ポール 185
ベルナール、イヴ 21
ペテルス、ジャック 39,72-3

☆ペテルス、ピエール 263
ペテルス、フランソワ&ロドルフ 202,262-3
☆ペリエ、ジョセフ 182-4
☆ペリエ・ジュエ 212-15
ペリニョン、ドン・ピエール 9,12,136,208
ボーモン・デ・クレイエール 185-7
☆ボランジェ 140-3
ボランジェ、ジョセフ 140
ボランジェ、リリー 140,143
☆ボワゼル 222-3
ボワゼル・オーギュスト 222
ボンビル、オリヴィエ 232-3
ボンヴィル、フランク 232-3
☆ポメリー 94-5
☆ポール・ロジェ 216-18

マ

☆マイィ・グラン・クリュ 116-7
マイヤール、ミッシェル 203
マチュー、イザベル&セルジュ 290-1
マチュー、セルジュ 290-1
☆マム、GH 82-4
マリオッティ、ディディエ 82-3
マルゲ、ジル 260-1
マルヌ、ヴァレ・ド・ラ 132-39
マレーナ、ジャン・ピエール 151-3
ミラン、アンリ・ポル 202,250-1
☆ミラン、ジャン 250-3
ミラン、ジャン・シャルル 250-1
☆ムタール 297
ムタール、フランソワ&ルシアン 297
モエ、クロード 12,204
モエ、ジャン・レミ 13,204
☆モエ・エ・シャンドン 204-7
モンゴルフィエ、ギスラン・ド 140-2,154
モンターニュ・ド・ランス 45-53

ヤ

☆ユニオン・オーボワーズ(ヴーヴ・ア・ドヴォー) 292
☆ユニオン・シャンパーニュ(ド・サン・ガル) 239

ラ

☆ライエ、ブノワ 114-15
ラエルト、オーレリアン&ティエリー 271
☆ラエルト・フレール 271
ラムロワーズ、ジャック 201
ラリエ、ジャン・マルク 148-9
ラリエ・ドゥーツ、アンドレ 148
☆ラルマン、ジャン 118-19

ラルマンディエ、ピエール 275-7
☆ラルマンディエ、ベルニエ 275-7
ランス 45-53
☆ランソン 79-81
ランソン、ヴィクトール 79
ランバート、ピエール 186-7
リルベール、ベルトラン 197,244-5
☆リルベール・フィス 245
☆ルイナール 91-2
ルカイヨン、ジャン・バティスト 66,67
ルゾー、ジャン・クロード 64-6,67
ルゾー、フレデリック 67
ルパージュ、シモン・シャルル 288-9
ルフェーブル、セルジュ 239
☆レクラパール、ダヴィット 126
レストラン 308-13
☆レドリュ、マリー・ノエル 108-9
☆ローデレール、ルイ 13,64-7
ローラン・ビルカール、アントワーヌ 174-5
ローラン・ビルカール、フランソワ 174,176
☆ローラン・ペリエ 162-3
ロケス・ボワゼル、エヴリン 222
ロセ、ファブリス 148-9
☆ロベール、アラン 15,35,202,266

Photographic Credits

All photography by Jon Wyand, with the following exceptions:
Page 6: Manuscript, Musée Condé, Chantilly; The Art Archive / Alfredo Dagli Orti
Page 12: Anonymous, Louis XV of France, Château de Chambord; Wikimedia Commons
Page 14: Leon Bakst, The Luncheon, State Russian Museum, St Petersburg; The Gallery Collection / Corbis
Page 29: Valérie Dubois, Chardonnay grapes; CIVC
Page 34: Alain Cornu, Pinot Noir grape; CIVC
Page 315: Gardin Berengo, The "smiling angel" on Reims Cathedral; CIVC

319

監修者：
山本 博（やまもと ひろし）

日本輸入ワイン協会会長、フランス食品振興会主催の世界ソムリエコンクールの日本代表審査委員、弁護士。永年にわたり生産者との親交を深め、豊富な知識をもとに、ワイン関係の著作・翻訳を著すなど日本でのワイン普及に貢献する。主な編著書に『ワインが語るフランスの歴史』（白水社）、『フランスワインガイド』（柴田書店）、監修書に『新版ワインの事典』（柴田書店）、『地図で見る図鑑 世界のワイン』（産調出版）など多数。

翻訳者：
乙須敏紀（おとす としのり）

九州大学文学部哲学科卒業。訳書に『ヒプノセラピー（NHシリーズ）』『地図で見る図鑑 世界のワイン』（共訳）（いずれも産調出版）など。

著 者：
マイケル・エドワーズ（Michael Edwards）

ワイン取引に従事した後、『エゴン・ロネイ・ガイド』誌の調査主任として活躍。20年以上料理とシャンパーニュを追求してきたスペシャリストで、著書『Champagne Companion』はベストセラーとなっている。シャンパーニュ・ランソン賞受賞。

写 真：
ジョン・ワイアンド（Jon Wyand）

30年以上もワイン専門に写真を撮り続けているプロの写真家。ブルゴーニュの写真で一躍有名になり、その後主要ワイン地域を撮り続けている。『The World of Fine Wine』誌に多数掲載。

Fine Wine Editions
Publisher　Sara Morley
General Editor　Neil Beckett
Editor　Stuart George
Subeditor　David Tombesi-Walton
Editorial Assistant　Vicky Jordan
Designer　Kenneth Carroll
Layout　Rod Teasdale
Map Editor　Eugenio Signoroni
Maps　Red Lion
Indexer　Ann Marangos
Production　Nikki Ingram
All cover photography　Jon Wyand

THE FINEST WINES OF
CHAMPAGNE

FINE WINE シリーズ
シャンパン

発　　行　　2010年 9月10日
発　行　者　　平野　陽三
発　行　元　　ガイアブックス
　　　　　〒169-0074 東京都新宿区北新宿3-14-8
　　　　　TEL.03(3366)1411　FAX.03(3366)3503
　　　　　http://www.gaiajapan.co.jp
発　売　元　　産調出版株式会社

Copyright SUNCHOH SHUPPAN INC. JAPAN2010
ISBN978-4-88282-750-4 C0077

落丁本・乱丁本はお取り替えいたします。
本書を許可なく複製することは、かたくお断わりします。

Printed and bound in China

Original title: The Finest Wines of Champagne: A Guide to the Best Cuvées, Houses, and Growers

Copyright © 2009 Fine Wine Editions Ltd.

Fine Wine Editions
Conceived, edited, and designed by Fine Wine Editions
226 City Road
London EC1V 2TT, UK

All rights reserved. No part of this book may be reproduced or transmitted in any form or by any means, electronic or mechanical, including photocopying, recording, or by any information storage-and-retrieval system, without written permission from the copyright holder.